污染场地土壤与地下水风险评估方法学

Soil and Groundwater Risk Assessment Methodologies for Contaminated Sites

陈梦舫　韩　璐　罗　飞　编著

科　学　出　版　社

北　京

内 容 简 介

本书详细介绍了污染物在不同环境介质中的分配、迁移和转化规律，总结了基于“污染源-暴露途径-受体”链的污染场地概念模型构建方法以及污染物理化、毒性、场地特征和暴露等关键参数，系统阐述了国内外不同风险评估导则中污染物迁移和暴露解析模型的背景、公式及场地污染物通用与特定评估基准值的推导方法。本书从污染场地土壤与地下水风险评估技术基础理论出发，全面和系统地介绍了国内外人体健康与水环境风险评估技术方法学，奠定了我国污染场地风险管控与可持续性修复技术的理论基础，具有很高的实用价值。

本书可作为环境修复从业者、环境管理者、研究生或本科生学习或研究风险评估理论的专业参考书籍，也可以作为污染场地风险评估技术人员的培训教材使用。

图书在版编目（CIP）数据

污染场地土壤与地下水风险评估方法学/陈梦舫等编著. —北京：科学出版社，2017.5

（污染场地修复系列专著）

ISBN 978-7-03-052862-9

Ⅰ. ①污… Ⅱ. ①陈… Ⅲ. ①场地–环境污染–土壤污染–风险评价 ②场地–环境污染–地下水污染–风险评价 Ⅳ. ①X502

中国版本图书馆 CIP 数据核字（2017）第 096520 号

责任编辑：周 丹 冯 钊 / 责任校对：彭珍珍
责任印制：张 伟 / 封面设计：许 瑞

科学出版社出版
北京东黄城根北街 16 号
邮政编码：100717
http://www.sciencep.com

北京九州迅驰传媒文化有限公司 印刷
科学出版社发行 各地新华书店经销

*

2017 年 5 月第 一 版 开本：720 × 1000 1/16
2021 年 9 月第四次印刷 印张：23 1/4
字数：469 000

定价：129.00 元

（如有印装质量问题，我社负责调换）

作者简介

陈梦舫，中国科学院南京土壤研究所研究员，中国土壤学会土壤修复专业委员会主任，中国科学院“百人计划”入选者（引进海外杰出人才），污染场地安全修复技术国家工程实验室副主任，中国科学院土壤环境与污染修复重点实验室副主任，国际污染场地可持续修复联盟委员，伦敦地质协会资深地质学家，欧盟 FP7 NANOREM 纳米铁修复技术应用项目国际顾问，江苏省环境科学学会土壤及地下水修复专业委员会主任。曾任 2012 年英国伦敦奥运会高级环境顾问。主要从事污染场地健康与环境原位修复技术研发、场地土壤与地下水污染风险管控及可持续修复管理框架体系、废弃矿山污染机理及防控技术研究。2012 年开发了我国首套污染场地健康与环境风险评估软件（HERA），有望成为建立我国污染场地环境管理框架体系的重要工具。

韩璐，中国科学院南京土壤研究所环境科学博士，主要研究方向为污染场地风险评估和修复。博士研究课题为生物炭-铁复合材料对氯代有机污染物的去除，以第一作者发表 SCI 论文 4 篇。主要参与项目包括：科学技术部 863 项目、环境保护部公益项目、中国科学院知识创新工程项目、中国科学院科技服务网络计划（STS 计划）、株洲工业园区调查评估项目、苏州化工场地评估及修复项目、江苏无锡化工场地风险评估项目等。作为技术骨干研发了污染场地健康与环境风险评估软件（HERA），2014 年负责 HERA 软件的升级工作。

罗飞，中国科学院南京土壤研究所环境科学博士，现任深圳市环境科学研究院生态所土壤环境研究方向负责人，擅长污染场地环境调查、健康与环境风险评估、土壤环境可持续管理等相关的研究与咨询工作。作为核心骨干先后参加了环境保护部 863 项目、科技支撑、环保公益、环保履约、中国科学院知识创新工程等多个科研项目，作为技术负责人研发了我国首套污染场地健康与环境风险评估软件（HERA），先后主持了深圳市土壤环境调查、基准研究、制度建设、管理对策等方面的科研项目 8 项，至今发表学术论文 17 篇。

前　　言

随着我国经济的快速发展，工业化和城市化进程的加快，场地土壤和地下水的污染问题日益严重，开展工业企业拆迁遗留场地环境调查、风险评估和修复已成为我国环保工作的新热点。为了加强污染场地安全再开发的监督管理，中华人民共和国环境保护部于2004年颁布了《关于切实做好企业搬迁过程中环境污染防治工作的通知》，2008年出台了《关于加强土壤污染防治工作的意见》（环发〔2008〕48号），2012年，中华人民共和国环境保护部、工业和信息化部、国土资源部、住房和城乡建设部共同颁布的《关于保障工业企业场地再开发利用环境安全的通知》（环发〔2012〕140号）以及中华人民共和国环境保护部2014年颁布的《关于加强工业企业关停、搬迁及原址场地再开发利用过程中污染防治工作的通知》（环发〔2014〕66号）等文件，要求保障工业企业场地再开发利用的环境安全。2014年7月，中华人民共和国环境保护部正式颁布了《污染场地土壤修复技术导则》（HJ 25.4—2014）、《污染场地风险评估技术导则》（HJ 25.3—2014）、《场地环境调查技术导则》（HJ 25.1—2014）、《场地环境监测技术导则》（HJ 25.2—2014）四个技术规范，为我国污染场地环境监管工作提供了理论基础与执行依据。2016年5月，中华人民共和国国务院颁布了《土壤污染防治行动计划》（简称“土十条”），为当前和今后一段时期全国土壤污染防治工作指明了方向和奋斗目标。“土十条”在强调改善环境质量的同时，更强调土壤污染风险管控的重要性。因此，基于风险的可持续修复框架体系已成为当前我国污染场地环境管理的研究焦点和亟待解决的重大问题之一。

近年来，我国在污染场地风险管理方面取得了一些进展，但与欧美发达国家相比，我国仍处于起步阶段，缺乏一支对场地土壤与地下水风险进行评估的专业队伍，有待建立基于风险的污染场地环境管理框架体系。因而，作者认为，有必要对场地土壤与地下水污染风险评估技术方法学、暴露概念模型及污染物迁移转化解析模型进行全面和系统的总结，为相关行业的研究人员提供更全面且具有学术研究价值的科学文献资料。本书主要参考了美国《基于风险的矫正行动标准导则》（*Standard Guide for Risk-Based Corrective Action*，ASTM E2081）、英国《CLEA模型技术背景更新文件》（*Updated Technical Background to the CLEA Model*）以及我国《污染场地风险评估技术导则》的风险评估基本理论，详细介绍了污染物在不同环境介质中的分配、迁移和归趋模型，总结了基于“污染源-暴露途径-受体”链的污染场地概念模型构建方法以及污染物理化、毒性、场地特征和暴露等关键参数，系统阐述了国内外不同风险评估导则中污染物迁移和暴露解析模型的背景、公式及场地污染物通用与特定评估基准值的推导方法。

本书是根据作者多年国内外研究与工作经历并在中国土壤学会土壤修复专业委员会组织的五期“污染场地土壤与地下水风险评估技术 HERA 讲座”的基础上编著而成的，参考了大量国内外文献，总结了污染场地风险评估的研究资料和研究成果。本书共分 8 章，总体框架由陈梦舫设计。具体分工如下：第 1 章由陈梦舫撰写，第 2 章由韩璐撰写，第 3 章由钱林波撰写，第 4 章由晏井春撰写，第 5 章由罗飞、韦婧、韩璐、李春平、董敏刚、高卫国撰写，第 6 章由韩璐撰写，第 7 章和第 8 章由陈梦舫撰写。中国科学院南京土壤研究所的研究生陈云、张文影、欧阳达、刘荣琴、苏安琪，科研助理倪浩、李婧以及南京凯业环境科技有限公司的周实际、冉睿予均参与了本书的前期准备、资料整理和校对工作。全书由陈梦舫统稿。

本书在编制过程中得到了中国科学院南京土壤研究所沈仁芳所长，中国科学院科技促进发展局牛栋、周桔处长的关心与悉心指导，在此表示衷心的感谢。感谢英国诺丁汉大学的 Paul Nathanail 教授、布莱顿大学的 Paul Bardos 教授、中国科学院烟台海岸带研究所的骆永明研究员、北京市环境保护科学研究院的姜林研究员、中国环境科学研究院的周友亚研究员、中国地质大学（武汉）的李义连教授、中国科学院土壤环境与污染修复重点实验室的吴龙华研究员、滕应研究员、宋静副研究员、刘五星副研究员对本书编著给予的大力支持和协助。

由于时间仓促以及水平所限，书中难免存在疏漏和不足，希望广大读者和同仁不吝赐教，以利于本书的进一步完善和改进。

陈梦舫

2016 年 12 月 31 日于南京

目 录

第1章 简　　介

1.1 背景介绍

随着我国城市化进程加快、产业结构调整政策的实施，工业企业拆迁遗留场地土壤和地下水的污染问题日益凸显。场地污染的处理结果将显著影响场地再开发后的人居健康安全、生态环境安全及饮用水安全。因此，开展工业企业拆迁遗留场地环境调查、风险评估和修复已成为我国环保工作的新热点。为了加强污染场地的监督管理，中华人民共和国环境保护部于2004年颁布了《关于切实做好企业搬迁过程中环境污染防治工作的通知》，2008年出台了《关于加强土壤污染防治工作的意见》（环发〔2008〕48号）。2011年，环境保护部会同发展和改革委员会、国土资源部联合编制了《全国土壤环境保护规划（2011～2015）》，将土壤环境保护工作上升到国家层面，同年12月，国务院正式颁布了《国家环境保护“十二五”规划》，明确要求“开展污染场地再利用的环境风险评估”，并且“禁止未经评估和无害化治理的污染场地进行土地流转和开发利用”。污染场地风险评估被正式纳入我国环境保护工作的范畴。2012年，中华人民共和国环境保护部、工业和信息化部、国土资源部、住房和城乡建设部共同颁布的《关于保障工业企业场地再开发利用环境安全的通知》（环发〔2012〕140号）以及中华人民共和国环境保护部2014年颁布的《关于加强工业企业关停、搬迁及原址场地再开发利用过程中污染防治工作的通知》（环发〔2014〕66 号）等文件，要求保障工业企业场地再开发利用的环境安全。2014年7月，中华人民共和国环境保护部正式颁布了《污染场地风险评估技术导则》（HJ 25.3—2014）、《场地环境调查技术导则》（HJ 25.1—2014）、《场地环境监测技术导则》（HJ 25.2—2014）等技术规范，为我国污染场地环境监管工作提供了理论基础与执行依据。2016年5月，中华人民共和国国务院颁布了《土壤污染防治行动计划》（简称“土十条”），为当前和今后一段时期全国土壤污染防治工作指明了方向和奋斗目标。“土十条”在强调改善环境质量的同时，更强调土壤污染风险管控的重要性。

开展人体健康与水环境定量风险评估是建立我国城市污染场地管理体系不可缺少的技术手段，也是适合我国国情并走向可持续性土壤与地下水修复及综合环境管理的必然发展方向。基于风险的环境评估体系已经被包括美国和英国在内的许多发达国家广泛应用（ASTM，2000；DEFRA and EA，2004）。目前，国内对污染场地健康与环境风险评估技术理论缺乏系统的介绍和总结，较多环保从业者、管理者、研究者和致力于风险评估专业学习的学生对风险评估理论基础缺乏系统的认知和理解，甚至存在一些认识误区，导致不能将风险评估技术切实有效地应用于学习和实际工作中。因此，有必要对风险评估技术基本理论进行全面和系统的总结，为相关行业的研究人员提供更全面并具有学术研究价值的科学文献资料。

1.2　国际污染场地环境管理框架的演变

欧美污染场地修复产业发展了近40年，随着对污染场地认识的不断提高以及修复技术的持续发展，污染场地环境管理框架体系发生了阶段性的演变。从美国超级基金发展的历史进程来看，共分为3个阶段。

1.2.1　完全清除阶段（1980～1990）

美国在20世纪70年代末期开始关注污染场地，由于当时对污染的危害、迁移机理以及污染介质的复杂性认识不足，因而土壤修复主要采取粗放的基于污染物总量削减的异位修复技术（如填埋），地下水修复主要是抽提技术，并执行严格的通用修复标准（如达到地下水饮用标准或者地表水环境质量标准）（图1.1）。

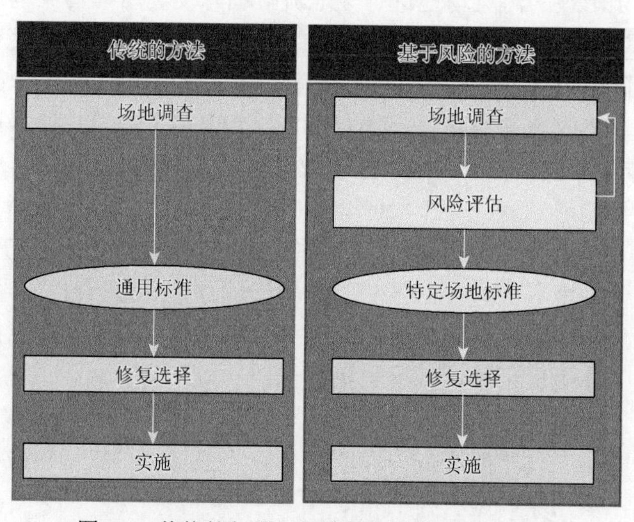

图1.1　传统的与基于风险的环境管理方法比较

然而，经过10多年的实践发现，完全清除理念经济成本大、技术要求高，而在很多情景下无需进行彻底清除。最关键的是对污染介质的非均质性、污染源的鉴定及污染物的迁移转化机制等没有予以足够的考虑与认知，而这些却是影响修复技术选择的关键因子。

1.2.2 基于风险的管理框架阶段（1991～2004）

当人们认识到传统的彻底清除污染物的管理方法的弊端后，基于风险的环境管理方法逐渐被采纳和接受。如图 1.1 所示，基于风险的环境管理方法是在场地调查与修复选择之间增加了风险评估的内容。风险评估一方面可以指导场地调查获取关键场地特征参数，另一方面可通过风险评估对场地污染物的潜在风险进行量化分析，并推导出场地土壤与地下水修复的目标值，从而制定基于风险的污染修复技术方案。此阶段污染场地管理框架以水环境与健康风险为目标，主要强调污染源-暴露途径-受体 3 个要素的关联性，要求对场地进行深入的调查、监测与风险分析并关注修复技术的选择与环境效益。从图 1.2 可以看出，污染源、暴露途径、受体三者必须同时存在才有风险，否则不需要进行修复（如有污染源的存在，但没有环境与健康受体或者无暴露途径将污染物传输到受体位置，则没有风险存在的可能性）。此阶段需要在国家层面上颁布风险评估技术导则并统一风险评估模型标准，由此制定相对保守的土壤与地下水筛选值。

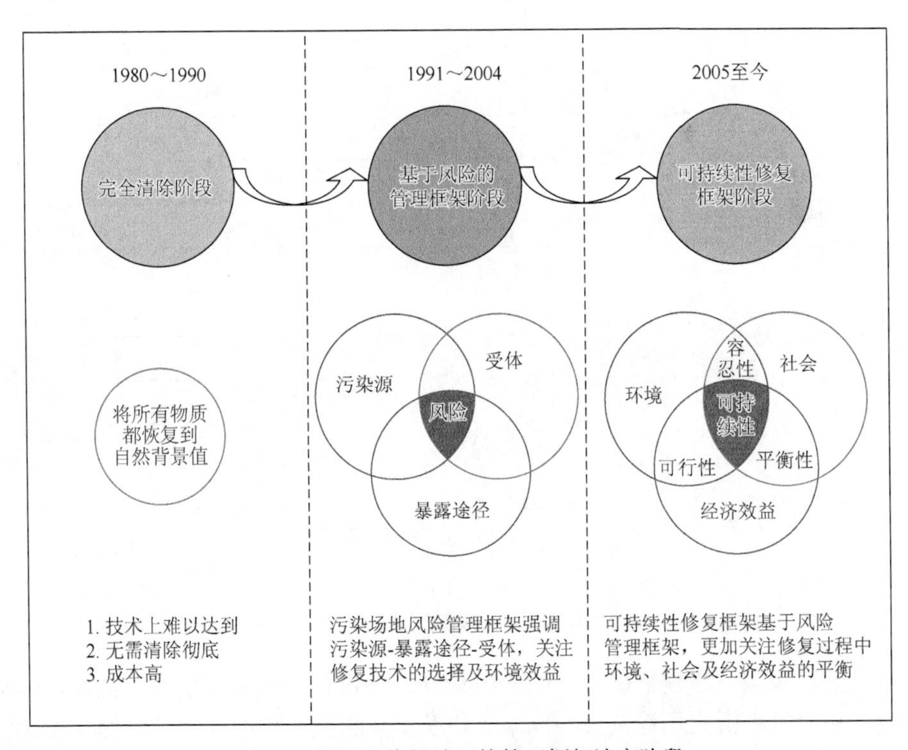

图 1.2 国际污染场地环境管理框架演变阶段

1.2.3 可持续性修复框架阶段（2005至今）

可持续性修复框架以基于风险的污染场地管理框架为核心，此阶段更加关注修复过程中环境、社会及经济效益的平衡。目前，荷兰、英国、美国、加拿大等国都建立了可持续性修复框架，英国（SuRF-UK）还颁布了可持续性修复框架案例分析（http：//www.claire.uk）。2016年4月，在加拿大蒙特利尔主办的第四届国际可持续性修复学术会议上成立了国际可持续修复联盟（International Sustainable Remediation Alliance，IASR），定期讨论可持续性修复框架的最新动态。

从美国超级基金地下水修复技术统计数据（1986～2011）来看，自从基于风险的污染场地环境管理框架实施以来（图1.3），成本昂贵的地下水抽提技术持续减少，而以风险管理为基础的社会制度控制持续上升，原位自然衰减监测技术、生物与物化修复技术已逐步占主导地位。但可持续性修复框架目前正处于讨论阶段，对修复技术的影响还有待观察。

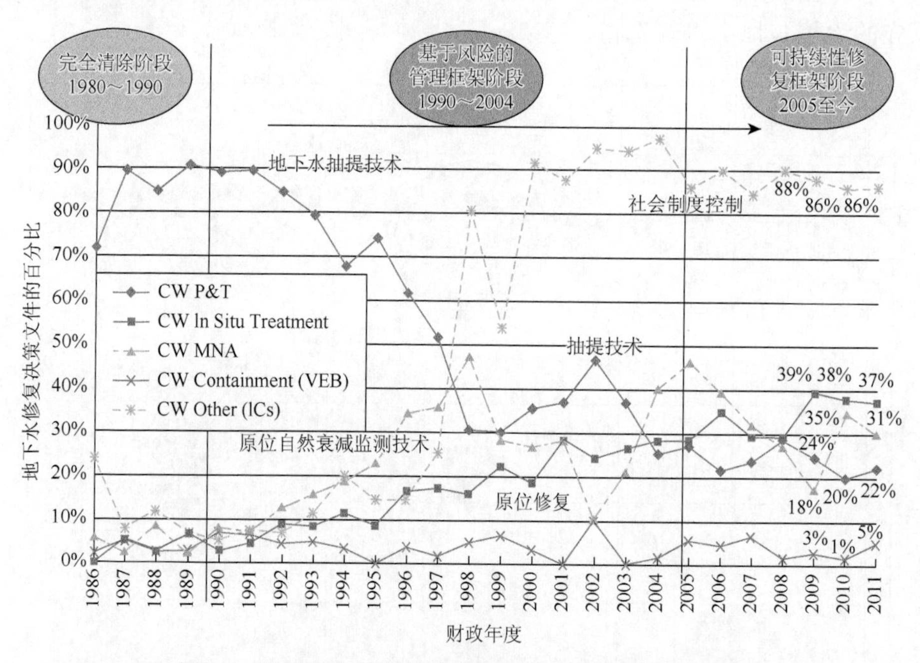

图1.3 污染场地环境管理框架对地下水修复技术的影响

目前，我国亟需建立基于风险的污染场地环境管理框架体系及可持续性修复框架，从而推动污染场地调查、风险评估及修复工程技术的标准化进程，促进污染场地修复产业链的形成与健康发展。

1.3 风险评估研究进展

1983 年，美国国家科学院（National Academy of Science，NAS）提出了健康风险评估的定义与框架，包括危害识别、毒性评估、暴露评估和风险表征四个步骤（NAS，1983）。这对健康风险评估具有里程碑意义，已被许多国家的健康风险评估导则所采用。美国已有 40 多年的场地风险管理经验，其中，美国材料测试学会（Amercian Society for Testing Material，ASTM）颁布的 RBCA E-2081 风险评估技术导则已在美国 40 多个州成功实施（ASTM，2000）；美国国家环境保护局（United States Environmental Protection Agency，USEPA）颁布了一系列技术性文件、导则和指南，系统介绍了环境与健康风险评估的方法和技术，如《暴露风险评估指南》《暴露因子手册》和《超级基金场地健康风险评估手册》等（EPA，1988b，1997b，2004）。美国有毒物质与疾病登记署（Agency for Toxic Substances and Disease Registry，ATSDR）也提出了健康风险评估方法体系。荷兰、英国等欧洲国家的风险评估体系也相继建立起来。英国 1992 年开始研究污染场地暴露评估方法学，直到 2009 年才完善了暴露评估方法学、污染物理化参数及风险评估导则（EA，2008，2009a，2009b），并在此基础上开发了 CLEA（contaminated land exposure assessment）模型，到目前为止，英国只公布了 11 种污染物的土壤指导值（soil guideline values，SGV）。由于土壤指导值过于保守，英国环境、食品及农村区域部（DEFRA）于 2013 年委托英国污染场地实用组织（Contaminated Land Applications In Real Environments，CL: AIRE）制定了第四等级土壤筛选值（category 4 screening levels，C4SL）（CL: AIRE，2013）。欧洲环境署（European Environment Agency，EEA）于 1999 年颁布了环境风险评估的技术性文件，系统介绍了健康风险评估的方法与内容。总体来说，欧美国家已经系统建立了健康与环境风险评估的理论框架与方法，并广泛应用于实际环境污染风险管理工作中。

与发达国家相比，我国对场地风险评估的研究起步较晚，相关技术文件正在逐渐颁布执行且有待完善。2009 年，中华人民共和国环境保护部起草了《工业污染场地风险评估技术导则》，并于 2014 年 7 月正式颁布实施了《污染场地风险评估技术导则》（HJ 25.3—2014），该导则主要参照美国国家环境保护局（EPA，1996，2002）、美国材料测试协会（ASTM，2000）的风险评估导则，适用于制定基于健康风险的场地污染土壤及地下水筛选值，但没有考虑污染物向场外迁移的情景以及基于保护水环境或生态环境的风险评估方法，对建立土壤环境基准的土地规划类型及相关暴露特征、暴露背景值、土壤性质、建筑物及气象因子等缺乏系统性的基础研究，因此，该导则在技术方法和模型考虑上还具有一些局限性。近年来，我国部分省市针对污染场地环境风险评估也颁布了一些地方标准或技术导则，包括北京市《场地环境评价导则》（DB11/T 656—2009）、《场地土壤环境风险评价筛选值》（DB11/T 811—2011）以及《上海市污染场地风险评估技术规范（试行）》《上海市场地土壤环境健康风险评估筛选值（试行）》《重庆场地环境风险评估技术指南》和《浙江省污染场地风险评估技术导则》（DB33/T 892—2013）等，为各地开展风险评估提供了技术支撑，但这些标准中没有对土壤筛选值的来源或计算方法学予以详细的解释与说明。

此外，美、荷、英等国已经分别开发了定量风险评估软件模型工具，包括 RBCA（risk-based corrective action）模型、RISCHUMAN 模型及 CLEA 模型，这些模型在国际范围内已经得到了广泛应用和认可。中国科学院南京土壤研究所在污染场地环境管理方面进行了深入研究（Chen，2010a，2010b；Luo et al.，2014；Wei et al.，2015；Han et al.，2016；陈梦舫等，2011a，2011b；李春平等，2013；董敏刚等，2015），并于 2012 年研发了我国首套污染场地健康与环境风险评估软件 HERA（health and environmental risk assessment software for contaminated sites，version 1.0）（陈梦舫等，2012），该模型软件与我国污染场地风险评估技术导则中的计算方法相符，为国内从业人员开展污染场地定量化人体健康与水环境风险评估提供了便捷、灵活及个性化操作平台，为众多环境管理决策者提供了可靠的管理工具。

1.4 主要内容

污染物跨介质迁移解析模型与暴露模型融合是风险评估技术的理论基础，本书主要综述了美国《基于风险的矫正行动标准导则》（*Standard Guide for Risk-Based Corrective Action*，ASTM E-2081，以下简称 ASTM 导则）、英国《CLEA 模型技术背景更新文件》（*Updated Technical Background to the CLEA Model*，以下简称 CLEA-SR3 导则）以及我国《污染场地风险评估技术导则》（*Chinese Risk Assessment Guidelines*，以下简称 C-RAG 导则）推荐的风险评估基本理论（第 2 章），详细介绍了污染物在不同环境介质中的分配、迁移和归趋规律（第 3 章），总结了基于"污染源-暴露途径-受体"链的污染场地概念模型构建方法以及污染物理化、毒性、场地特征和暴露等风险评估所需的关键参数（第 4 章），系统阐述了国外不同风险评估导则中建立污染物迁移和暴露解析模型的背景及方法（第 5 章），进而总结了推导场地污染物筛选值与修复目标的基本计算方法（第 6 章），最后对国际上几个典型应用模型软件进行了简要介绍（第 7 章）。本书对风险评估技术理论研究和实际应用均具有较高的参考价值，并为场地土壤与地下水污染风险管控提供了理论基础与科学依据。

第2章 风险评估基本理论

2.1 风险评估的定义

美国《超级基金风险评估导则》（*Risk Assessment Guidance for Superfund*，RAGS）中对健康风险评估的定义为：对暴露于实际存在或潜在污染物可能引起的人体健康风险进行定性和定量评估（EPA，1989a，2004）。美国ASTM导则指出，风险评估是为了保护人群健康与环境安全而对场地释放污染物所实施的基于风险的矫正行为（risk-based corrective action，RBCA），该行为包含对污染物释放预测和评估的决策过程（ASTM，2000）。英国CLEA-SR3导则指出，暴露评估是对某种物质的暴露级别、频率和周期，同时伴随对暴露人群数量、特征的预测和量化过程，该导则还特别强调了污染源、暴露途径以及风险评估中的不确定性（EA，2009b）。我国C-RAG导则对健康风险评估的定义为：在场地环境调查的基础上，分析污染场地土壤和地下水中污染物对人群的主要暴露途径，评估污染物对人体健康的致癌风险或非致癌危害水平（C-RAG，2014）。

风险评估是一种灵活的、科学的、具有可操作性的、为污染场地环境管理决策提供理论支撑的技术手段，其方法学必须适用于系列场地和污染物的定性和定量化评估。风险评估技术框架包括多层次分析框架，其过程必须结合场地特征信息，逐渐增加评估体系的复杂程度，最终利用污染场地特征的修复目标来判断该场地是否受到污染，衡量该场地污染程度并决定污染修复终点。风险评估结论的可靠性取决于场地特征数据、国家政策法规、业主与公众的意见、有效数据的专业判断等多种综合因素，因此，对于任何一个特定场地及未来土地规划来说，基于风险的修复目标可能会截然不同。进行风险评估需要掌握的必要信息包括污染物理化毒性特征、场地数据质量、目标风险及危害水平、土地利用类型、地下水利用类型、自然资源保护对象、相关生态受体及栖息地、业主意见和潜在暴露因素等（EPA，1989a）。

2.2 多层次风险评估结构

场地风险评估程序是一个多层次定性与定量相结合的评估体系，也是一个将污染物迁移及暴露模型相结合的综合体系。鉴于社会、经济与环境的可持续发展目标，各国制定的风险评估程序一般都分为2～4个层次，风险管理与决策流程都注重将分阶段场地调查与分层次的风险评估相结合，将场地修复和监测纳入风险评估后的决策体系（DEFRA and EA，2004）。根据英国、美国污染场地风险评估层次结构，风险评估可分为四个层次，并且每阶段都要通过风险评估流程确定污染场地风险，其中评估流程包括问题识别、暴露评估、毒性评估和风险表征，具体评估程序详见图 2.1。

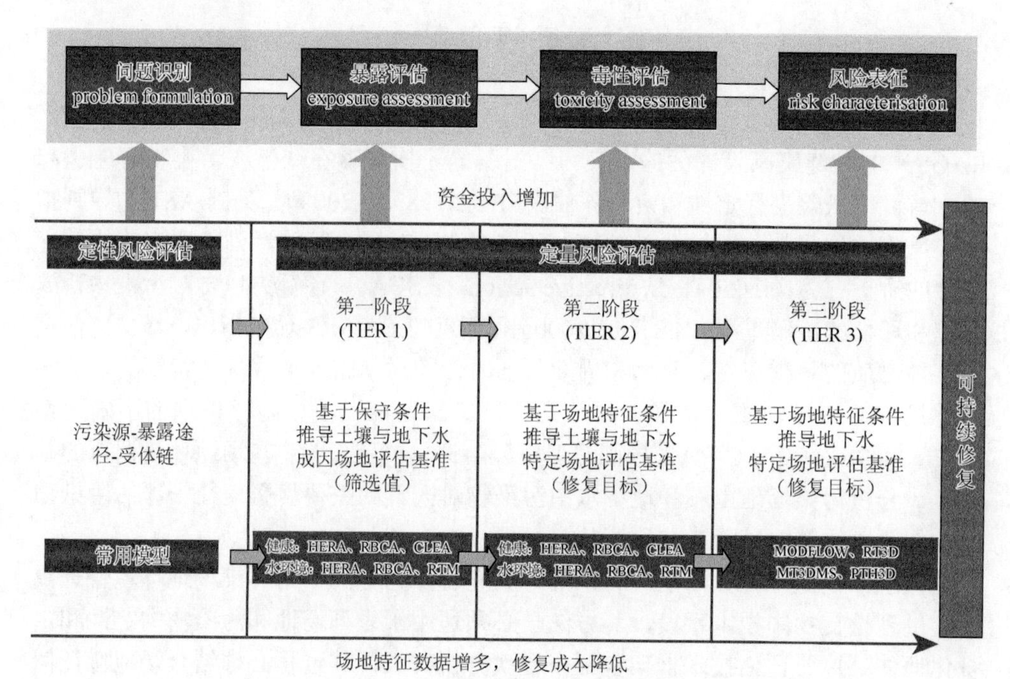

图 2.1　污染场地风险评估流程图

2.2.1　定性风险评估

定性风险评估主要以收集区域与场地地质资料、水文地质资料、现场勘察与人员访谈为主，查明场地废物管理及化学品储存和使用清单、泄漏记录、场地利用类型变迁资料、场内与周边健康与环境敏感受体，并考虑未来土地利用类型，查明污染源与敏感受体之间是否存在污染传输途径，从而建立初步场地概念模型（preliminary conceptual site model），在初步场地概念模型的基础上确定是否存在污染源-暴露途径-受体链。

2.2.2　第一阶段定量风险评估

第一阶段定量风险评估又称为通用定量风险评估（generic quantitative risk assessment，GQRA）。本阶段以详细环境地质与污染调查获取风险评估关键参数为目的，调查内容主要以采样与化学分析为主，查明场地内与周边敏感受体、场地土壤与地下水含水层特征、布置取样点并建立土壤与地下水监测点。通过抽水实验获取含水层渗透系数，通过监测地下水水位确定地下水流向、水力梯度，查明污染物类型及自然衰减产物、浓度和空间分布，并在此基础上建立场地暴露与水文地质概念模型，并通过导则规定的保守参数设置计算土壤或地下水基准值。在第一阶段定量风险评估中，美国ASTM导则一般将此阶段的基准值表达为“基于风险的筛选值（risk-based screening level，RBSL）”，英国CLEA-SR3导则将基准值表达为“国家已颁布的土壤指导值（soil guideline values，SGV）”或者“通用评估标准（generic assessment criteria，GAC）”，美国国家环境保护局将基准值表达为“土壤筛选值（soil screening levels，SSL）”。地下水筛选值通常引用地下水饮用标准或者地表水环境质量标准。因此，在第一阶段定量风险评估中制定的基准值统一定义为筛选值，评估过程一般使用土壤和地下水筛选值与介质浓度比较来确定污染物是否值得关注。第一阶段定量风险评估的目的在于筛选掉无风险或者低风险的污染物，而值得关注的污染物则进入第二阶段定量风险评估，并确定是否需要进行辅助环境地质调查。此阶段可使用国家或者地方颁布的土壤筛选值或使用模型来计算土壤筛选值。

2.2.3　第二阶段定量风险评估

第二阶段定量风险评估为详细定量风险评估（detailed quantitative risk assessment，DQRA）。本阶段在辅助环境地质调查的基础上更新场地暴露与水文地质概念模型，应用场地特征参数，推导土壤或地下水基准值。英国CLEA-SR3导则将该基准值表达为“特定场地评估基准（site-specific assessment criteria，SSAC）”，美国ASTM导则表达为“特定场地修复目标值（site-specific target level，SSTL）”。因此，在第二阶段定量风险评估中，土壤或地下水基准值统一定义为修复目标值，评估过程与第一阶段类同，一般场地污染风险评估工作在此阶段可以结束。目前值得重视的是很多从业人员将第一阶段的筛选值误认为修复目标，体现了对风险评估流程认知的不足。

2.2.4　第三阶段定量风险评估

第三阶段定量风险评估也称为详细定量风险评估（detailed quantitative risk assessment，DQRA），主要关注定量地下水风险评估。此阶段需要以地下水数值模型及水文地球化学模型为基础和工具，进一步更新场地暴露与水文地质概念模型，并进行水均衡分析，确定地下水水流、污染边界及起始条件，构建地下水数值模型，开展校正及模型敏感性分析。应用校正后的模型参数（有效降雨补给、渗透系数、水力梯度）研究污染物在地下水的污染成因、过程及机制，制定具有科学依据与基于风险评估的地下水修复目标，为场地污染修复提供必要的技术参数。

随着评估层次的深入，评估的复杂程度增加，对场地特征参数的要求也不断提高，采用的模型更为复杂，评估成本相应增加，但不确定性下降，修复成本可能会降低。因此，多层次风险评估是实现污染场地绿色及可持续修复的关键。

2.3 风险评估基本流程

污染场地健康风险评估技术是基于人类对暴露污染物毒理学的现有认知而进行的一项模拟评估手段。1983 年，美国国家科学院正式确定了健康风险评估的基本流程，包括危害识别、毒性评估、暴露评估和风险表征四项基本内容（NAS，1983；IPCS，1999）。目前，美国国家科学院提出的健康风险评估理论已被大多数国家所认可。

（1）危害识别：定性判断场地中污染物是否具有潜在健康危害；

（2）毒性评估：建立污染物暴露剂量与致病概率之间的关系；

（3）暴露评估：应用监管控制手段，确定人体暴露于污染物的风险；

（4）风险表征：对污染物引起潜在人体健康风险级别的定量描述，并分析不确定性。

以上各分析过程中均涉及一些关键因素，因而决定了人体健康风险可能受到的干扰程度。科学技术上的判断和政府决策可能都会影响最终的评估结论，同时，风险管理决策也会影响社会和经济的发展问题。

2.3.1 危害识别

危害识别是定性判断人群暴露于某种化学物质是否会引起或增加健康疾病概率（如致癌、先天缺陷等）的过程。尽管污染物暴露导致人体健康现状恶化的直接证据可能并不明显，但可以根据流行病学数据和动物医学实验数据获取污染物致癌或致病的证据。

危害识别首先需要建立对污染物自身毒性特征的认知，不同污染物可能引起的不利健康效应存在巨大的差异。不同污染物可能对人体不同器官产生毒害，甚至有致畸、致癌、致突变的作用。危害效应的识别包括局部毒性（local toxicity）和系统毒性（systemic toxicity），局部毒性是指原场地中污染物暴露对人体健康的潜在危害；系统毒性则是指远离污染场地之外的有害物质产生的潜在健康危害效应（EA，2009a）。无论是对医学研究的经济支持能力还是从道德观点来说，目前都很难直接从人体临床医学研究来获取大量关于人体可接受的化学污染物致癌毒性临界剂量的资料。因此，污染物的毒性剂量-效应数据主要通过动物模拟实验或根据少数人体流行病史的临床数据来获取。污染物的毒性数据来源主要来自4个方面：流行病学数据、动物-生物鉴定数据、试管实验数据、分子结构比较（EA，2009a）。

2.3.2 毒性评估

毒性评估强调环境污染物可能对人体健康产生的危害程度。毒理学家将污染物区分为致癌污染物和非致癌污染物，并分别建立了毒性数据库，评估者借助数据库提供的致癌或非致癌毒性参数对污染物暴露情景进行定量分析。英国CLEA-SR3导则将致癌污染物和非致癌污染物称为非临界效应污染物和临界效应污染物。对于非致癌污染物来说，低于临界浓度的暴露剂量不会引起健康危害，而对于致癌污染物来说，并不存在一个可以确定或假设的临界值，即任何剂量都会产生一定的风险。美国ASTM导则和我国C-RAG导则均采用致癌斜率因子（slope factor，SF）和非致癌参考剂量（reference dose，RfD）两个毒性参数对污染物致癌风险或非致癌危害进行表征；而英国CLEA-SR3导则采用临界污染物的日容许摄入量（tolerable daily intake，TDI）表征非致癌参考剂量，等同于RfD。在英国，RfD并不直接使用，但经常作为TDI输入CLEA模型中。此外，英国并不使用SF描述致癌化合物的毒性参数，如口腔致癌斜率因子（oral slope factor，SF_o）和空气吸入单位风险因子（unit risk factor，URF），而采用非临界污染物的指数剂量（index dose，ID），ID和TDI统称为健康基准值（health criteria value，HCV）。ID与TDI分别用于定义人体慢性暴露于非临界污染物或临界污染物时可接受的暴露浓度，通常以mg/(kg·d)为单位。根据污染物的临界效应和非临界效应特征采用不同的计算公式进行风险评估（详见第6章）。

1. 非致癌效应

在评估非致癌效应时，最常用的毒性指标为非致癌参考剂量。根据暴露途径不同，可以将RfD进行细分，如经口摄入参考剂量（RfD_o）、皮肤接触参考剂量（RfD_d）和呼吸吸入参考剂量（RfD_i）。根据暴露周期的长短，又可以将RfD区分为长期暴露参考剂量和短期暴露参考剂量，风险评估中的RfD一般指长期暴露参考剂量，美国ASTM导则中采用健康建议值（health advisories，HAs）用于1～10天的短期暴露评估。长期暴露参考剂量是指人群（包括亚敏感群体）在长时间（7年至终生）内暴露的日均允许暴露浓度，其不确定性范围可能跨越一个数量级之多。RfD实际上是对人体耐受污染物浓度范围的上限进行取值，但由于人群受体差异性较大，因此RfD的值在一定程度上也存在较大不确定性。对于多数污染物来说，RfD的值只能是估计值，其不确定因素取决于通过实验值外推的程度。

1）经口摄入参考剂量

RfD_o是最基本的非致癌参考剂量参数，多数污染物其他摄入途径的毒性参考剂量数据都来自于RfD_o的推演，只有少数情况下从其他暴露途径获取，如呼吸吸入途径。RfD_o的推荐值依然主要来自于动物实验结果，只有少数数据来自人体临床数据。EPA 规定，RfD_o的确定主要根据发生无可见损害作用剂量（no observed adverse effect level，NOAEL）的上限值确定；少数情况下可以根据政策指导意见，适当采用最低可见损害作用剂量（lowest observed adverse effect level，LOAEL）。但使用 LOAEL 时，需要除以不确定系数（uncertainty factor，UF），UF 取值一般为 10～1000（EPA，1989a）。

2）呼吸吸入参考剂量

推导RfD_i的基本方法与RfD_o相同。但实际上，分析呼吸暴露途径比经口摄入暴露途径更加复杂，一是因为呼吸系统动力学在不同物种之间存在差异，二是因为污染物物理化学性质不尽相同。

呼吸暴露途径中，如果污染物被吸附或分布于整个有机体，受污染物侵害的靶组织可能是呼吸系统的一部分，也可能是呼吸器官以外的器官。利用动物实验数据外推人体毒性数据时，考虑到种间差异对有毒物质的敏感度不同，应除以不确定系数 UF。呼吸吸入参考剂量的表达方式有两种：①呼吸吸入参考浓度（RfC），表示空气中允许存在污染物的浓度（mg/m^3）；②呼吸吸入参考剂量（RfD_i），表示日均单位体重允许呼吸吸入污染物的质量[mg/(kg·d)]。两者之间相互转化时，考虑了成人体重和日均呼吸率（体重为 70 kg，日均呼吸率为 20 m^3/d），计算如公式（2.1）所示。

$$\mathrm{RfD_i} = \frac{\mathrm{RfC} \times V_{\mathrm{inh\text{-}a}}}{\mathrm{BW_a}} \tag{2.1}$$

公式中，RfD_i为呼吸吸入参考剂量，mg/(kg·d)；RfC 为呼吸吸入参考浓度，mg/m^3；$V_{inh\text{-}a}$为成人空气呼吸率，m^3/d；BW_a为成人体重，kg。

2. 致癌效应

致癌效应与非致癌效应不同，并不存在污染物引发人群受体致癌的临界浓度。美国 EPA 认为少数的分子事件就能引发有机体细胞的不可控增生，最终导致临床疾病，因此，致癌效应是一种“非临界效应”，即任何暴露都将会导致致癌风险。对致癌效应来说，EPA 首先对污染物毒性权重证据分类（weight-of-evidence classification），然后进行污染物致癌斜率因子的计算。

毒性分类体现了污染物对人体健康产生致癌效应的可能性，分类以临床实验研究和动物实验研究得到的数据为依据，根据证据的充分性、有限性、不充分性或无明显证据来划分污染物的毒性。目前，EPA 对污染物致癌毒性分类标准与国际癌症研究署的分类标准保持一致（IARC，1982），我国 C-RAG 导则也主要参考这一标准。分类标准如表 2.1 所示。

表 2.1　污染物致癌毒性分类

分类级别	描述
A	人体致癌物（human carcinogen）
B1 或 B2	可能使人体致癌（probable human carcinogen） B1 表示致癌证据有限 B2 表示导致动物致癌的证据充分，但没有证据证实导致人体致癌
C	人体致癌可能性较小（possible human carcinogen）
D	无法归类为人体致癌物（not classifiable as to human carcinogenicity）
E	非人体致癌物（evidence of noncarcinogenicity for humans）

致癌斜率因子是对污染物剂量-风险关系进行定量评估的标准。通常只计算毒性分类标准中 A、B1 和 B2 类型污染物的 SF，根据个别案例的具体情况计算少数 C 类型污染物的 SF。通常情况下，SF 是可能引发单位受体致癌疾病的污染物浓度上限的一个模糊估计值。SF 用于评估单位受体暴露于一定浓度的某种潜在致癌物，在生命周期中引发癌症可能性的上限。需要指出的是，欧盟国家并不接受这种致癌斜率理念，通常使用 TID 来描述致癌污染物的毒性。

致癌效应的毒性值可以有几种表达方式。SF 通常是用剂量-效应曲线 95%置信区间的上限，表达单位为 1/[mg/(kg·d)]，如果外推模型采用了线性分段模型，SF 也可以用公式（2.2）表达。

$$\mathrm{SF}=\frac{\text{风险}}{\text{单位暴露剂量}}=\text{风险}/[\mathrm{mg}/(\mathrm{kg}\cdot\mathrm{d})] \tag{2.2}$$

受体接触污染物时，环境介质中单位浓度的污染物产生的风险称为单位致癌因子（unit risk factor，URF），对于空气或水中单位浓度污染物产生的风险，可以通过 URF 乘以成人体重 $\mathrm{BW_a}$（70 kg），除以成人呼吸率 $V_{\mathrm{inh\text{-}a}}$ 或饮水率 $\mathrm{GWIR_a}$ 来推导，计算如公式（2.3）所示。

$$\mathrm{SF}=\frac{\mathrm{URF}\times\mathrm{BW_a}}{V_{\mathrm{inh\text{-}a}}} \tag{2.3}$$

公式中，URF 为单位致癌因子，$\mathrm{mg/m^3}$；SF 为致癌斜率因子，1/[mg/(kg·d)]；$V_{\mathrm{inh\text{-}a}}$ 和 $\mathrm{BW_a}$ 的参数含义见式（2.1）。

3. 污染物毒性参数来源

毒性参数的引用可以参考多个国际较权威的数据库，其中综合风险信息系统（integrated risk information system，IRIS）是美国国家环境保护局监管发布并实时更新的一个较权威的数据库，涵盖了多种污染物的物理化学和毒性信息。IRIS 数据库中引用的 RfD 和 SF 均为已经验证过的数据或引用自美国癌症风险评估验证协会（Carcinogen Risk Assessment Verification Endeavor，CRAVE）发布的数据，因此，风险评估时一般优先选用 IRIS 数据库公布的毒性参数，只有当 IRIS 数据库的信息缺乏时，才考虑引用其他数据来源。IRIS 数据库中的主要毒性参数包括：

（1）经口摄入和呼吸吸入的慢性参考剂量；

（2）经口摄入和呼吸吸入的慢性致癌斜率因子和单位风险；

（3）官方推荐的饮用水健康建议值；

（4）监管行动摘要（EPA regulatory action summaries）；

（5）急性健康危害和物理化学性质补充信息。

其他可参考的数据库包括健康效应评估总结表（health effects assessment summary tables）（HEAST，1992）、有毒物质和疾病登记处（Agency for Toxic Substances and Disease Registry，ATSDR）毒理文件、得克萨斯风险削减计划（Texas Risk Reduction Programme，TRRP）数据库、EPA 第 3、6、9 区“区域筛选值（regional screening levels，RSL）总表”污染物毒性和理化参数（附表 G 和附表 H）发布的文件等，相关数据库网址详见参考文献。

2.3.3 暴露评估

暴露是指一种化学物质与人体某部分器官或组织的接触过程（EPA，1988a）。判断暴露级别或浓度的方法包括直接检测或估计某种化学物质在有机体交换界面（肺部、内脏、皮肤等）的浓度。暴露评估是对暴露级别、频率、周期和途径进行定性或定量测定或估计的过程。暴露评估可以考虑历史、当前和未来的暴露，对每个阶段采取不同的评估手段。对现阶段的暴露情景可以通过直接测量或在现有条件下采用模拟手段进行暴露评估；对未来的暴露情景可以通过在未来条件下进行模拟预测；对历史的暴露情景可根据已检测的浓度、模拟过去的浓度或检测有机体组织内的化学物质浓度进行判断。一般情况下，对当前或未来暴露的评估较为普遍。

暴露评估主要集中于分析暴露情景及暴露途径。暴露情景是指在特定土地利用方式下，场地中污染物经由不同暴露路径迁移、接触受体人群的情景。理论上，暴露评估描述了污染源、暴露途径和受体以及评估过程中的不确定性（IPCS，2004）。无论化学污染物具有何种危害性，如果污染物不存在接触到受体的暴露途径，便不会引起健康风险。风险时刻与暴露联系在一起，因此，当考虑风险时首先必须评估有害化学物质的暴露场景和暴露途径。暴露评估的基本组成部分包括确定暴露场景特征、暴露途径识别、暴露定量计算三个部分，具体流程如下所示。

（1）确定暴露场景特征：暴露评估通常包括对暴露场景特征和暴露人群特征的评估，基本的场地特征包括当地气候（如温度、降雨）、气象（风速、风向）、农业生产（耕地、林地、草地）、水文地质条件（土壤类型、含水层特征）、地表水等信息。暴露人群特征包括可能受到污染物影响的位置、人群活动模式以及潜在敏感受体。

（2）暴露途径识别：潜在暴露人群可能通过多种途径与污染物接触，并且在不同的暴露途径下，污染物与暴露受体的相互作用机制不同。暴露途径的识别应考虑污染源、释放途径、污染物类型、污染物潜在迁移和归趋特性（包括持久性、分配、迁移和转化）以及潜在暴露受体的活动模式、暴露点、暴露受体与污染物的接触方式（如摄入、呼吸等）等多种因素。

（3）暴露定量计算：包括暴露浓度、暴露频率和暴露周期的定量计算。暴露浓度是指在整个暴露周期内污染物可能与受体接触的浓度。如果暴露发生在一段时间内，那么总暴露量除以暴露时间得到的则是单位时间内的平均暴露率。平均暴露率也可以是人体体重的函数，因此，由时间和体重标准化的暴露率被定义为“单位受体日均暴露量（average daily exposure，ADE）”，即单位时间内单位体重接触污染物的剂量[mg/(kg·d)]。ADE 的计算取决于暴露浓度、接触率、暴露频率、暴露周期、体重和平均作用时间。

1. 确定暴露场景特征

确定暴露场景特征首先要掌握场地相关的物理信息，主要包括：

（1）气候（如温度、降雨量）；

（2）气象（如风速、风向）；

（3）地质构造（如地层结构与分布，基岩的位置）；

（4）农用地类型（如未开垦土地、林地、草地）；

（5）土壤特征（如土壤类型、有机质含量、酸碱度）；

（6）水文地质特征（如含水层埋深、地下水流向、含水层类型）；

（7）地表水特征（如地表水类型、水流速度、盐分）。

以上信息主要根据前期相关资料调研、场地调查或初步评估分析来获取。基础数据信息可以通过查询全国或局部地区地质调查数据、地质剖面图、卫星数据库等获取，也可以咨询相关专业人员。

暴露评估的另外一个重要任务是确定潜在暴露人群的特征，主要包括确定暴露人群的日常活动场所、活动模式及潜在敏感群体。敏感人群的活动场所可能位于污染场地之上或者在污染场地附近，在这些地点人群接触污染物受到的潜在危害程度最大。对于污染场地之上的暴露人群比较容易识别，但对于场地附近的暴露人群则可能通过饮用地下水、食用河流中的鱼类、食用污染场地上种植的农作物等途径接触污染物，也可能由于污染物随地下水迁移到场地周围而使附近人群受到健康危害。

暴露人群根据不同用地类型具有各自特征，用地类型主要可以分为两大类：居住用地和工商业用地。暴露人群特征信息主要包括暴露频率（如工商业用地的人群一般工作 8 小时，而居住用地上的人群最大暴露时间为 24 小时）和活动模式（如工商业用地上，室内办公的工作人员在室内暴露的时间更长，而建筑工人则主要暴露于室外情景）。风险评估针对的暴露人群是根据该场地用地类型来决定的，如果是针对当前场地状况进行评估，则要考虑当前的暴露人群；如果是针对场地未来二次开发后的状况进行评估，则需要考虑未来用地类型下的暴露人群，未来用地类型则根据未来用地规划决定；如果一块场地中存在不同的用地类型，则应该根据不同的用地类型分别考虑暴露人群的特征。暴露人群中有一些较为敏感的受体，包括婴幼儿、孕妇、老人以及患病人群，他们长期暴露于污染的环境下，产生健康风险的概率将更高，因此，如果在评估的场地中有这些特殊敏感人群，应该予以额外关注。我国风险评估技术导则中，暴露情景针对的受体包括：敏感用地方式下，考虑儿童与成人均可能会长时间暴露于污染物，致癌效应下根据儿童期和成人期的暴露来评估污染物的致癌风险，非致癌效应下根据儿童期暴露进行评估；非敏感用地方式下，主要的暴露受体为成人，通常根据成人期的暴露进行风险评估。而我国土地利用类型多元化，相关暴露特征还有待进一步研究。

2. 暴露途径识别

暴露途径识别通常包括四个因素：①污染源及化学物质释放机理（source and mechanism of chemical release）；②滞留或传播介质（retention or transport medium）或参与污染物转化的介质（media in cases involving media transfer of chemicals）；③潜在暴露受体与污染介质接触点（定义为暴露点）；④暴露途径（如经口摄入途径）。在某些情况下，首先被污染的介质也可以成为其他环境介质的污染源（如由于泄漏导致污染的土壤，可以成为地下水或地表水污染的源头）；而在其他情况下，污染源本身（如贮水池、污染土壤）作为直接暴露点，但不会向其他介质释放污染，此种情况中，暴露途径主要包括污染源、暴露点和暴露路径（EPA，1989a）。

1）污染源及受纳介质识别

表 2.2 列举了一些典型污染物释放源、释放机理和受纳介质（EPA，1989a）。暴露途径识别过程中必须结合场地监测数据和场地信息，分析污染物在不同时间（过去、现在、未来）内可能产生的风险，例如，假设场地中土壤污染源位于一个

老旧的蓄水池附近，那么蓄水池（污染源）未来可能发生破裂或泄漏（释放机理）将污染物释放到地下（受纳介质）。除了原污染源，在暴露途径识别过程中必须要注意任何可能成为暴露点的污染源（如开放式储油罐、蓄水池、地表废弃物堆放或污水池、污染土壤等）。

表 2.2　典型污染物释放介质、释放机理和受纳介质

受纳介质	释放机理	释放源
空气	挥发作用	地表-废水池、池塘、加油站、管道泄漏 污染的地表水、土壤、湿地
地表水	粉尘扩散 地表径流 短时性坡面漫流 水力联系	污染地表土壤、废物堆放 污染地表土壤 蓄水池漫流、管道泄漏 污染地下水
地下水	淋溶作用	地表废物或填埋废物 污染的土壤
土壤	淋溶作用	地表废物或填埋废物
沉积物	地表径流 短时性坡面漫流	地表-废水池、池塘、加油站、管道泄漏 污染的地表水、土壤、湿地
生物群落	摄入（直接接触、经口、呼吸吸入）	污染土壤、地表废物、沉积物、地下水、空气或生物群落

2）污染物的迁移和归趋评估

评估污染物的迁移和归趋行为能够较好地预测污染物在未来的暴露情形，有助于评估者建立污染源与当前污染介质之间的关系。暴露评估在本阶段对污染物的迁移和归趋分析是一个定性过程，主要用于判断污染物迁移之后的潜在受纳污染物的环境介质。评估者应重点关注污染物在污染源和环境中的变化、当前污染物存在于何种介质中、未来污染物将存在于何种介质中以及发生何种变化。

污染物被释放到环境中后，可能发生一系列迁移转化行为，主要包括：

（1）迁移，如随水流向下游迁移、悬浮于沉积物中或者扩散进入大气环境；

（2）物理转化，如挥发或沉降；

（3）化学转化，如光解、水解、氧化、还原等；

（4）生物转化，如生物降解；

（5）在一种或多种介质中累积，包括受纳介质。

为了确定特定场地中关注污染物的迁移和归趋，首先要获取相应污染物的物理化学性质信息和环境介质特征，利用计算机模拟和参阅文献等手段判断污染物的迁移转化规律。表 2.3 列出了污染物迁移归趋行为中涉及的典型参数及其用途。

表 2.3　污染物特定迁移归趋参数

参数名称	符号	描述
有机碳-水分配系数	K_{oc}	用于表征外源污染物在有机碳-水之间分配平衡的值。K_{oc} 值越高，污染物越容易被固定于土壤或沉积物中，而非存在于水相中
土壤（沉积物）-水分配系数	K_d	用于表征外源污染物在土壤（沉积物）-水之间分配平衡的值，未经过有机碳含量校正。当 K_d 经过土壤（沉积物）中有机碳含量（f_{oc}）校正，则 K_d=K_{oc}×f_{oc}。K_d 值越高，污染物越容易被固定于土壤或沉积物中，而非存在于水相中
辛醇-水分配系数	K_{ow}	用于表征外源污染物在辛醇-水之间分配平衡的值。K_{ow} 值越高，污染物越容易分配到辛醇相中而非水中。辛醇作为脂质（脂肪）的替代物，因此 K_{ow} 可以用于评估污染物在水生生物中的生物累积浓度
溶解度	S	为污染物在特定温度下能够溶解于水中的最大浓度，当溶液浓度超过溶解度时，表明可能出现化学溶剂的增溶作用，或出现了非水相液体
亨利定律常数	H	用于表征外源污染物在空气和水之间分配平衡的值。H 值越大，表明污染物越容易挥发到空气中
蒸气压	P_v	指污染物的气相与其固相或液相分配平衡时产生的压力，用于计算纯物质在其表面的挥发速率
扩散系数	D	描述污染物分子在液相或气相中运动导致的浓度差异，用于计算污染物迁移后的扩散成分。污染物的扩散性越强，越可能按照浓度梯度运动
生物浓度因子	BCF	描述外源污染物在生物介质（如鱼的组织或植物的组织）与其他介质（如水）中的分配平衡。BCF 值越高，污染物在生物组织中的累积量越多
特定介质半衰期	λ	用于表征污染物在特定介质中的持久性，尽管其实际半衰期可能由于场地特定条件的差异性而变化较大。半衰期越长，表明污染物在介质中的持久性越长

此外，场地特征参数将影响污染物的迁移转化规律。例如，土壤含水量、有机质含量、阳离子交换能力等能够显著影响较多污染物的迁移能力。如果地下水埋深较浅，将会增加污染物通过土壤淋溶作用导致地下水污染的风险。风险评估过程中，应尽量使用有效的化学参数和场地特征信息评估污染物在多介质间的迁移或在单一介质中的累积（滞留）行为，利用监测数据判断当前的污染介质或根据其迁移归趋识别当前或未来的潜在污染介质。

3）识别暴露点和暴露途径

暴露点的识别取决于潜在暴露受体与污染介质的接触位置，需考虑污染区域内人群的位置与活动模式，同时需要特别关注敏感群体。任何与污染介质接触的地点都可以成为暴露点，尽力识别这些暴露点中潜在暴露浓度最高的位置。若场地当前处于运营状态，或者受体与场地污染物的接触没有限定距离或其他条件，那么场地中任何污染介质或污染源都可能成为潜在暴露点。对于潜在的离场受体，最高暴露浓度可能出现在地下水下游或下风向离场地最近的位置。某些情况下，暴露也可能发生在离场地较远的地点，如污染物通过大气沉降作用迁移到离场地较远的水体中，然后再被水生生物通过生物累积作用聚集在体内。

确定暴露点之后，进而识别潜在的暴露途径。根据暴露点的人类活动模式和污染介质，人体暴露于化学污染物的主要途径包括：

（1）经口摄入污染的土壤/颗粒物、自产农作物、经口饮用地下水；

（2）经皮肤吸收污染物；

（3）经口鼻呼吸吸入的表层土壤污染颗粒、吸入土壤或地下水中挥发性有机气体。

3. 暴露定量计算

单位受体日均暴露量（ADE）的通用计算如公式（2.4）所示，此公式为国际上普遍采用的风险评估基本理论计算方法（Chen，2010a，2010b；ASTM，2000；EPA，1996，2002；Lijzen et al.，2001）。

$$ADE = \frac{IR \times EF \times ED}{AT \times BW} \tag{2.4}$$

公式中，ADE为单位受体日均暴露量，mg/(kg·d)；IR为日均污染物摄入/吸入率，mg/d；EF为暴露频率，d/a；ED为暴露周期，a；BW为体重，kg；AT为平均作用时间，d。

土壤中的污染物可能通过不同暴露途径接触到受体，而暴露途径则根据场地的用地类型决定，因此，ADE的计算见公式（2.5）。

$$ADE = \frac{IR_{ing} \times EF_{ing} \times ED_{ing}}{AT \times BW} + \frac{IR_{inh} \times EF_{inh} \times ED_{inh}}{AT \times BW} + \frac{IR_{der} \times EF_{der} \times ED_{der}}{AT \times BW} \tag{2.5}$$

公式中，下角标ing、inh、der分别代表经口摄入、呼吸吸入和皮肤接触途径，其他参数含义见公式（2.4）。

化学污染物的摄入率（吸收率）等于环境介质（土壤/水/食品/空气）中污染物浓度乘以受体日均摄入环境介质的量，如受体日均摄入土壤中镉的量等于土壤中镉的浓度乘以受体日均摄入土壤的量；受体日均吸入苯的量等于空气中苯的浓度乘以受体日均呼吸率。

环境介质（土壤/水/食品/空气）中污染物的浓度可通过实际监测来获取，也可以根据污染物的迁移归趋模型拟合来估计。受体直接与污染介质接触时（如经口摄入土壤/颗粒物、饮用地下水等），可以直接利用监测数据计算受体的日均暴露量；当受体通过间接作用与污染物接触时（如污染地下水发生侧向迁移后被饮用、土壤或地下水中挥发性有机气体垂向迁移进入空气中被吸入等途径），则需要通过迁移归趋模型模拟估算污染物发生迁移后的浓度，以此估计值评估受体的日均暴露量。在模拟计算过程中有一个重要假设，即土壤污染物的浓度在整个暴露周期中保持恒定，尽管污染物的自然降解或扩散作用可能降低地表或近地表土壤中污染物的浓度，但其衰减速率与场地特定条件密切相关，极不容易预测。由于风险评估的基本原则必须适用于多数场地的评估情景，因此一般不考虑污染物的降解过程。

暴露频率（exposure frequency，EF）代表着一年中发生暴露事件的天数，其与化学污染物的暴露量密切相关。如呼吸吸入室内颗粒物的频率是365 d/a，即房主人每天都在室内呼吸吸入颗粒物。概念模型中，每种暴露途径都有相应的暴露频率。EF 通常根据用地类型来推算，但有些暴露频率必须考虑化学物质摄入/吸收率的推导方法。

ADE 的计算取决于化学物质被摄入/吸收的特定暴露周期（exposure duration，ED），风险评估过程普遍模拟污染物的慢性暴露过程，即低剂量污染物的长期暴露，而不适用于评估污染物短期急性暴露（ED<1 年）导致的健康风险。ED 在暴露评估中是一个非常关键的参数，取决于概念模型的设置。英国 CLEA-SR3 导则规定暴露周期范围为1～75年，并细分为18个暴露周期，其中1～16岁中的每一年为一个暴露期，16～65岁和65～75岁分别为两个暴露期，同时根据不同暴露周期设置相应的暴露参数。受体的物理特征（如体重）或其他暴露参数可能随着年龄的变化而改变，例如，儿童的土壤摄入率与成人的摄入率明显不同。美国 ASTM 导则将暴露情景分为住宅和非住宅两类，暴露周期根据致癌和非致癌效应分别设置，致癌风险考虑终生70年危害效应，非致癌危害考虑暴露期30年内的危害，其中儿童期6年，成人期24年。我国 C-RAG 导则对于暴露周期的设置基本与美国相同，但是对致癌风险的暴露周期设定为72年。

由于某些实际原因，需要考虑暴露在特定时期内的累积。理想状态下，暴露周期应该足够短以确保污染物的暴露量不会超过健康允许参考剂量，然而模拟环境中的暴露不确定性和变异性将很难保证这种推论的可靠性。风险评估中，采取了一个折中办法，当只有儿童作为关键受体时，只考虑儿童期的暴露，而不是终生暴露（EPA，1996，2002）。因此，当土壤中污染物浓度等于或小于筛选值时，几天乃至几周的短期超标仍然可能发生。这种超标现象是否严重影响人体健康，需要更详细的场地信息或污染物毒性数据来支撑。上述讨论主要考虑了暴露背景下受体的敏感性。而对某些污染物来说，根据它们的毒性不同，暴露周期可能需要设置得更长或者更短。

暴露频率和暴露周期共同决定暴露的总时间，同时它们受到场地特征条件的影响。如果具备有效的统计数据，则使用暴露时间的95%置信水平上限值；如果缺乏统计数据（通常情况如此），则使用合理的、较为保守的暴露时间估计值。美国早期曾使用全国统计数据的90%置信水平上限或平均值作为居住用地类型的暴露时间（EPA，1989b），然而在某些场地上应用上述统计数据时，可能导致实际的暴露时间被低估，但上限值（30年）可以作为居住用地的暴露周期用于计算合理的最大化暴露值。在某些情况下，终生暴露（保守条件下为70年）可能是更合理的假设。如果受体处于长期暴露情形下（如一年内每天食用河里的鱼），那么暴露频率应设为 365 d/a。

体重是指暴露时间内受体人群的平均体重。如果暴露发生在儿童期，那么儿童群体的平均体重将被用于评估过程。在某些暴露途径下，如经口摄入暴露可能发生在整个生命周期，但主要暴露发生在儿童期（由于儿童日均摄入土壤率较高），在这种情形下，则需要根据各自年龄段的体重和污染物摄入率分别计算日均暴露量。

平均作用时间（averaging time，AT）的选择取决于污染物的毒性效应。当评估受体暴露于慢性有毒物质时，日均暴露量通过累积暴露量在暴露时间内的平均化计算得到（如一天或单次暴露事件的时间）。对于急性污染物的暴露，日均暴露量等于总暴露量除以能产生毒性效应的最短暴露时间，通常为发生单次暴露事件的作用时间或一天。当评估长期暴露于非致癌污染物时，日均暴露量通过在整个暴露时间的平均化计算得到（即慢性或亚慢性日均摄入）；对于致癌物的慢性暴露评估，日均暴露量通过暴露时间内累积的浓度除以终生暴露周期计算得到（即慢性日均摄入，也称为终生日均暴露）。对致癌污染物的评估方法的基本假设为，短时间内暴露的高剂量污染物等同于终生暴露于低剂量的污染物中（EPA，1986）。当暴露浓度较高但是暴露频率较低时，这种评估方法会受到质疑，尤其是当有证据表明短时间高强度暴露会对受体产生致癌效应时，采用该评估方法可能会存在问题。因此，在某些情况下，需要咨询毒理学专家以评估暴露于致癌物的不确定性。在风险评估报告中的暴露评估和风险表征部分应对不确定性进行讨论。

2.3.4　风险表征

风险表征是对致癌污染物或非致癌污染物在不同暴露途径下可能产生的致癌风险或非致癌危害指数做定量分析，定义为“在暴露评估中所描述的各种人体暴露情景下，评估健康效应发生概率的可能性”（EPA，1989a）。风险管理者可利用此风险评估结果来提出控制风险的建议或实施污染修复的策略，或将健康风险特征告知公众，说明发生潜在不良健康效应的相关人群种类、大小及可能性。所有化学污染物都有可能引起健康危害效应，这取决于暴露的周期和人体摄入污染物的浓度水平（EA，2009a）。

1. 致癌风险

对致癌污染物来说，致癌风险（carcinogenic risk，CR）用于估计单一受体由于受到潜在致癌物的暴露而导致其在一生中致癌概率增加的可能性。致癌斜率因子（SF）是用于表征致癌风险的重要毒性参数，它能够将受体终生内暴露的日均暴露量直接转化为受体潜在致癌的风险概率。受体在污染场地上活动，极可能受到低剂量污染物的慢性暴露，因此假设此时的剂量-效应关系满足多阶段模型中的低剂量-效应线性关系，并假设 SF 为常数，且风险直接与暴露量相关。因此，致癌风险与暴露量之间的线性相关关系通常被用于评估致癌污染物的潜在健康风险，如公式（2.6）所示。美国 ASTM 导则根据风险的高低采用了不同的预测公式。当风险较低时（风险＜0.01），公式（2.6）有效；当风险高于 0.01 时，需采用公式（2.7）进行风险计算。

$$CR^k = ADE^k \times SF_k \tag{2.6}$$

$$CR^k = 1 - \exp(-ADE^k \times SF_k) \tag{2.7}$$

公式中，CR 为产生致癌风险的概率，无量纲；ADE 的参数含义见公式（2.4）；SF 的参数含义见公式（2.2）；exp 为指数形式；k 为暴露途径。

由于致癌斜率因子的值通常是根据动物实验数据的 95%置信区间上限确定，对风险的评估通常是对上限边界的预测，因此有理由相信真正的风险不会超过通过模型预测的风险。

场地污染物也可以通过多种途径暴露于受体人群，此时需考虑多暴露途径下污染物产生的总致癌风险，计算如公式（2.8）所示。

$$CR_T = \sum CR^j \tag{2.8}$$

公式中，CR_T 为总致癌风险，无量纲；CR^j 为污染物在第 j 条暴露途径下产生的致癌风险。

2. 非致癌危害商

非致癌危害商（noncarcinogenic hazard quotient，HQ）用于表征非致癌污染物对受体的潜在健康危害，该指标不是以单一受体可能承受不利健康影响的概率来表达，而是以特定周期（如终生）内的日均暴露量与参考剂量的比值作为衡量指标，计算如公式（2.9）所示。

$$HQ^k = \frac{ADE^k}{RfD_k} \tag{2.9}$$

公式中，HQ 为危害商，无量纲；RfD 为参考剂量，mg/(kg·d)；ADE 的参数含义见式（2.4）。

非致癌危害商假设当日均暴露量低于参考剂量时（即 HQ＜1），污染物对人体健康产生负面影响的可能性较小；若 HQ＞1，则表明具有潜在健康危害效应，需要深入调查与评估或者实施风险管控措施。但是，ADE/RfD 的比值不代表统计概率事件，例如，当 HQ=0.001 时，并非表示 1000 人中可能有 1 人受到健康危害。需要强调的是，当日均暴露量接近或超过 RfD 时，需要关注的水平并非线性增加，因为此时 RfD 并不能精准地反映日均暴露量增加后其毒性效应也相应增加。因此，当日均暴露量超过 RfD 后，不同污染物的剂量-效应曲线斜率变化范围很大。

当考虑污染物的非致癌效应时，还应该考虑来自于污染源以外的背景暴露，如空气环境污染和日常其他活动接触到有害化学物质产生的暴露。英国 CLEA-SR3 导则将容许日均土壤摄入量（tolerable daily soil intake，TDSI）定义为日均摄入量（TDI）与非土壤背景暴露量（ADE_{MDI}）之差（EA，2009a），如公式（2.10）和公式（2.11）所示。

$$TDSI = TDI - \frac{IR_{MDI} \times EF \times ED}{BW \times AT} \tag{2.10}$$

$$IR_{MDI} = MDI \times CF_{MDI} \tag{2.11}$$

公式中，TDSI 为允许日均土壤摄入量，mg/(kg·d)；TDI 为允许日均摄入量，mg/(kg·d)；IR_{MDI} 为非土壤污染源的污染物摄入率，mg/d；MDI（mean daily intake）为成人通过经口或呼吸途径日均摄入污染物的量，mg/d；CF_{MDI} 为校正因子，用于计算年轻受体日均摄入污染物的量，无量纲；EF、ED、BW、AT 的参数含义见公式（2.4）。

在某些情形下，ADE_{MDI} 占 TDI 的比例可能较高甚至超过了 TDI，此时将无法计算土壤的筛选值或修复目标值（Chen，2010a）。因此，英国环境保护局规定 ADE_{MDI} 的值最高不能超过 TDI 的 50%（Chen，2010b）。美国 ASTM 导则中并没有考虑非土壤背景暴露因素。我国 C-RAG 导则还没有关于非土壤背景暴露量的具体描述和规定，按照欧美国家导则及经验，若无非土壤背景暴露参考值，则按照参考剂量分配比率（relative allocation factor，RAF）计算，C-RAG 导则中 RAF 取值为 0.2。当考虑非土壤背景暴露时，HQ 可通过公式（2.12）计算。

$$HQ^k = \frac{ADE^k}{RfD_k \times RAF} \tag{2.12}$$

公式中，RAF 为参考剂量分配比率，无量纲；RfD 的参数含义见公式（2.9）；ADE 的参数含义见公式（2.4）。

3. 复合污染物的累积风险或危害指数

多数污染场地为复合污染物共存的情形，因此可能存在多种污染物的累积风险效应，逐一评估单一污染物的潜在风险或危害商可能显著低估几种物质同时暴露产生的风险。

对于污染物的致癌效应，计算方法采用了精确方程的近似方程，它考虑了同一受体暴露于两种以上致癌物形成癌症的联合概率，当总致癌风险低于 0.1 时，近似方程与精确方程之间的差异性可以忽略不计，因此累积风险采用了简单的加和公式，如公式（2.13）所示。

$$CR_T = \sum CR_i \tag{2.13}$$

公式中，CR_T 为总致癌风险，无量纲；CR_i 为第 i 种物质产生的致癌风险，无量纲。

公式（2.13）假设受体摄入单一污染物的剂量较小，且污染物之间不发生相互作用，即污染物之间不存在协同或拮抗作用，并且所有污染物产生相同的致癌影响。若实际情形与假设不符，则将出现风险的高估或低估情形。一般可以考虑风险叠加的致癌污染物包括部分多环芳烃、有机氯农药、二噁烷或者类似二噁烷类有机物。

对于非致癌效应来说，复合污染物产生的健康危害是假设几种污染物同时发生的亚阈值暴露可能产生不利健康的影响，同时假设不利健康影响级别将随着亚阈值暴露与可接受暴露浓度比值加和的增大而成比例增大。危害指数（hazard index，HI）等于不同暴露途径下产生的 HQ 之和，计算如公式（2.14）所示。

$$HI = \sum HQ^{j} \tag{2.14}$$

公式中，HI 为危害指数，无量纲；HQ^{j} 为污染物第 j 条暴露途径下产生的危害商。

当 HI＞1 时，表示具有潜在健康危害。当单一污染物的 HQ＞1 时，则 HI 一定大于 1，但是即使单一污染物的 HQ＜1，累积加和之后，还是可能导致 HI＞1。

HI 的计算方法同样受到一些因素限制。上文已经提到日均暴露量接近或超过 RfD 时，需要关注的水平并没有随日均暴露量的增加而线性增加，而且，危害商集合了各种毒理学意义的关键影响因素；多数情况下，不同置信水平下的 RfD 包含的不确定性因素各异，基于动物实验数据的修正因子也不同。此外，还存在另一个限制因素，剂量效应的叠加最适合具有相同影响机制的污染物，但 HI 的计算并非只针对具有相同影响机制的污染物，而是包含了一系列污染物的健康危害效应。尽管在保守程度上此种方法是可行的，但如果叠加后的危害商主要来自其中一到两种污染物的贡献，其他污染物则可以不用刻意关注。

2.3.5 不确定性分析

尽管可以通过观察和监测来判断人群暴露于土壤污染所产生的风险，但多数人体健康风险评估还是依赖于暴露评估模型的预测（DEFRA and EA，2004）。风险评估结果取决于对污染源如何引起风险的理解、污染物在环境中的迁移和归趋以及科学和社会方面的活动行为影响，当对潜在风险的考虑不全面或模拟结果不能准确代表真实情况时，以上所有因素均能产生不确定性。对风险和暴露的量化将引起多方面的不确定性及变异性，它们对评估结果的影响都值得关注（DETR，2000；IPCS，2005）。

不确定性是由于风险评估过程中对某些特定因素缺乏认知而引起的，主要包括参数不确定性、模型不确定性和情景不确定性（DEFRA and EA，2004）。

（1）参数不确定性与评估过程中所有参数都可能有关，包括采样、分析和系统误差等。例如，土壤中污染物的浓度或通过场地上方的风速都可能产生不确定性。

（2）模型不确定性与采用的模型能够模拟真实世界的程度有关，模型本质上是对真实情况的简化，以帮助我们理解和预测真实体系。

（3）暴露情景的不确定性与暴露评估中概念模型的限制条件有关。例如，使用简单的假设来评估相对复杂的现实情景及考虑众多的社会与经济条件等。

实际暴露受体人群结构的变异性同样会引起风险评估的不确定性（EPA，1997a）。与上述描述的不确定性不同，变异性不能通过深入研究来减少，只能更好地描述和理解，例如，通过增加人群样本的采集数量，可以更加准确地掌握体重随性别和年龄的变化规律。

第3章 污染物环境迁移归趋

3.1 污染物三相分配行为

污染物在土壤中的分配作用是其在土壤系统中迁移转化的起点，包括污染物在矿物和有机颗粒以及孔隙空间的空气/水中的分配作用。土壤系统是一个非均质的复杂体系，包括矿物、有机固体颗粒和气体。污染物可以通过长期扩散、沉积、自然矿化作用进入土壤系统，也可以通过管道或水池泄漏等短期释放高浓度的方式进入土壤系统。污染物进入土壤系统后可以在固相、液相和气相介质之间发生不同的分配和迁移行为，例如，土壤中的金属可以至少以五种形态存在，包括结晶态、沉淀态、可交换离子态、有机螯合态以及生物结合态（Alloway，1995）。污染物也可以溶解于水中或挥发到包气带土壤的孔隙中。如图 3.1 所示，不同介

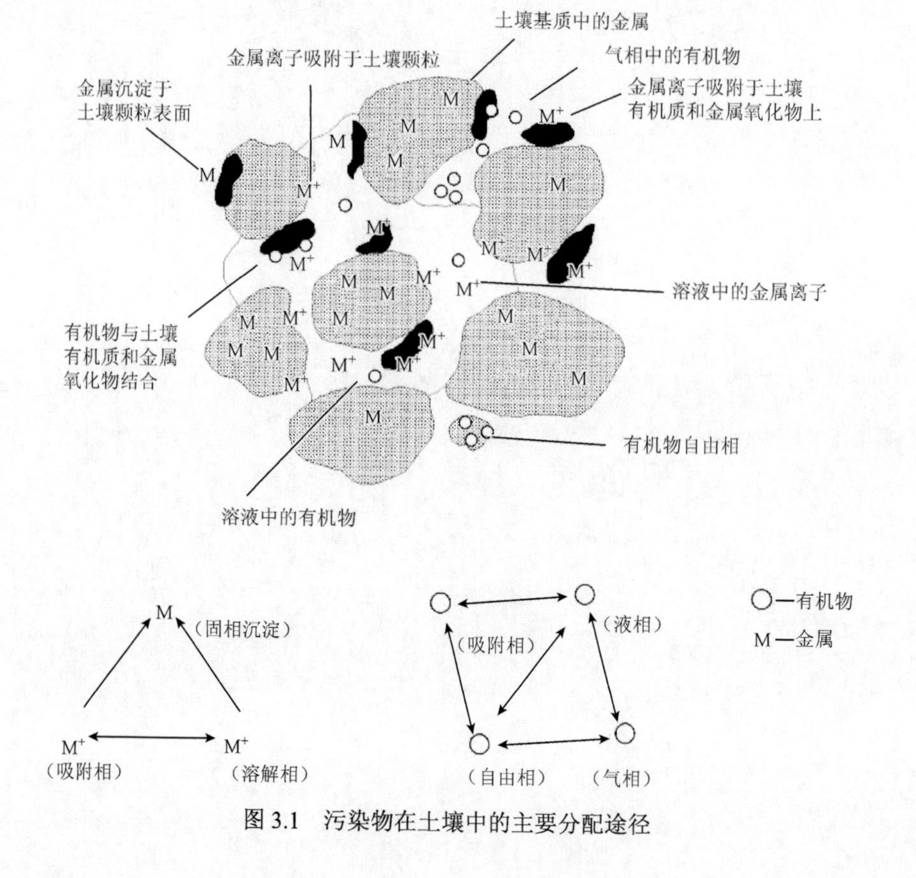

图 3.1 污染物在土壤中的主要分配途径

质之间存在着复杂的关系，这取决于不同的土壤条件和污染物特征（EA，2009b）。通常情况下，土壤中的污染物只有百分之几存在于土壤溶液或气相中，但这部分污染物可以显著影响其迁移和暴露行为。

污染物在土壤中的分配作用与暴露计算或筛选值（修复目标）的推导计算无直接关系，其原因包括：

（1）分配作用与暴露机制无关（如通过直接吸收土壤中的污染物）；

（2）分配作用根据经验获得（如皮肤吸收率是根据实验研究和土壤总浓度估算获得）；

（3）分配作用根据暴露量直接测量获取（如某些土壤-植物浓度分配因子直接根据植物中的污染物浓度和土壤总浓度的比获得）。

3.1.1　土壤污染物的化学分配行为

日益复杂的计算机模型可用来模拟污染物在土壤中的分配行为，特别是金属及其盐类（Allison et al.，1991；Bourg，1982）。然而，由于对场地特征参数的现实要求，计算机模型适用于通用模拟情景时仍然受到限制。因此，应用于通用模拟的最常用的方法是预测两相之间的平衡分配行为。分配模型通常基于如下假设：已知污染物在某介质中的浓度，当经过足够长的时间达到平衡后，计算污染物在第二个介质中的平衡浓度（Mackay，2001）。目前，国际上普遍采用线性分配模型预测污染物在土壤不同相间的分配行为。土壤系统可分为吸附相、液相、气相三相介质（EA，2002；Jury et al.，1983）：

（1）吸附相，污染物在矿物和有机质颗粒表面发生可逆吸附行为；

（2）液相，污染物溶解于土壤孔隙水中；

（3）气相，污染物存在于土壤孔隙中。

表 3.1 总结了污染物在土壤三相介质中关键的分配关系，其中最重要的是污染物吸附态或结合态浓度与其在溶液中浓度的关系，二者的比值可以通过土壤-水分配系数（K_d）来描述。

表 3.1　土壤相与化学分配系数

关系	分配系数
吸附相和溶液相	土壤-水分配系数（K_d）
吸附相和气相 [1]	土壤-气分配系数
溶液相和气相 [2]	气-水分配系数（H）

注：1 为评估污染物在土壤环境中的归趋行为时非重要迁移途径（Mackay，2001）；2 为直接测量或从亨利定律常数中计算（EA，2008）

K_d的值可以根据实验或公式（3.1）获得

$$K_d = \frac{C_{sb}}{C_w} \tag{3.1}$$

公式中，K_d为土壤-水分配系数，cm^3/g；C_{sb}为污染物吸附态浓度，mg/g；C_w为土壤溶液中的污染物浓度，mg/cm^3。

大量文献报道表明，在不同土壤条件下无机化合物的K_d值分布范围较广，因此应根据实际情形谨慎选择K_d的默认值。例如，当模拟放射性核素在环境中的迁移时，土壤中镉（Cd）被广泛使用的K_d的默认值为40 cm^3/g（Sheppard and Thibault，1990），该值取自多篇文献报道中8个参考值的几何平均值，其范围为7～962 cm^3/g。显然，这种K_d值具有显著的不确定性。

另外，有机化合物在土壤中的环境行为与自身化学性质紧密联系。研究发现，在没有自由相存在条件下，中性有机化合物（无高强度的离子特性）的土壤-水分配系数与土壤有机碳含量密切相关（ASTM，2000；Mackay，2001；EPA，2003）。因此，K_d值可以根据有机化合物与有机碳的化学亲和力和土壤中有机碳的含量来预测。

$$K_d = K_{oc} f_{oc} \tag{3.2}$$

公式中，K_d的参数含义见公式（3.1）；K_{oc}为有机碳-水分配系数，cm^3/g；f_{oc}为土壤有机碳含量，g/g。

有机化合物的K_{oc}已在文献中被广泛报道（EA，2003；Mackay et al.，2006）。也有研究人员根据K_{oc}和有机化合物脂溶性亲和力之间的半经验关系，以正辛醇-水分配系数（K_{ow}）来预测。

文献报道中的有机污染物K_{oc}值变化范围可能较大（EA，2008）。因此，欧洲化学品管理局（European Chemicals Agency，ECHA）颁布的风险评估技术导则中推荐利用K_{ow}来计算K_{oc}，以保持二者关系的一致性（ECB，2003），如公式（3.3）和公式（3.4）所示。欧盟化学品管理局（ECB，2003）还列出了其他17种计算方法用于酚类、酯类和有机酸等特定化学物质及其衍生物的K_{oc}计算。

$$\text{疏水性化合物：} \log K_{oc} = 0.81 \log K_{ow} + 0.10 \tag{3.3}$$

$$\text{非疏水性化合物：} \log K_{oc} = 0.52 \log K_{ow} + 1.02 \tag{3.4}$$

公式中，K_{oc}的参数含义见公式（3.2）；K_{ow}为辛醇-水分配系数，cm^3/g。

公式（3.3）适用于$\log K_{ow}$值范围在1.0～7.5且只含有碳、氢或卤族元素的多数有机物；公式（3.4）适用于公式（3.3）无法涵盖的有机物，$\log K_{ow}$值范围在2.0～8.0且含有氧和氮原子的有机物，如酚类、酯类、胺类。

苯、汞等挥发性化学物可以从水溶液或土壤中挥发至室外空气中，也可以进入室内环境（Boethling and Mackay，2000；EA，2008；Johnson and Ettinger，1991；Mackay，2001）。纯化学物质的挥发特性与其蒸气压和空气-水分配系数（H，无量纲）有关。

对于同一种污染物，文献报道的亨利常数的变化范围可能跨越几个数量级（EA，2008）。目前，对于低挥发性有机物的理解普遍存在一个误区，认为低挥发性有机物（如 DDT）的亨利常数应该也比较低，但事实并非如此，因为这些物质的水溶解度可能也较低（Mackay，2001）。目前普遍将亨利常数大于 1×10^{-5} atm·m^3/mol（即大于 1 Pa·m^3/mol）的有机物归为挥发性有机物（ITRC，2007）。

当评估显著挥发性污染物在土壤和水溶液之间的分配平衡时，必须考虑污染物从溶液相向气相的挥发分配作用（ASTM，2000）。公式（3.5）描述了有机物土壤总浓度和土壤孔隙溶液浓度的比值，以总土壤-水分配系数（K_{sw}）表示。

$$K_{sw}=\frac{\theta_{ws}+(K_d\rho_b)+(H'\theta_{as})}{\rho_b} \tag{3.5}$$

公式中，K_{sw}为总土壤-水分配系数，cm^3/g；K_d的参数含义见公式（3.1）；θ_{ws}为包气带中的孔隙水体积比，无量纲；θ_{as}为包气带中的孔隙空气体积比，无量纲；ρ_b为土壤干容重，g/cm^3；H'为环境温度下的亨利常数，无量纲。

3.1.2　污染物三相分配计算

目前国际上普遍采用线性分配模型来推导污染物在土壤气、液、固三相中的浓度，即利用土壤中污染物的总浓度乘以化学分配系数来分别计算各相中的污染物浓度。

土壤气相浓度：污染物在土壤气相中的浓度计算如公式（3.6）所示。计算的土壤气体浓度可能超过理论饱和蒸气浓度。

$$C_{vap}=\frac{H'C_s}{K_{sw}} \tag{3.6}$$

公式中，C_{vap}为土壤气体中的污染物浓度，mg/L；C_s为土壤中的污染物总浓度，mg/kg；H'和K_{sw}的参数含义见公式（3.5）。

在有机碳含量较低的土壤中，挥发性有机物的K_{sw}明显大于K_d，表明直接使用K_d将高估污染物在溶液中的浓度。在有机质含量大于5%（质量分数）的土壤中，半挥发性有机物的K_{sw}和K_d差异并不明显。以苯（$\log K_{ow}$=2.13，H=1.16×10^{-1}）和苯并（a）芘（$\log K_{ow}$=6.18，H=1.76×10^{-6}）为例，二者在不同有机质含量的砂壤土中的土壤-水分配系数如表3.2所示。

表 3.2 苯和苯并（a）芘在砂壤土中的土壤-水分配系数

污染物	有机质含量/%	K_d/(cm^3/g)	K_{sw}/(cm^3/g)	差异性/%
苯	1	7.82×10^{-1}	1.07	27.2
	2.5	1.96	2.25	13.0
	5	3.91	4.20	6.9
苯并（a）芘	1	8.78×10^{3}	8.78×10^{3}	0.0
	2.5	2.19×10^{4}	2.19×10^{4}	0.0
	5	4.39×10^{4}	4.39×10^{4}	0.0

土壤液相浓度：无明显挥发性的无机物在土壤溶液中的浓度根据公式（3.7）计算，有机物和挥发性无机物在土壤溶液中的浓度根据公式（3.8）计算。计算的土壤溶液浓度可能会超过污染物理论最大溶解度（见 3.1.3 节）。

$$C_{\mathrm{w}} = \frac{C_{\mathrm{s}}}{K_{\mathrm{d}}} \tag{3.7}$$

$$C_{\mathrm{w}} = \frac{C_{\mathrm{s}}}{K_{\mathrm{sw}}} \tag{3.8}$$

公式中，C_{w} 的参数含义见公式（3.1）；C_{s} 的参数含义参见公式（3.6），mg/kg；K_{d} 和 K_{sw} 的参数含义见公式（3.1）和公式（3.5）。

土壤吸附相浓度：根据质量守恒定律，土壤污染物的吸附相浓度等于土壤中的污染物总浓度与其在液相和气相中的浓度之差，计算如公式（3.9）所示（Jury et al.，1990；Ryan et al.，1988）。

$$C_{\mathrm{sb}} = C_{\mathrm{s}} - (C_{\mathrm{w}}^{*} + C_{\mathrm{vap}}^{*}) \tag{3.9}$$

公式中，C_{sb} 的参数含义见公式（3.1）；C_{s} 的参数含义参见公式（3.6），mg/kg；C_{w}^{*} 为土壤溶液中的污染物浓度（以质量单位表示），mg/kg；C_{vap}^{*} 为土壤气体中的污染物浓度（以质量单位表示），mg/kg。

C_{w}^{*} 和 C_{vap}^{*} 是基于土壤质量进行校正后污染物在液相和气相中的浓度，分别根据公式（3.10）和公式（3.11）计算。

$$C_{\mathrm{w}}^{*} = C_{\mathrm{w}} \frac{\theta_{\mathrm{ws}}}{\rho_{\mathrm{b}}} \tag{3.10}$$

$$C_{\mathrm{vap}}^{*} = C_{\mathrm{vap}} \frac{\theta_{\mathrm{as}}}{\rho_{\mathrm{b}}} \tag{3.11}$$

公式中，C_{vap}^{*} 和 C_{w}^{*} 的参数含义见公式（3.9）；C_{vap} 和 C_{w} 的参数含义见公式（3.6）和公式（3.7）；θ_{ws}、θ_{as}、ρ_{b} 的参数含义见公式（3.5）。

3.1.3　土壤中的污染物饱和浓度

污染物在土壤气、液、固三相中的分配模拟过程主要基于“土壤中污染物浓度较低，且发生线性分配行为”这一假设（EA，2002；Jury et al.，1990）。在风险评估过程中，可能出现模型推导的筛选值或修复目标值超出理论限值的情形，因此需要对模型推导值的合理性进行检验，详见表 3.3。

表 3.3　模型推导值的合理性检验

检验规则	检验类型
液相中浓度不能超过纯物质的最大溶解度	模型推导值是否超过饱和溶解度
气相浓度不能超过纯物质的饱和蒸气浓度	模型推导值是否超过饱和蒸气浓度
吸附相浓度不能超过土壤最大表面吸附容量	
不存在非水相液体（NAPL）或结晶盐等自由相污染物	自由相污染物存在条件下该如何计算

饱和溶解度：当土壤孔隙水中的污染物浓度超过该纯物质在相应温度和压力下的最大水溶解度时，需计算土壤中污染物的饱和浓度（C_{satw}），无明显挥发的无机化合物采用公式（3.12）计算，有机化合物和挥发性无机物采用公式（3.13）计算（ASTM，2000）。当模型推导的筛选值或修复目标值超过 C_{satw} 时，评估者应考虑该分配模型方法的不确定性是否会影响最终的评估结果。例如，当土壤中污染物浓度超过 C_{satw} 时，可能高估通过植物吸收和蒸气吸入暴露途径的风险。此外，污染物的最大水溶解度是指溶液中只有该污染物存在时的溶解度极限，当溶液中存在其他化合物时可能显著改变原化合物的溶解度，如果出现非水相液体，其产生的增溶作用也可增大化合物的溶解度。

$$C_{satw} = SK_d \tag{3.12}$$

$$C_{satw} = SK_{sw} \tag{3.13}$$

公式中，C_{satw} 为基于污染物最大溶解度的土壤中的饱和浓度，mg/kg；S 为纯物质在相应环境温度和压力下的最大溶解度，mg/L；K_d 的参数含义见公式（3.1）。

饱和蒸气浓度：当土壤气相中污染物的浓度超过该纯物质在相应环境温度和压力下的饱和蒸气浓度时，需根据公式（3.14）计算土壤中污染物的饱和蒸气浓度（$C_{sat,\,vap}$），对 $C_{sat,\,vap}$ 进行质量单位的转换计算如公式（3.15）所示（ASTM，2000）。当土壤中的污染物浓度值超过 C_{satv} 时，风险评估者应该考虑该分配模型方法的不确定性是否会影响最终评估结果。例如，当土壤中污染物浓度超过 C_{satv} 时，可能高估通过蒸气吸入暴露途径的风险。

$$C_{\text{sat,vap}} = P_{\text{v}} \frac{M}{RT_{\text{amb}}} \times 1000 \tag{3.14}$$

公式中，$C_{\text{sat, vap}}$ 为纯物质饱和蒸气浓度，mg/m^3；P_{v} 为饱和蒸气压力，Pa；M 为摩尔质量，g/mol；R 为摩尔气体常数，Pa·m^3/(mol·K)（取值为 8.314472）；T_{amb} 为环境温度，K。

$$C_{\text{satv}} = \frac{C_{\text{sat,vap}}}{H'} K_{\text{sw}} \times \frac{1}{1000000} \text{m}^3/\text{cm}^3 \times 1000\text{g/kg} \tag{3.15}$$

公式中，C_{satv} 为基于污染物饱和蒸气浓度的土壤中的饱和浓度，mg/kg；$C_{\text{sat, vap}}$ 的参数含义见公式（3.14）；H'和 K_{sw} 的参数含义见公式（3.5）。

3.1.4 非水相液体

本章描述的分配模型假定污染物浓度较低时，污染物以气、液、固三种相态存在于土壤中。然而，该模型并不适用于土壤中残余相污染物的分配行为（ASTM，2000；EA，2002；EPA，2003；Waitz et al.，1996）。当吸附相、液相、气相达到饱和时，就会出现污染物的残余相。污染物残余相包括非水相液体和固体（含单一污染物或两种以上的复合污染物）（EPA，2003）。当土壤中存在残余相污染物时，本章介绍的计算方法会高估污染物在环境介质中的浓度，因此推荐使用其他方法评估残余相污染物的潜在风险（EA，2002；Johnson et al.，1990；Mackay，2001；Robinson，2003；EPA，2003；Waitz et al.，1996）。

3.2 污染物迁移归趋概念模型

污染物在一个完整的环境体系中可能发生一系列迁移转化行为，并存在高度变异性，主要包括如下行为：

（1）持续存在于土壤、水、空气环境中；

（2）在不同环境介质中发生分配行为（如污染物可能被吸附于土壤有机质中，溶解于土壤溶液中，或滞留于土壤气相中）；

（3）污染物从一种介质迁移到另一种介质中（如污染物通过淋溶作用从土壤迁移至地下水中）。

污染物迁移过程主要基于的假设包括：

（1）随着时间变化，污染物浓度不会由于发生化学分解或生物降解、转化或矿化作用而降低；

（2）污染物在不同环境介质或化学相（空气、水、土壤或自由相）间的分配达到动态化学平衡，并且这种分配行为与污染物的化学特性（如辛醇-水分配系数）遵循一定比例关系。分配不考虑自由相中的污染物。

（3）污染物的迁移过程主要受到扩散和对流作用驱动（如污染物沿着一定压力梯度从土壤孔隙向室内扩散）。

图 3.2 为污染物在多环境介质中的迁移概念模型。一般情形下，污染物将会向污染源下风向区域或地下水下游区域迁移，可能发生的主要过程包括土壤颗粒

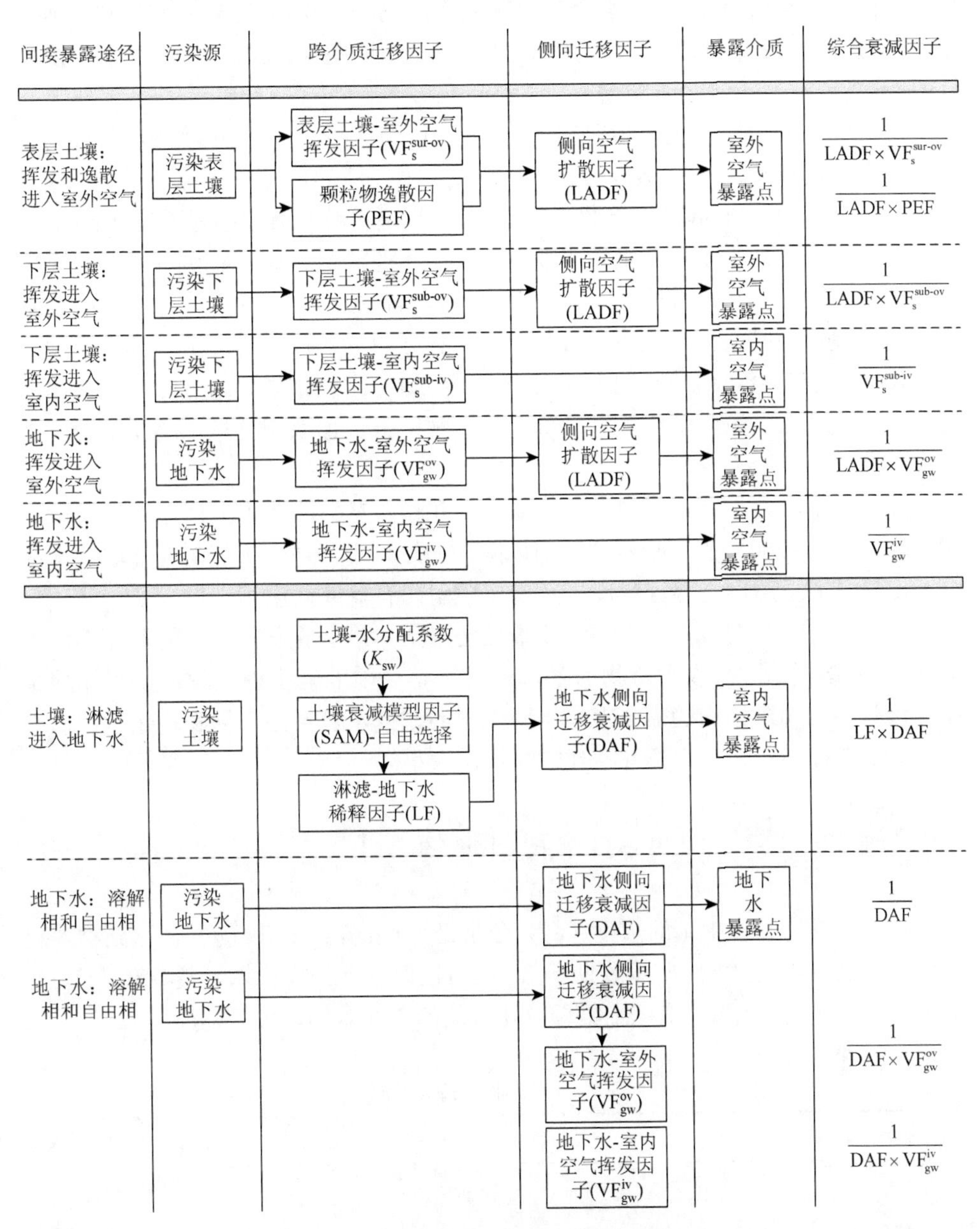

图 3.2　污染物的迁移途径概念图

逸散进入大气，并通过大气扩散作用向下风向迁移（土壤颗粒物逸散-侧向迁移）；土壤中的气相污染物挥发进入大气环境，进而向下风向迁移（土壤蒸气挥发-侧向迁移）；地下水中的气相污染物挥发进入大气环境，进而向下风向迁移（地下水蒸气挥发-侧向迁移）；污染物在土壤淋溶作用下迁移至地下水，进而随地下水向下游迁移（土壤淋溶-地下水侧向迁移），地下水中的污染物向下游迁移（地下水侧向迁移），迁移至地下水下游的有机污染物挥发进入大气环境（地下水侧向迁移-蒸气挥发）。

污染物跨介质迁移是指污染物从一种环境介质进入另一种环境介质的行为，这种跨介质迁移涉及污染物自身的化学性质和多介质的环境条件特征。由于迁移过程中不考虑污染物的降解、转化作用，因此可以通过跨介质迁移因子（cross-media transfer factor）来估算污染物的浓度变化。尽管监测数据能够有效判断某些污染物的迁移过程，但是迁移因子通常需要借助数学模拟手段来估算。污染物的迁移模型一般包括两类：①经验模型或基于已有认知建立的模型；②数学解析模型。经验模型是在实验观察的基础上，根据实验参数与实验结果，通过专业判断建立的一种相关关系。数学解析模型则基于科学观点，更加系统并试图遵循理论原则的内在联系。

经验模型和数学解析模型在公式复杂性和输入参数的要求上存在差异（EA，2006b；IPCS，2005）。在初步和详细风险评估过程中，适合模型的选择取决于其对特定情景的适用性与验证程度以及构建模型的有效数据质量。

多数情况下，这些模型能够预测最差情景下（最保守条件）可能暴露的污染物浓度及人体摄入/吸收污染物的量，但前提是必须准确掌握土壤性质和场地特征。预测污染物迁移归趋需要搜集不同类型的数据，包括污染物物理化学性质参数、场地特征参数、风力条件、建筑物规模大小等。

3.3 案例练习

已知土壤中砷和甲苯的浓度（C_s）分别是 10 mg/kg 和 2 mg/kg，污染物的理化参数见表 3.4，土壤性质参数见表 3.5。请根据以下公式计算土壤溶液（C_w）、土壤气浓度（C_{vap}）和吸附在土壤颗粒物表面的砷和苯的浓度（C_{sb}）。

表 3.4 污染物的理化参数

污染物	亨利常数 H（无量纲）	土壤有机碳-水分配系数 K_{oc}/(cm^3/g)	土壤-水分配系数 K_d/(cm^3/g)
砷	—	—	500
甲苯	0.276025	140	

表 3.5　土壤性质参数

参数符号	参数名称	单位	数值
f_{oc}	包气带土壤有机碳含量	—	0.01
θ_{ws}	包气带孔隙水体积比	—	0.12
θ_{as}	包气带孔隙空气体积比	—	0.26
ρ_b	包气带土壤容重	g/cm^3	1.7

练习答案

（1）根据公式（3.2）计算甲苯的土壤-水分配系数（K_d）

$$K_d = 140 \times 0.01 = 1.400\ \text{cm}^3/\text{g}$$

（2）根据公式（3.5）计算甲苯的土壤淋溶分配因子（K_{sw}）

$$K_{sw} = \frac{0.12 + 1.400 \times 1.7 + (0.276025 \times 0.26)}{1.7} = 1.513\ \text{cm}^3/\text{g}$$

（3）根据公式（3.6）计算甲苯的土壤气体中的污染物浓度（C_{vap}）

$$C_{vap} = \frac{0.276025 \times 2}{1.513} = 0.365\ \text{mg/L}$$

（4）根据公式（3.7）计算砷的土壤溶液中的污染物浓度（C_w）

$$C_w = \frac{10}{500} = 0.020\ \text{mg/L}$$

根据公式（3.8）计算甲苯的土壤溶液中的污染物浓度（C_w）

$$C_w = \frac{2}{1.513} = 1.322\ \text{mg/L}$$

（5）根据公式（3.10）计算砷和甲苯在土壤溶液中的污染物浓度（以质量单位表示）

砷：$C_w^* = 0.020 \times \frac{0.12}{1.7} = 0.001\ \text{mg/kg}$

甲苯：$C_w^* = 1.322 \times \frac{0.12}{1.7} = 0.093\ \text{mg/kg}$

（6）根据公式（3.11）计算甲苯在土壤气体中的污染物浓度（以质量单位表示）

$$C_{vap}^* = 0.365 \times \frac{0.26}{1.7} = 0.056\ \text{mg/kg}$$

（7）根据公式（3.9）计算砷和甲苯吸附在土壤颗粒物表面的污染物浓度

砷：$C_{sb} = 10 - 0.001 = 9.999\ \text{mg/kg}$

甲苯：$C_{sb} = 2 - 0.056 - 0.093 = 1.851\ \text{mg/kg}$

综上所述，中间值及最终结果如表 3.6 和表 3.7 所示。

表 3.6 案例练习——K_d 和 K_{sw} 计算结果

污染物	土壤-水分配系数 K_d/(cm^3/g)	土壤淋溶分配因子 K_{sw}/(cm^3/g)
甲苯	1.400	1.513
砷	500	—

表 3.7 案例练习——最终计算结果

污染物	土壤溶液中的污染物浓度 C_w/(mg/L)	土壤气体中的污染物浓度 C_{vap}/(mg/L)	土壤气体中的污染物浓度（以质量单位表示）C^*_{vap}/(mg/kg)	土壤溶液中的污染物浓度（以质量单位表示）C^*_w/(mg/kg)	吸附在土壤颗粒物表面的污染物浓度 C_{sb}/(mg/kg)
甲苯	1.322	0.365	0.056	0.093	1.851
砷	0.020	—	—	0.001	9.999

第4章　污染场地概念模型及典型参数

污染场地概念模型（conceptual site model，CSM）是帮助评估者梳理、编辑和整合场地信息的有利工具，它不仅是场地风险评估的必要组成部分，也能为最终的场地环境决策提供参考信息。CSM是对场地物理和环境背景、关注污染物已经发生或可能发生的暴露和污染物可能发生的迁移归趋行为的三维描述，识别"污染源-暴露途径-受体"三者之间的关联性。CSM 通过地形图、场地水文地质剖面图和场地现状情景图等信息总结场地现状，并阐释污染物释放和迁移接触潜在受体（人群或环境）的暴露机制。CSM 图是对场地污染分布、释放机理、暴露和迁移途径以及潜在受体等信息的可视化整合（图4.1）。准确构建CSM是合理应用场地污染物基准值的重要前提和依据。CSM应包括对场地现状的理解和对场地未来开发后条件变化的预测，为预测、调查和判断污染物的暴露途径提供方法，应尽可能包含污染源、受体和污染物暴露途径等信息，并伴随风险评估的深入而不断更新和修订。

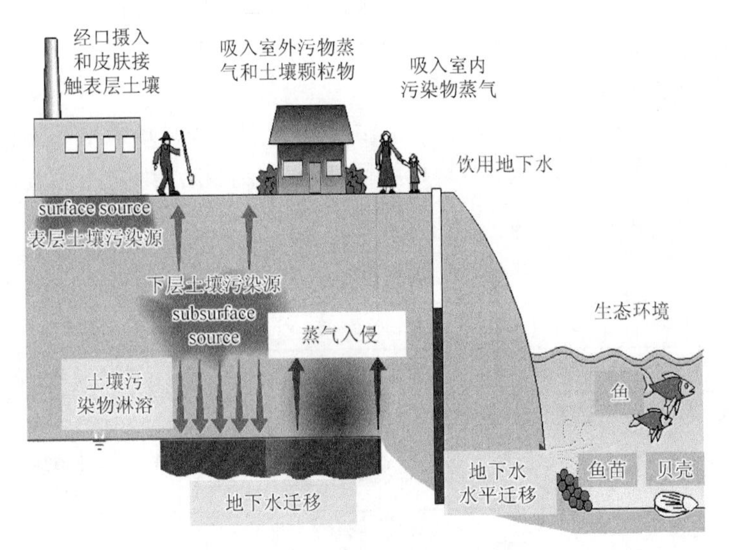

图4.1　通用污染场地概念模型图

4.1　构建场地概念模型基本信息

4.1.1　收集现有场地数据

CSM 的初步构建基于场地初步调查获取的现有数据，主要包括场地采样数据、历史记录、航拍图、地形图区域土壤调查数据、污染物迁移信息、潜在暴露受体相关的场地或区域条件信息、当地或区域气候、土壤、水文地质和生态相关信息。此外，场地及其周边人口和土地利用类型信息是识别污染物潜在暴露途径和暴露受体的重要依据。

4.1.2 分析现有场地数据

通过考虑场地条件、相关暴露场景和污染物特征信息来识别和表征场地中所有潜在暴露途径和暴露受体是构建 CSM 的重要内容。EPA 的土壤筛选值导则（EPA，1996）中详细描述了构建 CSM 所需的信息，以表格的形式分别总结了场地一般信息、场地特征、暴露途径和受体、土壤污染源特征四个方面的具体信息和参数。以下内容是对各部分信息的总结，表格内容详见本书附表 C。

场地一般信息（附表 C 表 1）：一般根据场地初步勘察搜集的资料进行整理，主要是对场地名称、地理位置、场地业主、场地用地类型和使用情况等信息的总结。

场地特征信息（附表 C 表 2）：包括对场地水文地质条件的描述、地质单元背景的概化以及地质条件对污染脆弱性的评估；地下水流向用于判断其上层土壤污染源对地下水及下游地下水的影响；气象学参数主要用于评估污染物通过土壤颗粒物逸散或土壤/地下蒸气挥发作用向离场（一般位于场地下风向区域）迁移对敏感人群产生的健康风险或危害。

暴露途径及受体信息（附表 C 表 3）：用于识别和表征场地上污染物潜在暴露途径和受体特性，包括场地条件、相关暴露场景、土壤污染物的性质。表 4.1 列举了构建场地概念模型相关的几种暴露途径。

表 4.1 识别暴露途径的例子

受体/暴露途径	污染物特征	场地条件
直接暴露途径		
经口摄入（急性暴露）	急性健康效应（如氰化物、苯酚）	居住情景
呼吸吸入——扬尘（急性暴露）	急性健康效应	扬尘量高（来自土壤耕作、泥路上拥挤交通、建筑物）
人体/间接暴露途径		
摄入肉类或奶制品	生物累积、生物放大	场地附近肉类或奶产品加工企业
摄入鱼类	生物放大	场地附近可垂钓或捕鱼的地表水域
生态暴露途径		
水生动植物	对水生生物的毒性	场地附近地表水域或湿地中有敏感物种生活其中
陆地生物	对陆地生物的毒性（如 DDT）	

土壤污染源特征（附表 C 表 4）：包括污染物浓度和用于推导场地基准值的土壤物理化学参数。相对独立的土壤污染源其参数应该分别搜集。对于所需参数，应最大程度搜集场地特征参数，并根据场地调查的深入随时更新。

4.1.3 构建场地概念模型

初步场地概念模型基于对现有场地数据的整合和对场地暴露情景的综合理解，主要包括重点关注污染源、潜在暴露途径和受体。当完成场地调查时，初步场地概念模型可以用三维图来表达，同时对污染特征附简要描述。图 4.2 和图 4.3 为构建场地概念模型图的两个简单示例（EPA，1987，1989c），图 4.4 为 HERA 模型概括的“污染源-暴露途径-受体”关联性概念模型图。

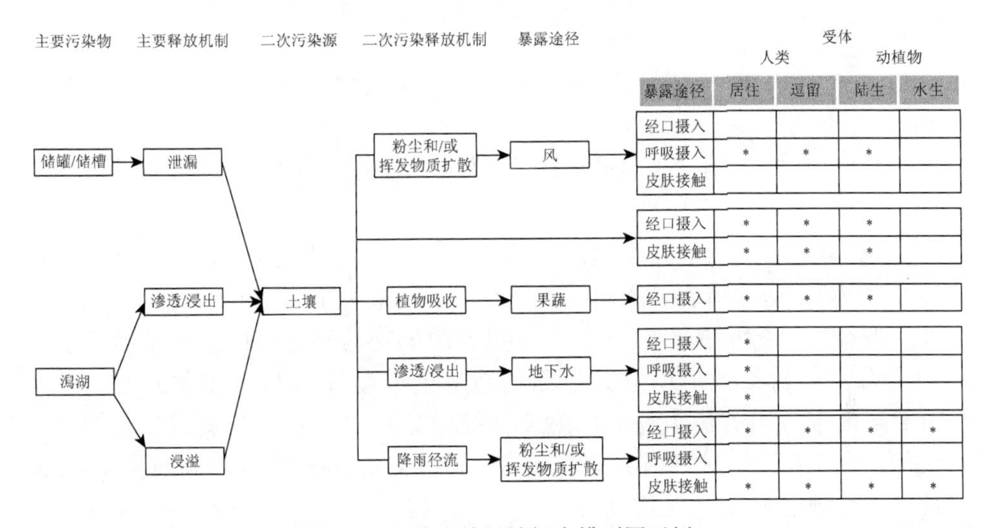

图 4.2　污染土壤场地概念模型图示例

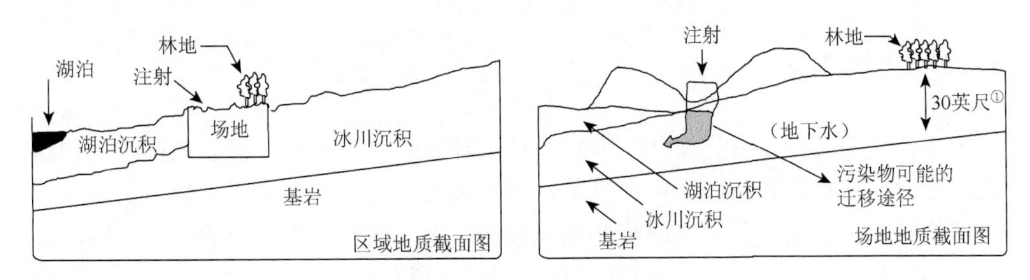

图 4.3　场地特征示意图

① 1 英尺=30.48 厘米。

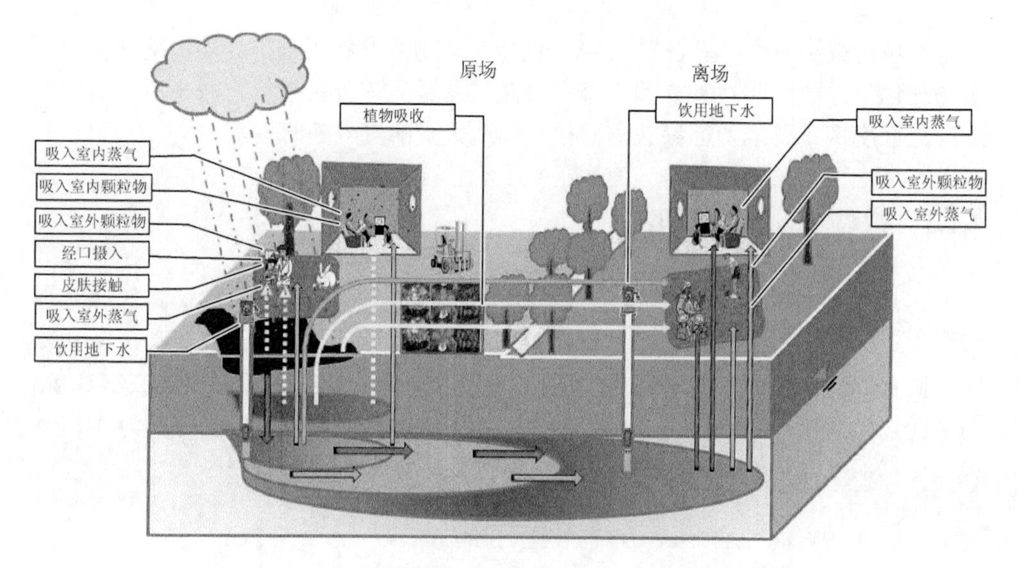

图 4.4　污染场地健康与环境风险评估 HERA 概念模型图

4.2　场地概念模型相关参数

CSM 构建涉及一系列类型的参数，主要包括用地类型、暴露场景（暴露途径和受体）、场地特征（土壤、地下水、气象特征、建筑物）、土壤/地下水污染源特征四个方面的参数。一般在推导污染物的筛选值时，模型运算通常采用较为保守的参数值以达到保证场地最大程度安全利用开发的目的。对此，不同国家颁布的污染场地风险评估技术导则中均对一些敏感参数推荐了默认值，下文主要针对美国 ASTM 导则、英国 CLEA-SR3 导则和我国 C-RAG 导则中一些典型参数进行综述和总结（ASTM，2000；EA，2009b；C-RAG，2014）。

4.2.1　用地类型

土地利用类型与暴露受体（人群受体或环境受体）类型及其活动模式密切相关，因此，在风险评估过程中，对场地利用现状及未来场地利用类型的识别与判断是构建 CSM 及推导场地污染物基准值的关键。对于一个特定的污染场地，必然有其特征人群受体及活动模式，然而在开展风险评估时，需对场地利用情景进行概化，即根据未来场地不同的利用类型对其典型受体的活动模式和暴露情景进行分类和概化。场地风险评估以最大限度保护人群健康或环境安全为目标，因此，暴露场景被概化后不可能非常详细和精准地反映每个特定场地的情况，而是通常考虑可能的最坏情况（即最保守的暴露情景）。在考虑实际场地暴露情景时，风险评估人员应对概化情景和实际情景之间的差异做出专业判断和评估，主要应考虑以下内容：实际场地环境与概念模型假设情景之间的差异是否会导致风险评估结果的失真；在不考虑场地自然背景和其他限制条件下，对场地环境的描述是否基于粗略的观察或合理的推测。

场地用地类型主要可以分为两大类：居住用地和工商业用地，不同国家会有略微差别，如美国 ASTM 导则中还将娱乐场所作为一种用地类型，而英国则另外考虑了带花园的居住用地和蔬菜用地，我国导则主要将用地类型分为以居住用地为代表的敏感用地和以工商业用地为主的非敏感用地。如果场地利用类型不属于上述基本用地分类，可能需要考虑其他用地类型分类（如农业用地）。确定场地的用地类型后，需要识别相应场地上的暴露受体人群及其活动模式。某些场地可能包含一种以上的用地方式，因此需要对不同用地方式下的潜在暴露受体进行分类。

多数情况下，场地污染物的基准值是基于场地未来用地情景下进行推导的，为场地环境管理或未来修复决策提供参考和指导意见。因此，场地风险评估过程可能更加关注未来场地利用类型或用途，并且场地利用类型的变化可能意味着潜在暴露受体类型的改变，因此需要对场地利用方式的现状和未来产生的变化做出全面和周密的评估与判断。确定当前场地利用方式及场地周边用地方式的最佳手段为场地勘察走访，调查内容包括场地及其周边住宅、操场、公园、商业、工厂及其他用地方式的分布与位置。确定用地类型也可以借助其他信息，包括当地或区域行政图、当地或区域土地利用法律法规、当地环保局提供的相关信息、区域街景图、土地利用规划图以及航拍图等。要确定未来场地用地类型，首先判断当前场地上人群活动模式在未来用地类型改变之后是否发生变化，例如，当前场地中地下水不作为饮用水源使用，但在未来可能作为饮用水源。此外，需判断场地用地类型是否在未来发生改变，例如，如果场地当前属于工商业用地，那么在未来二次开发之后，可能作为居住或娱乐休闲用地。

1）居住用地（敏感用地）

居住用地下暴露受体：我国 C-RAG 导则规定敏感用地下的暴露受体包括儿童（<6 岁）和成人（6～72 岁）（C-RAG，2014）；美国 ASTM 导则除了考虑成人（18～70 岁）和儿童受体（<6 岁），还考虑了青少年（6～18 岁）（ASTM，2000；EPA，1997b）；而英国 CLEA-SR3 导则把人的一生分为 18 个年龄段，每个年龄段的受体具有不同的暴露参数，从 0～16 岁每年为 1 个年龄段，第 17 个年龄段为典型的成人工作时期（16～65 岁），第 18 个年龄段则代表一个人的退休时期（65～75 岁）（EA，2009b）。当成人和儿童同时作为居住用地的暴露受体时，由于儿童

对污染物的耐受性更低，通常将儿童作为居住用地的关键受体，英国 CLEA-SR3 导则中将 0～6 岁的女性儿童作为关键受体。

暴露途径：儿童可能通过多种途径暴露于污染物下，如在室内或花园玩耍、食用农产品以及吸入室内外空气。风险评估模型中的暴露途径主要包括直接摄取土壤、皮肤接触土壤、呼吸吸入土壤颗粒物和蒸气，美国和英国风险评估导则中还考虑了食用自私人蔬菜地的农作物暴露途径。此外，土壤中的污染物可能通过雨水淋溶作用迁移至含水层中，导致地下水环境污染，当地下水作为饮用水源时，可能存在潜在健康风险。当考虑地下水作为污染源存在时，受体人群可能通过直接饮用地下水或呼吸吸入地下水蒸气途径产生暴露。英、美、中各国风险评估导则在具体暴露途径设置上存在差异，如表 4.2 所示。

表 4.2　居住用地类型下不同国家的暴露途径比较

暴露途径	美国 RBCA	英国 CLEA	中国 C-RAG	中国科学院 HERA
经口摄入	√	√	√	√
植物吸收	√	√	x	√
皮肤接触	√（无室内）	√（室内、室外）	√（无室内）	√（无室内）
室内颗粒物吸入	×	√	√	√
室外颗粒物吸入	√	√	√	√
室内挥发物吸入	√	√（仅土壤）	√	√
室外挥发物吸入	√	√（仅土壤）	√	√
土壤淋溶	√	×	√	√
地下水场外迁移	√	×	×	√

目前，我国城市中居住用地一般不包含私人蔬菜地或直接饮用地下水的情景，然而评估者应该根据实际情景判断特殊条件下的暴露途径，如食用自产农作物途径或利用私人水井的水饮用或洗澡等，这些暴露途径都可能增加污染物暴露于人体的风险。

2）工商业用地（非敏感用地）

工商业用地暴露情景下，一般不考虑硬化路面区域（如停车场）的直接暴露途径，同时，对于挥发性污染物而言，直接暴露途径并不是主导暴露途径，因此，对于硬化路面区域的直接暴露途径对挥发性污染物的最终评估结果影响可能不大。一些商业场所也会出现儿童受体，如运动场、购物中心，因此，评估人员需根据实际场景对特殊条件下的受体予以考虑，并且，商业用地场景下不应出现托儿所或幼儿园等场所。

工商业用地暴露受体：在工商业用地情景下，通常将场地上全职工作的成年人作为暴露受体。尽管有多种形式的工作场所和受体活动模式，但为了方便概化暴露场景，需要对工作场所和相关活动进行限定，一般工作场所假设为中等规模的商业或轻工业产业，员工大多数时间在室内工作，以办公为主，间或有轻体力活动。英国 CLEA 模型主要考虑 16～65 岁的女性工作者作为敏感受体；而美国 RBCA 模型除将普通工人作为敏感受体外还考虑了建筑工人，并且建筑工人的暴露参数与普通工人的暴露参数具有一定差异。

由于大部分工作区域禁止儿童入内，并且在商场或儿童娱乐场所中的儿童停留时间较短，故其暴露周期和暴露频率远小于场地中的工作人员，因此，多数情况下，员工被视为该暴露场景的敏感受体。

暴露途径：基于该暴露场景下的假设，员工几乎没有可能直接接触受污染的土壤，另外，在工商业场所一般不会种植农作物产品，因此不考虑受体食用农产品产生的暴露，污染物可能通过建筑物附近的草地/园景或场地内未开发区域进入室内，因此，员工暴露于土壤污染物的途径主要有直接摄入土壤、皮肤接触土壤、呼吸吸入土壤颗粒物和蒸气。此外，工商业用地场景下一般不考虑食用自产农作物以及直接饮用地下水的暴露途径，但是地下水中的挥发性污染物同样可以通过室内外蒸气途径暴露于人体，因此，土壤或地下水蒸气入侵途径以及呼吸吸入土壤颗粒物可能是该暴露场景下的主导暴露途径。英、美、中各国风险评估导则在商业用地情景下考虑的暴露途径如表 4.3 所示。

表 4.3　商业用地类型下不同国家的暴露途径比较

暴露途径	美国 RBCA	英国 CLEA	中国 C-RAG	中国科学院 HERA
经口摄入	√	√	√	√
皮肤接触	√（无室内）	√（室内、室外）	√（无室内）	√（无室内）
室内颗粒物吸入	×	√	√	√
室外颗粒物吸入	√	√	√	√
室内挥发物吸入	√	√（仅土壤）	√	√
室外挥发物吸入	√	√（仅土壤）	√	√
土壤淋溶	√	×	√	√
地下水场外迁移	√	×	×	√

活动模式：该暴露情景下的活动模式取决于工作习惯，如工作形式、工作时长、休息频率及休息时间，通常敏感受体为全职工作的成年人。英国 CLEA-SR3 导则假设成人的工作总时间为 49 年，而美国 ASTM 导则和中国 C-RAG 导则假设

一般人工作总时间为 25 年。根据《全国年节及纪念日放假办法》，我国公民每年可享受法定节假日共 11 天，一年有 52 周余 1 天，假设员工享受双休日，则年均双休日约为 104 天，因此对于正常工作员工来说，年均工作日约为 250 天（365–115 天），因此，成人受体直接接触污染物的暴露频率为 250 d/a。而员工由于大部分时间在室内工作，只有少数时间位于户外，假设 25%的工作时间暴露于户外土壤颗粒物或蒸气中，75%的工作时间主要处于室内土壤颗粒物或蒸气入侵产生的暴露中，因此，室内暴露频率（呼吸吸入）为 187.5 d/a，室外暴露频率（呼吸吸入）为 62.5 d/a。美国、英国及我国风险评估导则中受体在不同暴露途径下的暴露频率如表 4.4 所示。

表 4.4　商业用地类型下各暴露途径的默认暴露频率

暴露途径	暴露频率/(d/a)		
	英国	中国	美国
摄入土壤和灰尘	230	250	250
皮肤接触室内灰尘	230	—	—
皮肤接触土壤	170	250	250
吸入室内颗粒物和蒸气	230	187.5	250
吸入室外颗粒物和蒸气	170	62.5	250

中华人民共和国劳动法规定：劳动者每日工作时间不超过 8 小时，平均每周工作时间不超过 44 小时。因此，在该暴露场景下，假设每周工作时间为 45 小时，每周工作 5 天，相当于每天 9 小时的暴露时间。室内和室外暴露时间的分配还要根据受体停留在室内和室外的时间确定（一般为室内每天 8.3 小时，室外每天 0.7 小时）。

4.2.2　场地特征参数

场地特征信息主要包括与土壤/地下水特征相关的水文地质参数、气象参数和建筑物参数。

1. 土壤性质参数

表 4.5 总结了模拟污染物迁移归趋过程所需的土壤参数。图 4.5 给出了砂土、粉土和黏土颗粒的比例变化三角图。

表 4.5　模拟污染物迁移归趋过程所需的土壤参数

参数	国际标准单位	描述
土壤干密度	g/cm^3	土壤表观密度，即干土壤颗粒的质量与其总体积的比值，用于计算污染物在土壤固相、气相和液相中的分配
土壤有机碳含量	g/g	有机碳含量以质量分数表示，用于估算污染物在土壤固相、气相和液相中的分配。很多情况下，污染物吸附在土壤上的量很大程度上取决于土壤有机质的类型和含量
有机质含量	%（干重）	包括土壤腐殖质中有机物质的总量，其主要来源是植物残体，用于估算有机碳含量
pH	—	土壤或土壤溶液酸碱度的表示方法。pH 条件影响土壤阳离子交换量、土壤固相和土壤液相之间的化学分配程度以及污染物溶液的化学性质（电离电势、活性及水溶性）
孔隙度	cm^3/cm^3	土壤总孔隙度是土壤孔隙容积占土体容积的百分比。土壤孔隙被水和气充满，土壤孔隙度对于化学物质通过扩散或对流在土壤中的迁移过程格外重要
土壤残余含水量	cm^3/cm^3	在 15000 cm 水头压力下计算的土壤含水量，用于估算有效土壤空气渗透率，有助于描述在增加吸引力下的土壤水分释放曲线
饱和导水率	cm/s	土壤水饱和时，单位水势梯度下、单位时间内通过单位面积的水量，它是土壤质地、容重、孔隙分布特征的函数，表示饱和土壤允许水分运动的孔隙空间，有助于用于描述化学物质通过扩散或对流在土壤中迁移的潜力
温度	K	土壤及其周围环境的温度，用于评估包括水溶性和挥发性在内的化学物质的性质
土壤水分特征	cm^{-1}	经验值，用于估算有效土壤空气渗透率，有助于描述在增加吸引力下的土壤水分释放曲线

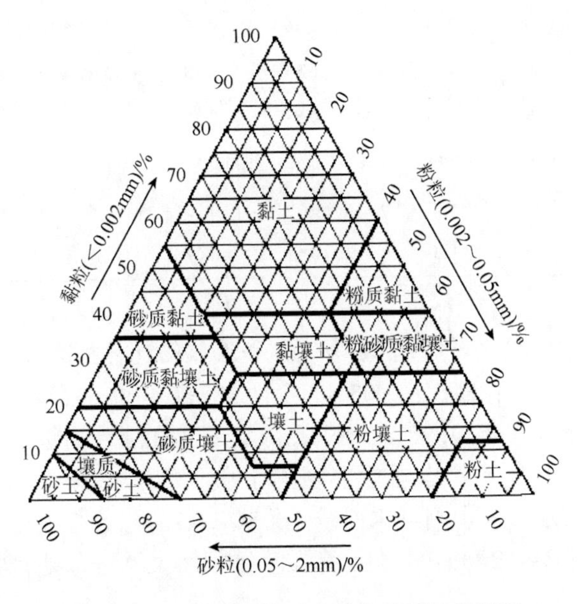

图 4.5　基于土壤粒径分布的土壤质地分类图

表 4.6 列出了图 4.5 中 9 种不同质地土壤的默认参数，参数值为不同实验数据的平均值。模拟污染物扩散和对流迁移过程中，砂土能够代表最保守的情形，但是砂土的地理分布范围并不广泛。土壤孔隙度具有高度变异性，并且强烈依赖于土壤颗粒的排列、粒径分布和颗粒物的形状。若土壤颗粒紧密聚集在一起（即土壤质地致密），则土壤孔隙度较低；若土壤颗粒物排列较松散，则土壤单位体积内的孔隙空间较大，经常出现在中等或细腻质地土壤中（EPA，1996）。砂质土壤中典型的总孔隙度范围为 0.35～0.5 cm^3/cm^3，而中等或细腻质地土壤中典型的总孔隙度范围为 0.4～0.6 cm^3/cm^3（Brady and Weil，1990）。土壤干容重会随着孔隙的增多而下降，土壤干容重（ρ_b）为一定容积土壤（包括土粒及粒间的孔隙）烘干后的重量与等容积水的重量之比（Rowell，1994）。熟化的矿质土壤干容重范围为 0.8～1.4 g/cm^3，孔隙度范围为 0.46～0.69 cm^3/cm^3（Rowell，1994）。

表 4.6　不同质地土壤特征参数推荐值

土壤质地	土壤干容重/(g/cm^3)	孔隙度/(cm^3/cm^3)			性质		土壤水分特征	
		空气	水	总	残余含水量/(cm^3/cm^3)	饱和导水率/(cm/s)	d/cm	m/无量纲
黏土	1.07	0.12	0.47	0.59	0.24	9.93×10^{-4}	0.0385	0.2972
粉黏土	0.94	0.12	0.51	0.63	0.26	1.17×10^{-3}	0.0541	0.3155
粉砂质黏壤土	1.07	0.12	0.46	0.58	0.21	1.17×10^{-3}	0.0291	0.3072
黏壤土	1.14	0.14	0.42	0.56	0.19	1.51×10^{-3}	0.0437	0.3039
砂质黏壤土	1.2	0.16	0.37	0.53	0.15	2.37×10^{-3}	0.056	0.3098
粉壤土	1.09	0.14	0.44	0.58	0.18	1.58×10^{-3}	0.0375	0.3078
壤土	1.19	0.14	0.38	0.52	0.15	2.20×10^{-3}	0.041	0.3174
砂质壤土	1.21	0.2	0.33	0.53	0.12	3.56×10^{-3}	0.0689	0.3201
砂土	1.18	0.3	0.24	0.54	0.07	7.36×10^{-3}	0.1221	0.3509

土壤持水性对理解包气带土壤中气体和液体的迁移行为具有重要意义（van Genuchten et al.，1991；EPA，2003）。当土壤被排干时，去除其中的残余水量非常困难（Hall et al.，1977）；当土壤中孔隙较大且孔隙连通性较好时，其中的水分相对于孔隙较小且孔隙连通性较差的土壤更容易损失。van Genuchten 等（1991）利用经验方法来预测持水曲线（公式（4.1））。这些经验参数也被美国国家环境保护局（EPA，2003）用于计算反映气相污染物进入建筑物内部速率的土壤有效空气渗透性。

$$\theta = \theta_r + \frac{\theta_s - \theta_r}{[1+(\alpha h)^n]^m} \tag{4.1}$$

公式中，θ 为水头高度为 h cm 时的土壤体积含水量，cm^3/cm^3；θ_r 为残余水量，认为是 15000 cm 水头的含水量，cm^3/cm^3；θ_s 为饱和含水量，cm^3/cm^3；α 为含水量刚开始低于饱和含水量时压力水头的倒数，cm^{-1}；h 为水头压力，尽管在非饱和土壤中该值为负，但在此公式中，均被认为是正值，cm（H_2O）；n 为 van Genuchten 模型参数，无量纲；$m=1-1/n$，无量纲。

土壤有机碳含量是影响污染物在土壤和土壤溶液间发生分配行为的重要因素（Mackay，2001）。有机污染物的亲脂性使其与有机碳之间形成了一定的经验关系（ECB，2003）。有机碳含量可以根据土壤有机质含量来计算（公式（4.2））（Rowell，1994）。

$$f_{oc} = \frac{\text{SOM}}{100} \times 0.58 \tag{4.2}$$

公式中，f_{oc} 的参数含义见公式（3.2）；SOM 为土壤有机质含量，%。

土壤渗透率（infiltration rate，I）又称为有效补给（effective recharge），评估土壤渗透率最简单的方法是假设其等于地下水补给率。I 的参数值可以从文献报告中获取（Aller et al.，1987）。参考文献报告时，评估者应认识到这些估计值是基于相同地质背景下地下水补给率的平均值，而场地真实值和估计值之间可能存在一定差异。例如，地表倾斜度高的场地一般具有较低的有效降雨量，而地表平坦的场地往往具有高于平均值的有效降雨量。美国 RBCA 模型中认为土壤渗透率的范围一般为场地年均降雨量的 0.5%～5%（Connor et al.，2007），计算筛选值时，ASTM 导则中 I 的推荐值为 0.3 m/a，我国 C-RAG 导则中也采用了此推荐值。I 的场地特征值可以使用 HELP 模型进行模拟或者根据渗透率等于补给率来计算。

平均土壤含水率（average soil moisture content）定义为土壤总孔隙中被水分和空气充满的百分比，用于计算挥发因子（volatilization factor，VF）、土壤饱和浓度限值（soil saturation limit，C_{satw}）和土壤-水分配系数。水分含量对上述参数的计算具有重要影响，但不应使用不连续土壤样品进行水分含量测定，因为该值显著受到降雨的影响，因此可能无法代表土壤水分含量的平均情况。体积平均土壤含水率（volumetric average soil water content，P_{ws}）可以通过公式（4.3）计算得到（Clapp and Hornberger，1978；EPA，1988）。我国风险评估导则中推荐的土壤含水率为 0.1 kg-水/kg-土壤（C-RAG，2014）。

$$P_{ws} = \theta_{Ts}(I/K_s)^{1/(2b+3)} \tag{4.3}$$

公式中，θ_{Ts} 为土壤总孔隙度，无量纲；I 为土壤渗透率，m/a；K_s 为饱和导水率，m/a；b 为土壤特定指数参数，无量纲。

总孔隙度（θ_{Ts}）根据土壤干容重（ρ_b）计算（公式（4.4））。

$$\theta_{Ts} = 1 - (\rho_b / \rho_s) \tag{4.4}$$

公式中，ρ_b 的参数含义见公式（3.5）；ρ_s 为土壤颗粒密度，推荐值为 2.65 g/cm^3。

不同质地土壤的 K_s 和 1/(2b+3)参考值见表 4.7（EPA，1988）。

表 4.7 不同质地土壤的 K_s 和 1/(2b+3)参考值

土壤质地	K_s/(m/a)	1/(2b+3)
砂土	1830	0.090
壤质砂土	540	0.085
砂质壤土	230	0.080
粉壤土	120	0.074
壤土	60	0.073
砂质黏壤土	40	0.058
粉质黏壤土	13	0.054
黏壤土	20	0.050
砂质黏土	10	0.042
粉质黏土	8	0.042
黏土	5	0.039

室内空气中来自土壤的颗粒物所占比例：金属类污染物已经被证明更容易吸附于粉土和黏土，主要是由于它们具有更强的吸附性和较大的比表面积（Alloway，1995）。有机污染物可能更容易与有机质含量较多的土壤结合在一起。美国国家环境保护局（EPA，2000）推荐了一个较为保守的方法（包括铅的风险评估），认为只有细土壤颗粒（<250 μm）才会富集污染物，但是这可能并非适用于所有类型的污染物。因此，吸入室内颗粒物是许多污染物的重要暴露途径（Hunt et al.，2006；Oomen and Lijzen，2004；Paustenbach et al.，1997；Rieuwerts et al.，2006）。室外土壤颗粒可以通过衣物、鞋子、婴儿车、玩具、包装盒、宠物皮毛等带入到室内，土壤颗粒物也可能在通风作用下进入室内（Paustenbach et al.，1997）。美国爱达荷州的邦克山超级基金场地上曾发现，周边居民室内的铅尘颗粒被彻底清除一年后，室内建筑又重新被铅污染（Sheldrake and Stifelman，2003）。

由于场地特征条件和人群活动模式不同，室内空气中来自土壤的颗粒物所占比例具有较大变异性，因此，难以量化室内颗粒物中污染物与室外土壤中污染物之间的关系（Paustenbach et al.，1997）。Calabrese 和 Stanek（1992）曾分别对室外土壤和室内颗粒物进行采样，并追踪相关元素，发现室内空气中来自土壤的颗粒物所占比例为 31%。Paustenbach 等（1997）对 5 项研究进行了综述，认为室内颗粒物中有大约 50%的比例来自室外土壤，比例分布范围为 20%～80%。美国国家环境保护局（EPA，1998）提出，当评估铅的暴露途径时，室内颗粒物中有大约70%来自室外土壤。我国C-RAG导则中针对呼吸吸入土壤颗粒物的暴露途径，将室内空气中来自土壤的颗粒物所占比例的推荐默认值设为80%。

2. 地下水性质参数

地下水性质参数主要用于估算场地特征稀释因子（site-specific dilution factor），包括水力传导系数（hydraulic conductivity，K）、水力梯度（hydraulic gradient，i）和含水层厚度（aquifer thickness，d_a）。在可行条件下，可以通过抽水试验、监测水位、确定监测井深度等手段来获得上述参数的特征值。当无法借助场地调查手段获取实际特征值时，可以借鉴区域地质和水文地质资料或相似场地条件获取上述信息。此外，也可以借鉴权威文献或数据库获取信息，如参考Aller等（1987）总结的水文地质背景标准化系统或美国石油研究所（American Petroleum Institute，API）建立的水文地质数据库（hydrogeologic database，HGDB）（Newell et al.，1989；1990）。通过水文地质背景调查研究可以提供一系列K和i的参考值（Aller et al.，1987）；HGDB数据库则包含了不同水文地质背景下较多场地上该参数的实际测量值和含水层深度值。如果使用HGDB数据库的参数，除非有特殊场地条件存在，否则应使用该地质背景条件下的平均值作为参考值。上述来源的地下水性质参数值也可以用来验证场地实际测量值的准确性。

3. 气象参数

场地特征参数-空气扩散因子（Q/C）对计算土壤有机污染物挥发因子（VF）或颗粒物逸散因子（particulate emission factor，PEF）具有重要影响。如果场地中扬尘为潜在污染源，准确计算PEF则显得至关重要。地面之上7 m处的临界风速（u_t）根据污染源区地表粗糙度和土壤团粒大小计算得到（Cowherd，1985）。土壤团粒大小可参考场地上测量的聚合土壤颗粒直径。用于计算PEF的其他场地特征参数包括植被覆盖率（fraction of vegetative cover，VC）和年均风速（mean annual windspeed，u）。植被覆盖率通过场地上已知绿植面积或估计绿植面积计算，年均风速则根据场地所在区域的气象资料获取。

4. 建筑物参数

无论在何种用地类型下，场地受体人群在室内停留的时间最长，室内暴露可能是多种污染物的主要暴露途径（Lioy et al.，2002；ONS，2006；Paustenbach et al.，1997）。建筑物参数对室内蒸气入侵途径具有显著影响，因此，获取科学合理的建筑物参数对评估吸入室内土壤颗粒物、吸入土壤或地下水室内蒸气暴露途径的风险至关重要。

表 4.8 总结了利用 Johnson 和 Ettinger（1991）模型估算室内蒸气入侵所需的建筑物默认参数。

表 4.8 估算室内蒸气入侵所需的建筑物默认参数

参数	单位	描述
占地面积	m^2	建筑物接触受污染的土壤面积。该参数经常简化为已知长和宽的方形面积，用于确定接触到土壤的底板裂缝面积和居住空间
居住空间	m^3	由于污染物蒸气入侵，室内空气可能受到污染。居住空间由建筑物占地面积、适宜居住的建筑物层数（可能包含可居住的地下室）以及每层的高度确定。大多数筛选模型假设室内空气是均匀混合的
空气交换速率	h^{-1}	室内空气与室外空气通过窗户、门以及墙壁的裂缝相互混合的速率。用来估算清洁的室外空气进入室内并与室内由于蒸气入侵受到污染的空气进行混合或替代的稀释效应
压力差	Pa	由室内热空气与室外冷空气造成的压力差值，它会引起土壤气平流进入建筑物内。热空气上升，冷空气下降替代热空气，烟囱效应和动力效应控制压差
地基厚度	m	基础地基厚度决定了污染物从土壤扩散至室内空气的路径长度
地板裂缝面积	cm^2	地板裂缝面积控制污染物通过对流迁移进入室内，如地板与墙壁之间的缝隙

表 4.9 总结了英国居住和商业用地类型下不同建筑物的特征参数（EA，2005）。这些参数主要来自英国房屋状况调查（English House Condition Survey，EHCS）数据（DCLG，2001）。表 4.10 总结了英国、美国和中国在居住和商业用地下建筑物基本参数的推荐值。英国环境保护局推荐居住用地下，建筑物的空气交换速率范围为 0.5～0.75/h（EA，2005）。由于实际调研难度较大，房屋的空气交换速率一般很难通过实际调查数据获取，因此，英国、美国和中国居住用地情景下推荐的空气交换速率均为 0.5/h。英国 CLEA 模型中商业建筑物的通风率默认为 13（L/s）/人（EA，2005），一个典型办公室内平均每人占据的空间一般为 45 m^3，因此可换算得到空气交换速率为 1/h。美国和中国推荐的商业建筑物空气交换速率相对保守，为 0.83/h。

表 4.9 不同国家居住和商业用地类型下不同建筑物的特征参数

建筑类型	建筑物面积/m^2	空气交换速率/h^{-1}	楼层	层高/m	压力差/Pa	地基厚度/m	地板裂缝面积/cm^2
居住用地							
小平房	78.0	0.5	1.0	2.4	2.6	0.15	706.5
带阶梯的小房子	28.0	0.5	2.0	2.4	3.1	0.15	423.3
带阶梯的中等/大房子	44.0	0.5	2.0	2.4	3.1	0.15	530.7
半独立式住房	43.0	0.5	2.0	2.4	3.1	0.15	524.6
独立式住房	68.0	0.5	2.0	2.4	3.1	0.15	659.7

续表

建筑类型	建筑物面积/m²	空气交换速率/h⁻¹	楼层	层高/m	压力差/Pa	地基厚度/m	地板裂缝面积/cm²
商业用地							
商店（1970 年前）	1089.0	1.0	1.0	4.6	3.2	0.15	2640.0
商店（1970 年后）	1914.0	1.0	1.0	5.1	3.4	0.15	3499.9
办公楼（1970 年前）	424.0	1.0	3.0	3.2	4.4	0.15	1647.3
办公楼（1970 年后）	610.0	1.0	4.0	3.2	5.1	0.15	1975.9

表 4.10　不同国家居住和商业用地下建筑物基本参数的推荐值

参数	英国	美国	中国	备注
居住用地				
地基面积/m^2	28	70	70	简单的正方形覆盖面积
地基周长/m	—	34	34	
空气交换速率/h^{-1}	0.5	0.5	0.5	
土壤和室内空气压力差/Pa	3.1	3.1	0	
地基厚度/m	0.15	0.15	0.15	地面混凝土设计
地板裂缝面积/m^2	0.04	0.7	0.7	
商业用地				
地基面积/m^2	424	70	70	简单的正方形覆盖面积
地基周长/m	—	34	34	
空气交换速率/h^{-1}	1.0	0.83	0.83	
土壤和室内空气压力差/Pa	4.4	4.4	0	
地基厚度/m	0.15	0.15	0.15	地面混凝土设计
地板裂缝面积/m^2	424	70	70	

4.2.3　受体特征参数

表 4.11 总结了受体的基本物理特征参数，部分特征参数具有一定的变异性，需要通过受体体重根据经验公式进行转换计算。

表 4.12 总结了 2003 年英国健康调查发布的不同年龄男性和女性人群身高和体重的算术平均值。英国 CLEA-SR3 导则中一般选择女性体重和身高的平均值作为默认值。

表 4.11　受体的基本物理特征参数

参数	单位	描述
体重	kg	体重可以预估人体其他重要特征，如总皮肤面积和消耗率。它在评估化学暴露途径对人体健康的影响中很重要
身高	m	身高和体重结合起来预估人体总皮肤面积。身高在估算经呼吸吸入颗粒物和蒸气暴露途径的暴露量中比较重要
皮肤暴露面积	cm^2	皮肤暴露面积是总皮肤面积暴露在可能接触到污染土壤或室内灰尘中的一部分。在确定可能的土壤接触率时，考虑了标准的衣物覆盖以及不同的活动方式
吸入率	m^3/h	吸入空气的体积取决于包括年龄、性别、身体状况以及在进行的活动方式在内的多种因素（由于强体力活动会增加对空气的需求）。吸入率在估算经呼吸吸入颗粒物和蒸气暴露途径的暴露量中比较重要
自产农作物比例	无量纲	家庭所消耗的水果和蔬菜（假设产自自家种植的可能受到污染的菜园或农地）比例。所消耗的水果和蔬菜并不完全来自于自家种植

表 4.12　不同年龄和性别受体的平均体重与身高

年龄	女性		男性	
	体重/kg	身高/m	体重/kg	身高/m
1	5.6	0.7	6.9	0.7
2	9.8	0.8	10.5	0.8
3	12.7	0.9	13.2	0.9
4	15.1	0.9	15.8	0.9
5	16.9	1	17.6	1
6	19.7	1.1	19.6	1.1
7	22.1	1.2	22.8	1.2
8	25.3	1.2	25.4	1.2
9	27.5	1.3	28	1.3
10	31.4	1.3	33.2	1.3
11	35.7	1.4	35.6	1.4
12	41.3	1.4	40.2	1.4
13	47.2	1.5	43.7	1.5
14	51.2	1.6	49.8	1.6
15	56.7	1.6	58.8	1.6
16	59	1.6	61.2	1.7
17	70	1.6	83.2	1.8
18	70.9	1.6	82.7	1.7

CLEA-SR3 导则中皮肤总面积的计算如公式（4.5）所示。

$$\mathrm{SA} = 0.02350H^{0.42246}\mathrm{BW}^{0.51456} \tag{4.5}$$

公式中，SA 为全身皮肤总面积，m^2；H 为身高，cm；BW 为体重，kg。

受体人群的多数活动（如户外玩耍或在花园中耕作）并不会使全身面积都与土壤接触，因此，当人体与污染源发生直接接触时，需要判断受体在室内或户外活动时的暴露面积。多数研究假设人体穿着的衣物会阻碍其与污染物的直接接触，因此通常借助身体表面覆盖衣物的面积来计算儿童和成人的皮肤最大暴露面积（Hawley，1985；Keenan et al.，1993；McKone and Daniels，1991；EPA，1997b，2004）。上述假设可能随着用地类型和暴露人群的年龄段发生变化，并且根据一定范围内可能的人群活动模式发生改变。表 4.13 和表 4.14 分别列出了 CLEA 模型中商业和居住用地类型下人体的皮肤最大暴露比。1～6 岁儿童的皮肤最大暴露面积比例为身体暴露部分（如脸部和双手）与儿童身体总面积比的平均值（EPA，2004，2006）。对于 17～18 岁的青少年，其皮肤最大暴露比则参照成年女性的皮肤暴露比（EPA，1997b，2004）。不同年龄段的受体其皮肤暴露面积可参照公式（4.6）计算。受体人群在多数情况下不会暴露最大皮肤面积，英国 CLEA 模型假设典型的皮肤暴露面积为皮肤最大暴露面积的 1/3。根据公式（4.6）计算居住和商业用地下不同性别和年龄受体的暴露皮肤面积总结在表 4.15 中。

$$SE = \frac{SA\phi_{max}}{3} \tag{4.6}$$

公式中，SE 为皮肤暴露面积，m^2；SA 的参数含义见公式（4.5）；ϕ_{max} 为最大皮肤裸露比例，m^2/m^2；

表 4.13　商业用地方式下受体最大皮肤暴露比预估

年龄	室外活动		室内活动	
	暴露部位	ϕ_{max} /(m^2/m^2)	暴露部位	ϕ_{max} /(m^2/m^2)
17	假设脸和手暴露	0.08	假设脸和手暴露	0.08

表 4.14　居住用地方式下受体最大皮肤暴露比预估

年龄	室外活动		室内活动	
	暴露部位	ϕ_{max} /(m^2/m^2)	暴露部位	ϕ_{max} /(m^2/m^2)
1	假设脸、手、前臂和小腿暴露	0.26	假设脸、手、前臂、小腿和脚暴露	0.32
2		0.26		0.33
3		0.25		0.32
4		0.28		0.35
5		0.28		0.35
6		0.26		0.33
7		0.15		0.22
8		0.15		0.22
9		0.15		0.22

续表

年龄	室外活动		室内活动	
	暴露部位	ϕ_{max} /(m^2/m^2)	暴露部位	ϕ_{max} /(m^2/m^2)
10	假设脸、手和前臂暴露	0.15	假设脸、手、前臂和脚暴露	0.22
11		0.14		0.22
12		0.14		0.22
13		0.14		0.22
14		0.14		0.22
15		0.14		0.21
16		0.14		0.21
17	假设脸、手、前臂和小腿暴露	0.27	假设脸、手、前臂、小腿和脚暴露	0.33
18		0.27		0.33

表 4.15 不同年龄、性别及土地利用方式下受体皮肤暴露面积

年龄	皮肤暴露面积/m^2					
	居住用地				商业用地	
	女性		男性		女性	男性
	室内	室外	室内	室外		
1	0.037	0.030	0.041	0.034	—	—
2	0.053	0.042	0.056	0.044	—	—
3	0.061	0.048	0.063	0.049	—	—
4	0.076	0.061	0.077	0.062	—	—
5	0.083	0.066	0.085	0.068	—	—
6	0.087	0.068	0.087	0.068	—	—
7	0.063	0.043	0.064	0.044	—	—
8	0.069	0.047	0.070	0.048	—	—
9	0.074	0.050	0.074	0.051	—	—
10	0.080	0.055	0.083	0.057	—	—
11	0.087	0.059	0.087	0.059	—	—
12	0.096	0.065	0.094	0.064	—	—
13	0.105	0.071	0.100	0.068	—	—
14	0.110	0.075	0.109	0.074	—	—
15	0.118	0.08	0.121	0.082	—	—
16	0.120	0.082	0.125	0.086	—	—
17	0.198	0.162	0.223	0.183	0.048	0.054
18	0.197	0.161	0.220	0.180	—	—

与 CLEA 模型不同，我国 C-RAG 导则中人体皮肤暴露面积的计算方法如公式（4.7）所示。

$$SAE = 239H^{0.417}BW^{0.517}SER \tag{4.7}$$

公式中，SAE 为暴露皮肤表面积，cm^2；H 和 BW 的参数含义见公式（4.5）；SER 为暴露皮肤所占面积比，无量纲，敏感用地下儿童默认值为 0.36，成人默认值为 0.32，非敏感用地下成人默认值为 0.18。

呼吸率：暴露评估中，挥发性污染物的吸入率通常根据呼吸率和空气交换速率来计算，这两个参数分别与呼吸循环次数和每个循环内吸入的空气体积有关（EPA，1997b）。通常测定呼吸率的方法为吸入的最小空气体积，以“L-空气/min”表示。风险评估中，呼吸率通常以“m^3/h”表示。

呼吸率的取值一部分取决于受体的物理特征（如年龄、性别、体型和身体素质(fitness level)），另一部分取决于受体的活动或工作强度(Smith and Jones，2003；EPA，1997b)。呼吸率可以通过肺活量仪直接测量，也可以根据心率测量来间接计算。EPA（1997b，2006）根据国际辐射防护委员会（International Commission on Radiological Protection，ICRP）发布的数据以及其他有效文献总结，给出了受体呼吸率的推荐值，如表 4.16（EPA，1997b，2006；Lordo et al.，2006）所示。英国 CLEA-SR3 导则中根据受体的年龄段对这些推荐值做了进一步分配。Smith 和 Jones（2003）总结了 ICRP 工作组根据呼吸道模拟得出的不同年龄段的平均呼吸率数据。表 4.17 对文献中的推荐值进行了比较。

表 4.16　长期暴露研究给出的日均呼吸率推荐值

年龄	呼吸率/（m^3/d）					
	美国国家环境保护局（1997b）[1]		美国国家环境保护局（2006）[2]		Lordo 等（2006）	
	女性	男性	女性	男性	女性	男性
1	4.5	4.5	8.5	8.8	8.5	8.8
2	6.8	6.8	13.3	13.5	13.3	13.5
3	8.3	8.3	12.7	13.2	12.7	13.2
4	8.3	8.3	12.2	12.7	12.2	12.7
5	8.3	8.3	12.2	12.7	12.2	12.7
6	10.0	10.0	12.2	12.7	12.2	12.7
7	10.0	10.0	12.4	13.4	12.4	13.4
8	10.0	10.0	12.4	13.4	12.4	13.4
9	13.0	14.0	12.4	13.4	12.4	13.4
10	13.0	14.0	12.4	13.4	12.4	13.4
11	13.0	14.0	12.4	13.4	12.4	13.4
12	12.0	15.0	13.4	15.3	13.4	15.3

续表

年龄	呼吸率（m^3/d）					
	美国国家环境保护局（1997b）[1]		美国国家环境保护局（2006）[2]		Lordo 等（2006）	
	女性	男性	女性	男性	女性	男性
13	12.0	15.0	13.4	15.3	13.4	15.3
14	12.0	15.0	13.4	15.3	13.4	15.3
15	12.0	17.0	13.4	15.3	13.4	15.3
16	12.0	17.0	13.4	15.3	13.4	15.3
17	11.3	15.2	—	—	14.8	19.4
18	11.3	15.2	—	—	12	16.4

注：1 为 1～8 岁的日均呼吸率在性别之间没有差异；2 为来源于 Lordo 等（2006）. 美国国家环境保护局（2006）没有提供成年数据

表 4.17　基于辐射风险评估研究的日均空气吸入率推荐值

年龄	呼吸率/(m^3/d)			
	Smith 和 Jones（2003）	EPA（1997b）	EPA（2006）	Lordo 等（2006）
1	5.2	4.5	8.5～8.8	8.5～8.8
5	8.8	8.3	12.2～12.7	12.2～12.7
10	15.3	13～14	12.4～13.4	12.4～13.4
15	20	12～17	13.4～15.3	13.4～15.3
＞16	22.2	11～15	—	13.4～17.9

呼吸率与人群活动强度密切相关，例如，人体处于睡眠中的呼吸率远低于人体在锻炼身体时的呼吸率。美国国家环境保护局（EPA，1997b，2006）将人们处于活动状态的呼吸率作为短期暴露的呼吸率推荐值，在 1997 年推荐了儿童与成人的日均空气呼吸率（表 4.18），并根据 Lordo 等（2006）的研究成果给出了儿童（0～16 岁）呼吸率推荐值（表 4.19）。Lordo 等（2006）总结了五项活动的呼吸率，包括休息（睡觉或小憩）、静坐、低强度活动、中等强度活动、高强度活动。针对长期暴露，美国国家环境保护局 1997 年推荐的呼吸率（EPA，1997b）与 Smith 和 Jones（2003）总结的儿童呼吸率推荐值相一致，然而 2006 年推荐的值相对较高。美国国家环境保护局 2006 年推荐的数据是基于整个美国人口调查信息得出的结论，而 1997 年的推荐值则是基于加利福尼亚州四个社区人口调查信息得出的结论。

表 4.18　短期暴露日均空气呼吸率推荐值

活动类型	呼吸率/(m^3/h)	
	儿童[1]	成年人[2]
休息（睡觉或小憩）	0.3	0.4
静坐	0.4	0.5
低强度活动	1.0	1.0
中等强度活动	1.2	1.6
高强度活动	1.9	3.2

注：1 为儿童年龄 0～16 岁；2 为成年人年龄＞16 岁

表 4.19　短期暴露儿童日均呼吸率推荐值

活动类型	年龄	平均呼吸率/(m^3/h)	
		女性	男性
休息（睡觉或小憩）	1	0.18	0.18
	2	0.28	0.27
	3	0.27	0.28
	4～6	0.25	0.26
	7～11	0.26	0.28
	12～16	0.29	0.32
	17	0.26	0.32
	18	0.27	0.36
静坐	1	0.18	0.19
	2	0.28	0.28
	3	0.28	0.29
	4～6	0.26	0.27
	6～11	0.28	0.29
	12～16	0.31	0.34
	17	0.28	0.35
	18	0.3	0.4
低强度活动	1	0.44	0.48
	2	0.7	0.69
	3	0.72	0.7
	4～6	0.66	0.68
	6～11	0.66	0.7
	12～16	0.72	0.79
	17	0.68	0.83
	18	0.65	0.84

续表

活动类型	年龄	平均呼吸率/(m^3/h)	
		女性	男性
中等强度活动	1	0.84	0.87
	2	1.26	1.28
	3	1.28	1.29
	4～6	1.2	1.26
	6～11	1.26	1.34
	12～16	1.41	1.58
	17	1.42	1.83
	18	1.28	1.77
高强度活动	1	1.45	1.65
	2	2.19	2.42
	3	2.25	2.43
	4～6	2.07	2.34
	6～11	2.36	2.62
	12～16	2.79	3.05
	17	2.74	3.32
	18	2.42	3.2

注：源数据单位为 L/min，EPA（2006）推荐 Lordo 等（2006）的研究，即儿童呼吸率基于活动强度计算

表 4.20 给出了 CLEA-SR3 导则在居住用地和商业用地下呼吸率的推荐值。儿童和成人呼吸率的推荐值主要基于 Lordo 等（2006）的研究工作，同时结合了 EPA（2006）推荐的儿童（0～16 岁）呼吸率。

表 4.20　CLEA-SR3 导则在居住用地和商业用地下呼吸率的推荐值

年龄	呼吸率/(m^3/d)	
	女性	男性
1	8.5	8.8
2	13.3	13.5
3	12.7	13.2
4	12.2	12.7
5	12.2	12.7
6	12.2	12.7
7	12.4	13.4
8	12.4	13.4
9	12.4	13.4

续表

年龄	呼吸率/(m³/d)	
	女性	男性
10	12.4	13.4
11	12.4	13.4
12	13.4	15.3
13	13.4	15.3
14	13.4	15.3
15	13.4	15.3
16	13.4	15.3
17	14.8	19.4
18	12.0	16.4

4.2.4　污染物性质参数

表4.21总结了模拟过程所需的污染物性质参数，但对于有机污染物和无机污染物并非同时需要所有参数：

（1）有机污染物或无机污染物化学性质间的显著差异导致其具有不同的迁移性质和过程；

（2）有机污染物成分和结构相似时，同类污染物的迁移行为之间经常存在经验关系。

污染物性质参数可以通过一系列数据源获取，包括使用手册、学术报告、期刊、毒理学报告以及网络数据库。在选择模型所需数据时，应慎重考虑数据的适用性，因为参数具有诸多不确定性和变异性，可能对预测结果产生显著影响。英国环境保护局进一步制定了详细导则，对推导石油烃、氯代污染物和农药等系列污染物筛选值所用参数的适用性进行了说明（EA，2008）。

使用污染物的性质参数时，根据学术报告或期刊的综述取值极其重要。最常见的数据来源包括：

（1）在行业领域内或前人文献综述中经常被采用的值；

（2）欧盟与风险评估技术导则文件（ECB，2003）一致的推荐值；

（3）国际化学品安全规划（*International Programme on Chemical Safety*，IPCS）推荐值（IPCS，2000）；

（4）国家机构（如EPA）推荐值（EPA，1996，2002，2003）；

（5）根据已认证的性质进行预测或根据定量构效关系（quantitative structure activity relationships，QSAR）方法推导的值（Boethling and Mackay，2000；ECB，

2003；Lyman et al.，1990）。

表 4.21 模拟过程所需的污染物性质参数

参数	单位	描述
亨利常数（H）	$atm·m^3/mol$	一定温度压力下，土壤中化学物质在非饱和土壤气体和液体中的浓度分配比例，由亨利常数计算得来。亨利常数是该物质在水里的溶解度与该气体平衡压强的比例
皮肤吸收系数（ABS_d）	—	土壤污染物通过皮肤接触，被受体吸收的比例
空气/水扩散系数（D_{air}/D_{water}）	m^2/s	描述污染物分子在液相或气相中的迁移扩散能力，它主要是由分子间碰撞引起的。扩散系数是菲克扩散定律的比例常数。扩散速率与污染物本身的性质与迁移介质有关。扩散系数用来说明污染物仅依靠分子扩散作用跨环境介质迁移的快慢能力
分子量（M）	g/mol	污染物相对分子质量，用于计算土壤污染物的饱和蒸气浓度
辛醇-水分配系数（K_{ow}）	—	以实验方法得出的化学物质在辛醇和水中的浓度分配比值，用于表征污染物的亲油性，并预测污染物在水介质和有机介质之间的分配行为
有机碳-水分配系数（K_{oc}）	cm^3/g	以实验方法或估算法得到的有机污染物在水中和吸附到土壤有机碳上含量的比值，用来预测土壤中有机污染物在孔隙水和有机质之间的相对分配行为
土壤-颗粒物迁移因子（TF）	—	估算污染物从土壤向颗粒物粉尘迁移趋势的经验值
根系-植物分配因子（f_{int}）	—	污染物从植物根部向其他部位迁移的比例，用于估算污染物在植物可食用部位的含量
土壤-植物可利用校正因子（δ）	—	无机物质在土壤溶液和植物中含量关系的比例常数，在 CLEA 导则中用来估算无机物质在植物根部的含量
土壤-植物富集因子（CF）	（mg/kg-plant）/（mg/kg-soil）	污染物在植物可食部位的浓度与在土壤中浓度的比值，由经验方法或模型估算得到
土壤-水分配系数（K_d）	cm^3/g	土壤污染物从水中吸附到土壤矿物或土壤有机质上的趋势，用于预估化学物质在气-液-固三相的分配行为
蒸气压（P）	Pa	污染物气相与其固相或液相达到平衡时的压力。蒸气压会随着温度升高而快速增大，用于估算有机物质在气-液-固三相的分配行为和土壤污染物的饱和蒸气浓度
溶解度（S）	mg/L	在一定温度下，化学物质在水中最大的浓度，用于计算土壤中污染物的饱和浓度值

亨利常数的校正：挥发性有机污染物在土壤孔隙中的迁移行为与其亨利常数密切相关，亨利常数的取值对预测有机污染物的挥发因子（VF）和饱和蒸气浓度（$C_{sat,vap}$）具有显著影响。有机污染物的亨利常数值会随着环境温度变化发生波动，目前有机污染物的物化毒理参数数据库中提供的亨利常数为 25℃下的参考值（$atm·m^3/mol$ 或无量纲），然而地下土壤的平均温度一般低于 25℃，某些情况下采用 25℃时的亨利常数可能导致高估污染物在水中的挥发性，因此需要根据实际温

度来校正亨利常数。

亨利常数可根据克劳修斯-克拉珀龙(Clausius-Clapeyron)方程来校正(公式(4.8))。

$$H'_{TS}=\frac{\exp\left[-\frac{\Delta H_{v,TS}}{R_C}\left(\frac{1}{T_S}-\frac{1}{T_R}\right)\right]H_R}{RT_S} \tag{4.8}$$

公式中，H'_{TS}为土壤平均温度下的亨利定律常数，无量纲；$\Delta H_{v,TS}$为土壤平均温度下的蒸发焓，cal/mol；T_S为土壤平均温度，K；T_R为参考温度，K；H_R为参考温度下的亨利定律常数，（atm·m^3）/mol；R_C为气体常数（为 1.9872 cal/(mol·K))；R为气体常数（为 8.205×10^{-5} （atm·m^3）/（mol·K))。

有机污染物在土壤平均温度下的蒸发焓（$\Delta H_{v,TS}$）可以通过污染物在常规沸点时的蒸发焓计算（公式（4.9))。

$$\Delta H_{v,TS}=\Delta H_{v,b}\left[\frac{1-T_S/T_C}{1-T_B/T_C}\right]^n \tag{4.9}$$

公式中，$\Delta H_{v,TS}$为土壤平均温度下的蒸发焓，cal/mol；$\Delta H_{v,b}$为污染物常规沸点时的蒸发焓，cal/mol；T_S为土壤平均温度，K；T_C为关键温度，K；T_B为污染物常规沸点，K；n为指数，无量纲。

如果土壤平均温度不能根据检测手段获取实际值，可以通过公式（4.10）计算浅层土壤（100 cm 深度）的年均温度。

$$T_S=4.646+0.986T_A \tag{4.10}$$

公式中，T_S为土壤年均温度，℉；T_A为一年或多年的月平均气温，℉；月平均气温根据气象部门提供的每日最低气温和最高气温监测值计算。用于公式(4.10)中的标准差（S_{yx}）约为 4.15℉。根据季节变化估算的土壤年均温度可参考公式（4.11）～公式（4.14）。

$$\text{Summer } T_s=16.115+0.856T_A;S_{yx}=3.62℉ \tag{4.11}$$

$$\text{Fall } T_s=1.578+1.023T_A;S_{yx}=3.01℉ \tag{4.12}$$

$$\text{Winter } T_s=15.322+0.656T_A;S_{yx}=3.41℉ \tag{4.13}$$

$$\text{Spring } T_s=0.179+1.052T_A;S_{yx}=3.45℉ \tag{4.14}$$

表 4.22 列出了公式（4.9）中指数 n 与 T_B/T_C 的关系。

表 4.22　n 与 T_B/T_C 的关系

T_B/T_C的值	指数 n
＜0.57	0.30
0.57～0.71	0.74（T_B/T_C）−0.116
＞0.71	0.41

污染物的相关化学性质参数包括亨利定律常数（H_R）、常规沸点（T_B）、关键温度（T_C）和常规沸点下的蒸发焓（$\Delta H_{v,b}$），可以从参考文献或数据库中查找。如果文献中无法找到推荐参数，评估者可以通过已有数据利用经验公式来推算，如公式（4.15）和公式（4.16）。

$$T_C = 3T_B/2 \tag{4.15}$$

$$\Delta H_{v,b} = \frac{2.303BR_C T_B^2 (Z_g - Z_l)}{(t_b + C)^2} \tag{4.16}$$

公式中，$\Delta H_{v,b}$、T_B和T_C的参数含义见公式（4.9）；B，安托万（Antoine）B系数，℃；C，安托万C系数，℃；R_C的参数含义见公式（4.8）；(Z_g-Z_l)为压缩因子差，无量纲（为0.95at T_B）；t_b为污染物常规沸点，℃。

安托万B系数和C系数是常数，用于描述挥发污染物的蒸气压与温度的函数，可以从上述文献中获取。如果安托万系数以热力学温度表达，系数C应该通过减去273.15转化为摄氏度；B系数代表曲线的斜率，不需要转换。需要注意的是，有些文献中提供的B系数都没有乘以2.303来转化成对数形式（以10为底或以e为底）。检验B是否已经被转化的一个简单方法是检查甲烷的B值，如果该值接近405.42（℃或K），那么B值可以直接用于公式（4.16）；如果B值接近930，那么这个值已经乘以了2.303。若文献中的安托万系数不可用，则系数C可以根据常规沸点查得，如表4.23所示。

表4.23　有机化合物的安托万C系数

沸点/℃	C系数/℃	沸点/℃	C系数/℃
<−150	$264\sim0.034t_b$	140	212
−150～−10	$240\sim0.19t_b$	160	206
−10	238	180	200
0	237	200	195
20	235	220	189
40	232	240	183
60	228	260	177
80	225	280	171
100	221	≥300	165
120	217		

注：对于多羟基醇（二元醇、三元醇等）：C=230℃

安托万B系数可以通过C系数、常规沸点、蒸气压/温度数据来换算（公式(4.17)）。

$$B = \frac{(t_b + C)(t_{Pv} + C)}{t_b - t_{Pv}} \log\left(\frac{760}{P_v}\right) \tag{4.17}$$

公式中，B、C 和 t_b 的参数含义见公式（4.16）；t_{P_v} 为蒸气压为 P_v 时的已知温度，℃；760 为常规沸点时的蒸气压，mmHg；P_v 为温度为 t_{P_v} 时的已知蒸气压，mmHg。

4.3 案例练习

推导 1, 3-二氯苯酚（1, 3-Dichloropropene）在土壤温度为 10℃时的亨利定律常数（无量纲）。

已知条件为：

25℃时，亨利定律常数为 1.77×10^{-2} atm·m³/mol，无量纲亨利定律常数为 7.26×10^{-1}；常规沸点为 381.15K 或 108.00℃；25℃时，蒸气压为 31.24 mmHg；关键温度为 587.38 K。

练习答案

（1）根据表 4.23，查找安托万 C 系数约为 219℃；根据公式（4.17），计算安托万 B 系数

$$B=\frac{(108+219)(25+219)}{108-25}\log\left(\frac{760}{31.24}\right)=1332℃$$

（2）根据公式（4.16）和表 4.22，计算常规沸点时 1, 3-二氯苯酚的蒸发焓

根据 T_B/T_C 的比介于 0.57～0.71，可得 n=0.74（T_B/T_C）−0.116=0.364

$$\Delta H_{v,b}=\frac{2.303\times1322\times1.9872\times381.15^2\times0.95}{(108+219)^2}=7808\text{ cal/mol}$$

（3）根据公式（4.9）计算实际土壤温度下的蒸发焓（cal/mol）

$$\Delta H_{v,TS}=7808\times\left[\frac{1-283.15/587.38}{1-381.15/587.38}\right]^{0.364}=8995\text{ cal/mol}$$

（4）计算实际土壤温度下的蒸发焓（无量纲）

$$H'_{TS}=\frac{\exp\left[-\dfrac{8995}{1.9872}\left(\dfrac{1}{283.15}-\dfrac{1}{298.15}\right)\right]\times1.77\times10^{-2}}{8.205\times10^{-5}\times283.15}=3.41\times10^{-1}$$

第5章　关键暴露途径及模型

第3章和第4章总结了污染物在场地环境中的潜在迁移归趋行为和暴露途径。为保障人群健康安全和生态环境安全，风险评估需要根据污染物在环境中的迁移特征建立各暴露途径下的污染物迁移模型。模型将污染源的位置定义为合规点（point of compliance，POC），即污染物发生释放和迁移的起点；将污染物与受体的接触点定义为暴露点（point of exposure，POE）。概念模型中将POE的位置确定在污染物迁移途径上的某处，如图5.1所示。因此，污染物从POC迁移到POE时，其浓度将会降低，模型中假设这种浓度变化可以用一定比例关系来表示，因此定义$C_{POE}=C_{POC}\times TF$，式中，C_{POC}和C_{POE}分别代表污染物在合规点和暴露点的浓度；TF为不同暴露途径下的迁移因子（transport factor）。本章将重点介绍和总结污染物在不同暴露途径下的迁移解析模型，进而计算受体在不同暴露途径下污染物的日均摄入/吸入量。

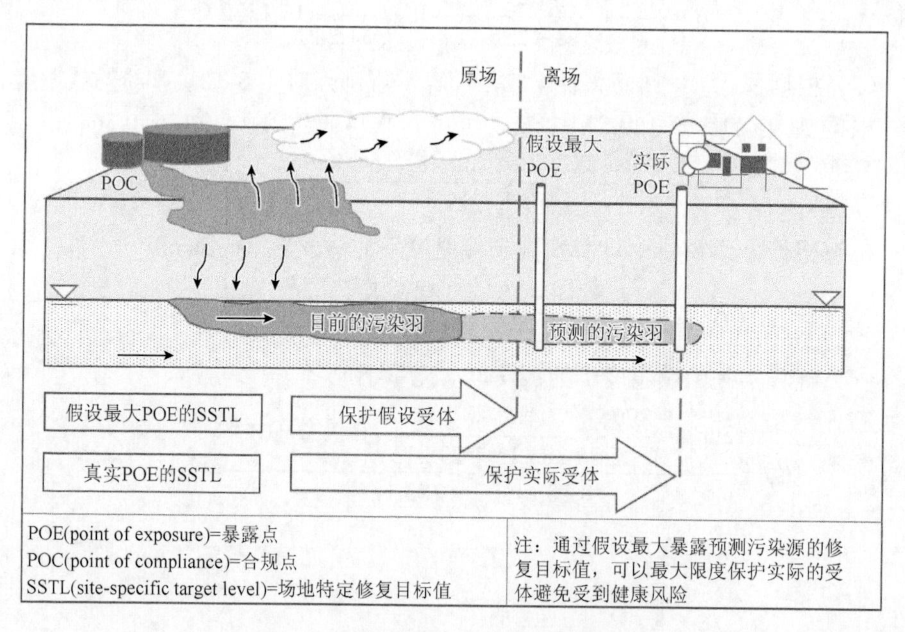

图5.1　污染物释放-迁移-暴露概念模型

由于经口摄入土壤/颗粒物途径和皮肤接触土壤途径属于直接暴露，因此不需要考虑污染物的迁移模型。

5.1　经口摄入土壤/颗粒物

经口摄入土壤/颗粒物是指受体通过直接摄入土壤或颗粒粉尘等途径接触污染物。对于多环芳烃类污染物、铅、砷等难挥发性污染物而言，经口摄入土壤/颗粒物是最重要的暴露途径，尤其对儿童的健康影响比较严重。

假设经口摄入土壤/颗粒物中的污染物全部被受体吸收，不考虑中间校正过程，即受体日均污染土壤摄入率（IR^{ing}）等于日均摄入土壤量乘以土壤污染物浓度。偶尔手口接触或不经意进食沾土食物等是儿童和部分成人接触污染土壤的重要途径。研究者采用了多种方式来确定儿童的日均土壤摄入率，包括利用微量元素含量来评估儿童摄入土壤/颗粒物量，利用统计方法对现有数据进行分析并综合考虑食物和非食物污染源等方法。有学者发现，短期日均摄入土壤量比长期日均摄入量更加随机（Stanek et al.，1999；Stanek and Calabrese，2000），长期日均摄入土壤量比短期日均摄入土壤量更低（表 5.1）。目前针对成人摄入土壤/颗粒物的研究较少，Davis 和 Mirick（2006）分析了 19 个家庭的日均土壤摄入率，并对父母和儿童的土壤摄入率进行比较，研究发现，与儿童相比，父母的日均土壤摄入率几乎可以忽略不计，成人的日均土壤摄入率仅为 52.5 mg/d，该值接近于 1997 年美国国家环境保护局推荐的默认值（50 mg/d），但为保守起见，美国国家环境保护局推导区域筛选值时采用了 200 mg/d（EPA，1997a，2016）。

表 5.1　依据示踪实验的长期日均土壤摄入率

研究时长/d	平均土壤摄入率 95%置信上限值/(mg/d)
7	177
30	135
90	127
365	124

英国 CLEA-SR3 导则和我国 C-RAG 导则中默认日均污染物摄入的土壤当量（IR^{ing}/C_s）等于日均土壤/颗粒物的直接摄入率，计算如公式（5.1）所示。而美国 ASTM 导则中引入了污染物被受体摄入后的生物有效因子（relative bioavailability factor，RBAF），计算如公式（5.2）所示。

$$\frac{IR^{ing}}{C_s}=SIR \tag{5.1}$$

$$\frac{\mathrm{IR}^{\mathrm{ing}}}{C_{\mathrm{s}}}=\mathrm{SIR}\times\mathrm{RBAF} \tag{5.2}$$

公式中，$\mathrm{IR}^{\mathrm{ing}}/C_{\mathrm{s}}$为日均摄入污染物的土壤当量，(mg/d)/(mg/g)；SIR 为土壤/颗粒物直接摄入率，g/d；RBAF 为生物有效因子，无量纲。美国 ASTM 导则和英国 CLEA-SR3 导则中对成人和儿童受体的日均土壤摄入率分别设定为 0.05 g/d 和 0.1 g/d，而我国导则推荐的默认值则更加保守，分别为 0.1 g/d 和 0.2 g/d。

5.2 食用农作物

土壤污染物可能会传输至种植在污染土壤上的农作物中，人体若食用了种植在自家花园或菜园中的此类水果或蔬菜，污染物将通过饮食途径进入人体，若污染物迁移性强且不易挥发，食用农作物可能为最重要的暴露途径。

植物可通过多种途径富集土壤污染物，主要通过植物根系及植物内部的易位作用进行。植物在进行呼吸作用或气体交换时也可能吸收大气中的气相污染物而导致植物污染。对于挥发性较强的污染物，化学蒸气挥发是导致植物吸收的主要途径。

植物根部主要从土壤溶液中吸收污染物，直接吸收吸附在土壤或有机质表层污染物的概率较小。部分植物根部可能释放一些螯合微量元素的单分子有机酸（苹果酸盐和柠檬酸盐），能促进土壤颗粒内污染物的解吸，从而提高土壤污染物的有效性。在黏土成分相对较低的土壤或沉积物中，有机污染物的有效性取决于土壤中有机质的含量。

5.2.1 预测土壤-植物浓度分配因子

理想情况下，农作物中污染物浓度应在场地特定条件下进行测量。实际情况下，调查和分析的复杂性、数据的多样性及新鲜产品保存等因素以及时间和费用等一系列问题，导致现场检测操作不可行。通常，农作物可食用部位中污染物浓度可以根据土壤和植物之间的分配关系进行预测，即土壤-植物浓度分配因子（soil-to-plant concentration factor，CF），计算方法见公式（5.3）。

$$\mathrm{CF}=\frac{C_{\mathrm{plant}}}{C_{\mathrm{s}}} \tag{5.3}$$

公式中，CF 为土壤-植物浓度分配因子，(mg/g)/(mg/g)；C_{plant}为可食用植物组织中化学物质的浓度，mg/g；C_{s}为土壤污染物浓度，mg/g。公式（5.3）中的 CF 是在植物鲜重前提下进行计算的，如叶菜的含水量达 95%以上，若研究中称重为植物的干重，需通过公式（5.4）对该数值进行校正。

$$\mathrm{CF}=\frac{C_{\mathrm{plant}}^{*}\mathrm{DW_c}}{C_{\mathrm{s}}} \text{ 或 } \mathrm{CF}=\mathrm{CF}^{*}\mathrm{DW_c} \tag{5.4}$$

公式中，CF 的参数含义见公式（5.3）；C_{plant}^{*} 为可食用植物组织中化学物质的浓度，mg/g；C_{s} 为土壤中化学物质的浓度，mg/g；$\mathrm{DW_c}$ 为干重-湿重转换因子，g/g；CF^{*} 为土壤-植物浓度分配因子，(mg/g)/(mg/g)。

不同植物对污染物的吸收能力具有较大的变异性，并且不同土壤类型也会显著影响植物对污染物的吸收作用。因此，对植物吸收土壤污染物的模拟一般采用比较保守的模型。英国 CLEA 模型中，土壤-植物不同可食部位的预测模型主要有两类：一类是来自于文献报道的经验公式和半经验公式，另一类是数学解析模型（Baes et al.，1984；Travis and Arms，1988；EA，2006；Bell，1992）。这些模型根据污染物类型的不同，对有机污染物和无机污染物在土壤-植物不同部位间的浓度分配因子采用了不同的预测方法。

1. 无机污染物在土壤-植物间的浓度分配

计算农作物吸收无机污染物的通用模型与英国食品局（FSA）PRISM 2.0 的模型保持一致，PRISM 模型用于模拟放射性核素在食物链中的迁移，以评估大气中常规或非常规污染物对食物质量的潜在影响。

公式（5.5）描述了土壤-根系浓度分配因子（soil-to-root concentration factor，CR）的计算方法。该模型假设根部的无机元素与土壤溶液中无机元素的浓度成比例关系。土壤溶液中化学物质的浓度取决于土壤-水分配系数（K_{d}）、土壤类型及土壤 pH。比例系数（δ）取决于植物总密度（包括根系）、土壤深度、实验持续时间及经验校正参数等一系列因子。

$$\mathrm{CR}=\frac{\delta}{\theta_{\mathrm{ws}}+\rho_{\mathrm{b}}K_{\mathrm{d}}} \tag{5.5}$$

公式中，CR 为土壤-根系浓度分配因子，(mg/g)/(mg/g)；δ 为土壤-植物校正因子，无量纲，δ 的参考值参见表 5.2；θ_{ws} 和 ρ_{b} 的参数含义见公式（3.5）；K_{d} 的参数含义见公式（3.1）。

表 5.2　δ 的取值

分类	δ
吸收潜力较低的元素（如镧系元素及锕系元素）	0.5
重金属（如砷、镉、铅、汞、镍等）	5
吸收潜力较高的元素（如硒）	50

研究同样考虑到无机元素从根系迁移至可食用的叶子及根部等。文献研究结

论表明，无机元素在木质部及韧皮部的迁移过程不同，因此，对公式（5.5）中的CR进行校正后，土壤-植物可食部位浓度分配因子CF参见公式（5.6）。

$$\mathrm{CF} = \mathrm{CR} \times f_{\mathrm{int}} \tag{5.6}$$

公式中，CF的参数含义见公式（5.3）；CR的参数含义见公式（5.5）；f_{int}为根系中污染物迁移至可食用部位（叶子或根部）的校正因子，取值为0～1。

2. 有机污染物在土壤-植物间的浓度分配

Ryan等（1988）开发了有机污染物的筛选模型，用于评估绿叶蔬菜对土壤中非离子态化学物质的富集，提供了鉴定植物吸收某些有机污染物暴露于人体的简单方法。土壤-绿叶蔬菜浓度分配因子（soil-to-plant concentration factor for green vegetables，$\mathrm{CF}_{\mathrm{leafy}}^{\mathrm{O}}$）计算模型见公式（5.7）。

$$\mathrm{CF}_{\mathrm{leafy}}^{\mathrm{O}} = 0.784 \times 10^{[-0.434\times(\log K_{\mathrm{ow}}-1.78)^2/2.44]} \times (0.82 + 0.009 K_{\mathrm{ow}}^{0.95}) \times K_{\mathrm{Ryan}} \tag{5.7}$$

公式中，$\mathrm{CF}_{\mathrm{leafy}}^{\mathrm{O}}$为土壤-绿叶蔬菜浓度分配因子，(mg/g)/(mg/g)；K_{ow}为污染物辛醇-水分配系数，无量纲(0～4)；K_{Ryan}为土壤-叶菜浓度分配因子，参见计算公式(5.8)。

$$K_{\mathrm{Ryan}} = \frac{\rho_{\mathrm{b}}}{\theta_{\mathrm{ws}} + \rho_{\mathrm{b}} K_{\mathrm{oc}} f_{\mathrm{oc}}} \tag{5.8}$$

公式中，K_{Ryan}为土壤-叶菜浓度分配因子，g/cm^3；θ_{ws}和ρ_{b}的参数含义见公式(3.5)；K_{oc}和f_{oc}的参数含义见公式（3.2）。

Trapp等（2002）提出了根菜吸收模型，指出根系较厚并且污染物K_{ow}值较高时，根部中污染物的实际浓度比化学平衡中污染物的浓度低。植物根系和水的分配系数（K_{rw}）的计算方法见公式（5.9）。

$$K_{\mathrm{rw}} = \frac{W_{\mathrm{r}}}{\rho_{\mathrm{p}}} + \frac{L}{\rho_{\mathrm{p}}} a (K_{\mathrm{ow}})^b \tag{5.9}$$

公式中，K_{rw}为植物根系-水分配系数，cm^3/g；W_{r}为根部含水量，g/g，默认值为0.89；ρ_{p}为植物根密度，g/cm^3，默认值为1；L为根部油脂含量，g/g，默认值为0.025；a为水和辛醇之间的密度校正因子，无量纲，默认值为1.2；K_{ow}的参数含义见公式(5.7)；b为根部校正系数，无量纲，默认值为0.77。

利用Trap模型计算土壤-根菜植物浓度分配因子（soil-to-plant concentration factor for root，$\mathrm{CF}_{\mathrm{root}}^{\mathrm{O}}$），参见公式（5.10）。

$$\mathrm{CF}_{\mathrm{root}}^{\mathrm{O}} = \frac{(Q_{\mathrm{r}}/K_{\mathrm{d}})}{\dfrac{Q_{\mathrm{r}}}{K_{\mathrm{rw}}} + (k_{\mathrm{g}} + k_{\mathrm{m}}) \rho_{\mathrm{p}} V_{\mathrm{root}}} \tag{5.10}$$

公式中，$\mathrm{CF}_{\mathrm{root}}^{\mathrm{O}}$为土壤-根菜植物浓度分配因子，(mg/g)/(mg/g)；K_{d}的参数含义见公式（3.1）；K_{rw}和ρ_{p}的参数含义见公式（5.9）；Q_{r}为蒸气流速，cm^3/d，默认值为

1.0；V_{root}为根容积，cm^3，默认值为 1.0；k_g为一阶生长速率常数，d^{-1}，默认值为 0.1；k_m为一阶代谢速率常数，d^{-1}，默认值为 0。

5.2.2 计算污染物食用率

食用农作物暴露途径下，受体日均摄入污染物的土壤当量计算公式根据不同污染物类型（有机污染物和无机污染物）如公式（5.11）和公式（5.12）所示。

有机污染物

$$\frac{IR^{veg\text{-}O}}{C_s} = CR^{leafy} \times HF_{leafy} \times CF_{leafy}^{O} + CR^{root} \times HF_{root} \times CF_{root}^{O} \tag{5.11}$$

无机污染物

$$\frac{IR^{veg\text{-}I}}{C_s} = CR^{leafy} \times HF_{leafy} \times CF_{leafy}^{I} + CR^{root} \times HF_{root} \times CF_{root}^{I} \tag{5.12}$$

公式中，$IR^{veg\text{-}O}/C_s$和$IR^{veg\text{-}I}/C_s$分别为日均摄入有机污染物和无机污染物的土壤当量，(mg/d)/(mg/g)；CR^{leafy}为叶菜摄入率，g/d；CR^{root}为根菜摄入率，g/d；HF_{leafy}为摄入自产叶菜比例，无量纲；HF_{root}为摄入自产根菜比例，无量纲；CF_{root}^{O}或CF_{root}^{I}为土壤-根菜植物浓度分配因子，(mg/g)/(mg/g)；CF_{leafy}^{O}或CF_{leafy}^{I}为土壤-绿叶蔬菜浓度分配因子，(mg/g)/(mg/g)。

5.2.3 案例练习

计算食用农作物暴露途径下成人日均摄入农作物中 Cd 的土壤当量。已知参数见表 5.3。

表 5.3　案例练习——已知参数

符号	名称	单位	参考值
θ_{ws}	包气带中孔隙水体积比	—	0.15
ρ_b	土壤干容重	g/cm^3	1.5
K_d	土壤-水分配系数	cm^3/g	15
δ	土壤-植物校正因子	—	5
$f_{intleafy}$	根系中污染物迁移至菜叶校正因子	—	0.4
$f_{introot}$	根系中污染物迁移至根部校正因子		0.7
HF_{leafy}	摄入自产叶菜比例		0.05
HF_{root}	摄入自产根菜比例		0.06
CR^{leafy}	叶菜摄入率	g/d	6
CR^{root}	根菜摄入率	g/d	2

练习答案

土壤-根系浓度分配因子 CR

$$\mathrm{CR}=\frac{\delta}{\theta_{\mathrm{ws}}+\rho_{\mathrm{b}}K_{\mathrm{d}}}=\frac{5}{0.15+1.5\times 15}=0.221(\mathrm{mg/g})/(\mathrm{mg/g})$$

土壤-植物可食部位浓度分配因子 CF

$$\mathrm{CF}_{\mathrm{leafy}}^{\mathrm{I}}=\mathrm{CR}\times f_{\mathrm{intleafy}}=0.221\times 0.4=0.0884(\mathrm{mg/g})/(\mathrm{mg/g})$$

$$\mathrm{CF}_{\mathrm{root}}^{\mathrm{I}}=\mathrm{CR}\times f_{\mathrm{introot}}=0.221\times 0.7=0.1547(\mathrm{mg/g})/(\mathrm{mg/g})$$

成人农作物日均摄入 C_{d} 的土壤当量

$$\frac{\mathrm{IR}^{\mathrm{veg\text{-}I}}}{C_{\mathrm{s}}}=\mathrm{CR}^{\mathrm{leafy}}\times\mathrm{HF}_{\mathrm{leafy}}\times\mathrm{CF}_{\mathrm{leafy}}^{\mathrm{I}}+\mathrm{CR}^{\mathrm{root}}\times\mathrm{HF}_{\mathrm{root}}\times\mathrm{CF}_{\mathrm{root}}^{\mathrm{I}}$$

$$=6\times 0.05\times 0.0884+2\times 0.06\times 0.1547=0.02652+0.01856=0.04508(\mathrm{mg/d})/(\mathrm{mg/g})$$

5.3 皮肤接触土壤/颗粒物

美国 ASTM 导则和我国 C-RAG 导则中皮肤接触土壤途径仅考虑人体因皮肤直接接触土壤/颗粒物而与污染物接触，而英国 CLEA-SR3 导则中皮肤接触土壤/颗粒物途径同时考虑了受体与土壤/颗粒物直接接触或与室内颗粒物间接接触两种途径。相对于环境健康问题，皮肤暴露于化学物质中可能是更需要关注的职业健康问题，因为工人接触纯化学物质和水溶性较强污染物的频率更高。然而，对于土壤中亲脂性较强的持久性污染物而言，皮肤接触土壤/颗粒物可能是一个重要的暴露途径。同 CLEA 模型中其他暴露途径不同，该暴露途径是通过评估吸收量而不是摄入量来表征。

土壤中污染物接触成人和儿童的潜在转移途径包括皮肤接触土壤和颗粒物，吸收量的估算取决于以下三个要素：

（1）暴露的皮肤表面积与土壤/颗粒物的接触程度；

（2）粘附于皮肤表面的土壤量；

（3）通过皮肤吸收的污染物的量。

其中，皮肤暴露表面积取决于全身皮肤表面积与假定衣物覆盖的皮肤表面积之差。大量研究表明，皮肤暴露面积可以通过身高、体重和皮肤暴露比参数估算得到（ICRP，1975；EPA，1985，1997b），详见第 4 章公式（4.5）～公式（4.7）。

5.3.1 计算污染物吸收率

在 CLEA 模型中，皮肤接触土壤/颗粒物的吸收率包括直接接触土壤/颗粒物和间接接触室内颗粒物两部分，计算如公式（5.13）和公式（5.14）。在我国 C-RAG 导则中，皮肤接触土壤/颗粒物途径只考虑皮肤直接接触土壤，计算公式同公式（5.13）一致。皮肤通过接触土壤/颗粒物途径吸收污染物的过程中，一般考虑了土壤-皮肤粘附系数（soil-to-skin adherence factor，SSAR）和土壤-皮肤吸收因子（dermal absorption factor，ABS_d）两个中间过程因子；美国 ASTM 导则则考虑了相对土壤-皮肤吸附因子（relative absorption factor，RAF_d），计算如公式（5.15）所示。

$$\frac{IR^{der}}{C_s}=SSAR\times SAE\times E_v\times ABS_d\times10^{-3} \tag{5.13}$$

$$\frac{IR^{der}}{C_s}=SSAR\times SAE\times E_v\times ABS_d\times TF_{par}\times10^{-3} \tag{5.14}$$

$$\frac{IR^{der}}{C_s}=SSAR\times SAE\times E_v\times RAF_d\times10^{-3} \tag{5.15}$$

公式中，IR^{der}/C_s 为日均皮肤吸收污染物的土壤当量，(mg/d)/(mg/g)；SAE 为暴露皮肤表面积，cm^2；SSAR 为土壤-皮肤粘附系数，mg/cm^2；E_v 为每日皮肤接触污染物事件的频率，d^{-1}；ABS_d 为皮肤吸收效率因子，无量纲；RAF_d 为相对土壤-皮肤吸附因子，无量纲，计算见公式（5.16）；TF_{par} 为土壤-室内颗粒物传输因子，g/g。

$$RAF_d=\frac{ABS_d}{ABS_{gi}} \tag{5.16}$$

公式中，RAF_d 和 ABS_d 的参数含义见公式（5.15）；ABS_{gi} 为消化道吸收因子，无量纲。

英国、美国和中国的风险评估技术导则中，土壤-皮肤粘附系数的取值有所不同，不同模型对皮肤粘附系数的推荐值如表 5.4 所示。

表 5.4　不同导则中受体土壤-皮肤粘附系数推荐值

模型	用地类型	暴露途径	土壤-皮肤粘附系数/(mg/cm^2)	
			儿童	成人
CLEA-SR3 导则	居住用地	皮肤间接接触室内颗粒物	0.06	0.06
		皮肤直接接触土壤/颗粒物	1	0.3
	商业用地	皮肤直接接触土壤/颗粒物	—	0.14
RBCA 模型	居住用地	皮肤直接接触土壤/颗粒物	0.5	0.5
	商业用地	皮肤直接接触土壤/颗粒物	—	0.5
C-RAG 导则	敏感用地	皮肤直接接触土壤/颗粒物	0.2	0.07
	非敏感用地	皮肤直接接触土壤/颗粒物	—	0.2

ABS_d的取值根据污染物性质不同具有较强的变异性，其取值主要来自文献报道的参考值。EPA（2004a，2004b）推荐了部分污染物的ABS_d参考值，如表 5.5 所示。此外，对于未给出ABS_d参考值的污染物，美国 RBCA 模型与英国 CLEA 模型一般默认有机污染物ABS_d的值为 0.1，无机污染物ABS_d的值为 0。

表 5.5 EPA 推荐的 ABS_d 推导值

污染物	ABS_d
砷	0.03
镉	0.001
苯并（a）芘及其他 PAHs	0.13
甲基乙酯 1242/1254 及其他 PCBs	0.14
五氯酚	0.25
氯丹	0.04
2, 4-二氯苯氧乙酸	0.05
DDT	0.03
四氯二苯并-P-二噁英及其他二噁英（土壤有机质含量高于 10%）	0.001
林丹	0.04
1, 3, 5-三硝基六氢-1, 3, 5-三嗪	0.0015
硫二甘醇	0.0075
三硝基苯	0.019
2, 4-二硝基甲苯	0.102
2, 6-二硝基甲苯	0.099
2 氨基，4, 6-二硝基甲苯	0.006
4 氨基-4, 6-二硝基甲苯	0.009
2, 4-二氨基-6-硝基甲苯	0.011
2, 6-二氨基，4-二硝基甲苯	0.005
三硝基甲苯	0.032

5.3.2 案例练习

利用我国 C-RAG 导则计算敏感用地下皮肤接触土壤/颗粒物暴露途径下儿童及成人日均皮肤吸收 As、Cd 及 DDT 的土壤当量（IR^{der}/C_s），已知参数见表 5.6。

表 5.6　案例练习——已知参数

符号		名称	单位	儿童	成人
SSAR		皮肤粘附系数	mg/cm^2	0.2	0.07
E_v		每日皮肤接触事件频率	次/d	1	1
ABS_d	As	皮肤吸收因子	—	0.03	
	Cd			0.001	
	DDT			0.03	
BW		平均体重	kg	15.9	56.8
H		平均身高	cm	99.4	156.3
SER		暴露皮肤所占体表面积比	—	0.36	0.32

练习答案

儿童日均皮肤吸收 As 的土壤当量

$$SAE_c = 239H_c^{0.417} \times BW_c^{0.517} \times SER_c \times 10^{-3}$$
$$= 239 \times 99.4^{0.417} \times 15.9^{0.517} \times 0.36 \times 10^{-3} = 2.4476 cm^2$$

$$\frac{IR^{der}}{C_s} = SSAR_c \times SAE_c \times E_v \times ABS_d \times 10^{-3} = 0.2 \times 2.4476 \times 1 \times 0.03 \times 10^{-3}$$
$$= 1.469 \times 10^{-5} (mg/d)/(mg/g)$$

同理，其他计算结果见表 5.7。

表 5.7　练习结果——受体日均皮肤吸收污染物的土壤当量

污染物	土壤当量（IR^{der}/C_s）/[(mg/d)/(mg/g)]	
	儿童	成人
As	1.469×10^{-5}	1.066×10^{-5}
Cd	0.489×10^{-6}	0.355×10^{-6}
DDT	1.468×10^{-5}	1.066×10^{-5}

5.4　呼吸吸入颗粒物

呼吸吸入颗粒物途径考虑了成人和儿童从室外大气环境和室内环境中吸入源于污染土壤的可吸入性颗粒物。由于地表覆盖的原因，大多数居住和商业用地类型下，土壤污染导致的长期背景空气暴露对受体产生的影响通常较低。然而，吸入颗粒物途径可能是重金属和持久性污染物产生健康风险的一个重要暴露途径。

根据第 4 章 4.2.1 节介绍，英国和中国导则中，呼吸吸入颗粒物途径又可以分为吸入室内、室外土壤颗粒物途径，但美国导则中仅考虑了吸入室外土壤颗粒物暴露途径。

颗粒物是一种复杂和高度非均质混合物，包括当地土粒、衣物纤维、大气环境中的颗粒排放物（来自车辆和烟囱的排放物）、毛发、纤维、霉菌、花粉、细菌、皮屑等（Oomen and Lijzen，2004；Paustenbach et al.，1997）。在评估土壤污染暴露量时，模型通常只考虑地表的土壤组分，包括矿物成分、有机质和自由相颗粒物（如粉剂或松散的纤维材料）。并非地表所有颗粒物都能引起不利健康效应，模型通常假设直径小于 150 μm 的颗粒物可以被成人和儿童吸入到体内，事实上，直径大于 10 μm 的颗粒将被人体的鼻子和喉咙器官捕获而无法到达肺部（Paustenbach，2000）。多数权威机构认为，颗粒物直径低于 10 μm，甚至低于 2.5 μm 时才可能对人体产生暴露（Oomen and Lijzen，2004；EPA，1996）。

裸露地面上的系列活动可能引起颗粒物释放，包括风化作用、机械摩擦作用、开阔地面的车辆运输活动、当地建筑施工活动（挖掘、沙土过筛）、走路或跑步等活动（Cowherd et al.，1985；Simmonds et al.，1995；Oatway and Mobbs，2003）。颗粒物释放强度取决于多种因素，如污染源面积、地表粗糙程度、土壤风化程度、风速、地表覆盖建筑物或植被的比例等（Cowherd et al.，1985；Simmonds et al.，1995；EPA，1996）。若地表受到扰动，直径小于 50 μm 的颗粒物将能够较长时间悬浮于空气中（Simmonds et al.，1995），但是在一般场地条件和活动下，很难评估颗粒物的释放和沉积速率，这将为下一步模拟计算引入相当大的不确定性（Cowherd et al.，1985；Simmonds et al.，1995）。英国导则中利用土壤-颗粒物载入因子（dust loading，DL）来衡量土壤颗粒物在室内空气中的浓度。多数学者认为，地表若受人为活动影响，以 10000 μg/m^3 作为 DL 的代表值是合理的（Simmonds et al.，1995）。Oatway 和 Mobbs（2003）则建议居住、学校用地和农业用地类型下的 DL 参考值分别为 500 μg/m^3 和 10000 μg/m^3。荷兰模型对室内和室外空气中 DL 的推荐值分别为 53 μg/m^3 和 70 μg/m^3（van den Berg，1994）。Paustenbach 等（1997）认为，缺乏场地特定信息时，DL 的推荐值为 50 μg/m^3。Oomen 和 Lijzen（2004）推荐室内人群稍微密集条件下，PM_{10} 的平均值为 60 μg/m^3，而在人群非常拥挤条件下（如教室内），DL 的推荐值为 100 μg/m^3。

5.4.1　预测颗粒物释放因子

表层土壤向空气环境中释放颗粒物的概念模型如图 5.2 所示。颗粒物释放因子（particle emission factor，PEF）是指在稳态条件下，空气颗粒物中预测的污染物浓度与土壤中污染物浓度之比，单位以“（mg/m^3-空气）/（mg/kg-土壤）”

表示（EPA，2002）。

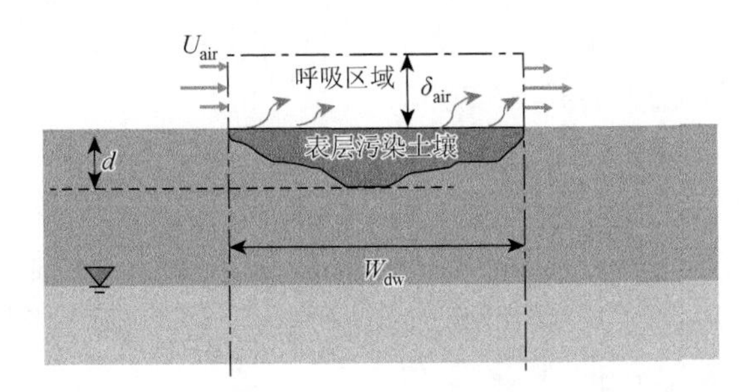

图 5.2　表层土壤向空气环境中释放颗粒物的概念模型

颗粒物在空气中迁移的影响因素包括污染源性质、风速和风向、颗粒大小和成分、大气扰动程度（Cowherd et al.，1985）。英国 CLEA 模型参考风力侵蚀模型来估算环境空气中来源于土壤的颗粒物浓度。利用传统方法预测颗粒物迁移时，首先预测污染源的释放过程，然后利用高斯扩散模型等三维模型来拟合颗粒物的扩散行为（Lagrega et al.，1994）。但是，该模型主要应用于点源污染物的释放模拟，而对于大面积污染源的释放模拟无效。模型一般假设颗粒物的粒径小于 10 μm。PEF 可通过空气扩散因子（air dispersion factor，Q/C_{wind}）和可吸入颗粒物（PM_{10}）的释放通量（emission flux，J_w）进行计算（USEPA Q/C 模型）（公式（5.17））。

USEPA Q/C 模型

$$\mathrm{PEF} = Q/C_{\mathrm{wind}} \times \frac{1}{J_{\mathrm{w}}} \tag{5.17}$$

公式中，PEF 为颗粒物释放因子，包括室内颗粒物释放因子 PEF^{ip} 和室外颗粒物释放因子 PEF^{op}，$(mg/m^3)/(mg/kg)$；Q/C_{wind} 为空气扩散因子，$[g/(m\cdot s)]/(kg/m^3)$；J_w 为 PM_{10} 的释放通量，$g/(m^2\cdot s)$，计算参见公式（5.18）。

$$J_{\mathrm{w}} = 0.036(1-\mathrm{VC})\left(\frac{u}{u_{\mathrm{t}}}\right)^3 \times F_{(x)} \times \frac{1}{3600} \tag{5.18}$$

$$x = 0.886\frac{u_{\mathrm{t}}}{[u]} \tag{5.19}$$

公式中，u_t 为离地面 7 m 高处风速的临界值，m/s，CLEA 模型中默认值为 7.2；u 为离地面 7 m 高处年均风速，m/s，CLEA 模型中默认值为 5。VC 为室外地表植被覆盖率（完全裸露时等于 0），无量纲，取值范围 0.5～0.8，CLEA 模型中，默认居住用地情景下为 0.75，私用土地为 0.5，商业用地为 0.8；$F_{(x)}$为风速的经验公式，参见公式（5.19），无量纲，默认值为 1.22；x 为经验参数，无量纲。

此外，临界摩擦风速（threshold friction velocity）表示地表产生颗粒物释放的最小风速（EPA，1996），用于计算离地面 7 m 高处风速临界值（u_t），u_t 对 J_w 的计算最敏感，计算方法见公式（5.20）。

$$\frac{u_t}{u_*}=\frac{1}{0.4}\mathrm{LN}\left(\frac{z_t}{z_0}\right) \tag{5.20}$$

公式中，u_t 的参数含义见公式（5.19）；u_* 为修正后地面摩擦速度临界值，m/s，CLEA 模型中默认值为 0.625；z_t 为距离地面高度，cm，CLEA 模型中默认值为 700；z_0 为粗糙度值，cm，CLEA 模型中默认值为 10。

英国 CLEA-SR3 导则根据英国环境保护局空气质量模拟与评估办公室（Air Quality Modelling and Assessment Unit，AQMAU）的评估数据，总结了英国 13 个城市空气扩散因子的平均值，并根据污染源面积和受体的高度进行了分类，如表 5.8 所示。表中儿童受体（0～6 岁）高度代表值为 0.8 m，6 岁以上和成人的高度代表值为 1.6 m。CLEA 模型中推导土壤筛选值时默认值采用英国 Newcastle 城市空气扩散因子的平均值。

表 5.8　英国 13 个城市不同受体高度和不同污染面积条件下年均空气扩散因子

城市	年均空气扩散因子 Q/C_{wind}/[(g/m²s)/(kg/m³)]							
	受体高度（0.8 m）				受体高度（1.6 m）			
	污染面积/hm²				污染面积/hm²			
	0.01	0.05	0.5	2	0.01	0.05	0.5	2
Aberdeen	3.1×10^3	6.4×10^2	1.7×10^2	1.0×10^2	2.8×10^4	2.5×10^3	3.6×10^2	1.7×10^2
Belfast	3.0×10^3	6.7×10^2	1.9×10^2	1.2×10^2	2.8×10^4	2.5×10^3	3.8×10^2	1.9×10^2
Birmingham	2.8×10^3	6.1×10^2	1.7×10^2	1.1×10^2	2.6×10^4	2.3×10^3	3.5×10^2	1.7×10^2
Cardiff	3.4×10^3	7.7×10^2	2.3×10^2	1.4×10^2	3.2×10^4	2.7×10^3	4.5×10^2	2.3×10^2
Edinburgh	3.1×10^3	6.7×10^2	1.9×10^2	1.1×10^2	2.8×10^4	2.5×10^3	3.8×10^2	1.8×10^2
Glasgow	3.0×10^3	6.4×10^2	1.7×10^2	1.0×10^2	2.7×10^4	2.4×10^3	3.6×10^2	1.7×10^2
Ipswich	3.3×10^3	7.8×10^2	2.4×10^2	1.5×10^2	3.2×10^4	2.7×10^3	4.6×10^2	2.4×10^2
London	2.5×10^3	5.1×10^2	1.3×10^2	7.8×10^1	2.3×10^4	2.1×10^3	2.9×10^2	1.3×10^2
Manchester	2.9×10^3	6.1×10^2	1.6×10^2	9.7×10^1	2.8×10^4	2.4×10^3	3.4×10^2	1.6×10^2
Newcastle	2.4×10^3	5.0×10^2	1.2×10^2	6.8×10^1	1.9×10^4	2.0×10^3	2.8×10^2	1.2×10^2
Nottingham	3.2×10^3	7.6×10^2	2.3×10^2	1.4×10^2	3.0×10^4	2.6×10^3	4.4×10^2	2.3×10^2
Plymouth	3.5×10^3	8.4×10^2	2.7×10^2	1.7×10^2	3.2×10^4	2.8×10^3	5.0×10^2	2.7×10^2
Southampton	2.2×10^3	4.9×10^2	1.3×10^2	7.1×10^1	1.8×10^4	1.9×10^3	2.8×10^2	1.3×10^2

美国 RBCA 模型中对 PEF 的估算除了采用 USEPA Q/C 模型，还可以利用 ASTM 模型进行估算。PEF 主要考虑了两个跨介质迁移过程：①土壤颗粒物（粉尘）从地表释放；②释放的污染颗粒物在人体呼吸区域内与空气充分混合。当缺乏场地特征信息时，颗粒物释放速率（particulate emission rate，P_e）一般采用比较保守的默认值，为 6.9×10^{-14} g/(cm^2·s)（若场地表面全部被混凝土覆盖，则颗粒物释放速率和相应的 PEF 值均为 0），假设释放的污染颗粒物直接被通过污染源上方的侧向风稀释。因此，PEF 可以通过简单的“箱式模型”来估算，假设混合区的长度等于平行于风向的表层污染土壤的宽度。

模型基于的关键假设包括以下几方面。

（1）污染源浓度均匀：假设污染源中各污染物成分浓度均匀，且在暴露周期内保持恒定；

（2）无污染物降解作用：不考虑生物降解和其他土壤与蒸气相中的机械损失；

（3）默认释放速率：假设污染物颗粒的释放速率较为保守。

在 ASTM 模型中，颗粒物释放因子的计算方法如公式（5.21）所示。

$$\mathrm{PEF}=\frac{W_{\mathrm{dw}}P_{\mathrm{e}}}{U_{\mathrm{air}}\delta_{\mathrm{air}}}\times1000 \tag{5.21}$$

公式中，PEF 的参数含义见公式（5.17）；W_{dw} 为平行于风向的污染源宽度，m；P_{e} 为颗粒物释放速率，即由污染源释放的可吸入颗粒物总量，g/(m^2·s)；U_{air} 为混合区大气流速，m/s,；δ_{air} 为混合区高度，m。

我国 C-RAG 导则中的呼吸吸入颗粒物暴露途径没有参考以上两种模型，而是推荐了一个简单的经验公式，根据可吸入颗粒物（PM_{10}）和室内外空气中来自土壤的颗粒物所占比例的乘积来估算 PEF，这里简称为 C-RAG 模型，计算如公式（5.22）和公式（5.23）所示。

$$\mathrm{PEF}^{\mathrm{ip}}=\mathrm{PM}_{10}\times\mathrm{fspi}\times10^{-6} \tag{5.22}$$

$$\mathrm{PEF}^{\mathrm{op}}=\mathrm{PM}_{10}\times\mathrm{fspo}\times10^{-6} \tag{5.23}$$

公式中，PM_{10} 为空气中可吸入颗粒物含量，mg/m^3，默认值为 0.15；fspi 为室内空气中来自土壤的颗粒物所占比例，无量纲，默认值为 0.8；fspo 为室外空气中来自土壤的颗粒物所占比例，无量纲，默认值为 0.5。

5.4.2　预测侧向空气扩散因子

表层污染土壤释放颗粒物后，污染颗粒物在风力稀释扩散作用下可能继续向下风向区域迁移，进而对下风向区域的离场受体产生潜在健康危害（概念模型图如图 5.3 所示）。英国 CLEA 模型没有考虑污染物的离场迁移情景，美国 RBCA 模型利用三维高斯扩散模型模拟地表污染物向污染场地下风向暴露点的迁移，以侧向空气扩散因子（lateral air dispersion factor，LADF）表示，计算如公式（5.24）所示。该模型主要基于两个保守假设：①污染源与空气混合高度等于受体呼吸高度；②离场受体一直处于污染源下风向中心位置。模型对关键参数的考虑如下。

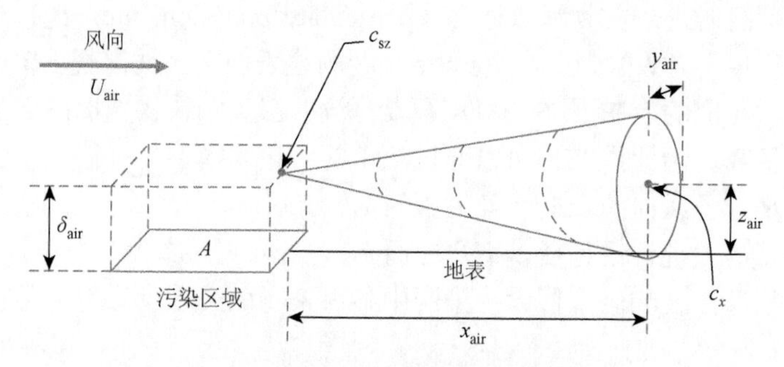

图 5.3 侧向空气扩散概念模型图

假设污染源为点源（污染源位于污染土壤面积中心），整个污染区域具有相同质量流量，离场受体在暴露周期内恰好处于污染源下风向位置，污染源区内土壤性质均匀。

$$\text{LADF}=\left(\frac{Q}{2\pi U_{\text{air}}\sigma_y\sigma_z}\right)\exp\left(-\frac{y_{\text{air}}^2}{2\sigma_y^2}\right)\left(\exp\left(-\frac{(z_{\text{air}}-\delta_{\text{air}})^2}{2\sigma_z^2}\right)+\exp\left(-\frac{(z_{\text{air}}+\delta_{\text{air}})^2}{2\sigma_z^2}\right)\right) \quad (5.24)$$

公式中，LADF 为空气侧向扩散因子，$(\text{mg/m}^3)/(\text{mg/m}^3)$；$Q$ 为混合区空气流量，m^3/s，见公式（5.25）；σ_y 为大气横向扩散系数，m，见公式（5.26）；σ_z 为大气垂向扩散系数，m，见公式（5.27）；x_{air} 为离场暴露点到污染源的距离，m；y_{air} 为距离污染源横向迁移距离，m；z_{air} 为呼吸区域高度，m。

$$Q=\frac{U_{\text{air}}\delta_{\text{air}}A}{W_{\text{dw}}} \quad (5.25)$$

$$\sigma_y=10^{(\log(x_{\text{air}})\times 0.941-0.861)} \quad (5.26)$$

$$\sigma_z=10^{(\log(x_{\text{air}})\times 0.927-1.01)} \quad (5.27)$$

公式中，A 为污染源逸散横截面积，m^2；W_{dw}、U_{air} 和 δ_{air} 的参数含义见公式（5.21）。

5.4.3 计算污染物吸入率

英国 CLEA 模型和美国 RBCA 模型中，受体吸入来自表层土壤室外颗粒物的暴露模型计算一致，日均吸入室外污染颗粒物的土壤当量的计算如公式（5.28）所示。公式涉及因子包括颗粒物释放因子（PEF）、受体（成人或儿童）日均空气呼吸率（V_{inh}）和受体在场地的暴露时间（T_{site}）。

$$\frac{\mathrm{IR}^{\mathrm{op}}}{C_{\mathrm{s}}}=\mathrm{PEF}\times V_{\mathrm{inh}}\times\left(\frac{T_{\mathrm{site}}}{24}\right)\times 1000 \tag{5.28}$$

美国 RBCA 模型不考虑受体吸入来自表层土壤室内颗粒物途径，英国 CLEA 模型中日均吸入室内污染颗粒物的土壤当量计算如公式（5.29）所示。

$$\frac{\mathrm{IR}^{\mathrm{ip}}}{C_{\mathrm{s}}}=(1000\times\mathrm{PEF}+\mathrm{TF}_{\mathrm{par}}\times\mathrm{DL})\times V_{\mathrm{inh}}\times\left(\frac{T_{\mathrm{site}}}{24}\right) \tag{5.29}$$

公式中，$\mathrm{IR}^{\mathrm{op}}/C_{\mathrm{s}}$ 为日均吸入室外污染颗粒物的土壤当量，(mg/d)/(mg/g)；$\mathrm{IR}^{\mathrm{ip}}/C_{\mathrm{s}}$ 为日均吸入室内污染颗粒物的土壤当量，(mg/d)/(mg/g)；PEF 为颗粒物释放因子，包括室内颗粒物释放因子 $\mathrm{PEF}^{\mathrm{ip}}$ 和室外颗粒物释放因子 $\mathrm{PEF}^{\mathrm{op}}$，$(\mathrm{mg/m^3})/(\mathrm{mg/kg})$；$V_{\mathrm{inh}}$ 为日均空气呼吸率，$\mathrm{m^3/d}$；T_{site} 为受体在场地的暴露时间，h；$\mathrm{TF}_{\mathrm{par}}$ 为土壤颗粒物传输因子，该参数取决于土壤类型，g/g，英国 CLEA 模型中默认值为 0.5；DL 为室内土壤-颗粒物载入因子，$\mathrm{g/m^3}$。

我国 C-RAG 导则对受体日均吸入室内、外污染颗粒物的土壤当量的估算有独立的定义，参见公式（5.30）和公式（5.31），并且公式中引入了吸入土壤颗粒物在体内滞留比因子（P）。

$$\frac{\mathrm{IR}^{\mathrm{ip}}}{C_{\mathrm{s}}}=\mathrm{PEF}^{\mathrm{ip}}\times V_{\mathrm{inh}}\times P\times 1000 \tag{5.30}$$

$$\frac{\mathrm{IR}^{\mathrm{op}}}{C_{\mathrm{s}}}=\mathrm{PEF}^{\mathrm{op}}\times V_{\mathrm{inh}}\times P\times 1000 \tag{5.31}$$

公式中，P 为吸入土壤颗粒物在体内滞留比因子，无量纲；其他参数含义见公式（5.29）。

当考虑污染源下风向离场受体通过空气侧向扩散作用暴露于空气中来自于污染土壤颗粒物时，受体吸入室外颗粒物中污染物的土壤当量计算如公式（5.32）所示。

$$\frac{\mathrm{IR}^{\mathrm{dis\text{-}op}}}{C_{\mathrm{s}}}=\mathrm{PEF}\times V_{\mathrm{inh}}\times\mathrm{LADF}\times\left(\frac{T_{\mathrm{site}}}{24}\right)\times 1000 \tag{5.32}$$

公式中，$\mathrm{IR}^{\mathrm{dis\text{-}op}}/C_{\mathrm{s}}$ 为下风向离场受体日均吸入室外污染颗粒物的土壤当量；LADF 的参数含义见公式（5.24）；其他参数含义见公式（5.29）。

5.4.4　案例练习

假设某污染场地环境调查发现，空气中可吸入颗粒物含量（PM_{10}）为 0.15 $\mathrm{mg/m^3}$，室内空气中来自土壤的颗粒物所占比例（fspi）为 0.8，室外空气中来自土壤的颗粒物所占比例（fspo）为 0.5，吸入土壤颗粒物在体内滞留比因子（P）为 0.75，日均空气呼吸量（V_{inh}）为 20 $\mathrm{m^3/d}$。该场地未来规划用地类型为学校用地。不考虑污染源下风向离场受体通过侧向空气扩散作用暴露于空气中来自于污染土壤颗粒物。请针对上述参数，根据我国 C-RAG 导则推荐公式计算日均吸入室外污染颗粒物的土壤当量（IR^{op}/C_s）和日均吸入室内污染颗粒物的土壤当量（IR^{ip}/C_s）。

练习答案

（1）根据式（5.22）可计算得

$$PEF^{ip} = 0.15 \times 0.8 \times 10^{-6} = 1.20 \times 10^{-7} (mg/m^3)/(mg/kg)$$

（2）根据式（5.23）计算得

$$PEF^{op} = 0.15 \times 0.5 \times 10^{-6} = 7.5 \times 10^{-8} (mg/m^3)/(mg/kg)$$

（3）根据式（5.30）计算得

$$\frac{IR^{ip}}{C_s} = 1.20 \times 10^{-7} \times 20 \times 0.75 \times 1000 = 1.8 \times 10^{-3} (mg/d)/(mg/g)$$

（4）根据式（5.31）计算得

$$\frac{IR^{op}}{C_s} = 7.5 \times 10^{-8} \times 20 \times 0.75 \times 1000 = 1.13 \times 10^{-3} (mg/d)/(mg/g)$$

5.5 呼吸吸入土壤蒸气

污染物蒸气能够从包气带土壤中挥发进入大气环境和室内空气环境，进而对人体产生呼吸吸入暴露。对于苯系物、轻质石油烃组分、卤代溶剂等挥发性有机物，呼吸吸入污染空气往往是非常重要的暴露途径（EA，2009b）。由于该暴露途径是下层土壤中污染物的唯一暴露途径，因此对于较多半挥发性有机污染物，呼吸吸入污染空气在某些暴露情景下也是较为重要的暴露途径。

室内和室外空气中污染物浓度可通过迁移模型估算得到，模拟过程主要包括两个阶段：首先，土壤中的污染物通过三相平衡作用分配进入土壤液相或土壤气相；然后，污染物从下层土壤迁移进入表层土壤，并与上方空气进行充分混合。土壤中气态污染物主要通过扩散和对流作用进行迁移。

5.5.1 预测土壤气污染物浓度

目前，国际上普遍采用线性分配模型来预测污染物在土壤气中的浓度，但也有较多研究发现，利用该模型预测的土壤气污染物浓度比较保守。Hartman（2002）曾比较了土壤气污染物浓度的测量值与模型预测值，发现利用线性分配模型预测的土壤气污染物浓度比实际测量值高 10～100 倍。然而，这种过高预测并非发生在所有场地，一般石油烃或非氯代烃污染场地中可能出现土壤气污染物浓度被高估的情形。

土壤气污染物预测浓度与实测浓度间的差异主要是由于预测模型的局限性以及土壤气采样的困难性所致。在开放的土壤体系中，气相和水相污染物在土壤连通孔隙中达到平衡或气相污染物在土壤中的浓度梯度达到平衡几乎是不可能的。气相污染物在土壤孔隙中迁移时会发生生物降解作用，也是导致土壤气污染物浓度降低的一个重要因素。生物降解程度主要取决于污染物自身的化学性质，对于石油烃污染物，生物降解作用可能是引起土壤气浓度衰减的重要因素之一（NJDEP，2005）。在某些情况下，由于土壤气原位采样测定技术不完备，导致不能准确测量土壤气污染物浓度，也会增大预测值和实测值之间的差异（ITRC，2007）。

5.5.2 土壤气污染物迁移过程

污染物蒸气在包气带土壤中的扩散通常是一个较为缓慢的过程，扩散速率与污染物浓度梯度、环境温度、传输介质黏滞性等密切相关。污染物在对流作用下往往迁移较快，由于相邻位置的气压、温度和密度存在差异，导致土壤中空气和水发生相对运动，进而促使污染物迁移（EA，2002）。例如，空气的黏滞系数低于水，因此，污染物在空气中的扩散系数比水中扩散系数大出几个数量级。随着时间的延长，污染物自身也会由高浓度区向低浓度区扩散。

污染物扩散作用主要发生在土壤包气带连通的孔隙中，包气带中同时含有水分和空气，因此具有高度非均质性。土壤中污染物的有效扩散系数的计算如公式（5.33）所示（ASTM，2000；EPA，2003）。一些研究发现，该扩散系数计算公式通常会低估污染物的扩散作用，并且这种差异性将随着土壤含水量的升高而增大（EA，2002）。

$$D_s^{\mathrm{eff}} = D_{\mathrm{air}} \frac{\theta_{\mathrm{as}}^{3.33}}{\theta_{\mathrm{Ts}}^2} + \left(\frac{D_{\mathrm{wat}}}{H}\right)\left(\frac{\theta_{\mathrm{ws}}^{3.33}}{\theta_{\mathrm{Ts}}^2}\right) \tag{5.33}$$

公式中，D_s^{eff}为包气带中污染物的有效扩散系数，m^2/s；D_{air}为空气中扩散系数，m^2/s；D_{wat}为水中扩散系数，m^2/s；H为亨利常数，无量纲；θ_{ws}为包气带孔隙水体积比，无量纲；θ_{as}为包气带孔隙空气体积比，无量纲；θ_{Ts}为包气带土壤孔隙体积比，无量纲，$\theta_{\mathrm{Ts}}=\theta_{\mathrm{as}}+\theta_{\mathrm{ws}}$。

对流相对于扩散作用是一个较快的迁移过程并且对污染物在土壤溶液和孔隙中的迁移具有重要影响。对流作用受到压力、温度和周围介质密度的影响（EA，2002）。例如，已经有较多案例报道污染气体从深层土壤向上对流迁移，这也是垃圾场填埋气的主要迁移方式（Attenborough et al.，2002）。

5.5.3 预测土壤-室外空气挥发因子

1. 表层土壤-室外空气挥发因子

表层土壤-室外空气挥发因子（surface soil to outdoor volatilization factor，$VF_s^{\mathrm{sur\text{-}ov}}$）

为室外呼吸区域的污染物预测浓度与表层土壤中污染物浓度之比，计算 $VF_s^{sur\text{-}ov}$ 时考虑了两个跨介质迁移过程：一是污染物蒸气从表层土壤迁移至地表，二是地表的污染物蒸气与室外空气在污染土壤上方的呼吸区域充分混合。表层土壤污染物迁移到室外空气的概念模型如图 5.4 所示。美国 ASTM 导则和我国 C-RAG 导则推荐使用 ASTM 模型来计算 $VF_s^{sur\text{-}ov}$（ASTM，2000；C-RAG，2014）；英国 CLEA 模型则在 ASTM 模型的基础上作了本土化更新，采用 USEPA *Q*/*C* 模型计算 $VF_s^{sur\text{-}ov}$（EA，2009b）。

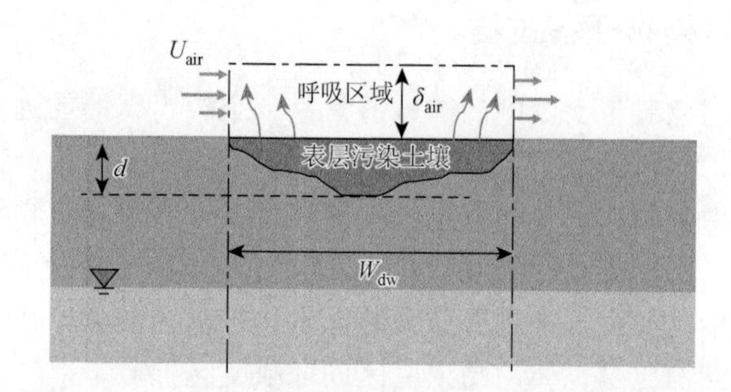

图 5.4　表层土壤污染物迁移到室外空气的概念模型

$VF_s^{sur\text{-}ov}$ 的计算方法通常考虑两种情形：针对低挥发性污染物（SVOCs），假设表层土壤中污染源为无限源，污染物以恒定速率连续不断地挥发，且污染物浓度在向上迁移过程中不会因化学或生物降解作用而降低，$VF_s^{sur\text{-}ov}$ 通过公式（5.34）或公式（5.37）计算；针对挥发性有机污染物（VOCs），则采用基于质量守恒的方法来考虑，假设表层土壤中污染源为有限源，污染物仅在受体暴露周期内（如 25～30 年）以恒定速率挥发，$VF_s^{sur\text{-}ov}$ 通过公式（5.35）或公式（5.38）计算。$VF_s^{sur\text{-}ov}$ 的最终数值则是通过公式（5.36）或公式（5.39）取上述两种方法计算出的较小值。

1）计算模型一：ASTM 模型

$$VF_{s1}^{sur\text{-}ov} = \frac{2W_{dw}\rho_b}{U_{air}\delta_{air}}\sqrt{\frac{D_s^{eff}}{\pi \times \tau} \times \frac{H}{K_{sw} \times \rho_b}} \times 10^3 \tag{5.34}$$

$$VF_{s2}^{sur\text{-}ov} = \frac{W_{dw} \times d \times \rho_b \times 10^3}{U_{air} \times \delta_{air} \times \tau} \tag{5.35}$$

$$VF_s^{sur\text{-}ov} = \min(VF_{s1}^{sur\text{-}ov}, VF_{s2}^{sur\text{-}ov}) \tag{5.36}$$

公式中，$VF_{s1}^{sur\text{-}ov}$、$VF_{s2}^{sur\text{-}ov}$ 和 $VF_s^{sur\text{-}ov}$ 为表层土壤-室外空气挥发因子，(mg/m^3) / (mg/kg)；W_{dw}、U_{air} 和 δ_{air} 的参数含义见公式（5.21）；D_s^{eff} 和 H 的参数含义见公式（5.33）；K_{sw} 和 ρ_b 的参数含义见公式（3.5）；τ 为气态污染物入侵持续时间，s；d 为表层污染土壤层厚度，m。

2）计算模型二：USEPA Q/C 模型

$$\mathrm{VF}_{\mathrm{s3}}^{\text{sur-ov}}=\frac{\rho_{\mathrm{b}}}{Q/C_{\text{wind}}}\sqrt{\frac{4\times D_{\mathrm{s}}^{\text{eff}}}{\pi\times\tau}\times\frac{H}{K_{\text{sw}}\times\rho_{\mathrm{b}}}}\times10^{6} \tag{5.37}$$

$$\mathrm{VF}_{\mathrm{s4}}^{\text{sur-ov}}=\frac{d\times\rho_{\mathrm{b}}\times10^{6}}{Q/C_{\text{wind}}\times\tau} \tag{5.38}$$

$$\mathrm{VF}_{\mathrm{s}}^{\text{sur-ov}}=\min(\mathrm{VF}_{\mathrm{s3}}^{\text{sur-ov}},\mathrm{VF}_{\mathrm{s4}}^{\text{sur-ov}}) \tag{5.39}$$

公式中，$\mathrm{VF}_{\mathrm{s3}}^{\text{sur-ov}}$、$\mathrm{VF}_{\mathrm{s4}}^{\text{sur-ov}}$ 和 $\mathrm{VF}_{\mathrm{s}}^{\text{sur-ov}}$ 为表层土壤-室外空气挥发因子，$(\mathrm{mg/m^3})/(\mathrm{mg/kg})$；$K_{\mathrm{sw}}$ 和 ρ_{b} 的参数含义见公式（3.5）；Q/C_{wind} 的参数含义见公式（5.17）；H 的参数含义见公式（5.33）；τ 和 d 的参数含义见公式（5.35）。

2. 下层土壤-室外空气挥发因子

下层土壤-室外空气挥发因子（subsurface soil to outdoor volatilization factor，$\mathrm{VF}_{\mathrm{s}}^{\text{sub-ov}}$）考虑了来自于更深层土壤中污染物蒸气的挥发迁移作用，其含义与表层土壤-室外空气挥发因子接近。计算 $\mathrm{VF}_{\mathrm{s}}^{\text{sub-ov}}$ 时考虑了两个跨介质迁移过程：一是污染物蒸气从下层土壤迁移至地表，二是地表的污染物蒸气与室外空气在污染土壤上方的呼吸区域充分混合。下层土壤污染物迁移到室外空气概念模型见图 5.5。模拟污染物从下层土壤迁移进入室外空气过程主要基于的关键假设包括：①污染物均匀分布于土壤中，并且在整个暴露周期内浓度保持恒定；②不考虑污染物在土壤或土壤气相中的生物降解或其他降解作用；③有限源定义：假设污染源在暴露周期内以恒定速率挥发。

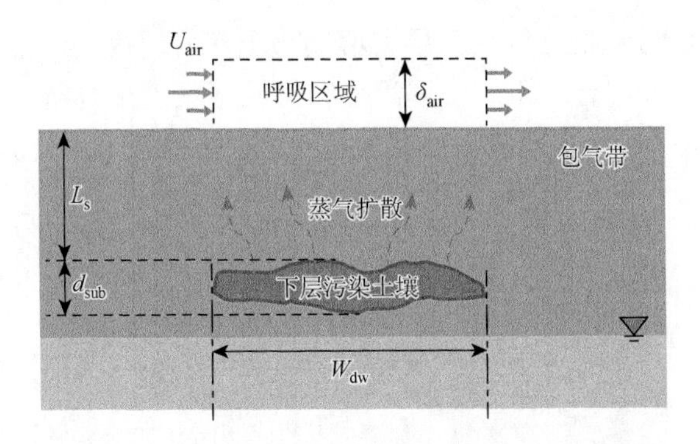

图 5.5　下层土壤污染物迁移到室外空气概念模型

$\mathrm{VF}_{\mathrm{s}}^{\text{sub-ov}}$ 的计算方法通常考虑两种情形：当下层污染土壤厚度未知时，假设下层土壤中污染源为无限源，污染物能够以恒定速率连续不断地挥发，且污染物浓度在向上迁移过程中不会因化学或生物降解作用而降低，$\mathrm{VF}_{\mathrm{s}}^{\text{sub-ov}}$ 通过公式（5.40）

计算；然而，公式（5.40）假设污染物以恒定速率挥发可能过高估计污染物的挥发速率，因此当下层污染土壤厚度已知时，$VF_s^{sub\text{-}ov}$ 可以通过公式（5.41）来计算，该模型基于质量守恒方法，假设下层土壤中污染源为有限源，污染物仅在受体暴露周期内（如 25～30 年）以恒定速率挥发。对于污染物蒸气在地表上方与大气的混合均匀模拟，公式（5.40）和公式（5.41）均采用了“箱式模型”进行拟合。$VF_s^{sub\text{-}ov}$ 的最终数值则是通过公式（5.42）取上述两种方法计算出的较小值。

$$VF_{s1}^{sub\text{-}ov} = \frac{H}{K_{sw}\left(1+\dfrac{U_{air}\delta_{air}L_s}{D_s^{eff}W_{dw}}\right)} \times 1000 \tag{5.40}$$

$$VF_{s2}^{sub\text{-}ov} = \frac{W_{dw} \times d_{sub} \times \rho_b \times 1000}{U_{air} \times \delta_{air} \times \tau} \tag{5.41}$$

$$VF_s^{sub\text{-}ov} = \min(VF_{s1}^{sub\text{-}ov}, VF_{s2}^{sub\text{-}ov}) \tag{5.42}$$

公式中，$VF_{s1}^{sub\text{-}ov}$、$VF_{s2}^{sub\text{-}ov}$ 和 $VF_s^{sub\text{-}ov}$ 为下层土壤-室外空气挥发因子，(mg/m^3) / (mg/kg)；L_s 为下层污染土壤层顶部埋深，m；d_{sub} 为下层污染土壤层厚度，m；D_s^{eff} 和 H 的参数含义见公式（5.33）；K_{sw} 和 ρ_b 的参数含义见公式（3.5）；W_{dw}、U_{air} 和 δ_{air} 的参数含义见公式（5.21）；τ 的参数含义见公式（5.35）。

5.5.4　预测土壤-室内空气挥发因子

土壤-室内空气挥发因子（soil to enclosed space volatilization factor，VF_s^{iv}）为室内污染物预测浓度与下层土壤中污染物浓度之比，计算 VF_s^{iv} 时考虑了两个跨介质迁移过程：一是污染物蒸气从下层土壤迁移至室内地板，二是地板处的污染物蒸气与室内空气充分混合。下层土壤污染物挥发至室内空气概念模型如图 5.6 所示。模拟污染物从下层土壤迁移进入室内空气过程主要基于的关键假设包括：①污

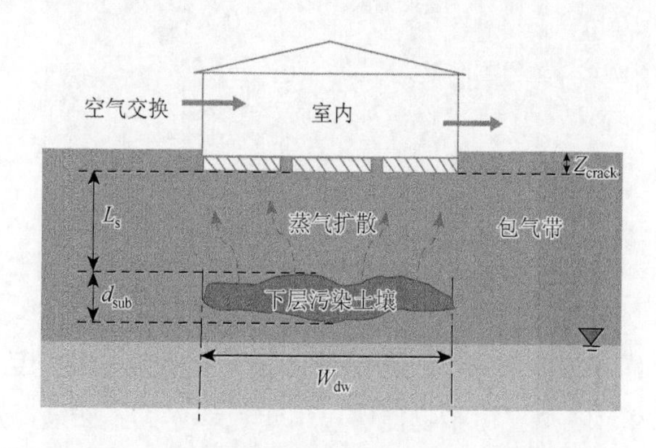

图 5.6　下层土壤污染物挥发至室内空气概念模型

染物均匀分布于土壤中，并且在整个暴露周期内浓度保持恒定；②不考虑污染物在土壤或土壤气相中的生物降解或其他降解作用；③假设污染源在暴露周期内以恒定速率挥发。

同样地，VF_s^{iv} 的计算方法通常考虑两种情形：当下层污染土壤厚度未知时，假设下层土壤中污染源为无限源，污染物能够以恒定速率连续不断地挥发，且污染物浓度在向上迁移过程中不会因化学或生物降解作用而降低，VF_s^{iv} 通过公式（5.43）或公式（5.45）计算（污染物蒸气进入室内空气可分为无压差（Q_s=0）或有压差（Q_s＞0）两种情况）；然而，公式（5.43）或公式（5.45）假设污染物以恒定速率挥发可能过高估计污染物的挥发速率，因此，当下层污染土壤厚度已知时，VF_s^{iv} 可以通过公式（5.48）来计算，该模型基于质量守恒条件下，假设下层土壤中污染源为有限源，污染物仅在受体暴露周期内（如 25～30 年）以恒定速率挥发。场地中 $VF_s^{sur\text{-}ov}$ 的最终数值则是通过公式（5.49）或公式（5.50）取上述两种方法计算出的较小值。

当 Q_s=0 时

$$VF_{s1}^{iv}=\frac{\dfrac{1000\times H}{K_{sw}}\times\left[\dfrac{D_s^{eff}/L_s}{ER\times L_B}\right]}{1+\left[\dfrac{D_s^{eff}/L_s}{ER\times L_B}\right]+\left[\dfrac{D_s^{eff}/L_s}{(D_{crack}^{eff}/L_{crack})\times\eta}\right]} \tag{5.43}$$

$$D_{crack}^{eff}=D_{air}\frac{\theta_{acrack}^{3.33}}{\theta_{Tcrack}^{2}}+\left(\frac{D_{wat}}{H}\right)\left(\frac{\theta_{wcrack}^{3.33}}{\theta_{Tcrack}^{2}}\right) \tag{5.44}$$

当 Q_s＞0 时

$$VF_{s2}^{iv}=\frac{\dfrac{1000\times H}{K_{sw}}\times\left[\dfrac{D_s^{eff}/L_s}{ER\times L_B}\right]e^{\xi}}{e^{\xi}+\left[\dfrac{D_s^{eff}/L_s}{ER\times L_B}\right]+\left[\dfrac{D_s^{eff}/L_s}{Q_s/A_b}\right][e^{\xi}-1]} \tag{5.45}$$

$$\xi=\frac{Q_s\times L_{crack}}{D_{crack}^{eff}\times A_b\times\eta} \tag{5.46}$$

$$Q_s=\frac{2\times\pi\times dP\times K_v\times X_{crack}}{\mu_{air}\times Ln\left(\dfrac{2\times Z_{crack}\times X_{crack}}{A_b\times\eta}\right)} \tag{5.47}$$

$$VF_{MB}=\frac{\rho_b\times d_{sub}\times A_b}{ER\times L_B\times A_b\times\tau}\times 1000 \tag{5.48}$$

$$VF_s^{iv}=\min(VF_{MB},VF_{s1}^{iv}) \tag{5.49}$$

$$VF_s^{iv}=\min(VF_{MB},VF_{s2}^{iv}) \tag{5.50}$$

公式中，VF_{s1}^{iv}、VF_{s2}^{iv}、VF_{MB} 和 VF_s^{iv} 为下层土壤-室内空气挥发因子，$(mg/m^3)/(mg/kg)$；

D_{crack}^{eff} 为污染物在地基与墙体裂隙中的有效扩散系数，m^2/s，计算见公式（5.44）；θ_{wcrack} 为地基裂隙中水体积比，无量纲；θ_{acrack} 为地基裂隙中空气体积比，无量纲；η 为地基和墙体裂隙表面积所占比例，无量纲；L_B 为室内空间体积与气态污染物入渗面积之比，m；ER 为室内空气交换速率，s^{-1}；Q_s 为流经地下室地板裂隙的对流空气流速，cm^3/s；dP 为室内室外气压差，Pa；Z_{crack} 为地面到地板底部厚度，m；A_b 为室内地板面积，m^2；X_{crack} 为室内地板周长，m；L_{crack} 为室内地基厚度，m；D_s^{eff} 和 H 的参数含义见公式（5.33）。

美国和我国导则中，对第一层次计算采用的默认参数包括污染物蒸气通过地基裂隙进入室内空气中，并且地基裂隙占地基面积的 1%；模型默认商业用地类型下，空气交换速率（exchange rate，ER）为每天 20 次，居住用地类型下，ER 为每天 12 次。当采用默认值时，推导结果将比较保守。对于许多场地来说，呼吸吸入土壤-室内蒸气可能是该场地污染物暴露的主导暴露途径。

5.5.5 计算污染物吸入率

1. 吸入土壤-室外挥发蒸气

受体吸入室外空气中来自表层和下层土壤的气态污染物对应的日均摄入土壤当量可分别通过公式（5.51）和公式（5.52）计算。

$$\frac{\mathrm{IR}^{\text{sur-ov}}}{C_s} = \mathrm{VF}_s^{\text{sur-ov}} \times V_{inh} \times \left(\frac{T_{site}}{24}\right) \times 1000 \qquad (5.51)$$

$$\frac{\mathrm{IR}^{\text{sub-ov}}}{C_s} = \mathrm{VF}_s^{\text{sub-ov}} \times V_{inh} \times \left(\frac{T_{site}}{24}\right) \times 1000 \qquad (5.52)$$

公式中，$\mathrm{IR}^{\text{sur-ov}}/C_s$ 和 $\mathrm{IR}^{\text{sub-ov}}/C_s$ 分别为日均吸入室外空气中来自表层土壤和下层土壤的气态污染物的土壤当量，(mg/d)/(mg/g)；$\mathrm{VF}_s^{\text{sur-ov}}$ 的参数含义见公式(5.39)；$\mathrm{VF}_s^{\text{sub-ov}}$ 的参数含义见公式（5.42）；V_{inh} 和 T_{site} 的参数含义见公式（5.28）。

2. 吸入土壤-室内挥发蒸气

受体吸入室外空气中来自表层和下层土壤的气态污染物对应的日均摄入土壤当量可分别通过公式（5.53）计算。

$$\frac{\mathrm{IR}^{iv}}{C_s} = \mathrm{VF}_s^{iv} \times V_{inh} \times \left(\frac{T_{site}}{24}\right) \times 1000 \qquad (5.53)$$

公式中，IR^{iv}/C_s 为日均吸入室内空气中来自下层土壤的气态污染物的土壤当量，(mg/d) / (mg/g)；VF_s^{iv} 的参数含义见公式（5.49）或公式（5.50）；V_{inh} 和 T_{site} 的参数含义见公式（5.28）。

3. 吸入土壤-室外挥发-侧向扩散蒸气

当考虑土壤污染源-室外空气挥发-侧向空气扩散途径时，污染源下风向离场受体吸入室外空气中气态污染物的日均摄入土壤当量（$\mathrm{IR}^{\text{dis-ov}}/C_{\mathrm{s}}$）可由公式（5.54）计算。

$$\frac{\mathrm{IR}^{\text{dis-ov}}}{C_{\mathrm{s}}}=\mathrm{VF}_{\mathrm{s}}^{\mathrm{ov}}\times V_{\mathrm{inh}}\times \mathrm{LADF}\times\left(\frac{T_{\mathrm{site}}}{24}\right)\times 1000 \tag{5.54}$$

公式中，$\mathrm{IR}^{\text{dis-ov}}/C_{\mathrm{s}}$ 为下风向离场受体日均吸入室外空气中污染物的土壤当量，(mg/d) / (mg/g)；$\mathrm{VF}_{\mathrm{s}}^{\mathrm{ov}}$ 代表 $\mathrm{VF}_{\mathrm{s}}^{\text{sur-ov}}$ 或 $\mathrm{VF}_{\mathrm{s}}^{\text{sub-ov}}$，为表层或下层土壤-室外空气挥发因子，见公式（5.39）或公式（5.42）；LADF 的参数含义见公式（5.24）。

5.5.6 案例练习

假设某污染场地环境调查发现，土壤中存在苯、甲苯、乙苯和二甲苯等关注污染物，表层污染土壤层厚度为 0.5 m，下层污染土壤层顶部埋深为 1 m，但下层污染土壤层厚度未知，平行于风向的土壤污染源宽度为 45 m。各关注污染物的理化性质参数见表 5.9，土壤性质参数、建筑物特征参数和空气特征参数见表 5.10。请针对上述关注污染物分别计算表层土壤中污染物迁移进入室外空气的挥发因子（$\mathrm{VF}_{\mathrm{s}}^{\text{sur-ov}}$）、下层土壤中污染物迁移进入室外空气的挥发因子（$\mathrm{VF}_{\mathrm{s}}^{\text{sub-ov}}$）和下层土壤中污染物迁移进入室内空气的挥发因子（$\mathrm{VF}_{\mathrm{s}}^{\mathrm{iv}}$）。

表 5.9 案例练习——关注污染物的理化性质参数

参数名称	符号	单位	苯	甲苯	乙苯	二甲苯
亨利常数	H	—	2.27×10^{-1}	2.71×10^{-1}	3.22×10^{-1}	2.12×10^{-1}
土壤有机碳-水分配系数	K_{oc}	$\mathrm{cm^3/g}$	1.46×10^{2}	2.34×10^{2}	4.46×10^{2}	3.83×10^{2}
空气中扩散系数	D_{air}	$\mathrm{m^2/s}$	8.95×10^{-6}	7.78×10^{-6}	6.85×10^{-6}	8.47×10^{-6}
水中扩散系数	D_{wat}	$\mathrm{m^2/s}$	1.03×10^{-9}	9.20×10^{-10}	8.46×10^{-10}	9.90×10^{-10}

表 5.10 案例练习——土壤性质参数、建筑物特征参数和空气特征参数

参数名称	符号	单位	取值
土壤性质参数			
表层污染土壤层厚度	d	m	0.5
下层污染土壤层顶部埋深	L_{s}	m	1
平行于风向的土壤污染源宽度	W_{dw}	m	45

续表

参数名称	符号	单位	取值
土壤性质参数			
包气带孔隙水体积比	θ_{ws}	—	0.15
包气带孔隙空气体积比	θ_{as}	—	0.28
包气带土壤容重	ρ_b	g/cm^3	1.5
包气带土壤有机碳质量分数	f_{oc}	—	0.0058
土壤透性系数	K_v	m^2	1.00×10^{-12}
建筑物特征参数			
地基裂隙中水体积比	θ_{wcrack}	—	0.12
地基裂隙中空气体积比	θ_{acrack}	—	0.26
地基和墙体裂隙表面积所占比例	η	—	0.01
室内空间体积与气态污染物入渗面积之比	L_B	m	2
室内空气交换速率	ER	1/s	1.39×10^{-4}
室内室外气压差	dP	Pa	0
地面到地板底部厚度	Z_{crack}	m	0.15
室内地板面积	A_b	m^2	70
室内地板周长	X_{crack}	m	34
室内地基厚度	L_{crack}	m	0.15
空气特征参数			
混合区高度	δ_{air}	m	2
混合区大气流速	U_{air}	m/s	2
空气扩散因子	Q/C	$g/(m^2\cdot s)/(kg/m^3)$	79.25

练习答案

以苯为例计算 $VF_s^{sur\text{-}ov}$ 、$VF_s^{sub\text{-}ov}$ 和 VF_s^{iv} 。

（1）取污染物暴露周期为 30 年，根据公式（5.35）或公式（5.38），计算苯的 $VF_s^{sur\text{-}ov}$ 为

ASTM 模型

$$VF_s^{sur\text{-}ov}=\frac{45\times0.5\times1.5\times10^3}{2\times2\times30\times365\times24\times3600}=8.92\times10^{-6}\ (mg/m^3)/(mg/kg)$$

USEPA Q/C 模型

$$VF_s^{sur\text{-}ov}=\frac{0.5\times1.5\times10^6}{79.25\times30\times365\times24\times3600}=1.00\times10^{-5}\ (mg/m^3)/(mg/kg)$$

（2）计算苯的 $VF_s^{sub\text{-}ov}$ 为

根据公式（5.33）计算得到 D_s^{eff}

$$D_s^{eff}=8.95\times10^{-6}\times\frac{0.28^{3.33}}{0.43^2}+\left(\frac{1.03\times10^{-9}}{2.27\times10^{-1}}\right)\left(\frac{0.15^{3.33}}{0.43^2}\right)=6.98\times10^{-7}\ \mathrm{m^2/s}$$

由公式（3.2）计算得到 K_d

$$K_d=1.46\times10^2\times0.0058=0.8468\ \mathrm{cm^3/g}$$

由公式（3.5）计算得到 K_{sw}

$$K_{sw}=\frac{0.15+(0.8468\times1.5)+(2.27\times10^{-1}\times0.28)}{1.5}=9.89\times10^{-1}\ \mathrm{cm^3/g}$$

由于下层污染土层厚度未知，故根据公式（5.40）计算苯的 $VF_s^{sub\text{-}ov}$

$$VF_s^{sub\text{-}ov}=\frac{2.27\times10^{-1}}{9.89\times10^{-1}\times\left(1+\dfrac{2\times2\times1}{6.98\times10^{-7}\times45}\right)}\times1000=1.80\times10^{-3}\ (\mathrm{mg/m^3})/(\mathrm{mg/kg})$$

（3）计算苯的 VF_s^{iv} 为

由公式（5.44）可计算得

$$D_{crack}^{eff}=8.95\times10^{-6}\times\frac{0.26^{3.33}}{0.38^2}+\left(\frac{1.03\times10^{-9}}{2.27\times10^{-1}}\right)\left(\frac{0.12^{3.33}}{0.38^2}\right)=6.98\times10^{-7}\ \mathrm{m^2/s}$$

$$VF_{s1}^{iv}=\frac{\dfrac{1000\times0.227}{0.989}\times\left[\dfrac{6.98\times10^{-7}/1}{1.39\times10^{-4}\times2}\right]}{1+\left[\dfrac{6.98\times10^{-7}/1}{1.39\times10^{-4}\times2}\right]+\left[\dfrac{6.98\times10^{-7}/1}{(6.98\times10^{-7}/0.15)\times0.01}\right]}=3.60\times10^{-2}\ (\mathrm{mg/m^3})/(\mathrm{mg/kg})$$

甲苯、乙苯、二甲苯的计算过程类似，这里不再赘述，结果如表 5.11。

表 5.11 练习结果——挥发因子计算结果

污染物	$VF_s^{sur\text{-}ov}$ /［（mg/m³）/（mg/kg）］		$VF_s^{sub\text{-}ov}$ /［（mg/m³）/（mg/kg）］	VF_s^{iv} /［（mg/m³）/（mg/kg）］
	ASTM 模型	USEPA *Q/C* 模型		
苯	8.92×10^{-6}	1.00×10^{-5}	1.80×10^{-3}	3.60×10^{-2}
甲苯	8.92×10^{-6}	1.00×10^{-5}	1.23×10^{-3}	2.45×10^{-2}
乙苯	8.92×10^{-6}	1.00×10^{-5}	7.05×10^{-4}	1.41×10^{-2}
二甲苯	8.92×10^{-6}	1.00×10^{-5}	6.67×10^{-4}	1.34×10^{-2}

5.6 土壤淋溶-地下水-侧向迁移

自然降水及人为灌溉条件下，土壤表层中的污染物可通过溶解、水解、矿化等作用，随土壤淋溶液进入地下含水层，经过稀释、扩散及自然衰减等过程，在含水层中进行迁移。污染物土壤淋溶-地下水-侧向迁移概念模型图如图 5.7 所示，在此过程中，潜在受体包括深层土壤、地下水含水层，受地下水补给的泉、河流、湿地等地表水体以及接触上述污染水体的人群等。为保障受体的生态环境安全和人群健康安全，沿污染物的迁移途径上界定某点为合规点，在合规点处，污染物的目标浓度应低于受体产生不可接受风险的浓度限值。合规点可位于土壤下层或污染源附近的含水层某处，其位置依据评估层次决定。合规点处的基准值（筛选值/场地特定修复目标值）可通过污染物的环境迁移模型推导，本节将对常用的几种计算污染物经土壤淋溶至地下水侧向迁移过程因子的解析模型进行介绍。

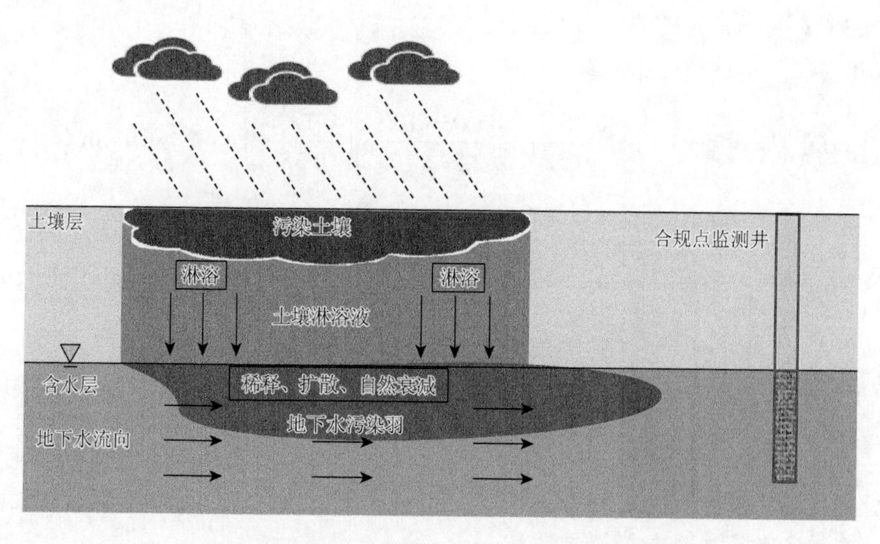

图 5.7 污染物土壤淋溶-地下水-侧向迁移概念模型图

5.6.1 预测土壤淋溶因子

土壤淋溶因子（leaching factor，LF）的定义为地下水中关注污染物的预测浓度与其上层土壤中污染物浓度的比值。LF 可通过实际场地地下水与土壤中污染物的浓度值计算，也可借助模型计算。常用的淋溶因子计算模型介绍如下。

1. ASTM 模型

ASTM 模型假设土壤淋滤过程分为两个步骤：①土壤中污染物浓度保持恒定，污染物在土壤-淋溶液之间通过线性分配作用达到分配平衡；②淋溶液为稳态入渗流，并与下层地下水均匀混合，不考虑挥发与生物降解作用。LF 的计算如公式（5.55）所示。

$$LF = \frac{1}{K_{sw} \times LDF} \tag{5.55}$$

公式中，LF 为土壤淋溶因子，g-土壤/cm^3-孔隙水；LDF（lateral dilution factor）为土壤淋滤稀释因子，无量纲；K_{sw} 的参数含义见公式（3.5）。

K_{sw} 代表了污染物在土壤中总浓度与土壤孔隙水中浓度的分配比例，反映了污染物自土壤释放并进入淋滤液的趋势。其计算假设污染物在土壤固、液、气三相中的分配达到平衡，且无非水相液体和过饱和蒸气压存在。

LDF 基于较为简易的“箱式模型”计算，如图 5.8 所示。假设上层土壤中污染物直接淋溶进入地下水，不考虑挥发或生物降解作用的损失，并在下层地下水混合区均匀混合，其计算如公式（5.56）所示。

$$LDF = 1 + 365 \times \frac{V_{gw}\delta_{gw}}{IW_{gw}} \tag{5.56}$$

公式中，δ_{gw} 为地下水混合区厚度，m；I 为土壤中水的入渗速率，m/a；W_{gw} 为平行于地下水流向的土壤污染源宽度，m；V_{gw} 为地下水达西速率，m/d，由公式（5.57）计算。

$$V_{gw} = K \cdot i \tag{5.57}$$

式中，K 为含水层水力传导系数，m/d；i 为水力梯度，无量纲。

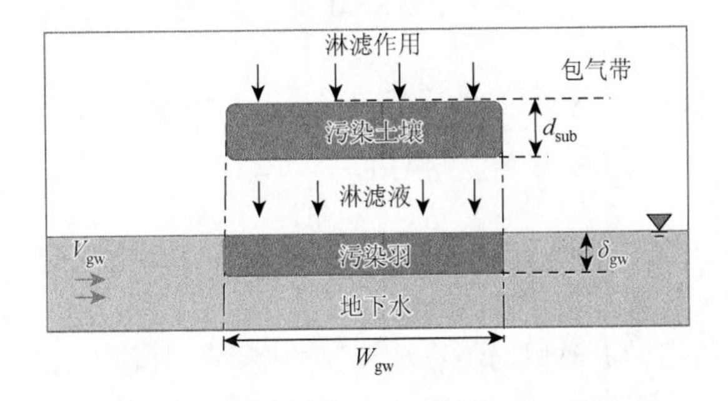

图 5.8　ASTM 模型示意图

2. ASTM & Mass Balance 模型

若明确下层污染土层厚度，在 ASTM 模型的基础上，依据质量守恒原理，此时土壤淋溶因子 LF_{sgw} 可由公式（5.58）确定。

$$LF_{sgw} = \min\left(\frac{1}{K_{sw} \times LDF}, \frac{d_{sub} \times \rho_b}{I \times \tau}\right) \tag{5.58}$$

公式中，LF_{sgw} 为土壤淋溶因子，g-土壤/cm^3-孔隙水；LDF 的参数含义见公式(5.55)；K_{sw} 和 ρ_b 的参数含义见公式（3.5）；I 的参数含义参见公式（5.56）；d_{sub} 的参数含义见公式（5.41）；τ 的参数含义见公式（5.35）。

3. SAM 模型

为进一步完善对污染物在土壤中淋溶迁移行为的描述，Connor 等（1997）在 ASTM 模型的基础上提出了土壤衰减模型（soil attenuation model，SAM）。SAM 模型假设污染物由土壤经淋溶进入地下水的过程可分为三个传递步骤：①污染物在土壤固相与入渗流液相之间达到分配平衡；②污染物随淋溶液进入深层清洁土壤，并重新达到固-液分配平衡；③淋溶液与地下水交汇混合，污染物进入地下水系统并扩散稀释。SAM 模型概念图如图 5.9 所示。

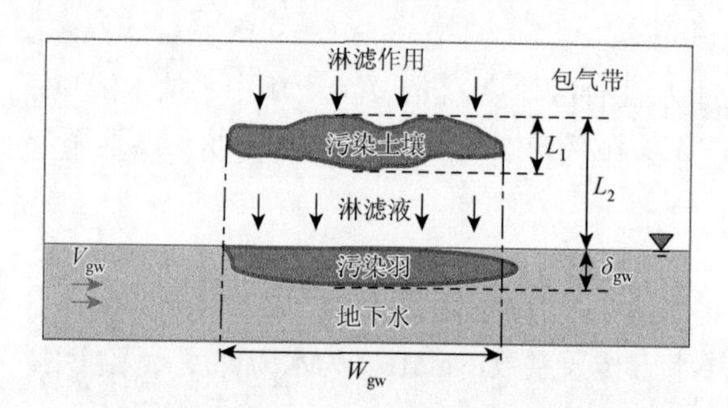

图 5.9 SAM 模型概念图

土壤衰减模型因子（SAM）计算参见公式（5.59）。

$$SAM = \frac{L_1}{L_2} \tag{5.59}$$

公式中，SAM 为土壤衰减模型因子，无量纲；L_1 为污染土壤层厚度，m；L_2 为污染土壤层顶部至地下水面的距离，m。

ASTM 模型与 SAM 模型均假设污染源浓度不变且稳定释放，该假设相对实际污染情况较保守与简单。在进行第二或第三层次风险评估时，可依据场地的特征参数选择性地计算生物衰减因子（bio decay factor，BDF）与时间平均因子（time averaging factor，TAF）。生物衰减因子由公式（5.60）计算。

$$\mathrm{BDF}=\exp\left[-365\times\lambda\cdot(L_2-L_1)\cdot\left(\frac{B_{\mathrm{w}}}{I}\right)\right] \tag{5.60}$$

公式中，BDF 为生物衰减因子，无量纲；λ 为一阶衰减常数，d^{-1}；L_1、L_2 的参数含义见公式（5.59）；I 的参数含义见公式（5.56）；B_{w} 为自由水分配系数，无量纲，计算如公式（5.61）所示。

$$B_{\mathrm{w}}=\theta_{\mathrm{ws}}+K_{\mathrm{d}}\rho_{\mathrm{b}}+H\theta_{\mathrm{as}} \tag{5.61}$$

公式中，B_{w} 为自由水分配系数，无量纲；θ_{ws}、θ_{as}、ρ_{b} 的参数含义见公式（3.5）；K_{d} 的参数含义见公式（3.1）；H 的参数含义见公式（5.33）。

时间平均因子（TAF）的计算如公式（5.62）所示

$$\mathrm{TAF}=\frac{L_2\cdot B_{\mathrm{w}}}{I\cdot\mathrm{ED}}\cdot\left[1-\exp\left(\frac{-I\cdot\mathrm{ED}}{L_2\cdot B_{\mathrm{w}}}\right)\right] \tag{5.62}$$

公式中，TAF 为时间平均因子，无量纲；ED 为暴露周期，a；L_1、L_2 的参数含义参见公式（5.59）；I 的参数含义见公式（5.56）；B_{w} 的参数含义见公式（5.61）。

5.6.2　预测地下水侧向迁移稀释衰减因子

经土壤淋滤进入地下水的污染物在随地下水侧向迁移的过程中，由于弥散、吸附、稀释、挥发、生物降解等自然过程，地下水中污染物的浓度随时间与迁移距离逐渐降低，即发生自然衰减（图 5.10）。基于场地特征的污染物稀释衰减因子（dilution attenuation factor，DAF）可依据污染物的物理化学性质以及地下水流速、弥散系数、阻滞因子、衰减因子等迁移参数计算。

多米尼克饱和带溶质运移模型（Domenico Solute Transport Model）常用于计算地下水污染物侧向迁移稀释衰减因子。如图 5.10 所示，该模型假设污染源为垂直于地下水流向的平面源（宽度为 S_{w}，厚度为 S_{d}），地下水流为稳态流，基于已知污染源中关注污染物的浓度值（C_{sz}），考虑污染物随地下水迁移过程中的对流、弥散、吸附与生物降解作用，从而计算地下水下游暴露点位关注污染物的浓度值（C_x），计算如公式（5.63）所示。

$$\begin{aligned}\mathrm{DAF}=&\left\{\frac{1}{4}\exp\left(\frac{x}{2a_x}\left[1-\sqrt{1+\frac{4\lambda a_x R_{\mathrm{i}}}{v}}\right]\right)\right\}\left\{\mathrm{erf}\left(\frac{y+S_{\mathrm{w}}/2}{2\sqrt{a_y x}}\right)\right.\\&\left.-\mathrm{erf}\left(\frac{y-S_{\mathrm{w}}/2}{2\sqrt{a_y x}}\right)\right\}\left\{\mathrm{erf}\left(\frac{z+S_{\mathrm{d}}}{2\sqrt{a_z x}}\right)-\mathrm{erf}\left(\frac{z-S_{\mathrm{d}}}{2\sqrt{a_z x}}\right)\right\}\end{aligned} \tag{5.63}$$

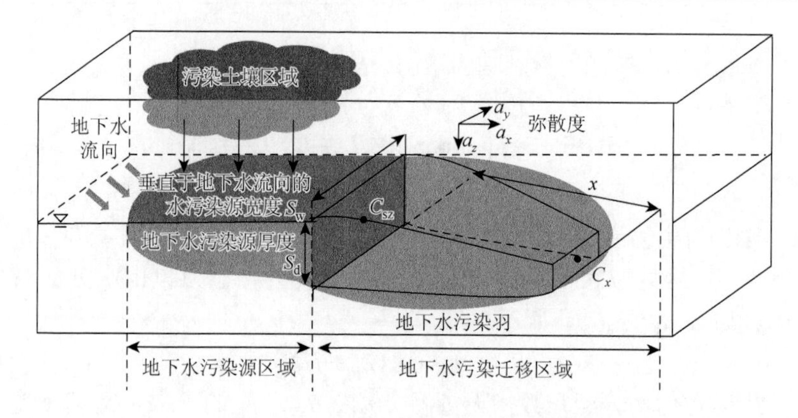

图 5.10　多米尼克溶质运移概念模型图

公式中，DAF 为稀释衰减因子，无量纲；x 为地下水流方向上至污染源的距离，m；y 为至地下水污染羽中心线的横向距离，m；z 为至地下水污染羽中心线的下垂向距离，m；a_x 为地下水纵向弥散度，m，计算见公式（5.64）；a_y 为地下水横向弥散度，m，计算见公式（5.65）；a_z 为地下水垂向弥散度，m，计算见公式（5.66）；S_w 为垂直于流向的地下水污染源宽度，m；S_d 为地下水污染源厚度，m；λ 为一阶衰减常数，d^{-1}；R_i 为污染物阻滞因子，无量纲，参见公式（5.68）计算，也可通过实际场地的水文地质试验测算；v 为地下水渗流速度，m/d，由公式（5.69）计算。

$$a_x = 0.83 \times (\log x)^{2.414} \tag{5.64}$$

$$a_y = a_x / 10 \tag{5.65}$$

$$a_z = a_x / 100 \tag{5.66}$$

$$K_d^a = K_{oc} \cdot f_{oc}^a \tag{5.67}$$

$$R_i = 1 + \frac{K_d^a \rho_d^a}{\theta_e} \tag{5.68}$$

$$v = \frac{K \cdot i}{\theta_e} \tag{5.69}$$

公式中，K_{oc} 为有机碳-孔隙水分配系数，cm^3/g；f_{oc}^a 为含水层有机碳质量分数，无量纲；K_d^a 为含水层土壤-水分配系数，cm^3/g，由公式（5.67）计算；ρ_d^a 为含水层土壤容重，g/cm^3；θ_e 为含水层有效孔隙度，无量纲；K 和 i 的参数含义见公式(5.57)。

5.6.3　计算污染物饮用率

1. 土壤淋溶-地下水

受体饮用经土壤淋滤至地下水中的污染物对应的日均摄入土壤当量

（$IR^{sl\text{-}TOX}/C_s$）可由公式（5.70）～公式（5.73）计算。

ASTM 模型

$$\frac{IR^{sl\text{-}TOX}}{C_s}=GWCR_c\times LF \tag{5.70}$$

ASTM & Mass Balance 模型

$$\frac{IR^{sl\text{-}TOX}}{C_s}=GWCR\times LF_{sgw} \tag{5.71}$$

SAM 模型

$$\frac{IR^{sl\text{-}TOX}}{C_s}=GWCR\times LF\times SAM \tag{5.72}$$

生物降解条件下的 SAM 模型

$$\frac{IR^{sl\text{-}TOX}}{C_s}=GWCR\times LF\times SAM\times BDF\times TAF \tag{5.73}$$

公式中，GWCR 为日均饮用水量，mL/d；LF 和 LF_{sgw} 的参数含义见公式（5.55）和公式（5.58）；SAM 的参数含义见公式（5.59）；BDF 的参数含义见公式（5.60）；TAF 的参数含义见公式（5.62）。

2. 土壤淋溶-地下水-侧向迁移

受体饮用经土壤淋滤后迁移至离场地下水中的污染物对应的日均摄入土壤当量（$IR^{mig\text{-}TOX}/C_s$）可由公式（5.74）～公式（5.77）计算。

ASTM 模型

$$\frac{IR^{mig\text{-}TOX}}{C_s}=GWCR\times LF\times DAF \tag{5.74}$$

ASTM & Mass Balance 模型

$$\frac{IR^{mig\text{-}TOX}}{C_s}=GWCR\times LF_{sgw}\times DAF \tag{5.75}$$

SAM 模型

$$\frac{IR^{mig\text{-}TOX}}{C_s}=GWCR\times LF\times SAM\times DAF \tag{5.76}$$

生物降解条件下的 SAM 模型

$$\frac{IR^{mig\text{-}TOX}}{C_s}=GWCR\times LF\times SAM\times BDF\times TAF\times DAF \tag{5.77}$$

公式中，GWCR 的参数含义见公式（5.70）；LF 和 LF_{sgw} 的参数含义见公式（5.55）和公式（5.58）；SAM 的参数含义见公式（5.59）；BDF 的参数含义见公式（5.60）；

TAF 的参数含义见公式（5.62）；DAF 的参数含义见公式（5.63）。

3. 直接饮用污染地下水

对于已经污染的原场地下水，若考虑其饮用水用途，则居民的日均摄入地下水当量（$\mathrm{IR}^{\mathrm{TOX}}/C_{\mathrm{gw}}$）由公式（5.78）计算。

$$\frac{\mathrm{IR}^{\mathrm{TOX}}}{C_{\mathrm{gw}}}=\mathrm{GWCR} \tag{5.78}$$

公式中，GWCR 的参数含义见公式（5.70）。

4. 饮用污染地下水-侧向迁移

受体饮用经侧向迁移至离场地下水中的污染物对应的日均摄入地下水当量（$\mathrm{IR}^{\mathrm{mig\text{-}TOX}}/C_{\mathrm{gw}}$）可由公式（5.79）计算。

$$\frac{\mathrm{IR}^{\mathrm{mig\text{-}TOX}}}{C_{\mathrm{gw}}}=\mathrm{GWCR}\times\mathrm{DAF} \tag{5.79}$$

公式中，GWCR 的参数含义见公式（5.70）；DAF 的参数含义见公式（5.63）。

5.6.4 案例练习

本练习以 ASTM 模型为例，考虑土壤淋溶途径，计算土壤淋溶因子。根据如下公式，计算污染物苯、甲苯和苯并（a）芘的土壤淋溶因子 LF。土壤与地下水性质参数名称及取值参见表 5.12，污染物的饮用水最大浓度限值及其理化性质参数见表 5.13。

表 5.12 案例练习——土壤与地下水性质参数

参数符号	参数名称	单位	数值
	降雨量参数		
I	土壤中水入渗速率	m/a	0.3
	土壤性质参数		
θ_{as}	包气带孔隙空气体积比	—	0.28
θ_{ws}	包气带孔隙水体积比	—	0.15
ρ_{b}	包气带土壤容重	$\mathrm{g/cm^3}$	1.5
f_{oc}	包气带土壤有机碳质量分数	—	0.0058
W_{gw}	平行于地下水流向的土壤污染源宽度	m	45
	地下水性质参数		
δ_{gw}	地下水混合区厚度	m	2
K	含水层水力传导系数	m/d	6.85
i	水力梯度	—	0.01

表 5.13　案例练习——污染物的饮用水最大浓度限值及其理化性质参数

参数符号	参数名称	单位	苯	甲苯	苯并（a）芘
H'	亨利常数	—	0.227	0.271	1.87×10^{-5}
K_{oc}	土壤有机碳-水分配系数	cm^3/g	146	234	5.87×10^{5}

练习答案

（1）根据公式（5.57），查表 5.12 知含水层水力传导系数 K 和水力梯度 i，计算地下水达西速率

$$V_{gw}=K\cdot i=6.85\times0.01=0.0685\ \text{m/d}$$

（2）根据公式（5.56），查表 5.12 知地下水混合区厚度 δ_{gw}、土壤中水入渗速率 I、平行于地下水流向的土壤污染源宽度 W_{gw}，计算土壤淋溶稀释因子

$$\text{LDF}=1+365\times\frac{V_{gw}\delta_{gw}}{IW_{gw}}=1+365\times\frac{0.0685\times2}{0.3\times45}=4.7041$$

（3）根据公式（3.2），查表 5.12、表 5.13 知包气带土壤有机碳质量分数 f_{oc} 和三种污染物各自的土壤有机碳-水分配系数 K_{oc}，分别计算其土壤固相-水分配系数 K_d

苯：$K_d=K_{oc}\cdot f_{oc}=146\times0.0058=0.8468\ \text{cm}^3/\text{g}$

甲苯和苯并（a）芘的计算同上。

（4）根据公式（3.5），查表 5.12、表 5.13 知包气带孔隙空气体积比 θ_{as}、包气带孔隙水体积比 θ_{ws}、包气带土壤容重 ρ_b 和三种污染物各自的亨利常数 H，分别计算其土壤-淋滤液分配系数 K_{sw}

苯：$K_{sw}=\dfrac{\theta_{ws}+(K_d\rho_b)+(H'\theta_{as})}{\rho_b}=\dfrac{0.15+(0.8468\times1.5)+(0.227\times0.28)}{1.5}$=0.9892 cm^3/g

甲苯和苯并（a）芘的计算同上。

（5）根据公式（5.55），分别计算三种污染物的土壤淋溶因子 LF

苯：$\text{LF}=\dfrac{1}{K_{sw}\times\text{LDF}}=\dfrac{1}{0.9892\times4.7041}=0.2149$ g-土壤/cm^3-孔隙水

甲苯和苯并（a）芘的计算同上。

计算结果如表 5.14 所示。

表 5.14 案例练习结果

污染物	土壤固相-水分配系数 K_d/(cm^3/g)	土壤-淋滤液分配系数 K_{sw}/(cm^3/g)	土壤淋溶因子 LF/（g-土壤/cm^3-孔隙水）
苯	0.8468	0.9892	0.2149
甲苯	1.3572	1.5078	0.1410
苯并（a）芘	3404.6	3404.7	6.2437×10^{-5}

5.7 呼吸吸入地下水蒸气

一般认为，亨利定律常数≥1×10^{-5} atm·m^3/mol 并且摩尔质量小于 200 g/mol 的有机污染物具有较强的挥发特性。地下水中有机污染物经挥发作用进入土壤孔隙后，主要迁移机制包括扩散及对流作用。地下水中挥发性有机物通过包气带土壤向地表迁移，进而与室外大气或室内空气混合暴露于人群。

污染物蒸气的迁移解析模型包括 ASTM 模型和 Johnson & Ettinger 模型，分别推导计算室外蒸气暴露和室内蒸气暴露的挥发因子（VF）。迁移模型的假设主要包括：

（1）污染物在地下水中浓度恒定；

（2）地下水中污染物的挥发气相与溶解相满足线性分配平衡规律；

（3）污染物通过对流和扩散作用向上经由土壤毛细上升带和包气带到达地表；

（4）污染物从地下到达地表的垂向迁移过程不考虑生物降解作用；

（5）污染物蒸气与室外空气在污染土壤上方的呼吸区域充分混合（室外蒸气挥发途径）；

（6）与蒸气相的扩散迁移相比，污染物本身直接通过土壤孔隙向上的迁移作用基本可以忽略，并且污染物蒸气与室内空气充分混合（室内蒸气挥发途径）。

污染物从地下水中挥发以后，向地下水水位以上的毛细带扩散，再通过上层的包气带土层，进而与大气混合或者通过地基缝隙进入室内环境，因此，地下水位以上的有效扩散系数要根据毛细带土壤和包气带土壤的有效扩散系数来计算，如公式（5.80）所示。

$$D_{ws}^{eff}=(h_c+h_v)\left[\frac{h_c}{D_{cap}^{eff}}+\frac{h_v}{D_s^{eff}}\right]^{-1} \tag{5.80}$$

公式中，D_{ws}^{eff} 为地下水位以上有效扩散系数，m^2/s；h_c 为毛细上升带厚度，m；h_v 为包气带厚度，m；D_s^{eff} 的参数含义见公式（5.33）；D_{cap}^{eff} 为毛细上升带有效扩散系数，m^2/s，计算见公式（5.81）。

$$D_{\mathrm{cap}}^{\mathrm{eff}}=D_{\mathrm{air}}\frac{\theta_{\mathrm{acap}}}{\theta_{\mathrm{Tcap}}^{2}}+\left(\frac{D_{\mathrm{wat}}}{H}\right)\left(\frac{\theta_{\mathrm{wcap}}}{\theta_{\mathrm{Tcap}}^{2}}\right) \tag{5.81}$$

公式中，D_{air} 和 H 的参数含义见公式（5.33）；D_{wat} 为水中扩散系数，$\mathrm{m^2/s}$；θ_{acap} 为土壤毛细上升带中孔隙空气体积比，无量纲；θ_{wcap} 为土壤毛细上升带孔隙水体积比，无量纲；θ_{Tcap} 为土壤毛细上升带总孔隙体积比，无量纲，$\theta_{\mathrm{Tcap}}=\theta_{\mathrm{acap}}+\theta_{\mathrm{wcap}}$。

5.7.1　预测地下水-室外空气挥发因子

地下水中挥发性污染物向包气带土壤迁移并进入室外空气环境的概念模型如图 5.11 所示。地下水-室外空气挥发因子（groundwater volatilization to outdoor factor，$\mathrm{VF_{gw}^{ov}}$）的定义为关注污染物在室外空气中的预测浓度与其在地下水中浓度的比值。地下水中挥发性污染物首先进入土壤气相中，再从土壤气相向地表迁移，因此其挥发能力弱于土壤中的有机污染物。$\mathrm{VF_{gw}^{ov}}$ 根据 ASTM 模型计算，如公式（5.82）所示。

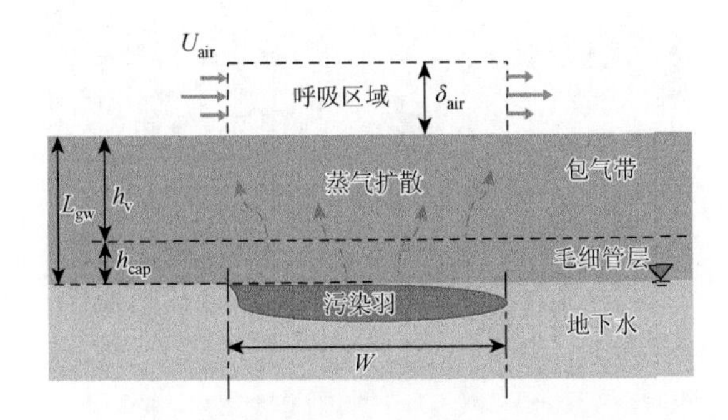

图 5.11　地下水室外蒸气挥发概念模型图

ASTM 模型

$$\mathrm{VF_{gw}^{ov}}=\frac{H\times 1000}{1+\left[\dfrac{U_{\mathrm{air}}\delta_{\mathrm{air}}L_{\mathrm{gw}}}{D_{\mathrm{ws}}^{\mathrm{eff}}W_{\mathrm{gw}}}\right]} \tag{5.82}$$

公式中，$\mathrm{VF_{gw}^{ov}}$ 为地下水-室外空气挥发因子，$(\mathrm{mg/m^3})/(\mathrm{mg/L})$；$H$ 的参数含义见公式（5.33）；W_{gw} 为平行于地下水流向的污染区宽度，m；U_{air} 和 δ_{air} 的参数含义见公式(5.21)；L_{gw} 为地下水水位埋深，m；$D_{\mathrm{ws}}^{\mathrm{eff}}$ 的参数含义见公式(5.80)。

5.7.2 预测地下水-室内空气挥发因子

地下水中挥发性污染物向包气带土壤迁移并进入室内空气环境的概念模型如图 5.12 所示。地下水-室内空气挥发因子（groundwater to enclosed space volatilization factor，VF_{gw}^{iv}）的定义为关注污染物在室内空气中的预测浓度与其在地下水中浓度的比值。地下水中挥发性污染物首先通过包气带土壤向上迁移，再经由建筑物地基裂隙进入室内空气中。目前，国际上普遍采用的室内蒸气入侵迁移模型是 Johnson & Ettinger（1991）模型，该模型主要考虑了气态污染物在土壤孔隙中的扩散和对流作用，主要影响因素包括土壤性质参数和建筑物特征参数。Johnson & Ettinger 模型考虑了室内外无压差和有压差两种情形，即土壤气进入室内环境的流量 Q_s 等于 0 或者 Q_s 大于 0 两种模拟情景。VF_{gw}^{iv} 的计算参见公式（5.83）和公式（5.84）。

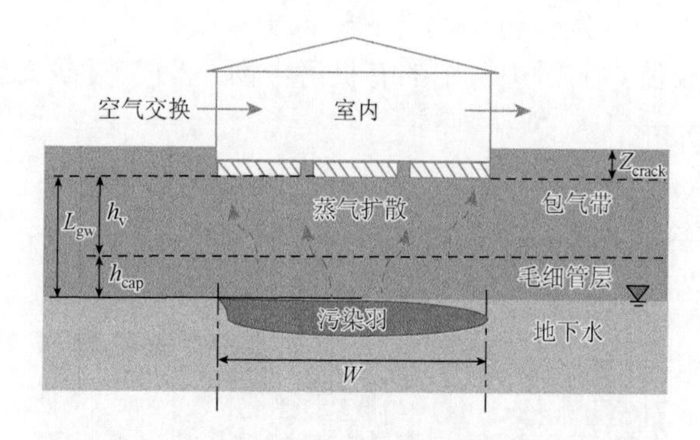

图 5.12　地下水室内蒸气吸入概念模型图

当 Q_s=0 时

$$VF_{gw}^{iv}=\frac{H\times1000\times\left[\dfrac{D_{ws}^{eff\text{-}iv}/L_{gw}}{ER\times L_B}\right]}{1+\left[\dfrac{D_{ws}^{eff}/L_{gw}}{ER\times L_B}\right]+\left[\dfrac{D_{ws}^{eff}/L_{gw}}{(D_{crack}^{eff}/L_{crack})\times\eta}\right]}\tag{5.83}$$

当 $Q_s>0$ 时

$$VF_{gw}^{iv}=\frac{1000\times H\times\left[\dfrac{D_{ws}^{eff}/L_{gw}}{ER\times L_B}\right]e^{\xi}}{e^{\xi}+\left[\dfrac{D_{ws}^{eff}/L_{gw}}{ER\times L_B}\right]+\left[\dfrac{D_{ws}^{eff}/L_{gw}}{(Q_s/A_b)}\right][e^{\xi}-1]}\tag{5.84}$$

公式中，VF_{gw}^{iv} 为地下水-室内空气挥发因子，(mg/m^3)/(mg/L)；ER、L_B、η、D_{crack}^{eff}、

ζ 和 Q_s 的参数含义见公式（5.49）；H 的参数含义见公式（5.33）；D_{ws}^{eff} 的参数含义见公式（5.80）；L_{gw} 的参数含义见公式（5.82）。

5.7.3　计算污染物吸入率

当考虑地下水污染源-空气挥发途径时，原场受体吸入室外空气或室内空气中来自地下水中气态污染物对应的日均摄入地下水当量（IR^{ov}/C_{gw} 或 IR^{iv}/C_{gw}）可分别通过公式（5.85）和公式（5.86）计算。

$$\frac{IR^{ov}}{C_{gw}} = VF_{gw}^{ov} \times V_{inh} \times \left(\frac{T_{site}}{24}\right) \times 1000 \tag{5.85}$$

$$\frac{IR^{iv}}{C_{gw}} = VF_{gw}^{iv} \times V_{inh} \times \left(\frac{T_{site}}{24}\right) \times 1000 \tag{5.86}$$

公式中，IR^{ov}/C_{gw} 为日均吸入室外空气中来自地下水的气态污染物的地下水当量，(mg/d) / (mg/mL)；IR^{iv}/C_{gw} 为日均吸入室内空气中来自地下水的气态污染物的地下水当量，(mg/d) / (mg/L)；VF_{gw}^{ov} 的参数含义见公式（5.82）；VF_{gw}^{iv} 的参数含义见公式（5.83）；V_{inh} 和 T_{site} 的参数含义见公式（5.28）。

当考虑地下水污染源-室外空气挥发-侧向空气扩散途径时，污染源下风向离场受体吸入室外空气中气态污染物对应的日均摄入地下水当量（$IR^{dis\text{-}ov}/C_{gw}$）可由公式（5.87）计算。

$$\frac{IR^{dis\text{-}ov}}{C_{gw}} = VF_{gw}^{ov} \times V_{inh} \times LADF \times \left(\frac{T_{site}}{24}\right) \times 1000 \tag{5.87}$$

公式中，$IR^{dis\text{-}ov}/C_{gw}$ 为地下水污染源-室外空气挥发-侧向空气扩离场日均吸入室外空气中气态污染物的地下水当量，(mg/d) / (mg/mL)；VF_{gw}^{ov} 的参数含义见公式（5.82）；LADF 的参数含义见公式（5.24）；V_{inh} 和 T_{site} 的参数含义见公式（5.28）。

当考虑地下水污染源-侧向迁移-室外空气挥发途径时，地下水下游离场受体吸入室外空气或室内空气中气态污染物对应的日均摄入地下水当量（$IR^{mig\text{-}ov}/C_{gw}$ 或 $IR^{mig\text{-}iv}/C_{gw}$）可由公式（5.88）和公式（5.89）计算。

$$\frac{IR^{mig\text{-}ov}}{C_{gw}} = VF_{gw}^{ov} \times V_{inh} \times DAF \times \left(\frac{T_{site}}{24}\right) \times 1000 \tag{5.88}$$

$$\frac{IR^{mig\text{-}iv}}{C_{gw}} = VF_{gw}^{iv} \times V_{inh} \times DAF \times \left(\frac{T_{site}}{24}\right) \times 1000 \tag{5.89}$$

公式中，$IR^{mig\text{-}ov}/C_{gw}$ 或 $IR^{mig\text{-}iv}/C_{gw}$ 为地下水污染源-侧向迁移-室外空气或室内空气挥发离场日均吸入室外空气中气态污染物的地下水当量，(mg/d) / (mg/L)；VF_{gw}^{ov} 的参数含义见公式（5.82）；VF_{gw}^{iv} 的参数含义见公式（5.83）；DAF 的参数含义见公式（5.63）；V_{inh} 和 T_{site} 的参数含义见公式（5.28）。

5.7.4　案例练习

假设某污染场地环境调查发现，土壤中存在苯、甲苯、乙苯和二甲苯等关注污染物。场地地下水水位埋深为 3 m，平行于风向的地下水污染源宽度为 45 m，地下水混合区厚度为 2 m，各关注污染物的理化性质参数见表 5.9，土壤性质参数、建筑物特征参数和空气特征参数见表 5.10，土壤及地下水性质参数见表 5.15。请对上述关注污染物分别计算地下水-室外空气挥发因子（VF_{gw}^{ov}）和地下水-室内空气挥发因子（VF_{gw}^{iv}）。

表 5.15　案例练习——土壤及地下水性质参数

参数名称	符号	单位	取值
地下水水位埋深	L_{gw}	m	3
平行于风向的地下水污染源宽度	W_{gw}	m	45
毛细上升带厚度	h_c	m	0.05
土壤毛细上升带中孔隙空气体积比	θ_{acap}	—	0.038
土壤毛细上升带孔隙水体积比	θ_{wcap}	—	0.342

练习答案

以苯为例计算 VF_{gw}^{ov} 和 VF_{gw}^{iv}。

（1）根据公式（5.33）计算 D_s^{eff}，查阅表 5.9 和表 5.10，可知 D_{air}、D_{wat}、H、θ_{as} 和 θ_{ws} 的值，$\theta_{Ts}=\theta_{as}+\theta_{ws}$。

$$D_s^{eff}=8.95\times10^{-6}\times\frac{0.28^{3.33}}{0.43^2}+\left(\frac{1.03\times10^{-9}}{2.27\times10^{-1}}\right)\left(\frac{0.15^{3.33}}{0.43^2}\right)=6.98\times10^{-7}\ \mathrm{m^2/s}$$

（2）根据公式(5.81)计算 D_{cap}^{eff}：查阅表 5.15 可知 θ_{acap} 和 θ_{wcap} 的值，$\theta_{Tcap}=\theta_{acap}+\theta_{wcap}$。

$$D_{cap}^{eff}=8.95\times10^{-6}\times\frac{0.038^{3.33}}{0.38^2}+\left(\frac{1.03\times10^{-9}}{0.227}\right)\left(\frac{0.342^{3.33}}{0.38^2}\right)=2.04\times10^{-9}\ \mathrm{m^2/s}$$

（3）根据公式（5.80）计算 D_{ws}^{eff}：查阅表 5.15 可知 h_c、L_{gw} 的值，$h_v=L_{gw}-h_c$。

$$D_{ws}^{eff}=(0.05+2.95)\left[\frac{0.05}{2.04\times10^{-9}}+\frac{2.95}{6.98\times10^{-7}}\right]^{-1}=1.04\times10^{-7}\ \mathrm{m^2/s}$$

（4）根据公式（5.82）计算 $\mathrm{VF}_{\mathrm{gw}}^{\mathrm{ov}}$：查阅表 5.10 和表 5.15 可知 U_{air}、δ_{air}、L_{gw} 和 W_{gw} 的值。

$$\mathrm{VF}_{\mathrm{gw}}^{\mathrm{ov}}=\frac{0.227\times1000}{1+\left[\dfrac{2\times2\times3}{1.04\times10^{-7}\times45}\right]}=8.88\times10^{-5}\ (\mathrm{mg/m^3})/(\mathrm{mg/L})$$

（5）根据公式（5.44）计算 $D_{\mathrm{crack}}^{\mathrm{eff}}$：查阅表 5.10 可知 θ_{acrack}、θ_{wcrack} 的值，$\theta_{\mathrm{Tcrack}}=\theta_{\mathrm{acrack}}+\theta_{\mathrm{wcrack}}=0.38$。

$$D_{\mathrm{crack}}^{\mathrm{eff}}=8.95\times10^{-6}\frac{0.26^{3.33}}{0.38^2}+\left(\frac{1.03\times10^{-9}}{0.227}\right)\left(\frac{0.12^{3.33}}{0.38^2}\right)=6.98\times10^{-7}\ \mathrm{m^2/s}$$

（6）根据公式（5.83）计算 $\mathrm{VF}_{\mathrm{gw}}^{\mathrm{iv}}$。

$$\mathrm{VF}_{\mathrm{gw}}^{\mathrm{iv}}=\frac{0.227\times1000\times\left[\dfrac{1.04\times10^{-7}/3}{1.39\times10^{-4}\times2}\right]}{1+\left[\dfrac{1.04\times10^{-7}/3}{1.39\times10^{-4}\times2}\right]+\left[\dfrac{1.04\times10^{-7}/3}{(6.98\times10^{-7}/0.15)\times0.01}\right]}=1.63\times10^{-2}\ (\mathrm{mg/m^3})/(\mathrm{mg/L})$$

甲苯、乙苯、二甲苯的 $\mathrm{VF}_{\mathrm{gw}}^{\mathrm{ov}}$ 和 $\mathrm{VF}_{\mathrm{gw}}^{\mathrm{iv}}$ 的计算同上。

$\mathrm{VF}_{\mathrm{gw}}^{\mathrm{ov}}$ 和 $\mathrm{VF}_{\mathrm{gw}}^{\mathrm{iv}}$ 的计算结果如表 5.16 所示。

表 5.16　案例练习结果

污染物	$\mathrm{VF}_{\mathrm{gw}}^{\mathrm{ov}}$	$\mathrm{VF}_{\mathrm{gw}}^{\mathrm{iv}}$
	（mg/m³）/（mg/L）	
苯	8.88×10^{-5}	1.63×10^{-2}
甲苯	8.74×10^{-5}	1.64×10^{-2}
乙苯	8.76×10^{-5}	1.67×10^{-2}
二甲苯	8.10×10^{-5}	1.46×10^{-2}

第6章 基于保护健康与水环境的基准值推导

污染风险评估时需要对污染物的多暴露途径进行综合分析，同时可以根据项目目的和范围进行多层次评估。第一阶段污染场地定量风险评估是在较为保守的条件下，推导基于保护人体健康和水环境安全的通用评估基准（generic assessment criteria，GAC），用于风险评估早期阶段的污染物筛选，以减少后期详细评估的工作量。在详细风险评估阶段，需要考虑场地特征参数及土地利用类型，此时通用评估基准上升为场地特定评估基准（site specific assessment criteria，SSAC），一般可以作为场地修复目标。风险评估的最终目的是为关注场地制定一套基于风险的场地修复目标，用于判断污染场地是否需要修复或为后期修复决策提供参考标准。

通用评估或者场地特定评估基准可通过基于暴露受体（健康或水环境）可接受的健康风险水平或水环境标准阈值，针对不同的污染源介质（土壤或地下水），根据各自污染源特征条件、暴露途径和暴露受体分别推导概念模型中合规点（POC）处土壤或者地下水的污染物浓度（图5.1）。第1阶段和第2阶段评估过程一般应用相对简单的解析模型，而更加复杂的数值模型（如MODFLOW、MT3DMS）则应用于第3阶段评估。随着评估层次的深入，保守程度逐渐降低，但是模拟结果可能更接近场地实际情形，并且修复成本逐渐减少。当污染物浓度超过第1阶段推导的通用评估基准时，并不一定代表场地需要修复，需要进行深入调查或补充调查，并强化风险评估。当污染物浓度超过场地的特定评估基准时，可依据风险评估结论，制定基于风险场地的修复方案。

本章节内容主要对推导基准值的基本计算原则及相关的解析模型进行详细介绍。

6.1 基本原则

基准值根据评估阶段不同可以被定义为筛选值和修复目标值，详见第2章2.2.2节～2.2.4节。在第一定量评估阶段下推导的筛选值假设暴露受体位于污染源之上，基准值只针对保护原场受体，利用导则推荐的默认参数计算推导，保守程度最高。当污染物浓度超过筛选值时，则需要进行深层次的详细风险评估。在第2阶段和第3阶段定量风险评估下推导的基准值可以作为制定场地修复目标值的参考，可以同时保护原场受体和离场受体，并且推荐采用场地特征参数进行计算推导，保守程度降低。在各评估阶段过程中，推导基准值（筛选值或修复目标值）都需要基于相应的暴露途径、暴露受体特征和污染物特征参数，并且需要将基准值与关注污染物浓度进行比较。在下文的计算公式中，通用符号 GAC 代表筛选值，SSAC 代表场地特定修复目标值。附表 D～附表 F 列出了英国、美国和荷兰的土壤及地下水部分污染物的筛选值。

基准值（GAC 或 SSAC）的基本计算过程是一个反向推导的计算过程：当保护的目标受体为人群健康时，根据污染物的致癌效应和非致癌效应，在假设的可接受致癌风险和可接受非致癌危害商的前提下，以受体的日均暴露量（ADE）与健康标准值（HCV）之比等于 1 来推导计算（详见 6.2 节内容）；当保护的目标受体为水环境（地下水环境或地表水环境）时（一般涉及土壤淋溶-地下水途径、地下水侧向迁移途径等），则以环境介质允许受纳的最大浓度限值（maximum concentration limit，MCL）与污染物的迁移因子（transport factor，TF）之比来计算（详见 6.3 节内容）。下文中基准值的计算主要以筛选值（GAC）为例。

HCV 的计算根据污染物的致癌效应和非致癌效应分别参见公式（6.1）和公式（6.2）。

$$\text{致癌效应：}\mathrm{HCV_{ca}}=\frac{\mathrm{TCR}}{\mathrm{SF}} \tag{6.1}$$

$$\text{非致癌：}\mathrm{HCV_{nc}}=\mathrm{THQ}\times\mathrm{RfD} \tag{6.2}$$

公式中，HCV 为健康标准值，mg/(kg·d)，下角标“ca”和“nc”分别代表致癌效应和非致癌效应；TCR 为可接受致癌风险值，无量纲；SF 为致癌斜率因子，$(\mathrm{mg/kg\cdot d})^{-1}$；THQ 为可接受非致癌危害商，无量纲；RfD 为参考剂量，mg/(kg·d)。

当考虑非土壤背景暴露时，RfD 的值应该是扣除非土壤背景暴露剂量以后的值，我国导则中，默认非土壤背景暴露值为 RfD 的 80%，因此计算 $\mathrm{HCV_{nc}}$ 时，需要乘以参考剂量分配比率（relative allocation factor，RAF），默认值为 0.2。

单一暴露途径下，根据公式（6.3）～公式（6.5）可以得到 GAC 和 SSAC 的基本计算公式（公式（6.6））。

$$\frac{C\times R^{x}}{\mathrm{HCV}^{x}\times 10^{3}}=1 \tag{6.3}$$

$$R^{x}=\frac{\mathrm{ADE}^{x}}{C} \tag{6.4}$$

公式中，在反向推导计算过程中，C 代表污染物浓度的基准值，即等于 GAC 或 SSAC，mg/kg 土壤或 mg/L 地下水；R^x 为某暴露途径下受体日均暴露量（ADE）与环境介质中污染物浓度的比值，相当于受体日均摄入污染物的环境介质当量，[mg/(kg·d)]/(mg/g)或[mg/(kg·d)]/(mg/mL)。R^x 根据公式（2.4）转化获得，参见公式（6.5）；HCV^x 为某暴露途径下的健康标准值（包含致癌效应或非致癌效应）。

$$R^x=\left(\frac{\mathrm{ADE}^x}{C}\right)=\frac{\left(\frac{\mathrm{IR}^x}{C}\right)\times\mathrm{EF}\times\mathrm{ED}}{\mathrm{AT}\times\mathrm{BW}} \tag{6.5}$$

$$\mathrm{GAC}^x\text{或}\mathrm{SSAC}^x=\frac{\mathrm{HCV}^x\times10^3}{R^x} \tag{6.6}$$

公式中，IR/C 代表日均摄入/吸入率污染物的环境当量，g/d 或 mL/d；其他参数含义见公式（2.4）。

R^x 的值取决于不同暴露途径下，受体的日均暴露剂量对应的环境介质当量，而污染物的跨介质迁移将导致其浓度衰减，进而影响受体在场地环境中的暴露浓度。

6.2 基于保护人体健康推导基准值

若仅考虑污染物原场暴露途径，在第 1 阶段和第 2 阶段计算中，GAC 与 SSAC 的计算公式相同；若考虑污染物随空气侧向扩散或随地下水侧向迁移至离场暴露，则只通过第 2 阶段定量计算 SSAC。

6.2.1 单一暴露途径下推导基准值

单一暴露途径下，不同用地类型决定了不同潜在受体可能摄入的污染物，并且不同潜在受体的日均暴露剂量还取决于污染物可能具有的致癌效应和/或非致癌效应，因此，基准值需要予以分别计算。对于致癌污染物和非致癌污染物，需要同时考虑儿童和成人受体的暴露参数，基准值（以 GAC 表示）的计算可分别参见公式（6.7）和公式（6.8）。单一暴露途径下，污染物最终基准值取基于致癌效应和非致癌效应计算的基准值中的较小值，如公式（6.9）所示。

$$\mathrm{GAC}_{\mathrm{ca}}^x=\frac{\mathrm{HCV}_{\mathrm{ca}}^x\times10^3}{R^x} \tag{6.7}$$

$$\mathrm{GAC}_{\mathrm{nc}}^x=\frac{\mathrm{HCV}_{\mathrm{nc}}^x\times10^3}{R^x} \tag{6.8}$$

$$\mathrm{GAC}^x=\min(\mathrm{GAC}_{\mathrm{ca}}^x,\mathrm{GAC}_{\mathrm{nc}}^x) \tag{6.9}$$

公式中，GAC 为筛选值，mg/kg 或 mg/L；HCV 为健康标准值，mg/(kg·d)；R^x 为某暴露途径下受体日均暴露量（ADE）与环境介质中污染物浓度的比值，相当于受体日均摄入污染物的环境介质当量，[mg/(kg·d)]/(mg/g)或[mg/(kg·d)]/(mg/mL)，对于致癌污染物和非致癌污染物，R^x 的计算根据用地类型不同，需要考虑的受体参数也不同，计算参见公式（6.10）～公式（6.13）；上角标“x”代表某单一暴露途径，下角标“ca”和“nc”分别代表致癌效应和非致癌效应。

居住用地类型保护的潜在受体为儿童和成人，而商业用地类型保护的潜在受体仅为成人。

居住用地类型

$$\text{致癌效应：} R_{\text{ca}}^{x}=\frac{\text{ADE}_{\text{ca}}^{x}}{C}=\frac{\dfrac{\dfrac{\text{IR}_{\text{c}}^{x}}{C}\times \text{EF}_{\text{c}}\times \text{ED}_{\text{c}}}{\text{BW}_{\text{c}}}+\dfrac{\dfrac{\text{IR}_{\text{a}}^{x}}{C}\times \text{EF}_{\text{a}}\times \text{ED}_{\text{a}}}{\text{BW}_{\text{a}}}}{\text{AT}_{\text{ca}}\times 365} \quad (6.10)$$

$$\text{非致癌效应：} R_{\text{nc}}^{x}=\frac{\text{ADE}_{\text{nc}}^{x}}{C}=\frac{\dfrac{\text{IR}_{\text{c}}^{x}}{C}\times \text{EF}_{\text{c}}\times \text{ED}_{\text{c}}}{\text{BW}_{\text{c}}\times \text{AT}_{\text{nc}}\times 365} \quad (6.11)$$

商业用地类型

$$\text{致癌效应：} R_{\text{ca}}^{x}=\frac{\text{ADE}_{\text{ca}}^{x}}{C}=\frac{\dfrac{\text{IR}_{\text{a}}^{x}}{C}\times \text{EF}_{\text{a}}\times \text{ED}_{\text{a}}}{\text{BW}_{\text{a}}\times \text{AT}_{\text{ca}}\times 365} \quad (6.12)$$

$$\text{非致癌效应：} R_{\text{nc}}^{x}=\frac{\text{ADE}_{\text{nc}}^{x}}{C}=\frac{\dfrac{\text{IR}_{\text{a}}^{x}}{C}\times \text{EF}_{\text{a}}\times \text{ED}_{\text{a}}}{\text{BW}_{\text{a}}\times \text{AT}_{\text{nc}}\times 365} \quad (6.13)$$

公式中，IR^{x}/C 的参数含义见公式（6.5）；其他参数含义见公式（2.4）；对于非致癌效应，AT=ED；对于致癌效应，无论 ED 为何值，AT 均为终生寿命平均值，美国 RBCA 模型中默认值为 70 年，我国 C-RAG 导则中默认值为 72 年；上角标“x”代表某单一暴露途径，下角标“ca”和“nc”分别代表致癌效应和非致癌效应，下角标“c”和“a”分别代表儿童和成人。

6.2.2　多暴露途径下推导基准值

1. 土壤暴露途径下推导基准值

1）表层土壤暴露途径

推导多暴露途径下的综合基准值（筛选值或修复目标值）时，需要假设特定暴露途径下受体日均暴露剂量（ADE/C_{s}）等于该暴露途径下的健康标准值 HCV。对有些污染物，通过呼吸吸入、经口摄入或皮肤吸收等不同途径摄入的污染物，其对有机体可能产生不同效应或对不同器官产生影响。如果污染物能够产生系统关键毒性，即使单一暴露途径下导致的暴露量小于其对应的 HCV 值，该单一暴露途径同样可能对系统效应产生累积贡献（EA，2009a）。因此，推导综合筛选值或修复目标值时，需要按照一定比例分配特定暴露途径的日均暴露剂量，除以相应暴露途径下的 HCV，不同暴露途径的暴露剂量与相应的 HCV 比值的加和等于 1，计算如公式（6.14）所示。

$$\frac{GAC_s^{sur\text{-}hea}\times R^{ing}}{HCV^{ing}}+\frac{GAC_s^{sur\text{-}hea}\times R^{der}}{HCV^{der}}+\frac{GAC_s^{sur\text{-}hea}\times R^{veg}}{HCV^{veg}}+\frac{GAC_s^{sur\text{-}hea}\times R^{inh}}{HCV^{inh}}=1 \quad (6.14)$$

公式中，$GAC_s^{sur\text{-}hea}$ 为表层污染土壤多暴露途径下的综合筛选值，mg/g；R 为特定暴露途径下受体日均暴露量（ADE）与环境介质中污染物浓度的比值，相当于受体日均摄入污染物的环境介质当量，[mg/(kg·d)] /(mg/g)；HCV 为特定暴露途径下的健康标准值，mg/(kg·d)。上角标“ing、der、veg、inh”分别代表经口摄入、皮肤接触、食用农作物、呼吸吸入颗粒物和/或表层土壤-室外污染物蒸气。

因此，基于保护人体健康的基准值推导可以根据公式（6.14）的转换得到，以表层土壤筛选值（$GAC_s^{sur\text{-}hea}$）计算为例，如公式（6.15）所示。

$$\begin{aligned}GAC_s^{sur\text{-}hea}&=\frac{1}{\dfrac{HCV^{ing}}{R^{ing}}+\dfrac{HCV^{der}}{R^{der}}+\dfrac{HCV^{veg}}{R^{veg}}+\dfrac{HCV^{inh}}{R^{inh}}}\\&=\frac{1}{\dfrac{1}{GAC_s^{ing}}+\dfrac{1}{GAC_s^{der}}+\dfrac{1}{GAC_s^{veg}}+\dfrac{1}{GAC_s^{inh}}}\end{aligned} \quad (6.15)$$

公式中，GAC_s^{inh} 代表呼吸吸入表层土壤颗粒物和/或表层土壤-室外污染物蒸气途径下的综合筛选值，其中 IR^{inh}/C_s 的计算参见公式（6.16）。

$$\frac{IR^{inh}}{C_s}=(PEF^{ip}+PEF^{op}+VF_s^{sur\text{-}ov})\times V_{inh}\times\left(\frac{T_{site}}{24}\right)\times 1000 \quad (6.16)$$

不同国家的导则中，多暴露途径下综合基准值的推导方法也存在差异。CLEA-SR3 导则和 RBCA 模型中，多暴露途径下推导基准值是在得到单一途径基准值的基础上，再取各暴露途径基准值倒数之和的倒数。而我国 C-RAG 导则中，是分别计算基于致癌效应和非致癌效应的基准值，再取二者中较小值作为最终的基准值，并且我国 C-RAG 导则中没有考虑食用农作物途径，计算参见公式(6.17)～公式（6.19）。

$$GAC_{ca}^{sur\text{-}hea}=\frac{1}{\dfrac{1}{GAC_{ca}^{ing}}+\dfrac{1}{GAC_{ca}^{der}}+\dfrac{1}{GAC_{ca}^{inh}}} \quad (6.17)$$

$$GAC_{nc}^{sur\text{-}hea}=\frac{1}{\dfrac{1}{GAC_{nc}^{ing}}+\dfrac{1}{GAC_{nc}^{der}}+\dfrac{1}{GAC_{nc}^{inh}}} \quad (6.18)$$

$$GAC_s^{sur\text{-}hea}=\min(GAC_{ca}^{sur\text{-}hea},GAC_{nc}^{sur\text{-}hea}) \quad (6.19)$$

2）下层土壤暴露途径

下层污染土壤的暴露仅针对具有挥发性的有机污染物，包括吸入下层污染土壤-室外蒸气和吸入下层污染土壤-室内蒸气，下层污染土壤筛选值（$GAC_s^{sub\text{-}hea}$）计算参见公式（6.20）。

$$GAC_s^{sub\text{-}hea}=\frac{1}{\dfrac{1}{GAC_{ca}^{iv}}+\dfrac{1}{GAC_{ca}^{sub\text{-}ov}}} \tag{6.20}$$

3）土壤淋溶-地下水饮用

当考虑土壤淋溶途径对饮用地下水的健康影响时，土壤筛选值（GAC_s^{hea}）计算如公式（6.21）所示。

$$GAC_s^{hea}=\frac{1}{\dfrac{1}{GAC_s^{sur\text{-}hea}}+\dfrac{1}{GAC_s^{sub\text{-}hea}}+\dfrac{1}{GAC_s^{sl\text{-}TOX}}} \tag{6.21}$$

2. 地下水暴露途径下推导基准值

地下水中污染物在多暴露途径下基于保护人体健康的筛选值（GAC_{gw}^{hea}）的计算如公式（6.22）所示。

$$GAC_{gw}^{hea}=\frac{1}{\dfrac{1}{GAC_{gw}^{iv}}+\dfrac{1}{GAC_{gw}^{ov}}+\dfrac{1}{GAC_{gw}^{TOX}}} \tag{6.22}$$

6.2.3　离场迁移途径下推导基准值

原场污染物可通过大气侧向扩散或地下水侧向迁移作用到达下风向或地下水下游的离场受体，受体通过呼吸吸入土壤颗粒物或污染物蒸气、饮用侧向迁移后的污染地下水暴露途径产生健康影响。如果只保护离场受体，土壤修复目标值（$SSAC_s^{hea}$）的计算如公式（6.23）所示；如果同时考虑保护原场和离场受体，综合计算公式如公式（6.24）所示。

$$SSAC_s^{hea}=\frac{1}{\dfrac{1}{SSAC_s^{dis\text{-}op}}+\dfrac{1}{SSAC_s^{dis\text{-}sur\text{-}ov}}+\dfrac{1}{SSAC_s^{dis\text{-}sub\text{-}ov}}+\dfrac{1}{SSAC_s^{mig\text{-}iv}}+\dfrac{1}{SSAC_s^{mig\text{-}ov}}+\dfrac{1}{SSAC_s^{mig\text{-}TOX}}} \tag{6.23}$$

$$SSAC_s^{hea}=\min\left(\begin{array}{c}\dfrac{1}{\dfrac{1}{GAC_s^{sur\text{-}hea}}+\dfrac{1}{GAC_s^{sub\text{-}hea}}+\dfrac{1}{GAC_s^{sl\text{-}TOX}}},\\ \dfrac{1}{\dfrac{1}{SSAC_s^{dis\text{-}op}}+\dfrac{1}{SSAC_s^{dis\text{-}sur\text{-}ov}}+\dfrac{1}{SSAC_s^{dis\text{-}sub\text{-}ov}}+\dfrac{1}{SSAC_s^{mig\text{-}iv}}+\dfrac{1}{SSAC_s^{mig\text{-}ov}}+\dfrac{1}{SSAC_s^{mig\text{-}TOX}}}\end{array}\right) \tag{6.24}$$

6.3 基于保护水环境推导基准值

地下水是水资源的重要组成部分，是居民生活用水、农业灌溉用水与工业用水的重要水源之一。污染物经土壤淋溶作用进入地下水或直接进入地下水环境，都将使地下水水质恶化，严重威胁到地下水生态环境，并可能通过地下水与地表水的交换补给进一步危害地表水生态环境。因此，不论是居住用地、学校等敏感用地，还是工业用地、商业服务业设施等非敏感用地，制定土壤与地下水基准值时都应关注基于保护地下水环境的风险评估。以保护水环境为目标的暴露途径，虽然保护的受体均为地下水环境，但根据污染源不同，需要分别对土壤和地下水制定基准值。当污染源位于土壤中，暴露途径为“土壤淋溶-地下水-侧向迁移”途径；当污染源位于地下水中，暴露途径为“地下水-侧向迁移”途径。本小节将分别介绍基于保护原场与离场水环境的土壤与地下水基准值的计算。

6.3.1 推导土壤基准值

对于原场土壤淋溶-地下水途径，基于保护原场地下水环境的土壤基准值根据不同模型计算，如公式（6.25）～公式（6.28）所示。

ASTM 模型

$$GAC_s^{sl\text{-}MCL}=\frac{MCL}{LF} \tag{6.25}$$

ASTM & Mass Balance 模型

$$GAC_s^{sl\text{-}MCL}=\frac{MCL}{LF_{sgw}} \tag{6.26}$$

SAM 模型

$$GAC_s^{sl\text{-}MCL}=\frac{MCL}{LF\times SAM} \tag{6.27}$$

生物降解条件下的 SAM 模型

$$GAC_s^{sl\text{-}MCL}=\frac{MCL}{LF\times SAM\times BDF\times TAF^{MCL}} \tag{6.28}$$

公式中，$GAC_s^{sl\text{-}MCL}$ 为基于保护原场地下水环境的土壤筛选值，mg/kg；MCL 为污染物最大浓度限值，mg/L；LF 和 LF_{sgw} 的参数含义见公式（5.55）和公式（5.58）；BDF 的参数含义见公式（5.60）；TAF 的参数含义见公式（5.62）。

对于土壤淋溶-地下水-侧向迁移至离场途径，基于保护离场地下水环境的土壤基准值根据不同模型计算，如公式（6.29）～公式（6.32）所示。

ASTM 模型

$$SSAC_s^{mig\text{-}MCL} = \frac{MCL}{LF \times DAF} \tag{6.29}$$

ASTM & Mass Balance 模型

$$SSAC_s^{mig\text{-}MCL} = \frac{MCL}{LF_{sgw} \times DAF} \tag{6.30}$$

SAM 模型

$$SSAC_s^{mig\text{-}MCL} = \frac{MCL}{LF \times SAM \times DAF} \tag{6.31}$$

生物降解条件下的 SAM 模型

$$SSAC_s^{mig\text{-}MCL} = \frac{MCL}{LF \times SAM \times BDF \times TAF^{MCL} \times DAF} \tag{6.32}$$

公式中，$SSAC_s^{mig\text{-}MCL}$ 为基于保护离场地下水环境的土壤修复目标值，mg/kg；MCL 的参数含义见公式（6.25）；DAF 的参数含义见公式（5.63）。

6.3.2　推导地下水基准值

对于地下水污染的直接暴露，基于保护原场地下水环境的地下水基准值应不超过地下水环境最大浓度限值（MCL），如公式（6.33）所示。

$$SSAC_{gw}^{MCL} = MCL \tag{6.33}$$

公式中，$SSAC_{gw}^{MCL}$ 为基于保护原场地下水环境的地下水修复目标值，mg/L；MCL 的参数含义见公式（6.25）。

当污染物随地下水发生侧向迁移至离场暴露时，基于保护离场地下水环境的原场地下水基准值计算，如公式（6.34）所示。

$$SSAC_{gw}^{mig\text{-}MCL} = \frac{MCL}{DAF} \tag{6.34}$$

公式中，$SSAC_{gw}^{mig\text{-}MCL}$ 为基于保护离场地下水环境的原场地下水修复目标值，mg/L；MCL 的参数含义见公式（6.25）；DAF 的参数含义见公式（5.63）。

第 7 章　常用模型介绍

污染场地基准的制定主要采用 RBCA 模型、CLEA 模型、HERA 模型、BP Risc 模型等定量分析模型，其中英国的 CLEA 模型和 RTM（remedial target methodology）模型只是分别针对土壤和地下水污染介质进行评估（EA，2009c；EA，2006），同时，针对土壤与地下水污染介质有 RBCA 模型、HERA 模型、BP Risc 模型和 RESRAD 模型。常用模型按计算功能可分为 5 大类（表 7.1）。数值模型一般应用于高层次的地下水风险评估，主要用于优化分析模型中水力梯度、导水系数等特征参数，MODFLOW（Harbaugh，2005）等地下水动力模型及 RT3D（Clement，1997）、MT3DMS（Zheng and Wang，1999）等溶质迁移模型已成为国际标准地下水流动与污染物溶质迁移模型。图 7.1 列举了污染场地土壤与地下水风险评估的模型框架。

表 7.1　场地基准建立的主要模型分类

模型分类	美国	英国
分析模型	土壤：RBCA、BP Risc 地下水：RBCA、BP Risc	土壤：CLEA 地下水：RTM
数值模型	地下水流动：MODFLOW；污染溶质迁移：RT3D/MT3DMS/PHT3D	
基于地理信息系统的综合模型	SADA	—
统计模型	PRO-UCL	CL：AIRE 和 CIEH
特征模型	RESRAD（放射性污染）	RCLEA（放射性污染）

基于地理信息系统的综合模型既可以用于风险评估暴露与风险表征计算，也可以对风险结果进行图像表征、土方量计算等，以便于风险交流可视化。目前使用较多的基于地理信息系统的综合模型有美国田纳西大学环境模拟研究所编制的 SADA 软件（spatial analysis and decision assistant）（Stewart and Purucker，2006），但其中的风险评估计算相对简单。

统计模型在场地风险评估中也有广泛的应用，主要用来计算代表性土壤浓度值及判定场地是否存在风险，但应用统计模型需要随机采样，而不是网格式取样。在实际场地评估中使用较多的有美国国家环境保护局编制的 PRO-UCL（Singh et al.，2007）及英国污染场地实用组织和环境健康研究所编制的统计导则（CL：AIRE and CIEH，2008）。有些模型主要是为放射性污染物编制的特征模型，如 RESRAD（Yu et al.，2001）和 RCLEA（EA，2006c）。

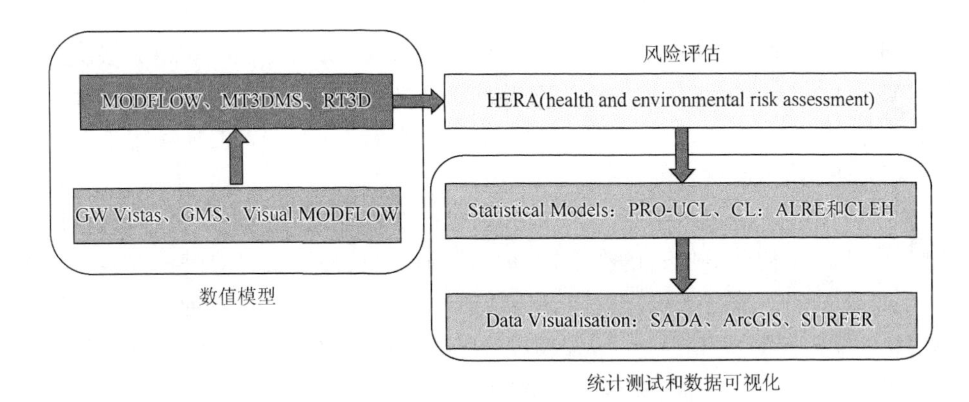

图 7.1　污染场地土壤与地下水风险评估的模型框架

下文主要对国内外应用较广的 3 种场地健康风险评估模型进行简单介绍，包括美国 GSI Environmental Inc.开发的 RBCA 模型、英格兰与威尔士环境署开发的 CLEA 模型及中国科学院南京土壤研究所开发的 HERA 模型。

7.1　美国 RBCA 模型

20 世纪末，美国材料与试验协会（ASTM）针对土壤和地下水污染治理颁布了《基于风险的矫正行动标准指南》(ASTME-2081)，美国 GSI Environmental Inc. 根据该准则开发了 RBCA 商业软件模型（图 7.2）。该定量风险管理软件可用于预测污染场地的风险，同时制定基于风险的土壤和地下水修复目标值，目前在世界范围内得到了广泛的应用。

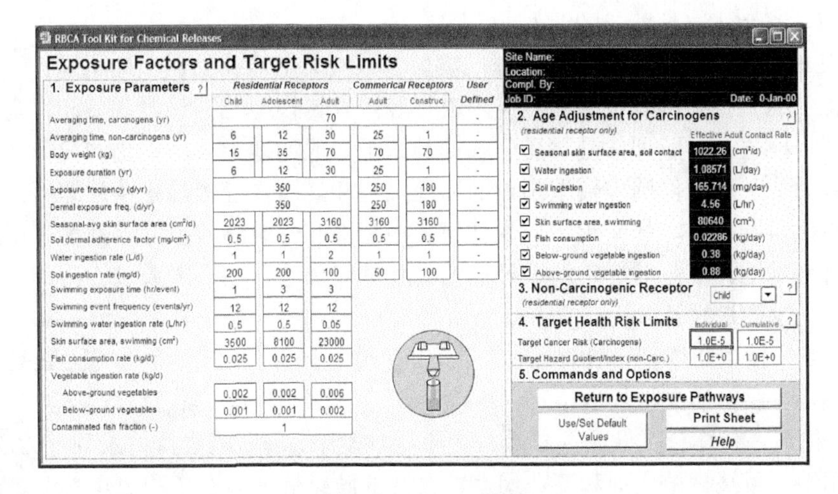

图 7.2　RBCA 模型

RBCA 软件基于 Microsoft® Excel 平台进行开发，其第 1 层次和第 2 层次主要根据 ASTM 导则进行计算，此外，在第 3 层次的计算中，在模型预测上增加了更多灵活性，同时补充了迁移模型，允许用户使用该软件更加方便地制定基于风险的土壤和地下水基准值。

RBCA 模型计算模式包括正向（forward）计算模式和反向（backward）计算模式，其中，正向计算的目的在于计算污染场地中关注污染物的潜在健康风险水平，反向计算的目的在于推导关注污染物的基准值。根据 ASTM 导则，在反向推导计算过程中推荐 10^{-6} 为单一污染物可接受的致癌风险水平，并且以 10^{-4} 为累积可接受致癌风险水平，1 为可接受非致癌危害商。

RBCA 模型设置主要包括暴露途径评估、迁移归趋模型选择、理化毒性数据选择和用户自定义参数界面。

值得关注的是，RBCA 模型在计算土壤与地下水综合基准值时采取了最小值法，而我国 C-RAG 导则及英国 CLEA 模型均采纳了相对保守的综合计算法。

7.2 英国 CLEA 模型

CLEA 模型由英格兰与威尔士环境署（Environment Agency）和英国环境、食品与农村事务部（Department of Environment，Food and Rural Affairs，DEFRA）联合开发，是英国官方推荐使用的土壤风险评估模型。该模型用于推导基于人体健康风险的土壤指导限值（soil guideline values，SGV），可对场地进行确定性风险评估，早期版本还可以进行概率性风险评估（图 7.3）。英国环境署于 2009 年针对该模型正式颁布了《CLEA 模型技术背景更新》（*Updated Technical Background to the CLEA Model*）（EA，2009b）。

CLEA 模型是一个开放式模型，模型参数（如土地类型、土地用途、评估场景、化学物质等）可以根据用户需求进行修正。该模型包括一般评估和特定场地评估两种模式：一般评估是对受体长期暴露于一般场地土壤污染物的简单人体健康风险评估，用户仅选定模型预设的用地类型和暴露途径等暴露情形即可，不同情形下化学物性质、暴露频率、受体、土壤特性和建筑物特征等参数均采用默认值；特定场地评估是对特定场地开展的人体健康风险评估，需通过详细调查获取场地特征参数进行计算。

CLEA 模型同样基于 Microsoft® Excel 平台进行开发，但界面设置比 RBCA 模型简单，主要包括报告基本信息、基本设置、污染物选择、高级设置和输出结果。CLEA 模型在受体分类及暴露参数设置上更加复杂，模型将暴露情景划分为 3 类：住宅用地、果蔬种植用地和商业用地，关注的敏感受体为女孩和成年女性。暴露

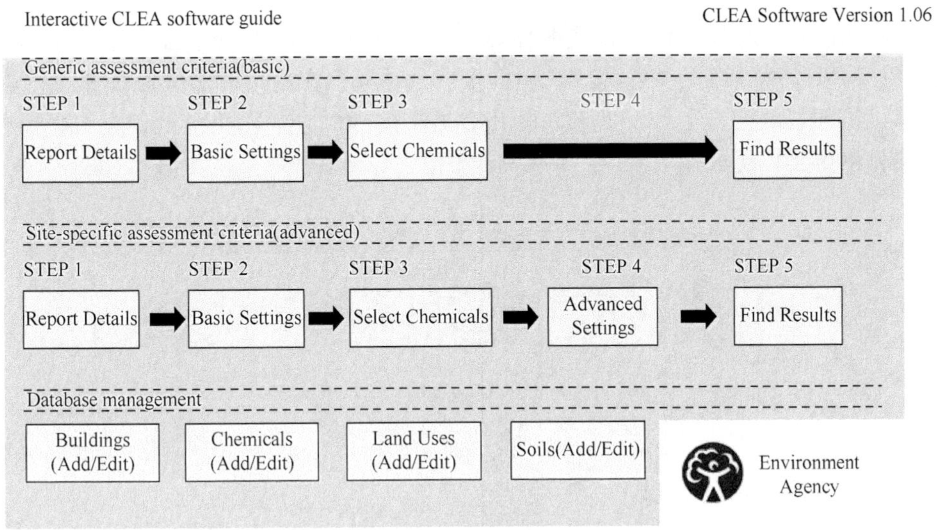

图 7.3　CLEA 模型主页面

周期为 0～75 岁，并将 1～16 岁中的每一年作为一个暴露期，16～65 岁和 65～75 岁分别为两个暴露期，同时根据不同暴露周期设置相应的暴露参数。

英国 CLEA 模型的风险表征以日均暴露量（ADE）与健康标准值（HCV）的比值等于 1 作为临界健康风险的标准。HCV 根据污染物的毒性分为临界效应（非致癌效应）和非临界效应（致癌效应），其中非临界效应以 10^{-5} 作为可接受风险水平。

7.3　中国科学院 HERA 模型

为了加强污染场地的监督管理，中华人民共和国环境保护部于 2004 年颁布了《关于切实做好企业搬迁过程中环境污染防治工作的通知》，2008 年提出了《关于加强土壤污染防治工作的意见》，2014 年颁布了《污染场地风险评估技术导则》等系列标准，这为污染场地管理工作提供了科学依据，但我国还缺乏相关的配套软件。借鉴欧美国家几十年来的污染场地环境管理经验，现代可持续性污染场地环境管理体系以基于风险为核心，而风险评估软件则是风险管理中的重要工具。目前，美英编制的 RBCA 软件与 CLEA 软件已在国内使用，虽然其系统性较为全面，但操作较为复杂，众多参数并非根据我国特定的环境与地质场景所设，全英文的操作界面更是给从业人员带来了极大不便。因此，中国科学院南京土壤研究所针对我国污染场地环境修复行业的迫切需求，自主开发出我国首套污染场地健康与环境风险评估软件 HERA（Version 1.1），以期为国内从业人员提供更为便捷、优质的评估工作体验（图 7.4）。

HERA 软件自发布以来备受业界关注，目前已在国内 24 个省市的近百家高等院校、科研院所、环保企业等单位得到推广，并且已在南京、常州、苏州、无锡、上海、杭州、温州、宁波、武汉、郑州等城市的 300 余个污染场地调查与风险评估项目中得到广泛应用。

图 7.4 HERA 模型

7.3.1 HERA 模型的主要特点

HERA 模型采用基于 Windows 平台的 Visual Studio C#进行设计与编程，与国外同类软件相比具有运行稳定、功能全面、界面简洁、操作便利等优点。

HERA 软件是基于美国《基于风险的矫正行动标准指南》（*Standard Guide for Risk-Based Corrective Action*，ASTM E2081）、英国《CLEA 模型技术背景更新》（*Updated Technical Background to the CLEA Model*）以及我国《污染场地风险评估技术导则》（HJ 25.3—2014）编制而成的集成创新成果，内含 20 余种多介质迁移模型，收录了 610 种污染物理化与毒性参数，考虑了原场与离场的健康及水环境受体，可快速构建污染场地概念模型。

7.3.2 HERA 模型的主要功能

1. 多层次污染场地土壤与地下水风险评估系统

HERA 模型分为两个层次的场地风险评估，第一层次风险评估仅适用于原场受体，一般可根据软件默认的模型和参数计算筛选值、风险值/危害商；第二层次风险评估不仅适用于原场受体，也可考虑离场受体，一般需结合场地实际确定相关模型和参数来计算修复目标、风险值/危害商。

2. 基于保护人体健康和水环境的风险评估

HERA 模型可分别以保护原场与离场的人体健康和水环境为目标开展风险评估。基于保护人体健康的暴露途径主要考虑口腔摄入、皮肤接触与空气吸入三种暴露方式；基于保护水环境的暴露途径主要考虑土壤淋滤及地下水迁移离场等暴露方式（图 7.5）。

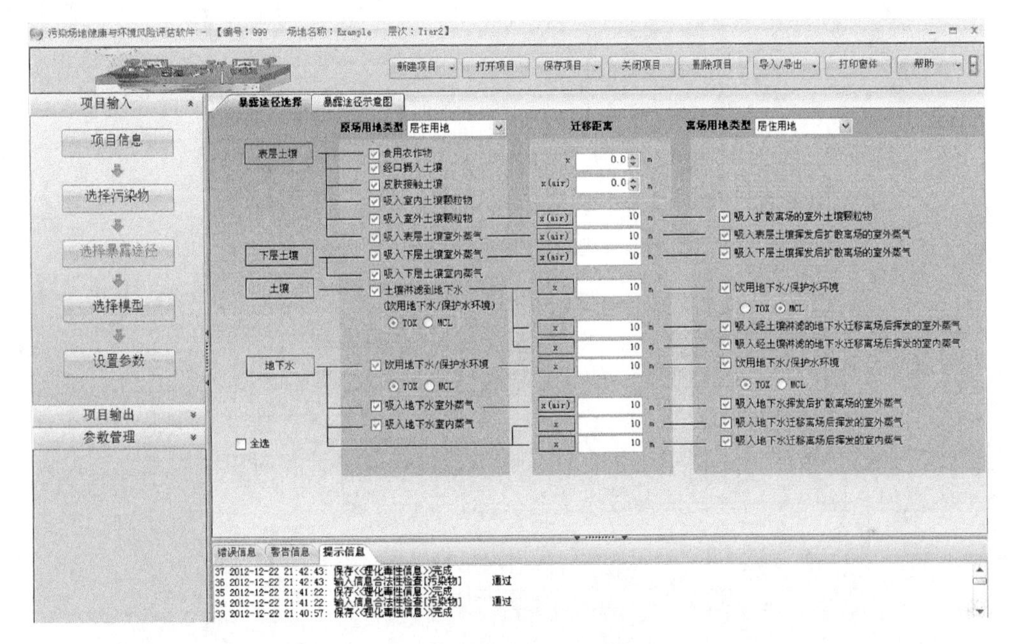

图 7.5 暴露途径选择界面

3. 污染物的筛选值/修复目标、风险值/危害商等计算

HERA 模型可计算单一暴露途径的土壤与地下水中污染物的筛选值/修复目标、风险值/危害商，可分别计算基于保护人体健康和水环境的筛选值/修复目标，还可计算单一暴露途径的贡献率。在正向计算模式下可预测污染物在农作物、室内外空气、地下水、土壤颗粒物、土壤气体、土壤溶液等环境介质中的浓度（图 7.6）。

4. 多层次数据库管理系统

HERA 模型包含三个层次的数据库：第一层次为默认数据库，包括污染物基本理化性质、毒理信息等污染物特征参数以及受体暴露、空气特征、土壤与地下水特征、建筑物特征、作物吸收、离场迁移等模型暴露参数，参数值已预置于软件内部，用户无法修改；第二层次为基础数据库，内含污染物的理化与毒性参数，

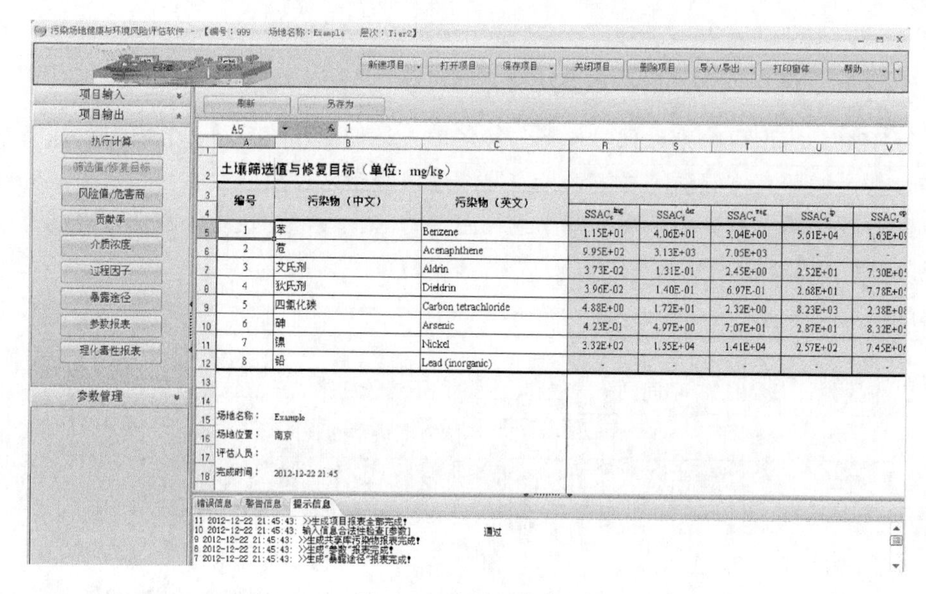

图 7.6　结果输出界面

位于用户界面的参数管理部分，用户可自行调整参数值，增减污染物信息（图 7.7）；第三层次为共享数据库，包括污染物特征参数和模型暴露参数，分别来源于基础数据库和默认数据库，用户也可自行调整参数值。软件计算时将调用共享数据库中的数值。HERA 模型默认参数表见附表 B。

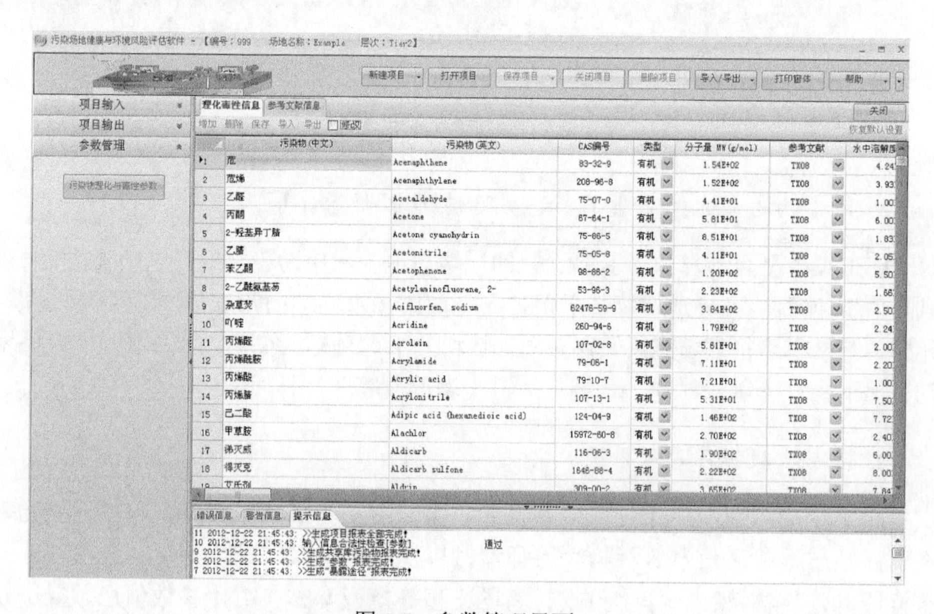

图 7.7　参数管理界面

5. 污染物数据的统计分析

HERA 模型可根据英国 CL:AIRE & CIEH 统计导则对污染物数据进行统计分析，其功能包括剔除异常值，计算样本平均值、标准差、污染物平均值的置信下限、污染物平均值的置信上限等。

第8章　结　　语

随着我国经济的快速发展，工业化和城市化进程的加快，城市人口激增将导致对城市土地的需求不断上升。老旧工业企业拆迁场地的再开发为城市发展提供了有利空间，但是，场地中遗留的大量有机和无机污染物可能对未来的人居环境和生态环境构成严重的健康和环境威胁。因此，我国出台了一系列政策法规明确场地开发前实施环境调查、风险评估和修复工作的必要性，而污染场地健康与环境风险评估在这三项工作中起到了承前启后的作用，其重要性日益凸显，鉴于此，本书内容详细介绍了目前国际上应用较为广泛的风险评估技术基本原理及解析模型计算方法学。在本书收笔之际，有必要对本书主要内容进行回顾和总结，并指出我国污染场地土壤与地下水污染风险评估体系中存在的主要问题。

8.1　回顾与总结

（1）污染场地风险评估技术是基于保守条件下的初期评估（GQRA）或场地现实条件下的详细评估（DQRA），通过较为保守的迁移模型和暴露模型，通过正向计算预测污染物对场地受体人群（当前受体或未来受体）暴露产生的潜在健康风险，同时反向推导计算基于保护人体健康或水环境的污染物基准值的一种定量评估手段。

（2）场地风险评估程序是一个定性与定量相结合的多层次评估体系，也是一个基于场地概念模型、污染物多介质迁移及暴露模型融合的综合评估体系。风险评估一般都分为2～4个层次，随着评估层次的深入，评估的复杂程度增加，对场地特征参数的要求也不断提高，采用的模型更为复杂，评估成本相应增加，但不确定性下降，修复费用可能会随之降低。因此，不断深入评估层次将有利于为场地环境管理决策提供更可靠的科学依据。

（3）健康风险评估的基本流程包括危害识别、毒性评估、暴露评估和风险表征，其中暴露评估和风险表征是评估过程中重要的定量计算步骤。此外，构建污染场地概念模型、识别“污染源-暴露途径-受体”链、明确场地污染物的潜在暴露途径是开展定量风险评估的重要基础和前提。

（4）国际上广泛应用的风险评估方法的基本原理是一致的，主要根据污染物毒性分类和不同暴露受体类型，分别计算受体慢性暴露于污染物产生的潜在致癌风险和非致癌危害商。不同国家根据各自政治和经济条件考虑，在默认可接受致癌风险水平和危害商以及对污染物迁移模型的取舍和暴露模型的设置方面存在一定差异。

（5）国际上广泛应用的定量风险管理模型工具主要包括美国 RBCA 模型和英国 CLEA 模型。此外，中国科学院南京土壤研究所已经自主开发出我国首套污染场地健康与环境风险评估软件 HERA 模型（Version 1.1），该模型以我国《污染场地风险评估技术导则》（HJ 25.3—2014）为基础，同时集成了美国 RBCA 模型和英国 CLEA 模型的迁移模型和参数默认值。HERA 模型在全国范围内已经得到了广泛应用和认可，为我国污染场地风险管理的定量化提供了实用工具。

8.2 主要存在问题

（1）应用统计学原理对场地污染调查数据进行概率估算和异常值处理，是风险评估过程中一项重要的数据处理技术手段，能够为环境管理决策提供可靠的依据。但我国还没有对场地污染调查评估数据的处理过程提出相应的技术标准或规范，美国国家环境保护局编制的 PRO-UCL（Singh et al.，2007）和英国污染场地实用组织及环境健康研究所（CL:AIRE and CIEH，2008）发布的统计导则值得借鉴并得到了广泛的认可，主要用来协助污染场地地质调查采样布点、污染场地风险及热点污染区域的鉴定等。

（2）国际上普遍采用的风险评估方法，在核心思想上与美国 ASTM 导则提出的风险评估思路（危害识别、暴露评估、毒性评估及风险表证）基本保持一致，但在暴露评估和风险表征时采用的迁移模型可能较为保守，导致最终修复目标过于严格，有可能会导致过度修复。例如，对于挥发性污染物的蒸气入侵暴露途径，一般推荐污染物的线性分配模型和 Johnson & Ettinger 模型估算污染物进入室内空气的浓度。该模型未考虑其在非饱和带土壤中的生物降解作用，但已有较多研究发现，考虑生物降解的暴露点预测浓度往往比未考虑生物降解低 2～4 个数量级，表明 Johnson & Ettinger 模型的预估结果可能过于保守。因此，美国 ITRC 于 2007 年颁布了《蒸气入侵途径：实用指南》，并且美国石油学会（API）开发了 Biovapor 蒸气入侵模型（API，2010）。Biovapor 模型为稳态一维解析蒸气入侵模型，主要适用于模拟石油烃在包气带中的好氧生物降解过程，能够更好地预测石油烃类污染物在土壤包气带中的迁移行为。因此，我国未来的风险评估方法体系有必要纳入 Biovapor 模型。近年来，英国、美国、澳大利亚等发达国家针对 VOC 监测与评估技术颁布了一系列导则，值得参考与借鉴（CIRIA，2009；CRCCARE，2013；EPA，2015a，2015b；Lahvis et al.，2013）。

（3）对于室外吸入（颗粒物或污染物蒸气）暴露途径，我国 C-RAG 导则中的计算方法与美国 ASTM 导则一致，而英国 CLEA-SR3 导则推荐了美国国家环境保护局的大气扩散模型（USEPA *Q*/*C* 模型），此模型可根据场地所在的地理环境及气象条件，使用大气扩散模型计算实地扩散系数（*Q*/*C*）、室外空气中的污染物及颗粒物浓度，而 C-RAG 导则假设颗粒物浓度为定值，没有考虑地方气候条件的差异性，因此建议增加使用 USEPA *Q*/*C* 模型对空气中颗粒物浓度进行更加可靠的评估，并依据我国大气专项研究成果，在我国大中城市制定相关的 *Q*/*C* 值，以便满足不同区域的场地评估参数需求。

（4）在参数默认值的设定上，我国 C-RAG 导则需要加快参数的本土化，其中主要参数为土壤类型、暴露参数、建筑物参数以及具有政策导向的致癌风险目标。吸入室内蒸气途径是对挥发性有机物综合土壤筛选值及修复目标贡献最大的暴露途径，其贡献率占 95%以上，其关键性参数为挥发渗透性。美国 ASTM 导则和英国 CLEA-SR3 导则中将土壤类型细分为 9 种，并推荐含沙质土壤作为计算土壤筛选值及修复目标的土壤类型。与土壤类型相比，建筑物参数对综合土壤筛选值及修复目标的计算敏感性较强，特别是室内外压差、地基裂缝比率、高度、空气交换速率等。C-RAG 导则中的土壤类型、建筑物参数基本来源于美国的推荐值，没有反映我国土壤类型的多样性丰富及建筑物的特征。C-RAG 导则中的敏感人群只有儿童与成人；相比之下，英国 CLEA-SR3 导则将暴露人群及参数细分为 17 个年龄段，其中 0～6 段为儿童，17 段为成人，每个年龄段都制定了相关暴露参数，如体重、身高、土壤摄入量；美国 ASTM 导则将暴露人群划分为儿童、青年与成人。因此，我国导则也应对不同土地利用类型中的敏感人群进行基础理论研究，并制定适合我国特点的暴露参数。

（5）我国 C-RAG 导则主要适用于推导基于健康风险的场地污染土壤及地下水筛选值（第 1 层次）及修复目标值（第 2 层次）。欧美许多国家在制定污染场地风险评估技术导则时，均强调应用层次化风险评价思路，以避免在修复阶段投入过多不必要的资源。虽然 C-RAG 导则中已提及采用层次化思路开展污染场地风险评估，但实际并没有考虑第 3 层次评估情景，即污染物向场外迁移（通过空气侧向扩散或随地下水流向下游迁移）的情景以及基于保护水环境或生态环境的风险评估方法。因此，我国导则应在未来考虑建立多层次场地风险评估框架体系。

（6）在污染暴露概念模型的构建上，我国 C-RAG 导则主要将土地利用类型分为敏感用地（居住用地）和非敏感用地（工业用地），用地类型设置比较宽泛，缺少农用地类型及进一步的细分。从暴露途径来看，C-RAG 导则与美国 ASTM E2081 导则基本一致，而与英国 CLEA-SR3 导则相比，缺少植物摄入暴露途径。从致癌风险目标的选定来看，不同国家使用的目标也不一致，荷兰建议用比较宽

松的 10^{-4}；英国在制定 C4SL 筛选值时，建议使用 2×10^{-5}；我国 C-RAG 导则与美国 ASTM 导则一致，都推荐使用 10^{-6} 为单一污染物风险目标，而 ASTM 导则还选择 10^{-4} 为累积污染物风险目标。我国作为一个发展中国家，从修复成本角度考虑，使用 10^{-4} 或者 10^{-5} 可能较为合理。

参 考 文 献

陈梦舫，罗飞，韩璐，等. 2012. 污染场地健康与环境风险评估软件技术说明书，Version 1.0. 南京.

陈梦舫，骆永明，宋静，等. 2011a. 污染场地土壤通用评估基准建立的理论和常用模型. 环境监测管理与技术，23（3）：19-25.

陈梦舫，骆永明，宋静，等. 2011b. 中、英、美污染场地风险评估导则异同与启示. 环境监测管理与技术，23（3）：14-18.

董敏刚，张建荣，罗飞，等. 2015. 我国南方某典型有机化工污染场地土壤与地下水健康风险评估. 土壤，47（1）：100-106.

李春平，吴骏，罗飞，等. 2013. 某有机化工污染场地土壤与地下水风险评估. 土壤，45（5）：933-939.

Aller L，Bennett T，Lehr J H，et al. 1987. DRASTIC：A standardized system for evaluating ground water pollution potential using hydrogeologic settings. Journal of the Geological Society of India，29（1）.

Allison J D，Brown D S，Novo-gfadac K J. 1991. MINTEQA2/PRODEFA2：A geochemical assessment model for environmental systems. Report EPA 600-3-91-021. Washington，D. C.，USA.

Alloway B J. 1995. Heavy metals in soils. Second edition. London：Blackie Academic & Professional.

API. 2010. BIOVAPOUR：A 1-D Vapor intrusion model withoxygen-limited aerobic biodegradation. Amercian Petroleum Institute，prepared by Shell Global Solution and GSI Environmental Inc.

ASTM. 2000. Standard guide for risk-based corrective action. Report E2081-00. West Conshohocken：American Society for Testing and Materials.

ATSDR. 2016. Agency for toxic substances and disease registry，the United States Department of Health and Human Services. Washington，D. C. https：//www.atsdr.cdc.gov/index.html.

Attenborough G M，Hall D H，Gregory R G，et al. 2002. Development of a landfill gas risk assessment model：GasSim//Proceedings of the 25th Annual Landfill Gas Symposium，Solid Waste Association of North America，held between March 25～28，Monterey，California：207-220.

Baes C F，Sharp R D，Sjoreen A L，et al. 1984. A review and analysis of parameters for assessing transport of environmentally released radionuclides through agriculture. ORNL-5786. Oak Ridge：Oak Ridge National Laboratory.

Bell R M. 1992. Higher plant accumulation of organic pollutants from soils. Report EPA 600-R-92-138. Washington：United States Environmental Protection Agency.

Boethling R，Mackay D. 2000. Handbook of property estimation methods for chemicals：Environmental and health sciences. Boca Raton：CRC Press.

Bourg A. 1982. ADSORP，a chemical equilibria computer program accounting foradsorption processes in aquatic systems. Environmental Technology Letters，3（1-11）：305-310.

Brady N，Weil R. 1990. The nature and properties of soils. Eleventh edition. London：Prentice Hall International.

Calabrese E J，Stanek E J. 1992. What proportion of household dust is derived from outdoor soil? Journal of Soil Contamination，1：253-263.

CCME. 2006. A protocol for the derivation of environmental and human health soil quality guidelines. ISBN-10 1-896997-45-7，ISBN-13 978-1-896997-45-2. Winnipeg：Canadian Council of Ministers of the Environment.

Chen M. 2010a. Analytical integration procedures for the derivation of risk based or generic assessment criteria for soil. Journal of Human and Ecological Risk Assessment，16：1295-1317.

Chen M. 2010b. Alternative integration procedures in combining multiple exposure routes for the derivation of generic assessment criteria with the CLEA model. Journal of Land Contamination and Reclamation，18（2）：135-150.

CIRIA. 2009. The VOCs handbook：Investigation，assessment and managing risks from inhalation of volatile organic compounds at land affected by contamination. Publication No C682. London UK：Prepared by Construction Industry Research and Information Association.

CL：AIRE，CIEH. 2008. Guidance on comparing soil contamination data with a critical concentration. Prepared by the Chartered Institute of Environmental Health and CL：AIRE with support from the Soil and Groundwater Technology Association.

CL：AIRE. 2013. Development of Category 4 screening levels for assessment of land affected by contamination. Final Report-SP1010. Contaminated Land Application in a Real Environment.

Clapp R B，Hornberger G M. 1978. Empirical equations for some soil hydraulic properties. Water Resources Research，14：601-604.

Clement T P. 1997. A modular computer code for simulating reactive multispecies transport in 3-dimensional groundwater systems. Technical Report PNNL-SA-11720. Richland：Pacific Northwest National Laboratory.

Connor J A，Bowers R L，McHugh T E，et al. 2007. Software guidance manual：RBCA tool kit for chemical releases：Risk-based corrective action tool kit. Version 2. GSI Environmental Inc.

Connor J A，Bowers R L，Paquette S M，et al. 1997. Soil attenuation model for derivation of risk-based soil remediation standards. GSI Environmental Inc.

Cowherd C，Muleski G，Engelhart P，et al. 1985. Rapid assessment of exposure to particulate emissions from surface contamination. EPA/600/8-85/002. Washington，D. C.：Office of Health and Environmental Assessment.

C-RAG. 2014. 污染场地风险评估技术导则. HJ 25.3—2014. 国家环境保护部.

CRCCARE. 2013. Petroleum hydrocarbon vapour intrusion assessment：Australian guidance. Technical Report No. 23. ISBN：978-1-921431-35-7. Adelaide：Prepared by CRC Contamination Assessmemt for Remediation of the Environment.

Davis S，Mirick D K. 2006. Soil ingestion in children and adults in the same family. Journal of Exposure Science and Environmental Epidemiology，16：63-75.

DEFRA，EA. 2004. Model procedures for the management of land contamination. Contaminated Land Report 11. Bristol：The UK Department for Environment，Food and Rural Affairs and the Environment Agency of England and Wales.

DETR，EA. 2000. Guidelines for environmental risk assessment and management. London：Prepared by the Department of Environment，Transport and the Regions，Environment Agency of England and Wales，and Institute for Environment and Health，the Stationery Office.

Domenico P A. 1987. An analytical model for multidimensional transport of a decaying contaminant species. Journal of Hydrology，91：49-58.

EA. 2002. Vapour transfer of soil contaminants. P5-018/TR. Bristol：The Environment Agency in England and Wales.

EA. 2003. Review of the fate and transport of selected contaminants in the soil environment. Draft Technical Report P5-079/TR1. Bristol：The Environment Agency in England and Wales.

EA. 2006a. Science update on the use of bioaccessibility testing in risk assessment of contaminated land. Bristo：The Environment Agency in England and Wales.

EA. 2006b. Evaluation of models for predicting plant uptake of chemicals from soil. SC050021/SR. Bristol：The Environment Agency in England and Wales.

EA. 2006c. Remedial target methodology：Hydrogeological risk assessment for land contamination. Bristol：The Environment Agency in England and Wales.

EA. 2006d. Using RCLEA——the radioactively contaminated land exposure assessment methodology. Bristol：The Environment Agency in England and Wales.

EA. 2008. Compilation of data for priority organic pollutants for derivation of soil guideline values. SC050021/SR7. Bristol：The Environment Agency in England and Wales.

EA. 2009a. Human health toxicological assessment of contaminants in soil. SC050021/SR2. Bristol：The Environment Agency in England and Wales.

EA. 2009b. Updated technical background to the CLEA model. SC050021/SR3. Bristol：The Environment Agency in England and Wales.

EA. 2009c. CLEA softwarehandbook，Version 1.05. SC050021/SR4. Bristol：The Environment Agency in England and Wales.

ECB. 2003. Technical guidance document on risk assessment. European Chemicals Bureau，European Commission.

EPA. 1986. Guidelines for carcinogenic risk assessment. Washington，D. C.: Risk Assessment Forum.

EPA. 1987. Data quality objectives for remedial response activities. Example scenario：RI/FS activities at a site with contaminated soil and groundwater. Washington，D. C.：Office of Emergency and Remedial Response，the United States Environmental Protection Agency.

EPA. 1988a. Proposed guidelines for exposure-related measurements. Washington，D. C.：National Center for Environmental Assessment.

EPA. 1988b. Superfund exposure assessment manual. EPA/540/1-88/001. Washington，D. C.：Office of Emergency and Remedial Response，theUnited States Environmental Protection Agency.

EPA. 1989a. Risk assessment guidance for superfund，Volume I：human health evaluation manual（part A）. EPA/540/1-89/002. Washington，D. C.: Office of Emergency and Remedial Response， the United States Environmental Protection Agency.

EPA. 1989b. Exposure factors handbook. EPA/600/8-89/043. Washington, D. C.: Office of Health and Environmental Assessment，the United States Environmental Protection Agency.

EPA. 1989c. Guidance for conducting remedial investigations and feasibility studies under CERCLA. EPA/540/G-89/004. Washington，D. C.: Office of Emergency and Remedial Response，the United States Environmental Protection Agency.

EPA. 1996. Soil screening guidance：User's guide. EPA/540-R-96-018. Washington，D. C.: Office of Emergency and Remedial Response，the United States Environmental Protection Agency.

EPA. 1997a. Guiding principles for monte carlo analysis. EPA/630/R-97/001. Washington, D. C.: Risk Assessment Forum.

EPA. 1997b. Exposure factors handbook. EPA/600/P-95/002. Washington，D. C.: Office of Research and Development，National Center for Environmental Assessment，the United States Environmental Protection Agency.

EPA. 1998. IEUBK model mass fraction of soil in indoor dust（Msd）variable. Guidance document EPA 540-F-00-008. Washington，D. C.: Office of Solid Waste and Emergency Response，the United States Environmental Protection Agency.

EPA. 2002. Supplemental guidance for developing soil screening levels for Superfund sites. Report OSWER 9355.4-24. Washington，D. C.: Office of Solid Waste and EmergencyResponse，the United States Environmental Protection Agency.

EPA. 2003. User's guide for evaluating subsurface vapour intrusion into buildings. Report PN 030224.0001. Washington，D. C.: Office of Emergency and Remedial Response，the United States Environmental Protection Agency.

EPA. 2004. Risk assessment guidance for Superfund Volume I: Human health evaluation manual（Part E）. Final Report EPA/540/R/99/005. Washington，D. C.: Office of Superfund Remediation and Technology Innovation，the United States Environmental Protection Agency.

EPA. 2006. Child-specific exposure factors handbook（External Review Draft）. Report EPA/600/R/06/096A. Washington，D. C.: The United States Environmental Protection Agency.

EPA. 2015a. Technical guide for assessing and mitigating the vapor intrusion pathway from subsurface vapor sources to indoor air. Publication No. 9200.2-154. Washington, D. C.: Office of Solid Waste and Emergency Response，the United States Environmental Protection Agency.

EPA. 2015b. Technical guide for addressing petroleum vapor intrusion for leaking underground storage tanks. EPA 510-R-15-001. Washington，D. C.: Office of Underground Storage Tanks, the United States Environmental Protection Agency.

EPA. 2016. Summary table of regional screening levels. The United States Environmental Protection Agency，Washington，D. C. https：//www.epa.gov/risk/regional-screening-levels-rsls.

Geng C, Luo Q, Chen M, et al. 2010. Quantitative risk assessment of tricholorthene for a former chemical works in Shanghai. Journal of Human and Ecological Risk Assessment，16（2）：429-423.

GSI. 2008. Modelling and risk assessment software：RBCA Tool Kit for chemical releases. Version 2.6，developed by Groundwater Services，Inc.，Texas.

Han L，Qian L，Yan J，et al. 2016. A comparison of risk modeling tools and a case study for human health risk assessment of volatile organic compounds in contaminated groundwater. Environmental Science and Pollution Research，23（2）：1234-1245.

Harbaugh A W. 2005. MODFLOW-2005，the modular ground-water model——the groundwater flow process. Geological Survey Techniques and Methods 6-A16. Reston：U. S. Geological Survey.

Hartman B. 2002. Re-evaluating the upward vapour migration risk pathway. LUST LineBulletin 41.

Hawley J K，1985. Assessment of health risk from exposure to contaminated soil. Risk Analysis，5：289-302.

HEAST. 1992. Health effects assessment summary tables. Washington，D. C.：Office of Solid Waste and EmergencyResponse，the United States Environmental Protection Agency.

Hunt A，Johnson D，Griffith D. 2006. Mass transfer of soil indoors by trackin on footwear. Science of the Total Environment，370：360-371.

IARC. 1982. Monographs on the evaluation of the carcinogenic risk of chemicals to humans. Lyon：Supplement 4. International Agency for Research on Cancer.

IPCS. 2000. Human exposure assessment. Environmental Health Criteria 214. Geneva：International Programme on Chemical Safety，World Health Organisation.

IPCS. 2004. Report of the first meeting of the ipcs working group on uncertainty in exposure assessment in conjunction with a scoping discussion on exposure data quality. Geneva：International Programme on Chemical Safety，World Health Organisation.

IPCS. 2005. Principles of characterizing and applying human exposure models. Harmonization Project Document No.3. Geneva：International Programme on Chemical Safety，World Health Organisation.

IRIS. 2016. Integrated risk information system，The United States Environmental Protection Agency，Washington，D. C.. Monthly updated at https：//www.epa.gov/iris.

ITRC. 2004. Petroleum vapour intrusion：Fundamentals of screening，investigation and management. Washington D. C.：The Interstate Technology and Regulatory Council.

ITRC. 2007. Vapour intrusion pathway：A practical guideline. Washington D. C.：The Interstate Technology and Regulatory Council.

Johnson P，Ettinger R. 1991. Heuristic model for predicting the intrusion rate of contaminant vapours in buildings. Environmental Science and Technology，25：1445-1452.

Johnson P，Hertz M，Byers D. 1990. Estimates for hydrocarbon vapor emissions resulting from service station remediations and buried gasolinecontaminated soils//Kostecki P，Calabrese E. Petroleum Contaminated Soils，Volume 3. Candor：Lewis Publishers：295-326.

Jury W，Spencer W，Farmer W. 1983. Behavior assessment model for trace organics in soil：I. Model description. Journal of Environmental Quality，12：558-564.

Keenan R，Algeo E，Ebert E，et al. 1993. Taking a risk assessment approach to RCRA corrective action//Water Environment Federation. Developing cleanup standards for contaminated soil，sediment，and groundwater：How clean is clean？.

Lagrega M D，Buckingham P L，Evans J C. 1994. Hazardous waste management. New York：McGraw-Hill Publishers.

Lahvis M A，Hers I，Davis R V，et al. 2013. Vapor intrusion screening at petroleum USTsites.

Groundwater Monitoring and Remediation，33（2）：53-67.

Lijzen J P A，Baars A J，Otte P F，et al. 2001. Technical evaluation of the intervention values forsoil/sediment and groundwater：Human and ecotoxicological risk assessment and derivationof risk limits for soil，aquatic sediment and groundwater. RIVM report 711701-023. National Institute of Public Health and the Environment.

Lioy P J，Freeman N C G，Millette J R. 2002. Dust：A metric for use in residential and building exposure assessment and source characterization. Environmental Health Perspectives，110：969-983.

Lordo B，Sanford J，Mohnson M. 2006. Revision of the metabolically-derived ventilation rates within the exposure factors handbook. Contract No. EP-C-04-027. Columbus，OH：Battelle Institute.

Luo F，Song J，Chen M，et al. 2014. Risk assessment of manufacturing equipment surfaces contaminated with DDTs and dicofol. Science of the Total Environment，(468-469)：176-185.

Lyman W J，Reehl W F，Rosenblatt D H. 1990. Handbook of chemical property estimation methods. Washington，D. C.：American Chemical Society.

Mackay D，Shiu W，Ma K，et al. 2006. Handbook of physical-chemical properties and environmental fate for organic chemicals. Second Edition. Boca Raton：Taylor Francis LLC.

Mackay D.2001. Multimedia environmental models：The fugacity approach. Second Edition. Boca Raton：Lewis Publishers.

Mckone T E，Daniels J I. 1991. Estimating human exposure through multiplepathways from air，water and soil. Regulatory Toxicology and Pharmacology，13：36-61.

Millington R J，Quirk J M. 1961. Permeability of porous solids. Transactions of the Faraday Society，57：1200-1207.

Nazaroff W W，Nero A V. 1984. Transport of radon from soil into residences//Indoor Air Number 2. Stockholm：Swedish Council for Building Research.

Newell C J，Hopkins L P，Bedient P B. 1989. Hydrogeologic database for ground water modeling. API Publication No. 4476. Washington，D. C.：American Petroleum Institute.

Newell C J，Hopkins L P，Bedient P B. 1990. A hydrogeologic database for ground watermodeling. Ground Water，28（5）：703-714.

NJDEP. 2005. Vapor intrusion guidance. Trenton：New Jersey Department of Environmental Protection.

Oatway W B，Mobbs S F. 2003. Methodology for estimating the doses to members of the public from the future use of land previously contaminated with radioactivity. NRPB-W36. Didcot：National Radiological Protection Board.

ONS. 2006. Data from the time use survey 2000. Office of National Statistics，available from：http：// www.statistics.gov.uk.

Oomen A G，Lijzen J P A. 2004. Relevancy of human exposure via house dust to the contaminants lead and asbestos. RIVM Report 711701037/2004. Bilthoven：National Institute of Public Health and the Environment.

Paustenbach D J，Finley B L，Long T F. 1997. The critical role of house dust in understanding the hazards posed by contaminated soils. International Journal of Toxicology，16：339-362.

Paustenbach D J. 2000. The practice of exposure assessment：A state of the art review. Toxicology and

Environmental Health（Part B），3：179-291.

Rieuwerts J S，Searle P，Buck R. 2006. Bioaccessible arsenic in the home environment in south west England. Science of the Total Environment，371：89-98.

Roberts R，Chen M. 2006 Waste incineration——How big is the health risk？a quantitative method to allow comparison with other health risks. Journal of Public Health，28（3）：261-266.

Robinson N. 2003. Modelling the migration of VOCs from soils to dwelling interiors//Proceedings of the Fifth National Workshop on the Assessment of Site Contamination.

Rowell D L. 1994. Soil science methods and applications. Harlow：Longman Scientific and Technical.

Ryan J A，Bell R M，Davidson J M，et al. 1988. Plant uptake of non-ionic organic chemicals from soils. Chemosphere，17：2299-2323.

Sheldrake S，Stifelman M. 2003. A case study of lead contamination cleanup effectiveness at Bunker Hill. The Science of the Total Environment，303：105-123.

Sheppard M，Thibault D. 1990. Default soil solid/liquid partition coefficients，K_dS，for four major soil types：A compendium. Health Physics，59：471-482.

Simmonds J R，Lawso N G，Mayall A. 1995. Methodology for assessing the radiological consequences of routine releases of radionuclides to the environment. Report EUR 15760. Brussels：European Commission.

Singh A，Maichle R，Singh A K. 2007. PRO-UCL user manual V4，Prepared for US Environmental Protection Agency by Lockheed Martin Environmental Services，Las Vegas.

Smith K R，Jones A L. 2003. Generalised habit data for radiological assessments. NRPB-W41. Didcot：National Radiological Protection Board.

Spence L R. 2001. Risk integrated software for clean-ups：RISC 4 user manual. Developed by BP Oil International.

Stanek E J，Calabrese E J，Zorn M. 1999. Development of exposure distribution parameters for use in monte carlo risk assessment of exposure due to soil ingestion. Final Report. Denver：United States Environmental Protection Agency Region 8.

Stanek E J，Calabrese E J. 2000. Daily soil ingestion estimates for children at a superfund site. Risk Analysis，20：627-635.

Stewart R N，Purucker S T. 2006. SADA：a freeware decision support tool integrating GIS，sample design，spatial modeling，and risk assessment.

Trapp S，Cammarano A，Capri E，et al. 2007. Diffusion of PAH in potato and carrot slices and application for a potato model. Environmental Science and Technology，41：3103-3108.

Travis C C，Arms A D. 1988. Bioconcentration of organics in beef，milk，and vegetation. Environmental Science and Technology，22：271-274.

TRRP. 2016. Toxicity and physical and chemical parameters summary table that used to derive the Texas State Protective Concentration Levels（PCL）.Texas Risk Reduction Programme at http：// www.tceq.state.tx.us/remediation/trrp/trrppcls.html.

van den Berg R. 1994. Human exposure to soil contamination：A qualitative and quantitative analysis towards proposals for human toxicological intervention values. RIVM Report 725201011. Bilthoven：National Institute of Public Health and the Environment.

Waitz M，Freijer J，Kreule P，et al. 1996. The volasoil risk assessment model based on csoil for soils contaminated with volatile compounds. RIVM Report 715810014. Bilthoven：National Institute of Public Health and the Environment.

Wei J，Chen M，Song J，et al. 2015. Assessment of human health risk for an area impacted by a large-scale metallurgical refinery complex in Hunan，China. Human and Ecological Risk Assessment，21（4）：863-881.

Yu C，Zielen A J，Cheng J J. 2001. User's manual for RESRAD Version 6. Developed by the Environmental Assessment Division，Argonne National Laboratory，USA.

Zheng C M，Wang P P. 1999. MT3DMS：A modular three dimensional multispecies model for simulation of advection，dispersion，and chemical reactions of contaminants in groundwater systems. Documentation and User's Guide. U.S. Vicksburg，MS：Army Engineer Research and Development Centre.

附　表

附表 A　基本术语表
附表 B　HERA 模型默认参数表
附表 C　场地概念模型信息总结表
附表 D　英国土壤指导值
附表 E　荷兰土壤与地下水干预值
附表 F　美国国家环境保护局区域筛选值
附表 G　美国国家环境保护局推导区域筛选值使用的污染物毒性参数表
附表 H　美国国家环境保护局推导区域筛选值使用的污染物理化参数表

附表 A　基本术语表

1. 场地 site

某一地块范围内的土壤、地下水、地表水以及地块内所有构筑物、设施和生物的总和。

2. 潜在污染场地 potential contaminated site

因从事生产、经营、处理、储存有毒有害物质，堆放或处理处置潜在危险废物以及从事矿山开采等活动造成污染，且对人体健康或生态环境构成潜在风险的地块。

3. 污染场地 contaminated site

对潜在污染场地进行调查和风险评估后，确认污染危害超过人体健康或生态环境可接受风险水平的场地，又称污染地块。

4. 场地评估 site assessment

通过评估一块场地的物理和环境背景（如地质特征、土壤性质结构、水文特征、地表特征）以确定污染物释放的可能性，环境介质中的浓度以及发生物理迁移的可能性。例如，场地评估需要搜集土壤、地下水和地表水质量数据，土地利用、潜在受体或生态受体和其他一般信息来构建场地概念模型并为风险决策提供支持。

5. 场地概念模型 site conceptual model

场地概念模型是对场地物理和环境背景信息的描述，对关注污染物潜在暴露途径和迁移归趋进行预测的集成表达。场地概念模型应该同时包含对场地现有与未来利用规划的总结。场地概念模型最终以图表等形式描述场地特征，建立污染源-暴露途径-受体之间的关系。

6. 暴露 exposure

有机体与化学物质的接触作用。通常在临界面（如皮肤、肺部、内脏）与有机体发生物质交换的污染物的有效剂量被定义为暴露量。敏感受体可能通过多种途径暴露于污染物，并且污染物接触受体的方式以及作用程度均不相同，因而可能引发的健康影响存在较大差异性。

7. 暴露情景 exposure scenario

对场地特征、污染物性质以及暴露受体与关注污染物潜在接触情景的描述。

8. 暴露事件 exposure event

偶然接触化学污染物的事件。单次暴露事件的时间可以几天或几小时，或偶然的一次，如某一次食鱼。

9. 暴露途径 exposure pathway

关注污染物与受体接触的方式。不同的暴露途径描述污染物与单个受体或群体接触的独特的暴露机制。每种暴露途径都包括污染物从污染源的释放、暴露点、暴露途径。如果暴露点与污染源的位置不同，那么还包含污染物迁移或暴露的介质，如空气传播介质。

10. 暴露路径 exposure route

场地土壤和浅层地下水中污染物迁移到达和暴露于人体的方式，如经口摄入、皮肤接触、呼吸吸入等。

11. 直接暴露途径 direct exposure pathways

暴露点为污染源，污染物未经过释放到其他介质中，并且中间未发生生物转化作用，直接与受体接触的过程。

12. 间接暴露途径 indirect exposure pathways

关注污染物从土壤或地下水污染源释放后，至少经过一种介质，或经过中间生物转化过程，间接与受体接触的过程。

13. 暴露点 point of exposure

污染物可能与有机体接触的潜在位置。

14. 暴露评价 exposure assessment

对某种试剂暴露级别、频率和周期，同时伴随对暴露人群数量、特征的预测和测量过程。理想条件下，该过程描述了污染源、暴露途径以及风险评估中的不确定性。

15. 关键受体 critical receptor

最有可能被暴露于污染物或最易受污染物暴露影响的个体或亚群体。

16. 活动模式 activity patterns

探讨儿童和成年人在某些地点上活动的类型、时间、周期，包括饮食、睡眠、工作和玩耍等活动，主要用于受体暴露时间的研究。根据不同的土地利用方式，可以根据同类的活动模式预测污染物的潜在暴露情景。

17. 暴露特征 exposure characteristics

描述受体生理和行为特征，如体重、身体高度、消耗率和活动模式，暴露特征将决定污染物对受体的暴露量。

18. 暴露周期 exposure duration

关键受体以一定摄入/吸收率暴露于污染物，并在数年中发生累积作用的特定暴露时间。

19. 暴露频率 exposure frequency

一年中发生暴露事件的天数。

20. 平均作用时间 averaging time

用于推导日均暴露量的平均作用时间，非致癌效应下，平均作用时间等于暴露周期；致癌效应下，平均作用时间等于终生寿命。

21. 污染物摄入/吸收率 chemical intake/uptake rate

指介质（土壤、水、空气、食物）中的污染物被受体日均摄入或吸收的量。

22. 吸收 uptake

污染物通过皮肤吸收、胃肠系统和/或肺系纺（肺）进入人体的量。

23. 日均暴露剂量 average daily exposure（ADE）

在较长的暴露周期内平均单位时间单位体重接触的污染物的量，常用表达式为 mg/(kg·d)。

24. 背景污染 background sources

人群受体直接或间接暴露于场地污染物之外的污染。例如，通过环境空气吸入污染物或饮食摄入污染物。

25. 关注污染物 contaminant of concern

根据场地污染特征和场地利益相关方意见，确定需要进行调查和风险评估的污染物。

26. 污染物释放 chemical release

任何关注污染物从环境介质中泄漏或被检出的过程。

27. 剂量-效应关系 dose-response relationship

由于有机体摄入一定剂量的污染物而引起的反应（生物反应、全身反应或生理反应）。

28. 参考剂量 reference dose

评价由于关注污染物暴露导致的潜在非致癌效应的毒性参考值。

29. 风险 risk

定性和定量表达产生不利效应的可能性。

30. 风险评估 risk assessment

对场地关注污染物暴露于人群受体或环境受体产生潜在不利效应的分析过程。

31. 致癌风险 carcinogenic risk

人群暴露于致癌效应污染物，诱发致癌性疾病或损伤的概率。

32. 累积风险 cumulative risks

所有污染物所有暴露途径下对同一受体产生致癌风险的叠加作用。

33. 危害商 hazard quotient

污染物每日摄入剂量与参考剂量的比值，用于表征人体经单一途径暴露于非致癌污染物而受到危害的水平。

34. 危害指数 hazard index

人群经多种途径暴露于单一污染物的危害商之和，用于表征人体暴露于非致癌污染物受到危害的水平。

35. 可接受风险水平 acceptable risk level

对暴露人群不会产生不良或有害健康效应的风险水平，包括致癌物的可接受致癌风险水平和非致癌物的可接受危害商。本书中单一污染物的可接受致癌风险水平为 10^{-6}，单一污染物的可接受危害商为 1。

36. 反向模式 backward mode

基于可接受暴露水平（致癌风险或危害商），利用模型计算推导土壤或地下水的评估标准。

37. 正向模式 forward mode

根据环境中已知污染物浓度，基于暴露特征假设，利用模型计算污染物对受体产生的潜在健康风险或危害。

38. 健康标准值 health criteria value

描述受体暴露于某种污染物的基准水平的通用术语，根据基于保护人体健康的毒性数据来推导。

39. 第 1 层次评估 tier 1 evaluation

基于非场地特征信息推导矫正方案目标值的过程，该评估层次是对关注污染物通过潜在直接或间接暴露途径接触人群受体进行的基础风险分析。基于非场地特征信息推导的矫正方案目标值通常基于比较保守的情景假设（如计算模型、分析方法）。第 1 层次对人群受体的暴露途径假设受体和污染源位于同一位置。第 1 层次评估值也可以基于其他已有相关标准。第 1 层次评估过程通常用于判断是否需要深入开展详细风险评估过程。

40. 第 2 层次评估 tier 2 evaluation

在对第 1 层次评估方法进行细化的基础上，制定基于风险的场地特定矫正方案目标值的分析过程。第 2 层次评估中，对超过第 1 层次矫正方案目标值的污染物通过反向计算推导场地特定的矫正方案目标值，作为关注污染物浓度的代表标准。

41. 第 3 层次评估 tier 3 evaluation

第 3 层次评估是第 2 层次评估的延伸过程，但需要利用更高级的暴露评估、毒性和风险评估技术（如可能的暴露评估方法对生物有效性数据的利用）应用于更复杂的迁移模型，以最大程度的灵活性制定基于风险的场地特定矫正方案目标值。

42. 基于风险的筛选值 risk-based screening level（RBSL）

在第 1 层次风险评估中，推导基于保护人体健康的关注污染物在特定暴露途径下的浓度标准，该标准不需要场地特征信息。

43. 场地特定修复目标值 site-pecific target level（SSTL）

在第 2 层次或第 3 层次风险评估中，根据场地特征信息，推导基于保护人体健康的关注污染物在特定暴露途径下的浓度标准。

44. 最大污染物浓度 maximum concentration level（MCL）

安全饮用水标准或地下水环境质量标准，用于推导基于保护水环境的污染物浓度标准。

45. 敏感性分析 sensitivity analysis

关于数学模型输出的变化研究输入值的变化。通常的分析试图找出那些变量对输出和区域的最大影响和最大不确定性/变异性。

46. 不确定性 uncertainty

对风险或暴露评价中的具体因素缺乏了解，包括参数的不确定性、模型的不确定性和场景的不确定性。

47. 液相 aqueous phase

溶解于水中的污染物。

48. 土壤气 soil gas

出现在土壤颗粒之间的较小空间内的气体元素和化合物。

49. 吸附相 sorbed phase

土壤中可逆吸附在土壤颗粒或有机质表面的污染物。

50. 非水相液体 non-aqueous phase liquids（NAPL）

非溶解态污染物或微溶解于水中的污染物以单独液相存在于环境介质中，非水相液体可能比水轻或比水重。

51. 自由相 free-phase

在环境条件下，例如，固体、液体或气体，污染物以自然的物理形式出现在土壤或水中。

52. 水溶解度 aqueous solubility

特定温度下能够溶于水的污染物浓度。

53. 污染物亲脂性 chemical lipophilicity

指污染物与脂溶性物质的亲和力或结合作用，或倾向溶于脂类（脂肪）物质的能力。

54. 生物降解 biodegradation

通过自然的植物、动物、微生物代谢作用导致关注污染物的浓度削减的作用。

55. 自然衰减 natural attenuation

关注污染物在环境介质中由于发生天然物理、化学、生物过程（例如，稀释、扩散、吸附、化学或生物降解作用）导致浓度削减的过程。

56. 水平对流 advection

流体（液体、气体）各部分之间发生相对位移，受到位置之间的压力、温度和流体密度影响。

57. 扩散 diffusion

分子由于其固有动能产生的随机运动。

58. 生物可及性 bioaccessibility

化学物质从土壤中释放到溶液中的程度，当土壤被摄入时，污染物可被吸收、消化。

59. 生物有效性 bioavailability

物质被受体吸收的程度，并对靶组织产生作用成为可供使用的程度。

60. 皮肤吸收因子 dermal absorption fraction

根据经验判断土壤中污染物被受体皮肤吸收的比例。

61. 空气扩散因子 air dispersion factor

描述从土壤中释放的扬尘颗粒的扩散性，定义为几何平均空气浓度与污染源中心的排放/通量浓度比值的倒数。

62. 衰减因子 attenuation factor

两种介质之间污染物浓度之比，假设污染物从源介质向受纳介质迁移过程中发生了浓度削减。例如，污染物从土壤气体到室内空气的衰减因子用于评估污染物蒸气入侵途径的评估。

63. 扩散系数 diffusion coefficient

根据菲克第一扩散定律推导的比例系数。

64. 释放通量 emission flux

粉尘颗粒或蒸气从地表释放时的速率。

65. 颗粒物释放因子 particle emission factor

土壤中污染物浓度与由于土壤粉尘颗粒悬浮作用导致的空气中污染物浓度的关系。

66. 分配系数 partition coefficient

污染物在两种化学相中的浓度之比，可以根据实验或模拟计算获得。

67. 土壤-植物浓度因子 soil-to-plant concentration factor

食用农作物中污染物的浓度与土壤中污染物浓度的经验比。

68. 蒸腾速率 transpiration rate

植物根系从土壤中吸收水分的速率，水分通常通过从叶表面蒸发而损失。

69. 临界摩擦风速 threshold friction velocity

表示地表产生颗粒物释放的最小风速。

70. 土壤蒸气 soil vapour

来自土壤污染源挥发，并出现在建筑物裂隙中的气体元素和化合物。

71. 蒸气侵入 vapour intrusion

用于描述挥发性污染物从地下土壤气中迁移到上覆建筑物的过程。

72. 建筑通风 building ventilation

通过在建筑内的循环过程，实现室内外空气的交换作用，包括通过门窗缝隙的自然通风作用和通过空调或风扇的机械通风作用。

附表B　HERA模型默认参数表

B.1　受体暴露参数

参数名称	符号	单位	默认取值	
			敏感用地	非敏感用地
成人平均体重	BW_a	kg	56.8	56.8
儿童平均体重	BW_c	kg	15.9	
成人平均身高	H_a	cm	156.3	156.3
儿童平均身高	H_c	cm	99.4	
成人暴露期	ED_a	a	24	25
儿童暴露期	ED_c	a	6	
成人暴露频率（经口摄入和皮肤接触）	EF_a	d/a	350	250
儿童暴露频率（经口摄入和皮肤接触）	EF_c	d/a	350	
成人室内暴露频率（呼吸吸入）	EFI_a	d/a	262.5	187.5
成人室外暴露频率（呼吸吸入）	EFO_a	d/a	87.5	62.5
儿童室内暴露频率（呼吸吸入）	EFI_c	d/a	262.5	
儿童室外暴露频率（呼吸吸入）	EFO_c	d/a	87.5	
成人暴露皮肤所占体表面积比	SER_a	—	0.32	0.18
儿童暴露皮肤所占体表面积比	SER_c	—	0.36	
成人皮肤表面土壤粘附系数	$SSAR_a$	mg/cm^2	0.07	0.2
儿童皮肤表面土壤粘附系数	$SSAR_c$	mg/cm^2	0.2	
每日皮肤接触事件频率	E_v	次/d	1	1
成人每日摄入土壤量	$OSIR_a$	g/d	0.1	0.1
儿童每日摄入土壤量	$OSIR_c$	g/d	0.2	
成人每日饮用水量	$GWCR_a$	mL/d	1000	1000
儿童每日饮用水量	$GWCR_c$	mL/d	700	
成人每日空气呼吸量	$DAIR_a$	m^3/d	14.5	14.5
儿童每日空气呼吸量	$DAIR_c$	m^3/d	7.5	
气态污染物入侵持续时间	τ	s	946080000	788400000
室内空气中来自土壤的颗粒物所占比例	fspi	—	0.8	0.8
室外空气中来自土壤的颗粒物所占比例	fspo	—	0.5	0.5

续表

参数名称	符号	单位	默认取值	
			敏感用地	非敏感用地
吸入土壤颗粒物在体内滞留比例	PIAF	—	0.75	0.75
成人每日摄入叶菜量	CR_a^{leafy}	g/d	6	
儿童每日摄入叶菜量	CR_c^{leafy}	g/d	2	
成人每日摄入根菜量	CR_a^{root}	g/d	2	
儿童每日摄入根菜量	CR_c^{root}	g/d	1	
摄入自产叶菜比例	HF_{leafy}^{o}	—	0.05	
摄入自产根菜比例	HF_{root}^{o}	—	0.06	
非致癌效应平均时间	AT_{nc}	d	2190	9125
致癌效应平均时间	AT_{ca}	d	26280	26280
可接受致癌风险	ACR	—	1.00×10^{-6}	1.00×10^{-6}
可接受危害商	AHQ	—	1	1

B.2　土壤性质参数

参数名称	符号	单位	默认取值
表层污染土壤层厚度	d	m	1
下层污染土壤层厚度	d_{sub}	m	1
下层污染土壤层顶部埋深	L_s	m	1
污染土壤层厚度	L_1	m	2
污染土壤层顶部至地下水面的距离	L_2	m	3
平行于风向的土壤污染源宽度	W_{dw}	m	45
平行于地下水流向的土壤污染源宽度	W_{gw}	m	45
土壤中水的入渗速率	I	m/a	0.3
包气带孔隙水体积比	θ_{ws}	—	根据选择的土壤类型确定
包气带孔隙空气体积比	θ_{as}	—	
包气带土壤容重	ρ_b	g/cm^3	
包气带土壤有机碳质量分数	f_{oc}	—	
毛细管层孔隙水体积比	θ_{wcap}	—	
毛细管层孔隙空气体积比	θ_{acap}	—	
土壤地下水交界处毛细管层厚度	h_{cap}	m	
土壤透性系数	K_v	m^2	

B.3 地下水性质参数

参数名称	符号	单位	默认取值
地下水埋深	L_{gw}	m	3
地下水混合区厚度	δ_{gw}	m	2
平行于风向的地下水污染源宽度	W	m	45
含水层水力传导系数	K	m/d	6.85
水力梯度	i	—	0.01
含水层容重	ρ_b^a	g/cm^3	1.7
含水层有机碳质量分数	f_{oc}^a	—	0.01
含水层有效孔隙度	θ_e	—	0.38

B.4 建筑物特征参数

参数名称	符号	单位	默认取值	
			敏感用地	非敏感用地
地基裂隙中水体积比	θ_{wcrack}	—	0.12	0.12
地基裂隙中空气体积比	θ_{acrack}	—	0.26	0.26
地基和墙体裂隙表面积所占比例	η	—	0.01	0.01
室内空间体积与气态污染物入渗面积之比	L_B	M	2	3
室内空气交换速率	ER	1/s	1.39×10^{-4}	2.31×10^{-4}
室内室外气压差	dP	Pa	0	0
地面到地板底部厚度	Z_{crack}	m	0.15	0.15
室内地板面积	A_b	m^2	70	70
室内地板周长	X_{crack}	m	34	34
室内地基厚度	L_{crack}	m	0.15	0.15
土壤颗粒物载入因子	DL	g/m^3	5.0×10^{-5}	1.0×10^{-4}

B.5 空气特征参数

参数名称	符号	单位	默认取值
混合区高度	δ_{air}	m	2
混合区大气流速	U_{air}	m/s	2

续表

参数名称	符号	单位	默认取值
空气扩散因子	Q/C	$(g\cdot m^{-2}\cdot s^{-1})/(kg\cdot m^{-3})$	79.25
空气中可吸入颗粒物含量	PM_{10}	mg/m^3	0.15
颗粒物释放通量	P_e	$g/(m^2\cdot s^{-1})$	6.90×10^{-10}
植被覆盖率	VC	—	0.5
7 m高处年平均空气流速	U	m/s	4.8
7 m高处年最大空气流速	u_t	m/s	11.32
风速经验公式	$F_{(x)}$	—	2.24×10^{-2}

B.6　作物吸收参数

参数名称	符号	单位	默认取值
根菜含水量	W_r	g/g	0.89
根部脂肪含量	L	g/g	0.025
植物根系密度	ρ_p	g/cm^3	1
根系体积	V_{root}	cm^3	1000
根部校正系数	B	—	0.77
水-辛醇密度修正因子	A	—	1.22
蒸腾流流速	Q_r	cm^3/d	1000
一阶生长速率常数	k_g	1/d	0.1
一阶代谢速率常数	k_m	1/d	0
污染物从根系转移到叶菜可食用部位的比例	f_{Int}^{leafy}	—	0.5
污染物从根系转移到根菜可食用部位的比例	f_{Int}^{root}	—	0.5

B.7　离场迁移参数

参数名称	符号	单位	默认取值
地下水污染源厚度	S_d	m	2
垂直于流向的地下水污染源宽度	S_w	m	10
至地下水污染羽中心线的侧向距离	y	m	0
至地下水污染羽中心线的下垂向距离	z	m	0
污染源逸散的横截面积	a	m^2	2025
至大气污染羽中心线的侧向距离	y_{air}	m	0
呼吸区域高度	z_{air}	m	2

B.8　数据库参数

参数名称	符号	单位	参数名称	符号	单位
经口摄入致癌斜率因子	SF_o	$[mg/(kg \cdot d)]^{-1}$	水中溶解度	S	mg/L
呼吸吸入单位致癌因子	IUR	m^3/mg	亨利常数	H	—
经口摄入参考剂量	RfD_o	mg/（kg/d）	空气中扩散系数	D_{air}	m^2/s
呼吸吸入参考浓度	RfC	mg/m^3	水中扩散系数	D_{wat}	m^2/s
消化道吸收效率因子	ABS_{gi}	—	最大浓度限值	MCL	mg/L
皮肤吸收效率因子	ABS_d	—	土壤-水分配系数	K_d	cm^3/g
参考剂量分配比例	RAF	—	辛醇-水分配系数	K_{ow}	—
土壤有机碳-水分配系数	K_{oc}	cm^3/g	衰减常数	λ	1/d
土壤-植物可利用校正因子	δ	—	传输因子	TF	g/g

附表 C　场地概念模型信息总结表

表 1. 场地一般信息总结　　　　　　　　**场地名称：**＿＿＿＿＿＿＿

管理部门：＿＿＿＿＿＿＿＿＿＿＿＿ 日期：＿＿＿＿＿＿＿＿＿

承包单位名称及地址：＿＿＿＿＿＿＿＿＿＿＿＿＿＿＿＿＿＿＿＿

＿＿＿＿＿＿＿＿＿＿＿＿＿＿＿＿＿＿＿＿＿＿＿＿＿＿＿＿＿＿

＿＿＿＿＿＿＿＿＿＿＿＿＿＿＿＿＿＿＿＿＿＿＿＿＿＿＿＿＿＿

合同状态：＿＿＿＿＿＿＿＿＿＿

1. 数据编号：＿＿＿＿＿＿＿＿＿＿＿＿＿＿＿＿＿＿＿＿＿＿＿＿＿

   地址：＿＿＿＿（省）＿＿＿＿（市）＿＿＿＿（县）＿＿＿＿

   邮编：＿＿＿＿

2. 业主：＿＿＿＿＿＿＿＿＿＿＿＿开发商：＿＿＿＿＿＿＿＿＿

   业主地址：＿＿＿＿＿＿＿＿＿＿开发商地址：＿＿＿＿＿＿＿

   地址：＿＿＿＿＿＿＿＿＿＿＿＿地址：＿＿＿＿＿＿＿＿＿＿

3. 业主类型：

   ☐ 私人所有　　　　☐ 地方所有　　　　☐ 国家所有

   其他＿＿＿＿＿＿＿＿＿＿＿＿＿＿＿＿＿＿＿信息来源＿＿＿＿＿

4. 场地面积：＿＿＿＿＿公顷＿＿＿＿＿＿＿＿＿信息来源＿＿＿＿＿

5. 经度：＿＿°＿＿′＿＿″　纬度：＿＿°＿＿′＿＿″　信息来源＿＿＿＿＿

6. 场地现状　☐ 生产　☐ 停产　☐ 未知　　信息来源＿＿＿＿＿

7. 开发年限　自＿＿年至＿＿年　☐ 未知　　信息来源＿＿＿＿＿

8. 前期调查

调查类型	调查部门	日期	
＿＿＿＿	＿＿＿＿	＿＿＿＿	信息来源＿＿＿＿＿
＿＿＿＿	＿＿＿＿	＿＿＿＿	信息来源＿＿＿＿＿
＿＿＿＿	＿＿＿＿	＿＿＿＿	信息来源＿＿＿＿＿
＿＿＿＿	＿＿＿＿	＿＿＿＿	信息来源＿＿＿＿＿

表 2. 场地特征参数 **场地名称：**

水文地质特征（地下水迁移途径）

场地调查是否关注地下水？ □ 是 □ 否（如为否，填写下表中的渗透速率）

安全区域__________________水文地质参数设置__________________

（请附参数设置相关图表）

审查特征参数设置：□ 喀斯特 □ 裂隙岩 □ 溶解性石灰岩

描述场地的地层结构和水文地质特征。（请附相应的地图集和地质剖面图）

____

____

____

信息来源________________________

含水层参数	单位	典型值	最小值	最大值	参考文献/来源
渗透系数（K）	m/year				
水力梯度（i）	m/m				
含水层厚度（d_a）	m				

场地地下水流向：________________（附图）信息来源________________

土壤渗透率（I）：__________________m/yearr 测定方法____________

气象参数（吸入途径）：

所属气候带________________Q/C：________________（g/m^2-s per kg/m^3）

植被覆盖率（VC）____________（无量纲） 信息来源________________

年平均风速（u）__________________m/s 信息来源________________

7m 处风速阈值（u_t）______________________m/s

u/u_t__________________________________（无量纲）

总体评价：____

____

____

表 3. 暴露途径及受体信息　　　　**场地名称：**____________________

场地利用条件

当前场地利用类型	周边土地利用类型	未来场地利用类型
___居住用地	___居住用地	___居住用地
___工业工地	___工业工地	___工业工地
___商业用地	___商业用地	___商业用地
___农业用地	___农业用地	___农业用地
___娱乐、休闲用地	___娱乐、休闲用地	___娱乐、休闲用地
___其他	___其他	___其他

暴露面积________公顷

污染物释放机制

污染源#___☐ 淋溶　☐ 挥发、蒸发　☐ 扬尘　☐侵蚀、冲刷　☐ 植物吸收

污染源#___☐ 淋溶　☐ 挥发、蒸发　☐ 扬尘　☐侵蚀、冲刷　☐ 植物吸收

污染源源#___☐ 淋溶　☐ 挥发、蒸发　☐ 扬尘　☐侵蚀、冲刷　☐ 植物吸收

（补充描述上述未暴露但可能存在的释放机制）

土壤污染物对环境介质的影响（或潜在影响）

来源#___☐ 空气　☐ 地下水　☐ 地表水　☐ 沉积物　☐ 湿地

来源#___☐ 空气　☐ 地下水　☐ 地表水　☐ 沉积物　☐ 湿地

来源#___☐ 空气　☐ 地下水　☐ 地表水　☐ 沉积物　☐ 湿地

检查场地及周边是否存在：（附位置图）

☐ 湿地　☐ 地表水　☐ 捕捞渔场　☐ 休闲渔场　☐ 乳制品/牛肉生产基地

检查场地中 SSL 暴露途径，并简单描述未包含的暴露：

☐ 经口　☐ 经呼吸道　☐ 转移至地下水　☐ 皮肤接触　☐ 土壤-植物-人体

检查是否存在以下情形：

☐ 急性中毒影响（描述）：________________________________

☐ 其他人体暴露途径（描述）：____________________________

☐ 生态关注（描述）：____________________________________

表 4. 土壤污染源特征　　　　　　**场地名称：**________________

污染源编号：________

名称：____

类型：____

位置：____

废弃物类型：__________________________________

描述污染历史，其他信息

____

____

描述过去/当前去除或修复方案

____

____

污染源深度：__________m（☐ 实测　☐ 估计）信息来源：________

污染源面积：____hm^2____m^2（☐ 实测　☐ 估计）信息来源：________

平行于地下水流向的污染源长度：________m（如无法确定，采用污染源的最大长度）

污染物类型：☐ 挥发性有机物　☐ 其他有机污染物　☐ 金属　☐ 其他无机污染物

土壤中污染物（污染物名称清单）：________________________

____

描述已开展的土壤分析工作（附分析结果及采样点点位图）

____

____

判断是否可能存在 NAPLs　☐ 可能☐ 不可能　　判断依据____________

____

土壤特征参数（均值）

含水率（P_{ws}）______________（L_{water}/L_{soil}）　　信息来源____________

有机碳含量（f_{oc}）____________g/g　　信息来源____________

土壤干密度（ρ_b）____________kg/L　　信息来源____________

pH____________　　信息来源____________

附表D　英国土壤指导值

污染物名称			CAS 序号	英国土壤指导值/（mg/kg）		
英文	中文			residential 居住用地	commercial 商业用地	allotment 蔬菜地
Arsenic	砷		7440-38-2	32	640	43
Benzene	苯		71-43-2	0.33	95	0.07
Cadmium	镉		7440-43-9	10	230	1.8
Dioxin	二噁英			8	240	8
Furans	呋喃					
Polychlorinated Biphenyls	多氯联苯					
Ethylbenzene	乙苯		100-41-4	350	2800	90
Mercury	汞	元素汞	7439-97-6	1	26	26
		无机汞		170	3600	80
		甲基汞		11	410	8
Phenol	苯酚		108-95-2	420	3200	280
Selenium	硒		7782-49-2	350	13000	120
Toluene	甲苯		108-88-3	610	4400	120
Xylene	二甲苯	邻二甲苯	108-38-3	250	2600	160
		间二甲苯	95-47-6	240	3500	180
		对二甲苯	106-42-3	230	3200	160

附表E　荷兰土壤与地下水干预值

污染物		土壤干预值/(mg/kg)	地下水干预值/(μg/L)
英文	中文		
I.Metals	I. 金属		
Arsenic	砷（无机）	55	60
Barium	钡	625	625
Cadmium	镉	12	6
Chromium	铬	380	30
Chromium III	铬（III）		30
Cobalt	钴	240	100
Copper	铜	190	75
Mercury	汞		0.3
Mercury（inorganic）	汞（无机）	10	
Lead	铅	530	75
Molybdenum	钼	200	300
Nickel	镍	210	75
Zinc	锌	720	800
II.Otherinorganic compounds	II. 其他无机物		
Cyanides（free；as CN）	氰化物（离子）	20	1500
Cyanides（complex；as CN）	氰化物（复合物）	650/50	1500
Thiocyanates（as SCN）	硫氰酸酯	20	1500
III.Aromaticcompounds	III. 芳香化合物		
Benzene	苯	1	30
Ethyl benzene	乙苯	50	150
Phenol	苯酚	40	2000
Cresols（sum）	甲酚（总和）	5	200
Toluene	甲苯	130	1000
Xylenes（sum）	二甲苯（总和）	25	70
Dihydroxybenzenes（sum）	苯二酚（总和）		
Catechol	邻苯二酚	20	1250

续表

污染物		土壤干预值/(mg/kg)	地下水干预值/(μg/L)
英文	中文		
III.Aromaticcompounds	III. 芳香化合物		
Resorcinol	间苯二酚	10	600
Hydrochinone	对苯二酚	10	800
Styrene	苯乙烯	100	300
IV.PAH	IV. 多环芳烃		
Total PAHs（10）	多环芳烃（10）	40	40
Naphthalene	萘	—	70
Anthracene	蒽	—	5
Phenantrene	菲	—	5
Fluoranthene	荧蒽	—	1
Benzo（a）anthracene	苯并（a）蒽	—	0.5
Chrysene	䓛	—	0.2
Benzo（a）pyrene	苯并（a）芘	—	0.05
Benzo（ghi）perylene	苯并（g，h，i）苝	—	0.05
Benzo（k）fluoranthene	苯并（k）荧蒽	—	0.05
Indeno（1，2，3cd）pyrene	茚并（1，2，3-cd）芘	—	0.05
V. Chlorinated hydrocarbons	V. 氯代烃		
1，2-dichloroethane	1，2-二氯乙烷	4	400
Dichloromethane	二氯甲烷	10	1000
Tetrachloromethane	四氯甲烷	1	10
Tetrachloroethene	四氯乙烯	4	40
Trichloromethane	三氯甲烷	10	400
Trichloroethene	三氯乙烯	60	500
Vinylchloride	氯乙烯	0.1	5
Total chlorobenzenes	总氯苯	30	—
Monochlorobenzene	一氯苯	—	180
Dichlorobenzenes（sum）	二氯苯（总和）	—	50
Trichlorobenzenes（sum）	三氯苯（总和）	—	10
Tetrachlorobenzenes（sum）	四氯苯（总和）	—	2.5
Pentachlorobenzene	五氯苯	—	1
Hexachlorobenzene	六氯苯	—	0.5
Total chlorobenzenes	总苯类	10	—

续表

污染物		土壤干预值/(mg/kg)	地下水干预值/(μg/L)
英文	中文		
V. Chlorinated hydrocarbons	V. 氯代烃		
Monochlorophenols（sum）	一氯酚（总和）	—	100
Dichlorophenols（sum）	二氯酚（总和）	—	30
Trichlorophenols（sum）	三氯酚（总和）	—	10
Tetrachlorophenols（sum）	四氯酚（总和）	—	10
Pentachlorophenol	五氯酚（总和）	—	36
Chloronaphthalenes（sum）	氯萘（总和）	10	6
Total of 7 PCBs	总多氯联苯	1	0.01
PCB28	多氯联苯 28		0.000001
Dioxins（+PCDF+PCB）	Dioxins（+PCDF+PCB）	0.001	
VI. Pesticides	VI. 农药		
Total DDT/DDE/DDD	总滴滴涕/滴滴伊/滴滴滴	4	0.01
Total drins	总杀虫剂	4	0.1
Total HCHs	总六六六	2	1
Carbaryl	西维因	5	50
Carbofuran	呋喃丹	2	100
Maneb	代森锰	35	0.1
Atrazine	莠去津	6	150
VII. Mineral Oil	VII. 矿物油	5000	600
VIII. Other compounds	VIII. 其他化合物		
Cyclohexanone	环己酮	45	15000
Total phthalates	总邻苯二甲酸酯	60	5
Pyridine	吡啶	0.5	30
Tetrahydrofuran	四氢呋喃	2	300
Tetrahydrothiophene	四氢噻吩	90	5000

注：假设土壤中铅相对生物有效性为 0.6，基于对儿童摄入铅的最大允许风险评价

附表 F　美国国家环境保护局区域筛选值

污染物名称		CAS 编号	基于保护人体健康的土壤和地下水筛选值				基于保护地下水的土壤筛选值	
英文	中文		resident soil/(mg/kg) 居住用地土壤	industrial soil/(mg/kg) 工业用地土壤	tap water/(μg/L) 自来水	MCL/(μg/L) 地下水最大浓度限值	risk-based SSL/(mg/kg)基于风险的土壤筛选值	MCL-based SSL/(mg/kg)基于地下水最大浓度限值的土壤筛选值
ALAR	乙酰肼	1596-84-5	3.00×10	1.30×10^{2}	4.30		9.50×10^{-4}	
Acephate	乙酰甲胺磷	30560-19-1	6.20×10	2.60×10^{2}	8.90		2.00×10^{-3}	
Acetaldehyde	乙醛	75-07-0	1.10×10	4.90×10	2.60		5.20×10^{-4}	
Acetochlor	乙草胺	34256-82-1	1.30×10^{3}	1.60×10^{4}	3.50×10^{2}		2.80×10^{-1}	
Acetone	丙酮	67-64-1	6.10×10^{4}	6.70×10^{5}	1.40×10^{4}		2.90	
Acetone Cyanohydrin	2-羟基异丁腈	75-86-5	5.00×10	2.10×10^{2}	4.20		8.40×10^{-4}	
Acetonitrile	乙腈	75-05-8	8.10×10^{2}	3.40×10^{3}	1.30×10^{2}		2.60×10^{-2}	
Acetophenone	苯乙酮	98-86-2	7.80×10^{3}	1.20×10^{5}	1.90×10^{3}		5.80×10^{-1}	
Acetylaminofluorene，2-	2-乙酰氨基芴	53-96-3	1.40×10^{-1}	6.00×10^{-1}	1.60×10^{-2}		7.20×10^{-5}	
Acrolein	丙烯醛	107-02-8	1.40×10^{-1}	6.00×10^{-1}	4.20×10^{-2}		8.40×10^{-6}	
Acrylamide	丙烯酰胺	79-06-1	2.40×10^{-1}	4.60	5.00×10^{-2}		1.10×10^{-5}	
Acrylic Acid	丙烯酸	79-10-7	9.90×10	4.20×10^{2}	2.10		4.20×10^{-4}	
Acrylonitrile	丙烯腈	107-13-1	2.50×10^{-1}	1.10	5.20×10^{-2}		1.10×10^{-5}	
Adiponitrile	乙二腈	111-69-3	8.50×10^{6}	3.60×10^{7}				
Alachlor	甲草胺	15972-60-8	9.70	4.10×10	1.00	2.00	8.60×10^{-4}	1.60×10^{-3}

续表

污染物名称		CAS 编号	基于保护人体健康的土壤和地下水筛选值				基于保护地下水的土壤筛选值	
英文	中文		resident soil/(mg/kg) 居住用地土壤	industrial soil/(mg/kg) 工业用地土壤	tap water/(μg/L) 自来水	MCL/(μg/L) 地下水最大浓度限值	risk-based SSL/(mg/kg)基于风险的土壤筛选值	MCL-based SSL/(mg/kg)基于地下水最大浓度限值的土壤筛选值
Aldicarb	涕灭威	116-06-3	6.30×10	8.20×10^{2}	2.00×10	3.00	4.90×10^{-3}	7.50×10^{-4}
Aldicarb Sulfone	得灭克	1646-88-4	6.30×10	8.20×10^{2}	2.00×10	2.00	4.40×10^{-3}	4.40×10^{-4}
Aldicarb sulfoxide	涕灭威亚砜	1646-87-3				4.00		8.80×10^{-4}
Aldrin	艾氏剂	309-00-2	3.90×10^{-2}	1.80×10^{-1}	9.20×10^{-4}		1.50×10^{-4}	
Ally	甲磺隆	74223-64-6	1.60×10^{4}	2.10×10^{5}	4.90×10^{3}		1.90	
Allyl Alcohol	丙烯醇	107-18-6	3.50	1.50×10	2.10×10^{-1}		4.20×10^{-5}	
Allyl Chloride	3-氯丙烯	107-05-1	7.20×10^{-1}	3.20	7.30×10^{-1}		2.30×10^{-4}	
Aluminum	铝	7429-90-5	7.70×10^{4}	1.10×10^{6}	2.00×10^{4}		3.00×10^{4}	
Aluminum Phosphide	磷化铝	20859-73-8	3.10×10	4.70×10^{2}	8.00			
Amdro	灭蚁腙	67485-29-4	1.90×10	2.50×10^{2}	5.90		2.10×10^{3}	
Ametryn	莠灭净	834-12-8	5.70×10^{2}	7.40×10^{3}	1.50×10^{2}		1.60×10^{-1}	
Aminobiphenyl，4-	4-氨基联苯	92-67-1	2.60×10^{-2}	1.10×10^{-1}	3.00×10^{-3}		1.50×10^{-5}	
Aminophenol，m-	间氨基苯酚	591-27-5	5.10×10^{3}	6.60×10^{4}	1.60×10^{3}		6.10×10^{-1}	
Aminophenol，p-	对氨基苯酚	123-30-8	1.30×10^{3}	1.60×10^{4}	4.00×10^{2}		1.50×10^{-1}	
Amitraz	双甲脒	33089-61-1	1.60×10^{2}	2.10×10^{3}	8.20		4.20	
Ammonia	氨	7664-41-7						
Ammonium Sulfamate	氨基磺酸铵	7773-06-0	1.60×10^{4}	2.30×10^{5}	4.00×10^{3}			
Amyl Alcohol，tert-	叔戊醇	75-85-4	8.20×10^{10}	3.40×10^{2}	6.30		1.30×10^{-3}	

续表

污染物名称		CAS 编号	基于保护人体健康的土壤和地下水筛选值				基于保护地下水的土壤筛选值	
英文	中文		resident soil/(mg/kg) 居住用地土壤	industrial soil/(mg/kg) 工业用地土壤	tap water/(μg/L) 自来水	MCL/(μg/L) 地下水最大浓度限值	risk-based SSL/(mg/kg)基于风险的土壤筛选值	MCL-based SSL/(mg/kg)基于地下水最大浓度限值的土壤筛选值
Aniline	苯胺	62-53-3	9.50×10^{10}	4.00×10^{2}	1.30×10		4.60×10^{-3}	
Anthraquinone，9，10-	蒽醌	84-65-1	1.40×10^{10}	5.70×10	1.40		1.40×10^{-2}	
Antimony（metallic）	锑	7440-36-0	3.10×10^{10}	4.70×10^{2}	7.80	6.00	3.50×10^{-1}	2.70×10^{-1}
Antimony Pentoxide	五氧化二锑	1314-60-9	3.90×10^{10}	5.80×10^{2}	9.70			
Antimony Potassium Tartrate	酒石酸锑钾	11071-15-1	7.00×10^{10}	1.10×10^{3}	1.80×10			
Antimony Tetroxide	四氧化锑	1332-81-6	3.10×10^{10}	4.70×10^{2}	7.80			
Antimony Trioxide	三氧化锑	1309-64-4	2.80×10^{5}	1.20×10^{6}				
Apollo	四螨嗪	74115-24-5	8.20×10^{2}	1.10×10^{4}	2.30×10^{2}		1.40×10	
Aramite	杀螨特	140-57-8	2.20×10	9.20×10	1.30		1.50×10^{-2}	
Arsenic，Inorganic	砷（无机）	7440-38-2	6.80×10^{-1}	3.00	5.20×10^{-2}	1.00×10	1.50×10^{-3}	2.90×10^{-1}
Arsine	砷化氢	7784-42-1	2.70×10^{-1}	4.10	7.00×10^{-2}			
Assure	喹禾灵	76578-14-8	5.70×10^{2}	7.40×10^{3}	1.20×10^{2}		1.90	
Asulam	黄草灵	3337-71-1	3.20×10^{3}	4.10×10^{4}	1.00×10^{3}		2.60×10^{-1}	
Atrazine	阿特拉津	1912-24-9	2.40	1.00×10	3.00×10^{-1}	3.00	1.90×10^{-4}	1.90×10^{-3}
Auramine	金胺	492-80-8	6.20×10^{-1}	2.60	6.60×10^{-2}		6.00×10^{-4}	
Avermectin B1	阿维菌素 B1	65195-55-3	2.50×10	3.30×10^{2}	8.00		1.40×10	
Azobenzene	偶氮苯	103-33-3	5.60	2.60×10	1.20×10^{-1}		9.20×10^{-4}	

续表

污染物名称		CAS 编号	基于保护人体健康的土壤和地下水筛选值				基于保护地下水的土壤筛选值	
英文	中文		resident soil/(mg/kg) 居住用地土壤	industrial soil/(mg/kg) 工业用地土壤	tap water/(μg/L) 自来水	MCL/(μg/L) 地下水最大浓度限值	risk-based SSL/(mg/kg)基于风险的土壤筛选值	MCL-based SSL/(mg/kg)基于地下水最大浓度限值的土壤筛选值
Azodicarbonamide	偶氮二甲酰胺	123-77-3	8.60×10^{3}	4.00×10^{4}	2.00×10^{4}		6.80	
Barium	钡	7440-39-3	1.50×10^{4}	2.20×10^{5}	3.80×10^{3}	2.00×10^{3}	1.60×10^{2}	8.20×10
Barium Chromate	铬酸钡	10294-40-3	3.00×10^{-1}	6.20	4.10×10^{-2}			
Baygon	残杀威	114-26-1	2.50×10^{2}	3.30×10^{3}	7.80×10		2.50×10^{-2}	
Bayleton	三唑酮	43121-43-3	1.90×10^{3}	2.50×10^{4}	5.50×10^{2}		4.40×10^{-1}	
Baythroid	高效氟氯氰菊酯	68359-37-5	1.60×10^{3}	2.10×10^{4}	1.20×10^{2}		3.10×10	
Benefin	氟草胺	1861-40-1	2.30×10^{4}	3.50×10^{5}	1.70×10^{3}		5.60×10	
Benomyl	苯菌灵	17804-35-2	3.20×10^{3}	4.10×10^{4}	9.70×10^{2}		8.50×10^{-1}	
Bentazon	灭草松	25057-89-0	1.90×10^{3}	2.50×10^{4}	5.70×10^{2}		1.20×10^{-1}	
Benzaldehyde	苯甲醛	100-52-7	7.80×10^{3}	1.20×10^{5}	1.90×10^{3}		4.30×10^{-1}	
Benzene	苯	71-43-2	1.20	5.10	4.50×10^{-1}	5.00	2.30×10^{-4}	2.60×10^{-3}
Benzenediamine-2-methyl sulfate，1，4-	1，4-苯二胺-2-甲基硫酸盐	6369-59-1	5.40	2.30×10	7.80×10^{-1}		2.20×10^{-4}	
Benzenethiol	苯硫酚	108-98-5	7.80×10	1.20×10^{3}	1.70×10		1.10×10^{-2}	
Benzidine	4，4′-二氨基联苯	92-87-5	5.30×10^{-4}	1.00×10^{-2}	1.10×10^{-4}		2.70×10^{-7}	
Benzoic Acid	苯甲酸	65-85-0	2.50×10^{5}	3.30×10^{6}	7.50×10^{4}		1.80×10	
Benzotrichloride	三氯化苄	98-07-7	5.30×10^{-2}	2.50×10^{-1}	2.90×10^{-3}		6.50×10^{-6}	
Benzyl Alcohol	苯甲醇	100-51-6	6.30×10^{3}	8.20×10^{4}	2.00×10^{3}		4.80×10^{-1}	

续表

污染物名称		CAS 编号	基于保护人体健康的土壤和地下水筛选值				基于保护地下水的土壤筛选值	
英文	中文		resident soil/(mg/kg) 居住用地土壤	industrial soil/(mg/kg) 工业用地土壤	tap water/(μg/L) 自来水	MCL/(μg/L) 地下水最大浓度限值	risk-based SSL/(mg/kg)基于风险的土壤筛选值	MCL-based SSL/(mg/kg)基于地下水最大浓度限值的土壤筛选值
Benzyl Chloride	苄基氯	100-44-7	1.10	4.80	8.90×10^{-2}		9.70×10^{-5}	
Beryllium and compounds	铍化合物	7440-41-7	1.60×10^{2}	2.30×10^{3}	2.50×10	4.00	1.90×10	3.20
Bidrin	百治磷	141-66-2	6.30	8.20×10	2.00		4.70×10^{-4}	
Bifenox	甲酸除草醚	42576-02-3	5.70×10^{2}	7.40×10^{3}	1.00×10^{2}		7.60×10^{-1}	
Biphenthrin	联苯菊酯	82657-04-3	9.50×10^{2}	1.20×10^{4}	3.00×10^{2}		1.40×10^{3}	
Biphenyl，1，1′-	1，1-联二苯	92-52-4	4.70×10	2.00×10^{2}	8.30×10^{-1}		8.70×10^{-3}	
Bis（2-chloro-1-methylethyl）ether	双（2-氯-1-甲基乙基）醚	108-60-1	4.90	2.20×10	3.60×10^{-1}		1.30×10^{-4}	
Bis（2-chloroethoxy）methane	双（2-氯乙氧基）甲烷	111-91-1	1.90×10^{2}	2.50×10^{3}	5.90×10		1.30×10^{-2}	
Bis（2-chloroethyl）ether	双（2-氯乙基）醚	111-44-4	2.30×10^{-1}	1.00	1.40×10^{-2}		3.60×10^{-6}	
Bis（chloromethyl）ether	双（氯甲基）醚	542-88-1	8.30×10^{-5}	3.60×10^{-4}	7.20×10^{-5}		1.70×10^{-8}	
Bisphenol A	双酚 A	80-05-7	3.20×10^{3}	4.10×10^{4}	7.70×10^{2}		5.80×10	
Boron And Borates Only	硼及硼酸盐	7440-42-8	1.60×10^{4}	2.30×10^{5}	4.00×10^{3}		1.30×10	
Boron Trichloride	三氯化硼	10294-34-5	1.60×10^{5}	2.30×10^{6}	4.20×10			
Boron Trifluoride	四氯化硼	7637-07-2	3.10×10^{3}	4.70×10^{4}	2.60×10			
Bromate	溴酸盐	15541-45-4	9.90×10^{-1}	4.70	1.10×10^{-1}	1.00×10	8.50×10^{-4}	7.70×10^{-2}

续表

污染物名称		CAS 编号	基于保护人体健康的土壤和地下水筛选值				基于保护地下水的土壤筛选值	
英文	中文		resident soil/(mg/kg)居住用地土壤	industrial soil/(mg/kg)工业用地土壤	tap water/(μg/L)自来水	MCL/(μg/L)地下水最大浓度限值	risk-based SSL/(mg/kg)基于风险的土壤筛选值	MCL-based SSL/(mg/kg)基于地下水最大浓度限值的土壤筛选值
Bromo-2-chloroethane，1-	1-溴-2-氯乙烷	107-04-0	2.60×10^{-2}	1.10×10^{-1}	7.40×10^{-3}		2.10×10^{-6}	
Bromobenzene	溴苯	108-86-1	2.90×10^{2}	1.80×10^{3}	6.20×10		4.20×10^{-2}	
Bromochloromethane	溴氯甲烷	74-97-5	1.50×10^{2}	6.30×10^{2}	8.30×10		2.10×10^{-2}	
Bromodichloromethane	一溴二氯甲烷	75-27-4	2.90×10^{-1}	1.30	1.30×10^{-1}	8.0×10（F）	3.60×10^{-5}	2.20×10^{-2}
Bromoform	溴仿	75-25-2	1.90×10	8.60×10	3.30	8.0×10（F）	8.70×10^{-4}	2.10×10^{-2}
Bromomethane	溴甲烷	74-83-9	6.80	3.00×10	7.50		1.90×10^{-3}	
Bromophos	溴硫磷	2104-96-3	3.90×10^{2}	5.80×10^{3}	3.50×10		1.50×10^{-1}	
Bromoxynil	溴草腈	1689-84-5	1.30×10^{3}	1.60×10^{4}	3.30×10^{2}		2.80×10^{-1}	
Bromoxynil Octanoate	溴苯腈辛酸	1689-99-2	1.60×10^{3}	2.30×10^{4}	1.40×10^{2}		1.20	
Butadiene，1，3-	1，3-丁二烯	106-99-0	5.80×10^{-2}	2.60×10^{-1}	1.80×10^{-2}		9.90×10^{-6}	
Butanol，N-	正丁醇	71-36-3	7.80×10^{3}	1.20×10^{5}	2.00×10^{3}		4.10×10^{-1}	
Butyl Benzyl Phthlate	邻苯二甲酸苄丁酯	85-68-7	2.90×10^{2}	1.20×10^{3}	1.60×10		2.30×10^{-1}	
Butyl alcohol，sec-	2-丁醇	78-92-2	1.30×10^{5}	1.50×10^{6}	2.40×10^{4}		5.00	
Butylate	丁草特	2008-41-5	3.90×10^{3}	5.80×10^{4}	4.60×10^{2}		4.50×10^{-1}	
Butylated hydroxyanisole	丁基羟基茴香醚	25013-16-5	2.70×10^{3}	1.10×10^{4}	2.40×10^{2}		4.50×10^{-1}	
Butylated hydroxytoluene	二丁基羟基甲苯	128-37-0	1.50×10^{2}	6.40×10^{2}	3.30		9.70×10^{-2}	
Butylbenzene，n-	正丁基苯	104-51-8	3.90×10^{3}	5.80×10^{4}	1.00×10^{3}		3.20	

续表

污染物名称		CAS 编号	基于保护人体健康的土壤和地下水筛选值				基于保护地下水的土壤筛选值	
英文	中文		resident soil/(mg/kg) 居住用地土壤	industrial soil/(mg/kg) 工业用地土壤	tap water/(μg/L) 自来水	MCL/(μg/L) 地下水最大浓度限值	risk-based SSL/(mg/kg)基于风险的土壤筛选值	MCL-based SSL/(mg/kg)基于地下水最大浓度限值的土壤筛选值
Butylbenzene，sec-	异丁基苯	135-98-8	7.80×10^{3}	1.20×10^{5}	2.00×10^{3}		5.90	
Butylbenzene，tert-	叔丁基苯	98-06-6	7.80×10^{3}	1.20×10^{5}	6.90×10^{2}		1.60	
Cacodylic Acid	二甲次胂酸	75-60-5	1.30×10^{3}	1.60×10^{4}	4.00×10^{2}			
Cadmium（Diet）	镉	7440-43-9	7.10×10	9.80×10^{2}				
Cadmium（Water）	镉	7440-43-9			9.20	5.00	6.90×10^{-1}	3.80×10^{-1}
Calcium Chromate	铬酸钙	13765-19-0	3.00×10^{-1}	6.20	4.10×10^{-2}			
Caprolactam	1，6-己内酰胺	105-60-2	3.10×10^{4}	4.00×10^{5}	9.90×10^{3}		2.50	
Captafol	敌菌丹	2425-06-1	3.60	1.50×10	4.00×10^{-1}		7.10×10^{-4}	
Captan	克菌丹	133-06-2	2.40×10^{2}	1.00×10^{3}	3.10×10		2.20×10^{-2}	
Carbaryl	西维因	63-25-2	6.30×10^{3}	8.20×10^{4}	1.80×10^{3}		1.70	
Carbofuran	呋喃丹	1563-66-2	3.20×10^{2}	4.10×10^{3}	9.40×10	4.00×10	3.70×10^{-2}	1.60×10^{-2}
Carbon Disulfide	二硫化碳	75-15-0	7.70×10^{2}	3.50×10^{3}	8.10×10^{2}		2.40×10^{-1}	
Carbon Tetrachloride	四氯化碳	56-23-5	6.50×10^{-1}	2.90	4.50×10^{-1}	5.00	1.80×10^{-4}	1.90×10^{-3}
Carbosulfan	丁硫克百威	55285-14-8	6.30×10^{2}	8.20×10^{3}	5.10×10		1.20	
Carboxin	萎锈灵	5234-68-4	6.30×10^{3}	8.20×10^{4}	1.90×10^{3}		1.00	
Ceric oxide	二氧化铈	1306-38-3	1.30×10^{6}	5.40×10^{6}				
Chloral Hydrate	2，2，2-三氯-1，1-乙二醇	302-17-0	7.80×10^{3}	1.20×10^{5}	2.00×10^{3}		4.00×10^{-1}	

续表

污染物名称		CAS 编号	基于保护人体健康的土壤和地下水筛选值				基于保护地下水的土壤筛选值	
英文	中文		resident soil/(mg/kg) 居住用地土壤	industrial soil/(mg/kg) 工业用地土壤	tap water/(μg/L) 自来水	MCL/(μg/L) 地下水最大浓度限值	risk-based SSL/(mg/kg)基于风险的土壤筛选值	MCL-based SSL/(mg/kg)基于地下水最大浓度限值的土壤筛选值
Chloramben	3-氨基-2，5-二氯苯甲酸	133-90-4	9.50×10^{2}	1.20×10^{4}	2.90×10^{2}		7.00×10^{-2}	
Chloranil	二氧化铈	118-75-2	1.30	5.70	1.80×10^{-1}		1.50×10^{-4}	
Chlordane	氯丹	12789-03-6	1.70	7.50	4.50×10^{-2}	2.00	3.00×10^{-3}	1.40×10^{-1}
Chlordecone（Kepone）	十氯酮	143-50-0	5.40×10^{-2}	2.30×10^{-1}	3.50×10^{-3}		1.20×10^{-4}	
Chlorfenvinphos	毒虫畏	470-90-6	4.40×10	5.70×10^{2}	1.10×10		3.10×10^{-2}	
Chlorimuron，Ethyl-	乙基-甲酸乙酯	90982-32-4	1.30×10^{3}	1.60×10^{4}	3.90×10^{2}		1.30×10^{-1}	
Chlorine	氯	7782-50-5	1.80×10^{-1}	7.80×10^{-1}	3.00×10^{-1}		1.40×10^{-4}	
Chlorine Dioxide	二氧化氯	10049-04-4	2.30×10^{3}	3.40×10^{4}	4.20×10^{-1}			
Chlorite（Sodium Salt）	亚氯酸盐（钠盐）	7758-19-2	2.30×10^{3}	3.50×10^{4}	6.00×10^{2}	1.00×10^{3}		
Chloro-1，1-difluoroethane，1-	1-氯-1，1-二氟乙烷	75-68-3	5.40×10^{4}	2.30×10^{5}	1.00×10^{5}		5.20×10	
Chloro-1，3-butadiene，2-	2-氯-1，3-丁二烯	126-99-8	1.00×10^{-2}	4.40×10^{-2}	1.90×10^{-2}		9.80×10^{-6}	
Chloro-2-methylaniline HCl，4-	4-氯-2-甲基苯胺盐酸	3165-93-3	1.20	5.00	1.70×10^{-1}		1.50×10^{-4}	
Chloro-2-methylaniline，4-	4-氯-2-甲基苯胺	95-69-2	5.40	2.30×10	6.90×10^{-1}		3.90×10^{-4}	
Chloroacetaldehyde，2-	2-氯乙醛	107-20-0	2.60	1.20×10	2.90×10^{-1}		5.80×10^{-5}	
Chloroacetic Acid	氯乙酸	79-11-8	1.30×10^{2}	1.60×10^{3}	4.00×10	6.00×10	8.10×10^{-3}	1.20×10^{-2}

续表

污染物名称		CAS 编号	基于保护人体健康的土壤和地下水筛选值				基于保护地下水的土壤筛选值	
英文	中文		resident soil/(mg/kg) 居住用地土壤	industrial soil/(mg/kg) 工业用地土壤	tap water/(μg/L) 自来水	MCL/(μg/L) 地下水最大浓度限值	risk-based SSL/(mg/kg)基于风险的土壤筛选值	MCL-based SSL/(mg/kg)基于地下水最大浓度限值的土壤筛选值
Chloroacetophenone，2-	2-氯乙酰苯	532-27-4	4.30×10^{4}	1.80×10^{5}				
Chloroaniline，p-	对-氯苯胺	106-47-8	2.70	1.10×10	3.60×10^{-1}		1.60×10^{-4}	
Chlorobenzene	氯苯	108-90-7	2.80×10^{2}	1.30×10^{3}	7.80×10	1.00×10^{2}	5.30×10^{-2}	6.80×10^{-2}
Chlorobenzilate	氯二苯乙醇酸盐	510-15-6	4.90	2.10×10	3.10×10^{-1}		1.00×10^{-3}	
Chlorobenzoic Acid，p-	对氯苯甲酸	74-11-3	1.90×10^{3}	2.50×10^{4}	5.10×10^{2}		1.30×10^{-1}	
Chlorobenzotrifluoride，4-	4-氯三氟甲苯	98-56-6	2.10×10^{2}	2.50×10^{3}	3.50×10		1.20×10^{-1}	
Chlorobutane，1-	1-氯丁烷	109-69-3	3.10×10^{3}	4.70×10^{4}	6.40×10^{2}		2.60×10^{-1}	
Chlorodifluoromethane	一氯二氟甲烷	75-45-6	4.90×10^{4}	2.10×10^{5}	1.00×10^{5}		4.30×10	
Chloroethanol，2-	2-氯乙醇	107-07-3	1.60×10^{3}	2.30×10^{4}	4.00×10^{2}		8.10×10^{-2}	
Chloroform	氯仿	67-66-3	3.20×10^{-1}	1.40	2.20×10^{-1}	8.0×10（F）	6.10×10^{-5}	2.20×10^{-2}
Chloromethane	氯甲烷	74-87-3	1.10×10^{2}	4.60×10^{2}	1.90×10^{2}		4.90×10^{-2}	
Chloromethyl Methyl Ether	氯甲基甲醚	107-30-2	2.00×10^{-2}	8.90×10^{-2}	6.50×10^{-3}		1.40×10^{-6}	
Chloronitrobenzene，o-	邻氯硝基苯	88-73-3	1.80	7.70	2.30×10^{-1}		2.20×10^{-4}	
Chloronitrobenzene，p-	对硝基氯苯	100-00-5	6.30×10	3.60×10^{2}	1.10×10		1.00×10^{-2}	
Chlorophenol，2-	2-氯苯酚	95-57-8	3.90×10^{2}	5.80×10^{3}	9.10×10		7.40×10^{-2}	
Chloropicrin	硝基三氯甲烷	76-06-2	2.00	8.20	8.30×10^{-1}		2.50×10^{-4}	
Chlorothalonil	2，4，5，6-四氯邻苯二甲腈	1897-45-6	1.80×10^{2}	7.40×10^{2}	2.20×10		4.90×10^{-2}	

续表

污染物名称		CAS 编号	基于保护人体健康的土壤和地下水筛选值				基于保护地下水的土壤筛选值	
英文	中文		resident soil/(mg/kg) 居住用地土壤	industrial soil/(mg/kg) 工业用地土壤	tap water/(μg/L) 自来水	MCL/(μg/L) 地下水最大浓度限值	risk-based SSL/(mg/kg)基于风险的土壤筛选值	MCL-based SSL/(mg/kg)基于地下水最大浓度限值的土壤筛选值
Chlorotoluene，o-	2-氯甲苯	95-49-8	1.60×10^{3}	2.30×10^{4}	2.40×10^{2}		2.30×10^{-1}	
Chlorotoluene，p-	4-氯甲苯	106-43-4	1.60×10^{3}	2.30×10^{4}	2.50×10^{2}		2.40×10^{-1}	
Chlorozotocin	氯脲霉素	54749-90-5	2.30×10^{-3}	9.60×10^{-3}	3.20×10^{-4}		7.10×10^{-8}	
Chlorpropham	氯苯胺灵	101-21-3	1.30×10^{4}	1.60×10^{5}	2.80×10^{3}		2.60	
Chlorpyrifos	毒死蜱	2921-88-2	6.30×10	8.20×10^{2}	8.40		1.20×10^{-1}	
Chlorpyrifos Methyl	甲基毒死蜱	5598-13-0	6.30×10^{2}	8.20×10^{3}	1.20×10^{2}		5.40×10^{-1}	
Chlorsulfuron	绿黄隆	64902-72-3	3.20×10^{3}	4.10×10^{4}	9.90×10^{2}		8.30×10^{-1}	
Chlorthiophos	氯甲硫磷	60238-56-4	5.10×10	6.60×10^{2}	2.80		7.30×10^{-2}	
Chromium（III），Insoluble Salts	铬（(III）	16065-83-1	1.20×10^{5}	1.80×10^{6}	2.20×10^{4}		4.00×10^{7}	
Chromium（VI）	铬（VI）	18540-29-9	3.00×10^{-1}	6.30	3.50×10^{-2}		6.70×10^{-4}	
Chromium，Total	铬（总）	7440-47-3				1.00×10^{2}		1.80×10^{5}
Cobalt	钴	7440-48-4	2.30×10	3.50×10^{2}	6.00		2.70×10^{-1}	
Coke Oven Emissions	煤焦油	8007-45-2						
Copper	铜	7440-50-8	3.10×10^{3}	4.70×10^{4}	8.00×10^{2}	1.30×10^{3}	2.80×10	4.60×10
Cresol，m-	3-甲基苯酚	108-39-4	3.20×10^{3}	4.10×10^{4}	9.30×10^{2}		7.40×10^{-1}	
Cresol，o-	2-甲基苯酚	95-48-7	3.20×10^{3}	4.10×10^{4}	9.30×10^{2}		7.50×10^{-1}	
Cresol，p-	4-甲酚（对-）	106-44-5	6.30×10^{3}	8.20×10^{4}	1.90×10^{3}		1.50	

续表

污染物名称		CAS 编号	基于保护人体健康的土壤和地下水筛选值				基于保护地下水的土壤筛选值	
英文	中文		resident soil/(mg/kg) 居住用地土壤	industrial soil/(mg/kg) 工业用地土壤	tap water/(μg/L) 自来水	MCL/(μg/L) 地下水最大浓度限值	risk-based SSL/(mg/kg)基于风险的土壤筛选值	MCL-based SSL/(mg/kg)基于地下水最大浓度限值的土壤筛选值
Cresol，p-chloro-m-	4-氯-3-甲酚	59-50-7	6.30×10^{3}	8.20×10^{4}	1.40×10^{3}		1.70	
Cresols	甲酚	1319-77-3	6.30×10^{3}	8.20×10^{4}	1.90×10^{3}		1.50	
Crotonaldehyde，trans-	2-丁烯醛	123-73-9	3.70×10^{-1}	1.70	4.00×10^{-2}		8.20×10^{-6}	
Cumene	异丙基苯	98-82-8	1.90×10^{3}	9.90×10^{3}	4.50×10^{2}		7.40×10^{-1}	
Cupferron	铜铁试剂	135-20-6	2.50	1.00×10	3.50×10^{-1}		6.10×10^{-4}	
Cyanazine	氰草津	21725-46-2	6.50×10^{-1}	2.70	8.70×10^{-2}		4.10×10^{-5}	
Cyanides	氰化物							
Calcium Cyanide	氰化钙	592-01-8	7.80×10	1.20×10^{3}	2.00×10			
Copper Cyanide	氰化铜	544-92-3	3.90×10^{2}	5.80×10^{3}	1.00×10^{2}			
Cyanide（CN-）	氰化物	57-12-5	2.70	1.20×10	1.50	2.00×10^{2}	1.50×10^{-2}	2.00
Cyanogen	乙二腈	460-19-5	7.80×10	1.20×10^{3}	2.00×10			
Cyanogen Bromide	溴化氰	506-68-3	7.00×10^{3}	1.10×10^{5}	1.80×10^{3}			
Cyanogen Chloride	氯化氰	506-77-4	3.90×10^{3}	5.80×10^{4}	1.00×10^{3}			
Hydrogen Cyanide	氢氰酸	74-90-8	2.30×10	1.50×10^{2}	1.50		1.50×10^{-2}	
Potassium Cyanide	氰化钾	151-50-8	1.60×10^{2}	2.30×10^{3}	4.00×10			
Potassium Silver Cyanide	氰化钾银	506-61-6	3.90×10^{2}	5.80×10^{3}	8.20×10			
Silver Cyanide	氰化银	506-64-9	7.80×10^{3}	1.20×10^{5}	1.80×10^{3}			
Sodium Cyanide	氰化钠	143-33-9	7.80×10	1.20×10^{3}	2.00×10	2.00×10^{2}		

续表

污染物名称		CAS 编号	基于保护人体健康的土壤和地下水筛选值				基于保护地下水的土壤筛选值	
英文	中文		resident soil/(mg/kg) 居住用地土壤	industrial soil/(mg/kg) 工业用地土壤	tap water/(μg/L) 自来水	MCL/(μg/L) 地下水最大浓度限值	risk-based SSL/(mg/kg)基于风险的土壤筛选值	MCL-based SSL/(mg/kg)基于地下水最大浓度限值的土壤筛选值
Thiocyanates	硫氰酸酯	NA	1.60×10	2.30×10^{2}	4.00			
Thiocyanic Acid	硫氰酸	463-56-9	1.60×10	2.30×10^{2}	4.00			
Zinc Cyanide	氰化锌	557-21-1	3.90×10^{3}	5.80×10^{4}	1.00×10^{3}			
Cyclohexane	环己烷	110-82-7	6.50×10^{3}	2.70×10^{4}	1.30×10^{4}		1.30×10	
Cyclohexane，1，2，3，4，5-pentabromo-6-chloro-	1，2，3，4，5-五溴-6-氯环己烷	87-84-3	2.40×10	1.00×10^{2}	2.40		1.40×10^{-2}	
Cyclohexanone	环己酮	108-94-1	2.80×10^{4}	1.30×10^{5}	1.40×10^{3}		3.40×10^{-1}	
Cyclohexene	环己烯	110-83-8	3.10×10^{2}	3.10×10^{3}	7.00×10		4.60×10^{-2}	
Cyclohexylamine	环己胺	108-91-8	1.60×10^{4}	2.30×10^{5}	3.80×10^{3}		1.00	
Cyhalothrin/karate	三氟氯氰菊酯	68085-85-8	3.20×10^{2}	4.10×10^{3}	1.00×10^{2}		6.80×10	
Cypermethrin	氯氰菊酯	52315-07-8	6.30×10^{2}	8.20×10^{3}	2.00×10^{2}		3.20×10	
Cyromazine	灭蝇胺	66215-27-8	4.70×10^{2}	6.20×10^{3}	1.50×10^{2}		3.80×10^{-2}	
DDD	滴滴滴	72-54-8	2.30	9.60	3.10×10^{-2}		7.20×10^{-3}	
DDE，p，p′-	p，p′-滴滴伊	72-55-9	2.00	9.30	4.60×10^{-2}		1.10×10^{-2}	
DDT	滴滴涕	50-29-3	1.90	8.50	2.30×10^{-1}		7.70×10^{-2}	
Dacthal	敌草索	1861-32-1	6.30×10^{2}	8.20×10^{3}	1.20×10^{2}		1.50×10^{-1}	
Dalapon	茅草枯	75-99-0	1.90×10^{3}	2.50×10^{4}	6.00×10^{2}	2.00×10^{2}	1.20×10^{-1}	4.10×10^{-2}

续表

污染物名称		CAS 编号	基于保护人体健康的土壤和地下水筛选值				基于保护地下水的土壤筛选值	
英文	中文		resident soil/(mg/kg) 居住用地土壤	industrial soil/(mg/kg) 工业用地土壤	tap water/(μg/L) 自来水	MCL/(μg/L) 地下水最大浓度限值	risk-based SSL/(mg/kg)基于风险的土壤筛选值	MCL-based SSL/(mg/kg)基于地下水最大浓度限值的土壤筛选值
Decabromodiphenyl ether，2，2′，3，3′，4，4′，5，5′，6，6′-(BDE-209)	2，2′，3，3′，4，4′，5，5′，6，6′-(BDE-209)-十溴联苯醚	1163-19-5	4.40×10^{2}	3.30×10^{3}	1.10×10^{2}		6.20×10	
Demeton	内吸磷	8065-48-3	2.50	3.30×10	6.70×10^{-1}			
Di (2-ethylhexyl) adipate	己二酸二（2-乙基己基）酯	103-23-1	4.50×10^{2}	1.90×10^{3}	6.50×10	4.00×10^{2}	4.70	2.90×10
Diallate	燕麦敌	2303-16-4	8.90	3.80×10	5.20×10^{-1}		7.80×10^{-4}	
Diazinon	二嗪磷	333-41-5	4.40×10	5.70×10^{2}	1.00×10		6.50×10^{-2}	
Dibenzothiophene	二苯并噻吩	132-65-0	7.80×10^{2}	1.20×10^{4}	6.50×10		1.20	
Dibromo-3-chloropropane，1，2-	1，2-二溴-3-氯丙烷	96-12-8	5.30×10^{-3}	6.40×10^{-2}	3.34×10^{-4}	2.00×10^{-1}	1.44×10^{-7}	8.60×10^{-5}
Dibromobenzene，1，3-	1，3-二溴苯	108-36-1	3.10×10	4.70×10^{2}	5.30		5.10×10^{-3}	
Dibromobenzene，1，4-	1，4-二溴苯	106-37-6	7.80×10^{2}	1.20×10^{4}	1.30×10^{2}		1.20×10^{-1}	
Dibromochloromethane	二溴氯甲烷	124-48-1	7.50×10^{-1}	3.30	1.70×10^{-1}	8.0×10（F）	4.50×10^{-5}	2.10×10^{-2}
Dibromoethane，1，2-	1，2-二溴苯	106-93-4	3.60×10^{-2}	1.60×10^{-1}	7.50×10^{-3}	5.00×10^{-2}	2.10×10^{-6}	1.40×10^{-5}
Dibromomethane (Methylene Bromide)	二溴甲烷	74-95-3	2.30×10	9.80×10	8.00		2.00×10^{-3}	
Dibutyltin Compounds	二丁基锡	NA	1.90×10	2.50×10^{2}	6.00			
Dicamba	3，6-二氯-2-甲氧基苯甲酸	1918-00-9	1.90×10^{3}	2.50×10^{4}	5.70×10^{2}		1.50×10^{-1}	

续表

污染物名称		CAS 编号	基于保护人体健康的土壤和地下水筛选值				基于保护地下水的土壤筛选值	
英文	中文		resident soil/(mg/kg) 居住用地土壤	industrial soil/(mg/kg) 工业用地土壤	tap water/(μg/L) 自来水	MCL/(μg/L) 地下水最大浓度限值	risk-based SSL/(mg/kg)基于风险的土壤筛选值	MCL-based SSL/(mg/kg)基于地下水最大浓度限值的土壤筛选值
Dichloro-2-butene，1，4-	1，4-二氯-2-丁烯	764-41-0	8.30×10^{-3}	3.60×10^{-2}	1.30×10^{-3}		6.20×10^{-7}	
Dichloro-2-butene，cis-1，4-	顺式 1,4-二氯-2-丁烯	1476-11-5	7.40×10^{-3}	3.20×10^{-2}	1.30×10^{-3}		6.20×10^{-7}	
Dichloro-2-butene，trans-1，4-	反式 1,4-二氯-2-丁烯	110-57-6	7.40×10^{-3}	3.20×10^{-2}	1.30×10^{-3}		6.20×10^{-7}	
Dichloroacetic Acid	二氯乙酸	79-43-6	1.10×10	4.60×10	1.50	6.00×10	3.10×10^{-4}	1.20×10^{-2}
Dichlorobenzene，1，2-	1，2-二氯苯	95-50-1	1.80×10^{3}	9.30×10^{3}	3.00×10^{2}	6.00×10^{2}	3.00×10^{-1}	5.80×10^{-1}
Dichlorobenzene，1，4-	1，4-二氯苯	106-46-7	2.60	1.10×10	4.80×10^{-1}	7.50×10	4.60×10^{-4}	7.20×10^{-2}
Dichlorobenzidine，3，3′-	3，3′-二氯联苯胺	91-94-1	1.20	5.10	1.20×10^{-1}		8.10×10^{-4}	
Dichlorobenzophenone，4，4′-	4，4′-二氯苯甲酮	90-98-2	5.70×10^{2}	7.40×10^{3}	7.80×10		4.70×10^{-1}	
Dichlorodifluoromethane	二氯二氟甲烷	75-71-8	8.70×10	3.70×10^{2}	2.00×10^{2}		3.00×10^{-1}	
Dichloroethane，1，1-	1，1-二氯乙烷	75-34-3	3.60	1.60×10	2.70		7.80×10^{-4}	
Dichloroethane，1，2-	1，2-二氯乙烷	107-06-2	4.60×10^{-1}	2.00	1.70×10^{-1}	5.00	4.80×10^{-5}	1.40×10^{-3}
Dichloroethylene，1，1-	1，1-二氯乙烯	75-35-4	2.30×10^{2}	1.00×10^{3}	2.80×10^{2}	7.00	1.00×10^{-1}	2.50×10^{-3}
Dichloroethylene，1，2-cis-	顺式 1，2-二氯乙烯	156-59-2	1.60×10^{2}	2.30×10^{3}	3.60×10	7.00×10	1.10×10^{-2}	2.10×10^{-2}
Dichloroethylene，1，2-trans-	反式 1，2-二氯乙烯	156-60-5	1.60×10^{3}	2.30×10^{4}	3.60×10^{2}	1.00×10^{2}	1.10×10^{-1}	3.10×10^{-2}
Dichlorophenol，2，4-	2，4-二氯苯酚	120-83-2	1.90×10^{2}	2.50×10^{3}	4.60×10		5.40×10^{-2}	

续表

污染物名称		CAS 编号	基于保护人体健康的土壤和地下水筛选值				基于保护地下水的土壤筛选值	
英文	中文		resident soil/(mg/kg) 居住用地土壤	industrial soil/(mg/kg) 工业用地土壤	tap water/(μg/L) 自来水	MCL/(μg/L) 地下水最大浓度限值	risk-based SSL/(mg/kg)基于风险的土壤筛选值	MCL-based SSL/(mg/kg)基于地下水最大浓度限值的土壤筛选值
Dichlorophenoxy Acetic Acid，2，4-	2，4-二氯苯氧基乙酸	94-75-7	7.00×10^{2}	9.60×10^{3}	1.70×10^{2}	7.00×10	4.50×10^{-2}	1.80×10^{-2}
Dichlorophenoxy）butyric Acid，4-（2，4-	4-（2，4-二氯苯氧基）丁酸	94-82-6	5.10×10^{2}	6.60×10^{3}	1.20×10^{2}		1.10×10^{-1}	
Dichloropropane，1，2-	1，2-二氯丙烷	78-87-5	1.00	4.40	4.40×10^{-1}	5.00	1.50×10^{-4}	1.70×10^{-3}
Dichloropropane，1，3-	1，3-二氯丙烷	142-28-9	1.60×10^{3}	2.30×10^{4}	3.70×10^{2}		1.30×10^{-1}	
Dichloropropanol，2，3-	2，3-二氯-1-丙醇	616-23-9	1.90×10^{2}	2.50×10^{3}	5.90×10		1.30×10^{-2}	
Dichloropropene，1，3-	1，3-二氯丙烯	542-75-6	1.80	8.20	4.70×10^{-1}		1.70×10^{-4}	
Dichlorvos	敌敌畏	62-73-7	1.90	7.90	2.60×10^{-1}		8.10×10^{-5}	
Dicyclopentadiene	二聚环戊二烯	77-73-6	1.30	5.40	6.30×10^{-1}		2.20×10^{-3}	
Dieldrin	狄氏剂	60-57-1	3.40×10^{-2}	1.40×10^{-1}	1.70×10^{-3}		6.90×10^{-5}	
Diesel Engine Exhaust	柴油机废气	NA						
Diethanolamine	二乙醇胺	111-42-2	1.30×10^{2}	1.60×10^{3}	4.00×10		8.10×10^{-3}	
Diethylene Glycol Monobutyl Ether	二乙二醇丁醚	112-34-5	1.90×10^{3}	2.40×10^{4}	6.00×10^{2}		1.30×10^{-1}	
Diethylene Glycol Monoethyl Ether	二甘醇胺	111-90-0	3.80×10^{3}	4.80×10^{4}	1.20×10^{3}		2.40×10^{-1}	
Diethylformamide	N，N-二乙基甲酰胺	617-84-5	7.80×10	1.20×10^{3}	2.00×10		4.10×10^{-3}	
Diethylstilbestrol	乙烯雌酚	56-53-1	1.60×10^{-3}	6.60×10^{-3}	4.90×10^{-5}		2.70×10^{-5}	

续表

污染物名称		CAS 编号	基于保护人体健康的土壤和地下水筛选值				基于保护地下水的土壤筛选值	
英文	中文		resident soil/(mg/kg) 居住用地土壤	industrial soil/(mg/kg) 工业用地土壤	tap water/(μg/L) 自来水	MCL/(μg/L) 地下水最大浓度限值	risk-based SSL/(mg/kg)基于风险的土壤筛选值	MCL-based SSL/(mg/kg)基于地下水最大浓度限值的土壤筛选值
Difenzoquat	双苯唑快	43222-48-6	5.10×10^{3}	6.60×10^{4}	1.60×10^{3}			
Diflubenzuron	除虫脲	35367-38-5	1.30×10^{3}	1.60×10^{4}	2.90×10^{2}		3.30×10^{-1}	
Difluoroethane，1，1-	1，1-二氟乙烷	75-37-6	4.80×10^{4}	2.00×10^{5}	8.30×10^{4}		2.80×10	
Dihydrosafrole	二氢黄樟素	94-58-6	3.20×10^{-1}	1.40	3.00×10^{-1}		3.70×10^{-4}	
Diisopropyl Ether	异丙醚	108-20-3	2.20×10^{3}	9.40×10^{3}	1.50×10^{3}		3.70×10^{-1}	
Diisopropyl Methylphosphonate	甲基磷酸二异丙酯	1445-75-6	6.30×10^{3}	9.30×10^{4}	1.60×10^{3}		4.50×10^{-1}	
Dimethipin	噻节因	55290-64-7	1.30×10^{3}	1.60×10^{4}	4.00×10^{2}		8.80×10^{-2}	
Dimethoate	乐果	60-51-5	1.30×10	1.60×10^{2}	4.00		9.00×10^{-4}	
Dimethoxybenzidine，3，3′-	3，3′-二甲氧基联苯胺	119-90-4	3.40×10^{-1}	1.40	4.70×10^{-2}		5.70×10^{-5}	
Dimethyl methylphosphonate	甲基膦酸二甲酯	756-79-6	3.20×10^{2}	1.40×10^{3}	4.60×10		9.60×10^{-3}	
Dimethylamino azobenzene [p-]	对二甲氨基偶氮苯	60-11-7	1.20×10^{-1}	5.00×10^{-1}	4.90×10^{-3}		2.10×10^{-5}	
Dimethylanilie HCl，2，4-	2，4-二甲基苯胺盐酸盐	21436-96-4	9.40×10^{-1}	4.00	1.30×10^{-1}		1.20×10^{-4}	
Dimethylaniline，2，4-	2，4-二甲基苯胺	95-68-1	2.70	1.10×10	3.70×10^{-1}		2.10×10^{-4}	
Dimethylaniline，N，N-	二甲基苯胺	121-69-7	1.60×10^{2}	2.30×10^{3}	3.50×10		1.30×10^{-2}	
Dimethylbenzidine，3，3′-	邻联甲苯胺	119-93-7	4.90×10^{-2}	2.10×10^{-1}	6.50×10^{-3}		4.30×10^{-5}	

续表

污染物名称		CAS 编号	基于保护人体健康的土壤和地下水筛选值				基于保护地下水的土壤筛选值	
英文	中文		resident soil/(mg/kg) 居住用地土壤	industrial soil/(mg/kg) 工业用地土壤	tap water/(μg/L) 自来水	MCL/(μg/L) 地下水最大浓度限值	risk-based SSL/(mg/kg)基于风险的土壤筛选值	MCL-based SSL/(mg/kg)基于地下水最大浓度限值的土壤筛选值
Dimethylformamide	二甲基甲酰胺	68-12-2	2.60×10^{3}	1.50×10^{4}	6.10×10		1.20×10^{-2}	
Dimethylhydrazine，1，1-	偏二甲肼	57-14-7	3.20×10^{-1}	1.40	4.20×10^{-3}		9.30×10^{-7}	
Dimethylhydrazine，1，2-	1，2-二甲肼	540-73-8	8.80×10^{-4}	4.10×10^{-3}	2.80×10^{-5}		6.50×10^{-9}	
Dimethylphenol，2，4-	2，4-二甲基苯酚	105-67-9	1.30×10^{3}	1.60×10^{4}	3.60×10^{2}		4.20×10^{-1}	
Dimethylphenol，2，6-	2，6-二甲基苯酚	576-26-1	3.80×10	4.90×10^{2}	1.10×10		1.30×10^{-2}	
Dimethylphenol，3，4-	3，4-二甲酚	95-65-8	6.30×10	8.20×10^{2}	1.80×10		2.10×10^{-2}	
Dimethylvinylchloride	双甲基氯乙烯	513-37-1	2.10×10^{-1}	9.40×10^{-1}	3.30×10^{-1}		2.00×10^{-4}	
Dinitro-o-cresol，4，6-	4，6-二硝基-2-甲基苯酚	534-52-1	5.10	6.60×10	1.50		2.60×10^{-3}	
Dinitro-o-cyclohexyl Phenol，4，6-	4，6-二硝基-2-环己基苯酚	131-89-5	1.30×10^{2}	1.60×10^{3}	2.30×10		7.70×10^{-1}	
Dinitrobenzene，1，2-	1，2-二硝基苯	528-29-0	6.30	8.20×10	1.90		1.80×10^{-3}	
Dinitrobenzene，1，3-	1，3-二硝基苯	99-65-0	6.30	8.20×10	2.00		1.80×10^{-3}	
Dinitrobenzene，1，4-	1，4-二硝基苯	100-25-4	6.30	8.20×10	2.00		1.80×10^{-3}	
Dinitrophenol，2，4-	2，4-二硝基苯酚	51-28-5	1.30×10^{2}	1.60×10^{3}	3.90×10		4.40×10^{-2}	
Dinitrotoluene Mixture，2，4/2，6-	2，4/2，6-二硝基甲苯（混合物）	NA	8.00×10^{-1}	3.40	1.10×10^{-1}		1.50×10^{-4}	
Dinitrotoluene，2，4-	2，4-二硝基甲苯	121-14-2	1.70	7.40	2.40×10^{-1}		3.20×10^{-4}	

续表

污染物名称		CAS 编号	基于保护人体健康的土壤和地下水筛选值				基于保护地下水的土壤筛选值	
英文	中文		resident soil/(mg/kg)居住用地土壤	industrial soil/(mg/kg)工业用地土壤	tap water/(μg/L)自来水	MCL/(μg/L)地下水最大浓度限值	risk-based SSL/(mg/kg)基于风险的土壤筛选值	MCL-based SSL/(mg/kg)基于地下水最大浓度限值的土壤筛选值
Dinitrotoluene，2，6-	2，6-二硝基甲苯	606-20-2	3.60×10^{-1}	1.50	4.80×10^{-2}		6.70×10^{-5}	
Dinitrotoluene，2-Amino-4，6-	2-氨基-4，6-二硝基甲苯	35572-78-2	1.50×10^{2}	2.30×10^{3}	3.90×10		3.00×10^{-2}	
Dinitrotoluene，4-Amino-2，6-	4-氨基-2，6-二硝基甲苯	19406-51-0	1.50×10^{2}	2.30×10^{3}	3.90×10		3.00×10^{-2}	
Dinitrotoluene，Technical grade	二硝基甲苯（工业级）	25321-14-6	1.20	5.10	1.60×10^{-1}		2.20×10^{-4}	
Dinoseb	地乐酚	88-85-7	6.30×10	8.20×10^{2}	1.50×10	7.00	1.30×10^{-1}	6.20×10^{-2}
Dioxane，1，4-	1，4-二氧六环	123-91-1	5.30	2.40×10	4.60×10^{-1}		9.40×10^{-5}	
Dioxins	二噁英类							
Hexachlorodibenzo-p-dioxin，Mixture	六氯二苯-4-二噁英（混合物）	NA	1.00×10^{-4}	4.70×10^{-4}	1.30×10^{-5}		1.70×10^{-5}	
TCDD，2，3，7，8-	二噁英（TCDD2378）	1746-01-6	4.80×10^{-6}	2.20×10^{-5}	1.20×10^{-7}	3.00×10^{-5}	5.90×10^{-8}	1.50×10^{-5}
Diphenamid	草乃敌	957-51-7	1.90×10^{3}	2.50×10^{4}	5.30×10^{2}		5.20	
Diphenyl Sulfone	127-63-9	127-63-9	5.10×10	6.60×10^{2}	1.50×10		3.60×10^{-2}	
Diphenylamine	二苯胺	122-39-4	1.60×10^{3}	2.10×10^{4}	3.10×10^{2}		5.80×10^{-1}	
Diphenylhydrazine，1，2-	1，2-二苯肼	122-66-7	6.80×10^{-1}	2.90	7.70×10^{-2}		2.50×10^{-4}	
Diquat	敌草快	85-00-7	1.40×10^{2}	1.80×10^{3}	4.40×10	2.00×10	8.30×10^{-1}	3.70×10^{-1}

续表

污染物名称		CAS 编号	基于保护人体健康的土壤和地下水筛选值				基于保护地下水的土壤筛选值	
英文	中文		resident soil/(mg/kg)居住用地土壤	industrial soil/(mg/kg)工业用地土壤	tap water/(μg/L)自来水	MCL/(μg/L)地下水最大浓度限值	risk-based SSL/(mg/kg)基于风险的土壤筛选值	MCL-based SSL/(mg/kg)基于地下水最大浓度限值的土壤筛选值
Direct Black 38	偶氮黑 E	1937-37-7	7.60×10^{-2}	3.20×10^{-1}	1.10×10^{-2}		5.30	
Direct Blue 6	二氨基蓝 BB	2602-46-2	7.30×10^{-2}	3.10×10^{-1}	1.10×10^{-2}		1.70×10	
Direct Brown 95	直接棕 95	16071-86-6	8.10×10^{-2}	3.40×10^{-1}	1.20×10^{-2}			
Disulfoton	乙拌磷	298-04-4	2.50	3.30×10	5.00×10^{-1}		9.40×10^{-4}	
Dithiane，1，4-	1，4-二噻烷	505-29-3	7.80×10^{2}	1.20×10^{4}	2.00×10^{2}		9.70×10^{-2}	
Diuron	敌草隆	330-54-1	1.30×10^{2}	1.60×10^{3}	3.60×10		1.50×10^{-2}	
Dodine	多果定	2439-10-3	2.50×10^{2}	3.30×10^{3}	8.00×10		4.10×10^{-1}	
EPTC	茵草敌	759-94-4	2.00×10^{3}	2.90×10^{4}	3.80×10^{2}		2.00×10^{-1}	
Endosulfan	硫丹	115-29-7	4.70×10^{2}	7.00×10^{3}	1.00×10^{2}		1.40	
Endothall	草多索	145-73-3	1.30×10^{3}	1.60×10^{4}	3.80×10^{2}	1.00×10^{2}	9.10×10^{-2}	2.40×10^{-2}
Endrin	异狄氏剂	72-20-8	1.90×10	2.50×10^{2}	2.30	2.00	9.20×10^{-2}	8.10×10^{-2}
Epichlorohydrin	环氧氯丙烷	106-89-8	1.90×10	8.20×10	2.00		4.50×10^{-4}	
Epoxybutane，1，2-	1，2-环氧丁烷	106-88-7	1.60×10^{2}	6.70×10^{2}	4.20×10		9.20×10^{-3}	
Ethephon	乙烯利	16672-87-0	3.20×10^{2}	4.10×10^{3}	1.00×10^{2}		2.10×10^{-2}	
Ethion	乙硫磷	563-12-2	3.20×10	4.10×10^{2}	4.30		8.50×10^{-3}	
Ethoxyethanol Acetate，2-	乙二醇乙醚醋酸酯	111-15-9	2.60×10^{3}	1.40×10^{4}	1.20×10^{2}		2.50×10^{-2}	
Ethoxyethanol，2-	乙二醇单乙醚	110-80-5	5.20×10^{3}	4.70×10^{4}	3.40×10^{2}		6.80×10^{-2}	

续表

污染物名称		CAS 编号	基于保护人体健康的土壤和地下水筛选值				基于保护地下水的土壤筛选值	
英文	中文		resident soil/(mg/kg) 居住用地土壤	industrial soil/(mg/kg) 工业用地土壤	tap water/(μg/L) 自来水	MCL/(μg/L) 地下水最大浓度限值	risk-based SSL/(mg/kg)基于风险的土壤筛选值	MCL-based SSL/(mg/kg)基于地下水最大浓度限值的土壤筛选值
Ethyl Acetate	乙酸乙酯	141-78-6	6.20×10^{2}	2.60×10^{3}	1.40×10^{2}		3.10×10^{-2}	
Ethyl Acrylate	丙烯酸乙酯	140-88-5	1.40×10	6.80×10	1.60		3.50×10^{-4}	
Ethyl Chloride (Chloroethane)	氯乙烷	75-00-3	1.40×10^{4}	5.70×10^{4}	2.10×10^{4}		5.90	
Ethyl Ether	乙醚	60-29-7	1.60×10^{4}	2.30×10^{5}	3.90×10^{3}		8.80×10^{-1}	
Ethyl Methacrylate	甲基丙烯酸乙酯	97-63-2	1.40×10^{3}	7.10×10^{3}	4.60×10^{2}		1.10×10^{-1}	
Ethyl-p-nitrophenyl Phosphonate	苯硫磷	2104-64-5	6.30×10^{-1}	8.20	8.90×10^{-2}		2.80×10^{-3}	
Ethylbenzene	乙苯	100-41-4	5.80	2.50×10	1.50	7.00×10^{2}	1.70×10^{-3}	7.80×10^{-1}
Ethylene Cyanohydrin	3-羟基丙腈	109-78-4	4.40×10^{3}	5.70×10^{4}	1.40×10^{3}		2.80×10^{-1}	
Ethylene Diamine	乙二胺	107-15-3	7.00×10^{3}	1.10×10^{5}	1.80×10^{3}		4.10×10^{-1}	
Ethylene Glycol	乙二醇	107-21-1	1.30×10^{5}	1.60×10^{6}	4.00×10^{4}		8.10	
Ethylene Glycol Monobutyl Ether	2-丁氧基乙醇	111-76-2	6.30×10^{3}	8.20×10^{4}	2.00×10^{3}		4.10×10^{-1}	
Ethylene Oxide	环氧乙烷	75-21-8	1.80×10^{-1}	7.90×10^{-1}	5.10×10^{-2}		1.10×10^{-5}	
Ethylene Thiourea	乙烯硫脲	96-45-7	5.10	5.10×10	1.60		3.60×10^{-4}	
Ethyleneimine	氮丙啶	151-56-4	2.70×10^{-3}	1.20×10^{-2}	2.40×10^{-4}		5.20×10^{-8}	
Ethylphthalyl Ethyl Glycolate	乙基邻苯二酰乙醇酸乙酯	84-72-0	1.90×10^{5}	2.50×10^{6}	5.80×10^{4}		1.30×10^{2}	
Express	苯磺隆	101200-48-0	5.10×10^{2}	6.60×10^{3}	1.60×10^{2}		6.10×10^{-2}	

续表

污染物名称		CAS 编号	基于保护人体健康的土壤和地下水筛选值				基于保护地下水的土壤筛选值	
英文	中文		resident soil/(mg/kg) 居住用地土壤	industrial soil/(mg/kg) 工业用地土壤	tap water/(μg/L) 自来水	MCL/(μg/L) 地下水最大浓度限值	risk-based SSL/(mg/kg)基于风险的土壤筛选值	MCL-based SSL/(mg/kg)基于地下水最大浓度限值的土壤筛选值
Fenamiphos	灭线灵	22224-92-6	1.60×10	2.10×10^{2}	4.40		4.30×10^{-3}	
Fenpropathrin	甲氰菊酯	39515-41-8	1.60×10^{3}	2.10×10^{4}	6.40×10		2.90	
Fluometuron	伏草隆	2164-17-2	8.20×10^{2}	1.10×10^{4}	2.40×10^{2}		1.90×10^{-1}	
Fluoride	氟化物	16984-48-8	3.10×10^{3}	4.70×10^{4}	8.00×10^{2}		1.20×10^{2}	
Fluorine（Soluble Fluoride）	氟（可溶）	7782-41-4	4.70×10^{3}	7.00×10^{4}	1.20×10^{3}	4.00×10^{3}	1.80×10^{2}	6.00×10^{2}
Fluridone	氟啶酮	59756-60-4	5.10×10^{3}	6.60×10^{4}	1.40×10^{3}		1.60×10^{2}	
Flurprimidol	呋嘧醇	56425-91-3	1.30×10^{3}	1.60×10^{4}	3.40×10^{2}		1.60	
Flutolanil	氟担菌宁	66332-96-5	3.80×10^{3}	4.90×10^{4}	9.50×10^{2}		5.00	
Fluvalinate	氟胺氰菊酯	69409-94-5	6.30×10^{2}	8.20×10^{3}	2.00×10^{2}		2.90×10^{2}	
Folpet	灭菌丹	133-07-3	1.60×10^{2}	6.60×10^{2}	2.00×10		4.70×10^{-3}	
Fomesafen	氟磺胺草醚	72178-02-0	2.90	1.20×10	3.90×10^{-1}		1.30×10^{-3}	
Fonofos	地虫磷	944-22-9	1.30×10^{2}	1.60×10^{3}	2.40×10		4.70×10^{-2}	
Formaldehyde	甲醛	50-00-0	1.70×10	7.30×10	4.30×10^{-1}		8.70×10^{-5}	
Formic Acid	甲酸	64-18-6	2.90×10	1.20×10^{2}	6.30×10^{-1}		1.30×10^{-4}	
Fosetyl-AL	乙膦铝	39148-24-8	1.90×10^{5}	2.50×10^{6}	6.00×10^{4}			
Furans	呋喃类							
Dibenzofuran	二苯并呋喃	132-64-9	7.30×10	1.00×10^{3}	7.90		1.50×10^{-1}	

续表

污染物名称		CAS 编号	基于保护人体健康的土壤和地下水筛选值				基于保护地下水的土壤筛选值	
英文	中文		resident soil/(mg/kg) 居住用地土壤	industrial soil/(mg/kg) 工业用地土壤	tap water/(μg/L) 自来水	MCL/(μg/L) 地下水最大浓度限值	risk-based SSL/(mg/kg)基于风险的土壤筛选值	MCL-based SSL/(mg/kg)基于地下水最大浓度限值的土壤筛选值
~Furan	呋喃	110-00-9	7.30×10	1.00×10^{3}	1.90×10		7.30×10^{-3}	
Tetrahydrofuran	四氢呋喃	109-99-9	1.80×10^{4}	9.60×10^{4}	3.40×10^{3}		7.50×10^{-1}	
Furazolidone	呋喃唑酮	67-45-8	1.40×10^{-1}	6.00×10^{-1}	2.00×10^{-2}		3.90×10^{-5}	
Furfural	糠醛	98-01-1	2.10×10^{2}	2.60×10^{3}	3.80×10		8.10×10^{-3}	
Furium	#N/A	531-82-8	3.60×10^{-1}	1.50	5.00×10^{-2}		6.80×10^{-5}	
Furmecyclox	拌种胺	60568-05-0	1.80×10	7.70×10	1.10		1.20×10^{-3}	
Glufosinate，Ammonium	草铵膦	77182-82-2	2.50×10	3.30×10^{2}	8.00		1.80×10^{-3}	
Glutaraldehyde	戊二醛	111-30-8	1.10×10^{5}	4.80×10^{5}				
Glycidyl	环氧丙醛	765-34-4	2.20×10	1.90×10^{2}	1.70		3.30×10^{-4}	
Glyphosate	草甘膦	1071-83-6	6.30×10^{3}	8.20×10^{4}	2.00×10^{3}	7.00×10^{2}	8.80	3.10
Goal	乙氧氟草醚	42874-03-3	1.90×10^{2}	2.50×10^{3}	3.20×10		2.50	
Guanidine	胍	113-00-8	7.80×10^{2}	1.20×10^{4}	2.00×10^{2}		4.50×10^{-2}	
Guanidine Chloride	盐酸胍	50-01-1	1.30×10^{3}	1.60×10^{4}	4.00×10^{2}			
Guthion	甲基谷硫磷	86-50-0	1.90×10^{2}	2.50×10^{3}	5.60×10		1.70×10^{-2}	
Haloxyfop，Methyl	氟吡甲禾灵	69806-40-2	3.20	4.10×10	7.60×10^{-1}		8.40×10^{-3}	
Harmony	噻吩磺隆	79277-27-3	8.20×10^{2}	1.10×10^{4}	2.60×10^{2}		7.80×10^{-2}	
Heptachlor	七氯	76-44-8	1.30×10^{-1}	6.30×10^{-1}	1.40×10^{-3}	4.00×10^{-1}	1.10×10^{-4}	3.30×10^{-2}
Heptachlor Epoxide	环氧七氯	1024-57-3	7.00×10^{-2}	3.30×10^{-1}	1.40×10^{-3}	2.00×10^{-1}	2.80×10^{-5}	4.10×10^{-3}

续表

污染物名称		CAS 编号	基于保护人体健康的土壤和地下水筛选值				基于保护地下水的土壤筛选值	
英文	中文		resident soil/(mg/kg) 居住用地土壤	industrial soil/(mg/kg) 工业用地土壤	tap water/(μg/L) 自来水	MCL/(μg/L) 地下水最大浓度限值	risk-based SSL/(mg/kg)基于风险的土壤筛选值	MCL-based SSL/(mg/kg)基于地下水最大浓度限值的土壤筛选值
Hexabromobenzene	六溴苯	87-82-1	1.60×10^{2}	2.30×10^{3}	4.00×10		2.30×10^{-1}	
Hexabromodiphenyl ether，2，2′，4，4′，5，5′-（BDE-153）	2，2′，4，4′，5，5′-（BDE-153）-六溴联苯醚	68631-49-2	1.30×10	1.60×10^{2}	4.00			
Hexachlorobenzene	六氯苯	118-74-1	2.10×10^{-1}	9.60×10^{-1}	9.80×10^{-3}	1.00	1.20×10^{-4}	1.30×10^{-2}
Hexachlorobutadiene	六氯丁二烯	87-68-3	1.20	5.30	1.40×10^{-1}		2.60×10^{-4}	
Hexachlorocyclohexane，Alpha-	α-六六六	319-84-6	8.60×10^{-2}	3.60×10^{-1}	7.10×10^{-3}		4.10×10^{-5}	
Hexachlorocyclohexane，Beta-	β-六六六	319-85-7	3.00×10^{-1}	1.30	2.50×10^{-2}		1.40×10^{-4}	
Hexachlorocyclohexane，Gamma-（Lindane）	林丹	58-89-9	5.70×10^{-1}	2.50	4.10×10^{-2}	2.00×10^{-1}	2.40×10^{-4}	1.20×10^{-3}
Hexachlorocyclohexane，Technical	氯代环烷烃	608-73-1	3.00×10^{-1}	1.30	2.50×10^{-2}		1.40×10^{-4}	
Hexachlorocyclopentadiene	六氯环戊二烯	77-47-4	1.80	7.50	4.10×10^{-1}	5.00×10	1.30×10^{-3}	1.60×10^{-1}
Hexachloroethane	六氯乙烷	67-72-1	1.80	8.00	3.30×10^{-1}		2.00×10^{-4}	
Hexachlorophene	六氯酚	70-30-4	1.90×10	2.50×10^{2}	6.00		8.00	
Hexahydro-1，3，5-trinitro-1，3，5-triazine（RDX）	1，3，5-三硝基六氢-1，3，5-三嗪	121-82-4	6.10	2.80×10	7.00×10^{-1}		2.70×10^{-4}	

续表

污染物名称		CAS 编号	基于保护人体健康的土壤和地下水筛选值				基于保护地下水的土壤筛选值	
英文	中文		resident soil/(mg/kg) 居住用地土壤	industrial soil/(mg/kg) 工业用地土壤	tap water/(μg/L) 自来水	MCL/(μg/L) 地下水最大浓度限值	risk-based SSL/(mg/kg)基于风险的土壤筛选值	MCL-based SSL/(mg/kg)基于地下水最大浓度限值的土壤筛选值
Hexamethylene Diisocyanate，1，6-	1，6-六亚甲基二异氰酸酯	822-06-0	3.10	1.30×10	2.10×10^{-2}		2.10×10^{-4}	
Hexamethylphosphoramide	六甲基磷酸三铵	680-31-9	2.50×10	3.30×10^{2}	8.00		1.80×10^{-3}	
Hexane，N-	正己烷	110-54-3	5.40×10^{2}	2.50×10^{3}	3.20×10^{2}		2.30	
Hexanedioic Acid	己二酸	124-04-9	1.30×10^{5}	1.60×10^{6}	4.00×10^{4}		9.90	
Hexanone，2-	2-己酮	591-78-6	2.00×10^{2}	1.30×10^{3}	3.80×10		8.80×10^{-3}	
Hexazinone	环嗪酮	51235-04-2	2.10×10^{3}	2.70×10^{4}	6.40×10^{2}		3.00×10^{-1}	
Hydrazine	肼	302-01-2	2.30×10^{-1}	1.10	1.10×10^{-3}			
Hydrazine Sulfate	硫酸肼	10034-93-2	2.30×10^{-1}	1.10	2.60×10^{-2}			
Hydrogen Chloride	盐酸	7647-01-0	2.80×10^{7}	1.20×10^{8}	4.20×10			
Hydrogen Fluoride	氟酸氢	7664-39-3	3.10×10^{3}	4.70×10^{4}	2.80×10			
Hydrogen Sulfide	硫化氢	7783-06-4	2.80×10^{6}	1.20×10^{7}	4.20			
Hydroquinone	对苯二酚	123-31-9	9.00	3.80×10	1.30		8.70×10^{-4}	
Imazalil	恩康唑	35554-44-0	8.20×10^{2}	1.10×10^{4}	1.90×10^{2}		3.20	
Imazaquin	灭草喹	81335-37-7	1.60×10^{4}	2.10×10^{5}	4.90×10^{3}		2.40×10	
Iodine	碘	7553-56-2	7.80×10^{2}	1.20×10^{4}	2.00×10^{2}		1.20×10	
Iprodione	异菌脲	36734-19-7	2.50×10^{3}	3.30×10^{4}	7.40×10^{2}		2.20×10^{-1}	
Iron	铁	7439-89-6	5.50×10^{4}	8.20×10^{5}	1.40×10^{4}		3.50×10^{2}	

续表

污染物名称		CAS 编号	基于保护人体健康的土壤和地下水筛选值				基于保护地下水的土壤筛选值	
英文	中文		resident soil/(mg/kg) 居住用地土壤	industrial soil/(mg/kg) 工业用地土壤	tap water/(μg/L) 自来水	MCL/(μg/L) 地下水最大浓度限值	risk-based SSL/(mg/kg)基于风险的土壤筛选值	MCL-based SSL/(mg/kg)基于地下水最大浓度限值的土壤筛选值
Isobutyl Alcohol	异丁醇	78-83-1	2.30×10^{4}	3.50×10^{5}	5.90×10^{3}		1.20	
Isophorone	异氟乐酮	78-59-1	5.70×10^{2}	2.40×10^{3}	7.80×10		2.60×10^{-2}	
Isopropalin	异乐灵	33820-53-0	1.20×10^{3}	1.80×10^{4}	4.00×10		9.20×10^{-1}	
Isopropanol	异丙醇	67-63-0	5.60×10^{3}	2.40×10^{4}	4.10×10^{2}		8.40×10^{-2}	
Isopropyl Methyl Phosphonic Acid	异丙基甲基膦酸	1832-54-8	6.30×10^{3}	8.20×10^{4}	2.00×10^{3}		4.30×10^{-1}	
Isoxaben	异噁草胺	82558-50-7	3.20×10^{3}	4.10×10^{4}	7.30×10^{2}		2.00	
JP-7	#N/A	NA	4.30×10^{8}	1.80×10^{9}	6.30×10^{2}			
Kerb	拿草特	23950-58-5	4.70×10^{3}	6.20×10^{4}	1.20×10^{3}		1.20	
Lactofen	乳氟禾草灵	77501-63-4	1.30×10^{2}	1.60×10^{3}	2.50×10		1.20	
Lead Compounds	铅化合物							
Lead Chromate	铬酸铅	7758-97-6	3.00×10^{-1}	6.20	4.10×10^{-2}			
Lead Phosphate	磷酸铅	7446-27-7	8.20×10	3.80×10^{2}	9.10			
Lead acetate	醋酸铅	301-04-2	1.90	8.20	2.80×10^{-1}			
Lead and Compounds	铅	7439-92-1	4.00×10^{2}	8.00×10^{2}	1.50×10	1.50×10		1.40×10
Lead subacetate	碱式乙酸铅	1335-32-6	6.40×10	2.70×10^{2}	9.20			
Tetraethyl Lead	四乙基铅	78-00-2	7.80×10^{-3}	1.20×10^{-1}	1.30×10^{-3}		4.70×10^{-6}	
Linuron	利谷隆	330-55-2	1.30×10^{2}	1.60×10^{3}	3.30×10		2.90×10^{-2}	

续表

污染物名称		CAS 编号	基于保护人体健康的土壤和地下水筛选值				基于保护地下水的土壤筛选值	
英文	中文		resident soil/(mg/kg) 居住用地土壤	industrial soil/(mg/kg) 工业用地土壤	tap water/(μg/L) 自来水	MCL/(μg/L) 地下水最大浓度限值	risk-based SSL/(mg/kg)基于风险的土壤筛选值	MCL-based SSL/(mg/kg)基于地下水最大浓度限值的土壤筛选值
Lithium	锂	7439-93-2	1.60×10^{2}	2.30×10^{3}	4.00×10		1.20×10	
Londax	苄黄隆	83055-99-6	1.30×10^{4}	1.60×10^{5}	3.90×10^{3}		1.00	
MCPA	2-甲基-4-氯苯氧乙酸	94-74-6	3.20×10	4.10×10^{2}	7.50		2.00×10^{-3}	
MCPB	2-甲-4-氯丁酸	94-81-5	6.30×10^{2}	8.20×10^{3}	1.50×10^{2}		5.80×10^{-2}	
MCPP	2-（4-氯-2-甲基苯氧基）丙酸	93-65-2	6.30×10	8.20×10^{2}	1.60×10		4.60×10^{-3}	
Malathion	马拉硫磷	121-75-5	1.30×10^{3}	1.60×10^{4}	3.90×10^{2}		1.00×10^{-1}	
Maleic Anhydride	顺丁烯二酸酐	108-31-6	6.30×10^{3}	8.00×10^{4}	1.90×10^{3}		3.80×10^{-1}	
Maleic Hydrazide	顺丁烯二酰肼	123-33-1	3.20×10^{4}	4.10×10^{5}	1.00×10^{4}		2.10	
Malononitrile	丙二腈	109-77-3	6.30	8.20×10	2.00		4.10×10^{-4}	
Mancozeb	代森锰锌	8018-01-7	1.90×10^{3}	2.50×10^{4}	5.40×10^{2}			
Maneb	代森锰	12427-38-2	3.20×10^{2}	4.10×10^{3}	9.80×10		1.40×10^{-1}	
Manganese（Diet）	锰	7439-96-5						
Manganese（Non-diet）	锰（不可食）	7439-96-5	1.80×10^{3}	2.60×10^{4}	4.30×10^{2}		2.80×10	
Mephosfolan	地胺磷	950-10-7	5.70	7.40×10	1.80		2.60×10^{-3}	
Mepiquat Chloride	缩节胺	24307-26-4	1.90×10^{3}	2.50×10^{4}	6.00×10^{2}		2.00×10^{-1}	
Mercury Compounds	汞化合物							

续表

污染物名称		CAS 编号	基于保护人体健康的土壤和地下水筛选值				基于保护地下水的土壤筛选值	
英文	中文		resident soil/(mg/kg) 居住用地土壤	industrial soil/(mg/kg) 工业用地土壤	tap water/(μg/L) 自来水	MCL/(μg/L) 地下水最大浓度限值	risk-based SSL/(mg/kg)基于风险的土壤筛选值	MCL-based SSL/(mg/kg)基于地下水最大浓度限值的土壤筛选值
Mercuric Chloride（and other Mercury salts）	氯化汞	7487-94-7	2.30×10	3.50×10^{2}	5.70	2.00		
Mercury（elemental）	汞	7439-97-6	9.40	4.00×10	6.30×10^{-1}	2.00	3.30×10^{-2}	1.00×10^{-1}
Methyl Mercury	甲基汞	22967-92-6	7.80	1.20×10^{2}	2.00			
Phenylmercuric Acetate	乙酸苯汞	62-38-4	5.10	6.60×10	1.60		5.00×10^{-4}	
Merphos	脱叶亚磷	150-50-5	2.30	3.50×10	6.00×10^{-1}		5.90×10^{-2}	
Merphos Oxide	S，S，S-三丁基三硫代磷酸酯	78-48-8	1.90	2.50×10	8.50×10^{-2}		4.20×10^{-4}	
Metalaxyl	甲霜灵	57837-19-1	3.80×10^{3}	4.90×10^{4}	1.20×10^{3}		3.30×10^{-1}	
Methacrylonitrile	甲基丙烯腈	126-98-7	7.50	1.00×10^{2}	1.90		4.30×10^{-4}	
Methamidophos	甲胺磷	10265-92-6	3.20	4.10×10	1.00		2.10×10^{-4}	
Methanol	甲醇	67-56-1	1.20×10^{5}	1.20×10^{6}	2.00×10^{4}		4.10	
Methidathion	甲巯咪唑	950-37-8	6.30×10	8.20×10^{2}	1.90×10		4.70×10^{-3}	
Methomyl	灭多威	16752-77-5	1.60×10^{3}	2.10×10^{4}	5.00×10^{2}		1.10×10^{-1}	
Methoxy-5-nitroaniline，2-	2-甲氧基-5-硝基苯胺	99-59-2	1.10×10	4.70×10	1.50		5.30×10^{-4}	
Methoxychlor	甲氧氯	72-43-5	3.20×10^{2}	4.10×10^{3}	3.70×10	4.00×10	2.00	2.20
Methoxyethanol Acetate，2-	2-乙二醇甲醚醋酸酯	110-49-6	1.10×10^{2}	5.10×10^{2}	2.10		4.20×10^{-4}	

续表

污染物名称		CAS 编号	基于保护人体健康的土壤和地下水筛选值				基于保护地下水的土壤筛选值	
英文	中文		resident soil/(mg/kg) 居住用地土壤	industrial soil/(mg/kg) 工业用地土壤	tap water/(μg/L) 自来水	MCL/(μg/L) 地下水最大浓度限值	risk-based SSL/(mg/kg)基于风险的土壤筛选值	MCL-based SSL/(mg/kg)基于地下水最大浓度限值的土壤筛选值
Methoxyethanol，2-	乙二醇单甲醚	109-86-4	3.30×10^{2}	3.50×10^{3}	2.90×10		5.90×10^{-3}	
Methyl Acetate	醋酸甲酯	79-20-9	7.80×10^{4}	1.20×10^{6}	2.00×10^{4}		4.10	
Methyl Acrylate	丙烯酸甲酯	96-33-3	1.40×10^{2}	6.00×10^{2}	3.90×10		8.30×10^{-3}	
Methyl Ethyl Ketone（2-Butanone）	2-丁酮	78-93-3	2.70×10^{4}	1.90×10^{5}	5.60×10^{3}		1.20	
Methyl Hydrazine	甲肼	60-34-4	4.40×10^{-1}	1.90	5.60×10^{-3}		1.30×10^{-6}	
Methyl Isobutyl Ketone（4-methyl-2-pentanone）	甲基异丁基甲酮	108-10-1	5.30×10^{3}	5.60×10^{4}	1.20×10^{3}		2.80×10^{-1}	
Methyl Isocyanate	异氰酸甲酯	624-83-9	4.60	1.90×10	2.10		5.90×10^{-4}	
Methyl Methacrylate	甲基丙烯酸甲酯	80-62-6	4.40×10^{3}	1.90×10^{4}	1.40×10^{3}		3.00×10^{-1}	
Methyl Parathion	甲基对硫磷	298-00-0	1.60×10	2.10×10^{2}	4.50		7.40×10^{-3}	
Methyl Phosphonic Acid	甲基膦酸	993-13-5	3.80×10^{3}	4.90×10^{4}	1.20×10^{3}		2.40×10^{-1}	
Methyl Styrene（Mixed Isomers）	甲基苯乙烯	25013-15-4	2.40×10^{2}	1.60×10^{3}	3.80×10		6.20×10^{-2}	
Methyl methanesulfonate	甲基磺酸甲酯	66-27-3	5.50	2.30×10	7.90×10^{-1}		1.60×10^{-4}	
Methyl tert-Butyl Ether（MTBE）	甲基叔丁基醚	1634-04-4	4.70×10	2.10×10^{2}	1.40×10		3.20×10^{-3}	
Methyl-1，4-benzenediamine dihydrochloride，2-	2-甲基-1，4-苯二胺二盐酸盐	615-45-2	1.90×10	2.50×10^{2}	6.00		3.60×10^{-3}	

续表

污染物名称		CAS 编号	基于保护人体健康的土壤和地下水筛选值				基于保护地下水的土壤筛选值	
英文	中文		resident soil/(mg/kg) 居住用地土壤	industrial soil/(mg/kg) 工业用地土壤	tap water/(μg/L) 自来水	MCL/(μg/L) 地下水最大浓度限值	risk-based SSL/(mg/kg)基于风险的土壤筛选值	MCL-based SSL/(mg/kg)基于地下水最大浓度限值的土壤筛选值
Methyl-5-Nitroaniline，2-	5-硝基-邻-甲苯胺	99-55-8	6.00×10	2.60×10^{2}	8.10		4.50×10^{-3}	
Methyl-N-nitro-N-nitroso guanidine，N-	N-甲基-N-硝基-N-亚硝基胍	70-25-7	6.50×10^{-2}	2.80×10^{-1}	9.40×10^{-3}		3.20×10^{-6}	
Methylaniline Hydrochloride，2-	2-甲基苯胺盐酸盐	636-21-5	4.20	1.80×10	6.00×10^{-1}		2.60×10^{-4}	
Methylarsonic acid	甲基胂酸	124-58-3	6.30×10^{2}	8.20×10^{3}	2.00×10^{2}			
Methylbenzene，1-4-diamine monohydrochloride，2-	2-甲基苯-1-4 二胺盐酸盐	74612-12-7	1.30×10	1.60×10^{2}	4.00			
Methylbenzene-1，4-diamine sulfate，2-	2-甲基苯-1，4-二胺硫酸盐	615-50-9	5.40	2.30×10	7.80×10^{-1}			
Methylcholanthrene，3-	3-甲基胆蒽	56-49-5	5.50×10^{-3}	1.00×10^{-1}	1.10×10^{-3}		2.20×10^{-3}	
Methylene Chloride	二氯甲烷	75-09-2	5.70×10	1.00×10^{3}	1.14×10	5.00	2.91×10^{-3}	1.30×10^{-3}
Methylene-bis（2-chloroaniline），4，4′-	4，4′-二氨基-3，3′-二氯二苯甲烷	101-14-4	1.20	2.30×10	1.60×10^{-1}		1.80×10^{-3}	
Methylene-bis（N，N-dimethyl）Aniline，4，4′-	4，4′-亚甲基-双（N，N-二甲基）苯胺	101-61-1	1.20×10	5.00×10	4.60×10^{-1}		2.60×10^{-3}	
Methylenebisbenzenamine，4，4′-	4，4′-亚甲基双苯胺	101-77-9	3.40×10^{-1}	1.40	4.70×10^{-2}		2.10×10^{-4}	

续表

污染物名称		CAS 编号	基于保护人体健康的土壤和地下水筛选值				基于保护地下水的土壤筛选值	
英文	中文		resident soil/(mg/kg) 居住用地土壤	industrial soil/(mg/kg) 工业用地土壤	tap water/(μg/L) 自来水	MCL/(μg/L) 地下水最大浓度限值	risk-based SSL/(mg/kg)基于风险的土壤筛选值	MCL-based SSL/(mg/kg)基于地下水最大浓度限值的土壤筛选值
Methylenediphenyl Diisocyanate	亚甲基二异氰酸酯	101-68-8	8.50×10^{5}	3.60×10^{6}				
Methylstyrene，Alpha-	α-甲基苯乙烯	98-83-9	5.50×10^{3}	8.20×10^{4}	7.80×10^{2}		1.20	
Metolachlor	异丙甲草胺	51218-45-2	9.50×10^{3}	1.20×10^{5}	2.70×10^{3}		3.20	
Metribuzin	赛克津	21087-64-9	1.60×10^{3}	2.10×10^{4}	4.90×10^{2}		1.50×10^{-1}	
Mineral oils	矿物油	8012-95-1	2.30×10^{5}	3.50×10^{6}	6.00×10^{4}		2.40×10^{3}	
Mirex	灭蚁灵	2385-85-5	3.60×10^{-2}	1.70×10^{-1}	8.80×10^{-4}		6.30×10^{-4}	
Molinate	禾草敌	2212-67-1	1.30×10^{2}	1.60×10^{3}	3.00×10		1.70×10^{-2}	
Molybdenum	钼	7439-98-7	3.90×10^{2}	5.80×10^{3}	1.00×10^{2}		2.00	
Monochloramine	一氯胺	10599-90-3	7.80×10^{3}	1.20×10^{5}	2.00×10^{3}	4.00×10^{3}		
Monomethylaniline	甲基苯胺	100-61-8	1.30×10^{2}	1.60×10^{3}	3.80×10		1.40×10^{-2}	
N，N′-Diphenyl-1，4-benzenediamine	N，N′-二苯基-1，4-苯二胺	74-31-7	1.90×10	2.50×10^{2}	3.60		3.70×10^{-1}	
Naled	二溴磷	300-76-5	1.60×10^{2}	2.30×10^{3}	4.00×10		1.80×10^{-2}	
Naphtha，High Flash Aromatic（HFAN）	石脑油，高闪点芳烃（HFAN）	64742-95-6	2.30×10^{3}	3.50×10^{4}	1.50×10^{2}			
Naphthylamine，2-	2-萘胺	91-59-8	3.00×10^{-1}	1.30	3.90×10^{-2}		2.00×10^{-4}	
Napropamide	敌草胺	15299-99-7	6.30×10^{3}	8.20×10^{4}	1.60×10^{3}		1.10×10	
Nickel Acetate	乙酸镍	373-02-4	6.70×10^{2}	8.10×10^{3}	2.20×10^{2}			

续表

污染物名称		CAS 编号	基于保护人体健康的土壤和地下水筛选值				基于保护地下水的土壤筛选值	
英文	中文		resident soil/(mg/kg) 居住用地土壤	industrial soil/(mg/kg) 工业用地土壤	tap water/(μg/L) 自来水	MCL/(μg/L) 地下水最大浓度限值	risk-based SSL/(mg/kg)基于风险的土壤筛选值	MCL-based SSL/(mg/kg)基于地下水最大浓度限值的土壤筛选值
Nickel Carbonate	碳酸镍	3333-67-3	6.70×10^{2}	8.10×10^{3}	2.20×10^{2}			
Nickel Carbonyl	羰基镍	13463-39-3	8.20×10^{2}	1.10×10^{4}	2.20×10^{-2}			
Nickel Hydroxide	氢氧化镍	12054-48-7	8.20×10^{2}	1.10×10^{4}	2.00×10^{2}			
Nickel Oxide	氧化镍	1313-99-1	8.40×10^{2}	1.20×10^{4}	2.00×10^{2}			
Nickel Refinery Dust	镍粉尘	NA	8.20×10^{2}	1.10×10^{4}	2.20×10^{2}		3.20×10	
Nickel Soluble Salts	可溶性镍	7440-02-0	1.50×10^{3}	2.20×10^{4}	3.90×10^{2}		2.60×10	
Nickel Subsulfide	硫化镍	12035-72-2	4.10×10^{-1}	1.90	4.50×10^{-2}			
Nickelocene	二茂镍	1271-28-9	6.70×10^{2}	8.10×10^{3}	2.20×10^{2}			
Nitrate	硝酸钾	14797-55-8	1.30×10^{5}	1.90×10^{6}	3.20×10^{4}	1.00×10^{4}		
Nitrate+Nitrite（as N）	亚硝酸盐	NA				1.00×10^{4}		
Nitrite	亚硝酸盐	14797-65-0	7.80×10^{3}	1.20×10^{5}	2.00×10^{3}	1.00×10^{3}		
Nitroaniline，2-	2-硝基苯胺	88-74-4	6.30×10^{2}	8.00×10^{3}	1.90×10^{2}		8.00×10^{-2}	
Nitroaniline，4-	4-硝基苯胺	100-01-6	2.70×10	1.10×10^{2}	3.80		1.60×10^{-3}	
Nitrobenzene	硝基苯	98-95-3	5.10	2.20×10	1.40×10^{-1}		9.20×10^{-5}	
Nitrocellulose	硝化纤维	9004-70-0	1.90×10^{8}	2.50×10^{9}	6.00×10^{7}		1.30×10^{4}	
Nitrofurantoin	呋喃坦啶	67-20-9	4.40×10^{3}	5.70×10^{4}	1.40×10^{3}		6.10×10^{-1}	
Nitrofurazone	呋喃西林	59-87-0	4.20×10^{-1}	1.80	6.00×10^{-2}		5.40×10^{-5}	
Nitroglycerin	硝化甘油	55-63-0	6.30	8.20×10	2.00		8.50×10^{-4}	

续表

污染物名称		CAS 编号	基于保护人体健康的土壤和地下水筛选值				基于保护地下水的土壤筛选值	
英文	中文		resident soil/(mg/kg) 居住用地土壤	industrial soil/(mg/kg) 工业用地土壤	tap water/(μg/L) 自来水	MCL/(μg/L) 地下水最大浓度限值	risk-based SSL/(mg/kg)基于风险的土壤筛选值	MCL-based SSL/(mg/kg)基于地下水最大浓度限值的土壤筛选值
Nitroguanidine	硝基胍	556-88-7	6.30×10^{3}	8.20×10^{4}	2.00×10^{3}		4.80×10^{-1}	
Nitromethane	硝基甲烷	75-52-5	5.40	2.40×10	6.40×10^{-1}		1.40×10^{-4}	
Nitropropane，2-	2-硝基丙烷	79-46-9	1.40×10^{-2}	6.00×10^{-2}	2.10×10^{-3}		5.40×10^{-7}	
Nitroso-N-ethylurea，N-	N-亚硝基-N-乙基脲	759-73-9	4.50×10^{-3}	8.50×10^{-2}	9.20×10^{-4}		2.20×10^{-7}	
Nitroso-N-methylurea，N-	N-亚硝基-N-甲基脲	684-93-5	1.00×10^{-3}	1.90×10^{-2}	2.10×10^{-4}		4.60×10^{-8}	
Nitroso-di-N-butylamine，N-	亚硝基二丁胺	924-16-3	9.90×10^{-2}	4.60×10^{-1}	2.70×10^{-3}		5.50×10^{-6}	
Nitroso-di-N-propylamine，N-	N-亚硝基二正丙胺	621-64-7	7.80×10^{-2}	3.30×10^{-1}	1.10×10^{-2}		8.10×10^{-6}	
Nitrosodiethanolamine，N-	二乙醇亚硝胺	1116-54-7	1.90×10^{-1}	8.20×10^{-1}	2.80×10^{-2}		5.60×10^{-6}	
Nitrosodiethylamine，N-	N-亚硝基二乙胺	55-18-5	8.10×10^{-4}	1.50×10^{-2}	1.70×10^{-4}		6.00×10^{-8}	
Nitrosodimethylamine，N-	N-亚硝基二甲胺	62-75-9	2.00×10^{-3}	3.40×10^{-2}	1.12×10^{-4}		2.75×10^{-8}	
Nitrosodiphenylamine，N-	N-亚硝基二苯胺	86-30-6	1.10×10^{2}	4.70×10^{2}	1.20×10		6.60×10^{-2}	
Nitrosomethylethylamine，N-	N-亚硝基甲基乙胺	10595-95-6	2.00×10^{-2}	9.10×10^{-2}	7.10×10^{-4}		2.00×10^{-7}	
Nitrosomorpholine[N-]	N-亚硝基吗啉	59-89-2	8.10×10^{-2}	3.40×10^{-1}	1.20×10^{-2}		2.80×10^{-6}	
Nitrosopiperidine[N-]	N-亚硝基哌啶	100-75-4	5.80×10^{-2}	2.40×10^{-1}	8.20×10^{-3}		4.40×10^{-6}	
Nitrosopyrrolidine，N-	1-亚硝基吡咯烷	930-55-2	2.60×10^{-1}	1.10	3.70×10^{-2}		1.40×10^{-5}	

续表

污染物名称		CAS 编号	基于保护人体健康的土壤和地下水筛选值				基于保护地下水的土壤筛选值	
英文	中文		resident soil/(mg/kg) 居住用地土壤	industrial soil/(mg/kg) 工业用地土壤	tap water/(μg/L) 自来水	MCL/(μg/L) 地下水最大浓度限值	risk-based SSL/(mg/kg)基于风险的土壤筛选值	MCL-based SSL/(mg/kg)基于地下水最大浓度限值的土壤筛选值
Nitrotoluene，m-	3-硝基甲苯	99-08-1	6.30	8.20×10	1.70		1.60×10^{-3}	
Nitrotoluene，o-	2-硝基甲苯	88-72-2	3.20	1.50×10	3.10×10^{-1}		2.90×10^{-4}	
Nitrotoluene，p-	4-硝基甲苯	99-99-0	3.40×10	1.40×10^{2}	4.20		3.90×10^{-3}	
Nonane，n-	n-壬烷	111-84-2	1.10×10	7.20×10	5.30		7.50×10^{-2}	
Norflurazon	达草灭	27314-13-2	2.50×10^{3}	3.30×10^{4}	7.70×10^{2}		5.00	
Nustar	福星	85509-19-9	4.40×10	5.70×10^{2}	1.10×10		1.80	
Octabromodiphenyl Ether	八溴二苯醚	32536-52-0	1.90×10^{2}	2.50×10^{3}	6.00×10		1.20×10	
Octahydro-1，3，5，7-tetranitro-1，3，5，7-tetrazocine（HMX）	奥克托今	2691-41-0	3.90×10^{3}	5.70×10^{4}	1.00×10^{3}		1.30	
Octamethylpyrophosphoramide	八甲磷	152-16-9	1.30×10^{2}	1.60×10^{3}	4.00×10		9.60×10^{-3}	
Oryzalin	安磺灵	19044-88-3	3.20×10^{3}	4.10×10^{4}	8.10×10^{2}		1.50	
Oxadiazon	噁草酮	19666-30-9	3.20×10^{2}	4.10×10^{3}	4.70×10		4.80×10^{-1}	
Oxamyl	杀线威	23135-22-0	1.60×10^{3}	2.10×10^{4}	5.00×10^{2}	2.00×10^{2}	1.10×10^{-1}	4.40×10^{-2}
Paclobutrazol	多效唑	76738-62-0	8.20×10^{2}	1.10×10^{4}	2.30×10^{2}		4.60×10^{-1}	
Paraquat Dichloride	百草枯	1910-42-5	2.80×10^{2}	3.70×10^{3}	9.00×10		1.20	
Parathion	对硫磷	56-38-2	3.80×10^{2}	4.90×10^{3}	8.60×10		4.30×10^{-1}	
Pebulate	克草猛	1114-71-2	3.90×10^{3}	5.80×10^{4}	5.60×10^{2}		4.50×10^{-1}	

续表

污染物名称		CAS 编号	基于保护人体健康的土壤和地下水筛选值				基于保护地下水的土壤筛选值	
英文	中文		resident soil/(mg/kg) 居住用地土壤	industrial soil/(mg/kg) 工业用地土壤	tap water/(μg/L) 自来水	MCL/(μg/L) 地下水最大浓度限值	risk-based SSL/(mg/kg)基于风险的土壤筛选值	MCL-based SSL/(mg/kg)基于地下水最大浓度限值的土壤筛选值
Pendimethalin	二甲戊乐灵	40487-42-1	2.50×10^{3}	3.30×10^{4}	1.80×10^{2}		2.10	
Pentabromodiphenyl Ether	五溴联苯醚	32534-81-9	1.30×10^{2}	1.60×10^{3}	4.00×10		1.70	
Pentabromodiphenyl ether，2，2′，4，4′，5-（BDE-99）	2，2′，4，4′，5-（BDE-99）-五溴联苯醚	60348-60-9	6.30	8.20×10	2.00		8.70×10^{-2}	
Pentachlorobenzene	五氯苯	608-93-5	6.30×10	9.30×10^{2}	3.20		2.40×10^{-2}	
Pentachloroethane	五氯乙烷	76-01-7	7.70	3.60×10	6.40×10^{-1}		3.10×10^{-4}	
Pentachloronitrobenzene	五氯硝基苯	82-68-8	2.70	1.30×10	1.20×10^{-1}		1.40×10^{-3}	
Pentachlorophenol	五氯苯酚	87-86-5	1.00	4.00	4.00×10^{-2}	1.00	4.00×10^{-4}	1.00×10^{-2}
Pentaerythritol tetranitrate（PETN）	季戊四醇四硝酸酯	78-11-5	1.30×10^{2}	5.70×10^{2}	1.90×10		2.80×10^{-2}	
Pentane，n-	正戊烷	109-66-0	8.10×10^{2}	3.40×10^{3}	2.10×10^{3}		1.00×10	
Perchlorates	高氯酸盐							
Ammonium Perchlorate	高氯酸铵	7790-98-9	5.50×10	8.20×10^{2}	1.40×10			
Lithium Perchlorate	高氯酸锂	7791-03-9	5.50×10	8.20×10^{2}	1.40×10			
Perchlorate and Perchlorate Salts	高氯酸盐	14797-73-0	5.50×10	8.20×10^{2}	1.40×10	1.5×10（F）		
Potassium Perchlorate	高氯酸钾	7778-74-7	5.50×10	8.20×10^{2}	1.40×10			
Sodium Perchlorate	高氯酸钠	7601-89-0	5.50×10	8.20×10^{2}	1.40×10			

续表

污染物名称		CAS 编号	基于保护人体健康的土壤和地下水筛选值				基于保护地下水的土壤筛选值	
英文	中文		resident soil/(mg/kg) 居住用地土壤	industrial soil/(mg/kg) 工业用地土壤	tap water/(μg/L) 自来水	MCL/(μg/L) 地下水最大浓度限值	risk-based SSL/(mg/kg)基于风险的土壤筛选值	MCL-based SSL/(mg/kg)基于地下水最大浓度限值的土壤筛选值
Perfluorobutane Sulfonate	磺化十氯丁烷	375-73-5	1.60×10^{3}	2.30×10^{4}	3.80×10^{2}		2.10×10^{-1}	
Permethrin	二氯苯醚菊酯	52645-53-1	3.20×10^{3}	4.10×10^{4}	1.00×10^{3}		2.40×10^{2}	
Phenacetin	非那西汀	62-44-2	2.50×10^{2}	1.00×10^{3}	3.40×10		9.70×10^{-3}	
Phenmedipham	苯敌草	13684-63-4	1.60×10^{4}	2.10×10^{5}	4.00×10^{3}		2.10×10	
Phenol	苯酚	108-95-2	1.90×10^{4}	2.50×10^{5}	5.80×10^{3}		3.30	
Phenothiazine	硫代二苯胺	92-84-2	3.20×10	4.10×10^{2}	4.30		1.40×10^{-2}	
Phenylenediamine，m-	间苯二胺	108-45-2	3.80×10^{2}	4.90×10^{3}	1.20×10^{2}		3.20×10^{-2}	
Phenylenediamine，o-	邻苯二胺	95-54-5	1.20×10	4.90×10	1.60		4.40×10^{-4}	
Phenylenediamine，p-	对苯二胺	106-50-3	1.20×10^{4}	1.60×10^{5}	3.80×10^{3}		1.00	
Phenylphenol，2-	2-苯基苯酚	90-43-7	2.80×10^{2}	1.20×10^{3}	3.00×10		4.00×10^{-1}	
Phorate	甲拌磷	298-02-2	1.30×10	1.60×10^{2}	3.00		3.40×10^{-3}	
Phosgene	碳酰氯	75-44-5	3.10×10^{-1}	1.30				
Phosmet	亚胺硫磷	732-11-6	1.30×10^{3}	1.60×10^{4}	3.70×10^{2}		8.20×10^{-2}	
Phosphates，Inorganic	磷酸盐，无机物							
Aluminum metaphosphate	偏磷酸铝	13776-88-0	3.80×10^{6}	5.70×10^{7}	9.70×10^{5}			
Ammonium polyphosphate	多聚磷酸铵	68333-79-9	3.80×10^{6}	5.70×10^{7}	9.70×10^{5}			

续表

污染物名称		CAS 编号	基于保护人体健康的土壤和地下水筛选值				基于保护地下水的土壤筛选值	
英文	中文		resident soil/(mg/kg) 居住用地土壤	industrial soil/(mg/kg) 工业用地土壤	tap water/(μg/L) 自来水	MCL/(μg/L) 地下水最大浓度限值	risk-based SSL/(mg/kg)基于风险的土壤筛选值	MCL-based SSL/(mg/kg)基于地下水最大浓度限值的土壤筛选值
Calcium pyrophosphate	焦磷酸钙	7790-76-3	3.80×10^6	5.70×10^7	9.70×10^5			
Diammonium phosphate	磷酸氢二铵	7783-28-0	3.80×10^6	5.70×10^7	9.70×10^5			
Dicalcium phosphate	磷酸氢二钙	7757-93-9	3.80×10^6	5.70×10^7	9.70×10^5			
Dimagnesium phosphate	磷酸氢二镁	7782-75-4	3.80×10^6	5.70×10^7	9.70×10^5			
Dipotassium phosphate	磷酸氢二钾	7758-11-4	3.80×10^6	5.70×10^7	9.70×10^5			
Disodium phosphate	磷酸氢二钠	7558-79-4	3.80×10^6	5.70×10^7	9.70×10^5			
Monoaluminum phosphate	磷酸二氢铝	13530-50-2	3.80×10^6	5.70×10^7	9.70×10^5			
Monoammonium phosphate	磷酸二氢铵	7722-76-1	3.80×10^6	5.70×10^7	9.70×10^5			
Monocalcium phosphate	磷酸二氢钙	7758-23-8	3.80×10^6	5.70×10^7	9.70×10^5			
Monomagnesium phosphate	磷酸二氢镁	7757-86-0	3.80×10^6	5.70×10^7	9.70×10^5			
Monopotassium phosphate	磷酸二氢钾	7778-77-0	3.80×10^6	5.70×10^7	9.70×10^5			
Monosodium phosphate	磷酸二氢钠	7558-80-7	3.80×10^6	5.70×10^7	9.70×10^5			
Polyphosphoric acid	多聚磷酸	8017-16-1	3.80×10^6	5.70×10^7	9.70×10^5			
Potassium tripolyphosphate	三聚磷酸钾	13845-36-8	3.80×10^6	5.70×10^7	9.70×10^5			
Sodium acid pyrophosphate	酸式焦磷酸钠	7758-16-9	3.80×10^6	5.70×10^7	9.70×10^5			

续表

污染物名称		CAS 编号	基于保护人体健康的土壤和地下水筛选值				基于保护地下水的土壤筛选值	
英文	中文		resident soil/(mg/kg) 居住用地土壤	industrial soil/(mg/kg) 工业用地土壤	tap water/(μg/L) 自来水	MCL/(μg/L) 地下水最大浓度限值	risk-based SSL/(mg/kg)基于风险的土壤筛选值	MCL-based SSL/(mg/kg)基于地下水最大浓度限值的土壤筛选值
Sodium aluminum phosphate（acidic）	酸式铝磷酸钠	7785-88-8	3.80×10^{6}	5.70×10^{7}	9.70×10^{5}			
Sodium aluminum phosphate（anhydrous）	无水铝磷酸钠	10279-59-1	3.80×10^{6}	5.70×10^{7}	9.70×10^{5}			
Sodium aluminum phosphate（tetrahydrate）	四水合铝磷酸钠	10305-76-7	3.80×10^{6}	5.70×10^{7}	9.70×10^{5}			
Sodium hexametaphosphate	六偏磷酸钠	10124-56-8	3.80×10^{6}	5.70×10^{7}	9.70×10^{5}			
Sodium polyphosphate	聚磷酸钠	68915-31-1	3.80×10^{6}	5.70×10^{7}	9.70×10^{5}			
Sodium trimetaphosphate	三偏磷酸钠	7785-84-4	3.80×10^{6}	5.70×10^{7}	9.70×10^{5}			
Sodium tripolyphosphate	三聚磷酸钠	7758-29-4	3.80×10^{6}	5.70×10^{7}	9.70×10^{5}			
Tetrapotassium phosphate	磷酸四钾	7320-34-5	3.80×10^{6}	5.70×10^{7}	9.70×10^{5}			
Tetrasodium pyrophosphate	焦磷酸四钠	7722-88-5	3.80×10^{6}	5.70×10^{7}	9.70×10^{5}			
～Trialuminum sodium tetra decahydroge-noctaorthophosphate（dihydrate）	—	15136-87-5	3.80×10^{6}	5.70×10^{7}	9.70×10^{5}			
Tricalcium phosphate	磷酸三钙	7758-87-4	3.80×10^{6}	5.70×10^{7}	9.70×10^{5}			
Trimagnesium phosphate	磷酸三镁	7757-87-1	3.80×10^{6}	5.70×10^{7}	9.70×10^{5}			
Tripotassium phosphate	磷酸三钾	7778-53-2	3.80×10^{6}	5.70×10^{7}	9.70×10^{5}			

续表

污染物名称		CAS 编号	基于保护人体健康的土壤和地下水筛选值				基于保护地下水的土壤筛选值	
英文	中文		resident soil/(mg/kg) 居住用地土壤	industrial soil/(mg/kg) 工业用地土壤	tap water/(μg/L) 自来水	MCL/(μg/L) 地下水最大浓度限值	risk-based SSL/(mg/kg)基于风险的土壤筛选值	MCL-based SSL/(mg/kg)基于地下水最大浓度限值的土壤筛选值
Trisodium phosphate	磷酸三钠	7601-54-9	3.80×10^{6}	5.70×10^{7}	9.70×10^{5}			
Phosphine	磷化三氢	7803-51-2	2.30×10	3.50×10^{2}	5.70×10^{-1}			
Phosphoric Acid	磷酸	7664-38-2	3.00×10^{6}	2.90×10^{7}	9.70×10^{5}			
Phosphorus，White	磷	7723-14-0	1.60	2.30×10	4.00×10^{-1}		1.50×10^{-3}	
Phthalates	邻苯二甲酸酯							
Bis（2-ethylhexyl）phthalate	双（2-乙基己基）邻苯二甲酸酯	117-81-7	3.90×10	1.60×10^{2}	5.60	6.00	1.30	1.40
Butylphthalyl Butylglycolate	#N/A	85-70-1	6.30×10^{4}	8.20×10^{5}	1.30×10^{4}		3.00×10^{2}	
Dibutyl Phthalate	邻苯二甲酸二丁酯	84-74-2	6.30×10^{3}	8.20×10^{4}	9.00×10^{2}		2.30	
Diethyl Phthalate	邻苯二甲酸二乙酯	84-66-2	5.10×10^{4}	6.60×10^{5}	1.50×10^{4}		6.10	
Dimethylterephthalate	对邻苯二甲酸二甲酯	120-61-6	7.80×10^{3}	1.20×10^{5}	1.90×10^{3}		4.90×10^{-1}	
Octyl Phthalate，di-N-	邻苯二甲酸辛酯	117-84-0	6.30×10^{2}	8.20×10^{3}	2.00×10^{2}		5.70×10	
Phthalic Acid，P-	对苯二甲酸	100-21-0	6.30×10^{4}	8.20×10^{5}	1.90×10^{4}		6.80	
Phthalic Anhydride	邻苯二甲酸酐	85-44-9	1.30×10^{5}	1.60×10^{6}	3.90×10^{4}		8.50	
Picloram	毒莠定	1918-02-1	4.40×10^{3}	5.70×10^{4}	1.40×10^{3}	5.00×10^{2}	3.80×10^{-1}	1.40×10^{-1}

续表

污染物名称		CAS 编号	基于保护人体健康的土壤和地下水筛选值				基于保护地下水的土壤筛选值	
英文	中文		resident soil/(mg/kg) 居住用地土壤	industrial soil/(mg/kg) 工业用地土壤	tap water/(μg/L) 自来水	MCL/(μg/L) 地下水最大浓度限值	risk-based SSL/(mg/kg)基于风险的土壤筛选值	MCL-based SSL/(mg/kg)基于地下水最大浓度限值的土壤筛选值
Picramic Acid (2-Amino-4, 6-dinitrophenol)	苦氨酸（2-氨基-4，6-二硝基酚）	96-91-3	6.30	8.20×10	2.00		1.30×10^{-3}	
Pirimiphos，Methyl	甲基-嘧啶磷	29232-93-7	6.30×10^{2}	8.20×10^{3}	1.20×10^{2}		1.20×10^{-1}	
Polybrominated Biphenyls	多溴联苯	59536-65-1	1.80×10^{-2}	7.70×10^{-2}	2.60×10^{-3}			
Polychlorinated Biphenyls（PCBs）	多氯联苯							
Aroclor 1016	氯化二苯 1016	12674-11-2	4.10	2.70×10	2.20×10^{-1}		2.10×10^{-2}	
Aroclor 1221	氯化二苯 1221	11104-28-2	1.70×10^{-1}	7.20×10^{-1}	4.60×10^{-3}		7.90×10^{-5}	
Aroclor 1232	氯化二苯 1232	11141-16-5	1.70×10^{-1}	7.20×10^{-1}	4.60×10^{-3}		7.90×10^{-5}	
Aroclor 1242	氯化二苯 1242	53469-21-9	2.30×10^{-1}	9.70×10^{-1}	7.80×10^{-3}		1.20×10^{-3}	
Aroclor 1248	氯化二苯 1248	12672-29-6	2.30×10^{-1}	9.40×10^{-1}	7.80×10^{-3}		1.20×10^{-3}	
～Aroclor 1254	氯化二苯 1254	11097-69-1	2.40×10^{-1}	9.70×10^{-1}	7.80×10^{-3}		2.00×10^{-3}	
～Aroclor 1260	氯化二苯 1260	11096-82-5	2.40×10^{-1}	9.90×10^{-1}	7.80×10^{-3}		5.50×10^{-3}	
～Aroclor 5460	氯化二苯 5460	11126-42-4	3.50×10	4.40×10^{2}	1.20×10		2.00	
Heptachlorobiphenyl，2，3，3′，4，4′，5，5′-（PCB 189）	多氯联苯 189	39635-31-9	1.20×10^{-1}	5.10×10^{-1}	4.00×10^{-3}		2.80×10^{-3}	

续表

污染物名称		CAS 编号	基于保护人体健康的土壤和地下水筛选值				基于保护地下水的土壤筛选值	
英文	中文		resident soil/(mg/kg) 居住用地土壤	industrial soil/(mg/kg) 工业用地土壤	tap water/(μg/L) 自来水	MCL/(μg/L) 地下水最大浓度限值	risk-based SSL/(mg/kg)基于风险的土壤筛选值	MCL-based SSL/(mg/kg)基于地下水最大浓度限值的土壤筛选值
Hexachlorobiphenyl，2，3′，4，4′，5，5′-（PCB 167）	多氯联苯 167	52663-72-6	1.20×10^{-1}	5.10×10^{-1}	4.00×10^{-3}		1.70×10^{-3}	
Hexachlorobiphenyl，2，3，3′，4，4′，5′-（PCB 157）	多氯联苯 157	69782-90-7	1.20×10^{-1}	5.10×10^{-1}	4.00×10^{-3}		1.70×10^{-3}	
Hexachlorobiphenyl，2，3，3′，4，4′，5-（PCB 156）	多氯联苯 156	38380-08-4	1.20×10^{-1}	5.10×10^{-1}	4.00×10^{-3}		1.70×10^{-3}	
Hexachlorobiphenyl，3，3′，4，4′，5，5′-（PCB 169）	多氯联苯 169	32774-16-6	1.20×10^{-4}	5.10×10^{-4}	4.00×10^{-6}		1.70×10^{-6}	
Pentachlorobiphenyl，2′，3，4，4′，5-（PCB 123）	多氯联苯 123	65510-44-3	1.20×10^{-1}	5.00×10^{-1}	4.00×10^{-3}		1.00×10^{-3}	
Pentachlorobiphenyl，2，3′，4，4′，5-（PCB 118）	多氯联苯 118	31508-00-6	1.20×10^{-1}	5.00×10^{-1}	4.00×10^{-3}		1.00×10^{-3}	
Pentachlorobiphenyl，2，3，3′，4，4′-（PCB 105）	多氯联苯 105	32598-14-4	1.20×10^{-1}	5.00×10^{-1}	4.00×10^{-3}		1.00×10^{-3}	
Pentachlorobiphenyl，2，3，4，4′，5-（PCB 114）	多氯联苯 114	74472-37-0	1.20×10^{-1}	5.00×10^{-1}	4.00×10^{-3}		1.00×10^{-3}	
Pentachlorobiphenyl，3，3′，4，4′，5-（PCB 126）	多氯联苯 126	57465-28-8	3.70×10^{-5}	1.50×10^{-4}	1.20×10^{-6}		3.00×10^{-7}	
Polychlorinated Biphenyls（high risk）	多氯联苯（高风险）	1336-36-3	2.30×10^{-1}	9.70×10^{-1}				

续表

污染物名称		CAS 编号	基于保护人体健康的土壤和地下水筛选值				基于保护地下水的土壤筛选值	
英文	中文		resident soil/(mg/kg) 居住用地土壤	industrial soil/(mg/kg) 工业用地土壤	tap water/(μg/L) 自来水	MCL/(μg/L) 地下水最大浓度限值	risk-based SSL/(mg/kg)基于风险的土壤筛选值	MCL-based SSL/(mg/kg)基于地下水最大浓度限值的土壤筛选值
Polychlorinated Biphenyls（low risk）	多氯联苯（低风险）	1336-36-3			4.40×10^{-2}	5.00×10^{-1}	6.80×10^{-3}	7.80×10^{-2}
Polychlorinated Biphenyls（lowest risk）	多氯联苯（最低风险）	1336-36-3						
Tetrachlorobiphenyl，3，3′，4，4′-（PCB 77）	多氯联苯 77	32598-13-3	3.80×10^{-2}	1.60×10^{-1}	6.00×10^{-3}		9.40×10^{-4}	
Tetrachlorobiphenyl，3，4，4′，5-（PCB 81）	多氯联苯 81	70362-50-4	1.20×10^{-2}	4.90×10^{-2}	4.00×10^{-4}		6.20×10^{-5}	
Polymeric Methylene Diphenyl Diisocyanate（PMDI）	聚合二苯基甲烷二异氰酸酯	9016-87-9	8.50×10^{5}	3.60×10^{6}				
Polynuclear Aromatic Hydrocarbons（PAHs）	多环芳烃							
～Acenaphthene	苊	83-32-9	3.60×10^{3}	4.50×10^{4}	5.30×10^{2}		5.50	
～Anthracene	蒽	120-12-7	1.80×10^{4}	2.30×10^{5}	1.80×10^{3}		5.80×10	
Benz[a]anthracene	苯并（a）蒽	56-55-3	1.60×10^{-1}	2.90	1.20×10^{-2}		4.25×10^{-3}	
Benzo（j）fluoranthene	苯并（j）荧蒽	205-82-3	4.20×10^{-1}	1.80	6.50×10^{-2}		7.80×10^{-2}	
Benzo[a]pyrene	苯并（a）芘	50-32-8	1.60×10^{-2}	2.90×10^{-1}	3.40×10^{-3}	2.00×10^{-1}	4.00×10^{-3}	2.40×10^{-1}
Benzo[b]fluoranthene	苯并（b）荧蒽	205-99-2	1.60×10^{-1}	2.90	3.40×10^{-2}		4.10×10^{-2}	
Benzo[k]fluoranthene	苯并（k）荧蒽	207-08-9	1.60	2.90×10	3.40×10^{-1}		4.00×10^{-1}	
Chloronaphthalene，Beta-	β-氯萘	91-58-7	4.80×10^{3}	6.00×10^{4}	7.50×10^{2}		3.80	

续表

污染物名称		CAS 编号	基于保护人体健康的土壤和地下水筛选值				基于保护地下水的土壤筛选值	
英文	中文		resident soil/(mg/kg) 居住用地土壤	industrial soil/(mg/kg) 工业用地土壤	tap water/(μg/L) 自来水	MCL/(μg/L) 地下水最大浓度限值	risk-based SSL/(mg/kg)基于风险的土壤筛选值	MCL-based SSL/(mg/kg)基于地下水最大浓度限值的土壤筛选值
Chrysene	䓛	218-01-9	1.60×10	2.90×10^{2}	3.40		1.20	
Dibenz[a，h]anthracene	二苯（a，h）蒽	53-70-3	1.60×10^{-2}	2.90×10^{-1}	3.40×10^{-3}		1.30×10^{-2}	
Dibenzo（a，e）pyrene	二苯（a，e）芘	192-65-4	4.20×10^{-2}	1.80×10^{-1}	6.50×10^{-3}		8.40×10^{-2}	
Dimethylbenz（a）anthracene，7，12-	7，12-二甲蒽	57-97-6	4.60×10^{-4}	8.40×10^{-3}	1.00×10^{-4}		9.90×10^{-5}	
Fluoranthene	荧蒽	206-44-0	2.40×10^{3}	3.00×10^{4}	8.00×10^{2}		8.90×10	
Fluorene	芴	86-73-7	2.40×10^{3}	3.00×10^{4}	2.90×10^{2}		5.40	
Indeno[1，2，3-cd]pyrene	茚并[1，2，3-cd]芘	193-39-5	1.60×10^{-1}	2.90	3.40×10^{-2}		1.30×10^{-1}	
Methylnaphthalene，1-	1-甲基萘	90-12-0	1.80×10	7.30×10	1.10		5.80×10^{-3}	
Methylnaphthalene，2-	2-甲基萘	91-57-6	2.40×10^{2}	3.00×10^{3}	3.60×10		1.90×10^{-1}	
Naphthalene	萘	91-20-3	3.80	1.70×10	1.70×10^{-1}		5.40×10^{-4}	
Nitropyrene，4-	4-硝基芘	57835-92-4	4.20×10^{-1}	1.80	1.90×10^{-2}		3.20×10^{-3}	
Pyrene	芘	129-00-0	1.80×10^{3}	2.30×10^{4}	1.20×10^{2}		1.30×10	
Potassium Perfluorobutane Sulfonate	钾全氟磺酸	29420-49-3	1.30×10^{3}	1.60×10^{4}	4.00×10^{2}			
Prochloraz	环丙氯灵	67747-09-5	3.60	1.50×10	3.70×10^{-1}		1.90×10^{-3}	
Profluralin	环丙氟灵	26399-36-0	4.70×10^{2}	7.00×10^{3}	2.60×10		1.60	
Prometon	扑灭通	1610-18-0	9.50×10^{2}	1.20×10^{4}	2.50×10^{2}		1.20×10^{-1}	
Prometryn	扑草净	7287-19-6	2.50×10^{2}	3.30×10^{3}	6.00×10		9.00×10^{-2}	

续表

污染物名称		CAS 编号	基于保护人体健康的土壤和地下水筛选值				基于保护地下水的土壤筛选值	
英文	中文		resident soil/(mg/kg) 居住用地土壤	industrial soil/(mg/kg) 工业用地土壤	tap water/(μg/L) 自来水	MCL/(μg/L) 地下水最大浓度限值	risk-based SSL/(mg/kg)基于风险的土壤筛选值	MCL-based SSL/(mg/kg)基于地下水最大浓度限值的土壤筛选值
Propachlor	毒草胺	1918-16-7	8.20×10^{2}	1.10×10^{4}	2.50×10^{2}		1.50×10^{-1}	
Propanil	N-（3′，4′-二氯苯基）丙酰胺	709-98-8	3.20×10^{2}	4.10×10^{3}	8.20×10		4.50×10^{-2}	
Propargite	克螨特	2312-35-8	1.30×10^{3}	1.60×10^{4}	1.60×10^{2}		1.20×10	
Propargyl Alcohol	2-丙炔-1-醇	107-19-7	1.60×10^{2}	2.30×10^{3}	4.00×10		8.10×10^{-3}	
Propazine	扑灭津	139-40-2	1.30×10^{3}	1.60×10^{4}	3.40×10^{2}		3.00×10^{-1}	
Propham	N-苯基氨基甲酸异丙酯	122-42-9	1.30×10^{3}	1.60×10^{4}	3.50×10^{2}		2.20×10^{-1}	
Propiconazole	丙环唑	60207-90-1	8.20×10^{2}	1.10×10^{4}	2.10×10^{2}		6.90×10^{-1}	
Propionaldehyde	丙醛	123-38-6	7.50×10	3.10×10^{2}	1.70×10		3.40×10^{-3}	
Propyl benzene	正-丙苯	103-65-1	3.80×10^{3}	2.40×10^{4}	6.60×10^{2}		1.20	
Propylene	丙烯	115-07-1	2.20×10^{3}	9.30×10^{3}	6.30×10^{3}		6.00	
Propylene Glycol	1，2-丙二醇	57-55-6	1.30×10^{6}	1.60×10^{7}	4.00×10^{5}		8.10×10	
Propylene Glycol Dinitrate	丙二醇硝酸酯	6423-43-4	3.90×10^{5}	1.60×10^{6}				
Propylene Glycol Monoethyl Ether	丙二醇乙醚	1569-02-4	5.50×10^{4}	8.20×10^{5}	1.40×10^{4}		2.80	
Propylene Glycol Monomethyl Ether	丙二醇甲醚	107-98-2	4.10×10^{4}	3.70×10^{5}	3.20×10^{3}		6.50×10^{-1}	
Propylene Oxide	环氧丙烷	75-56-9	2.10	9.70	2.70×10^{-1}		5.60×10^{-5}	

续表

污染物名称		CAS 编号	基于保护人体健康的土壤和地下水筛选值				基于保护地下水的土壤筛选值	
英文	中文		resident soil/(mg/kg) 居住用地土壤	industrial soil/(mg/kg) 工业用地土壤	tap water/(μg/L) 自来水	MCL/(μg/L) 地下水最大浓度限值	risk-based SSL/(mg/kg)基于风险的土壤筛选值	MCL-based SSL/(mg/kg)基于地下水最大浓度限值的土壤筛选值
Pursuit	咪草烟	81335-77-5	1.60×10^{4}	2.10×10^{5}	4.70×10^{3}		4.10	
Pydrin	敌虫菊酯	51630-58-1	1.60×10^{3}	2.10×10^{4}	5.00×10^{2}		3.20×10^{2}	
Pyridine	吡啶	110-86-1	7.80×10	1.20×10^{3}	2.00×10		6.80×10^{-3}	
Quinalphos	喹硫磷	13593-03-8	3.20×10	4.10×10^{2}	5.10		4.30×10^{-2}	
Quinoline	喹啉	91-22-5	1.80×10^{-1}	7.70×10^{-1}	2.40×10^{-2}		7.80×10^{-5}	
Refractory Ceramic Fibers	耐火陶瓷纤维	NA	4.30×10^{7}	1.80×10^{8}				
Resmethrin	苄呋菊酯	10453-86-8	1.90×10^{3}	2.50×10^{4}	6.70×10		4.20×10	
Ronnel	皮蝇磷	299-84-3	3.90×10^{3}	5.80×10^{4}	4.10×10^{2}		3.70	
Rotenone	鱼藤酮	83-79-4	2.50×10^{2}	3.30×10^{3}	6.10×10		3.20×10	
Safrole	黄樟素	94-59-7	5.50×10^{-1}	1.00×10	9.50×10^{-2}		5.90×10^{-5}	
Savey	噻螨酮	78587-05-0	1.60×10^{3}	2.10×10^{4}	1.10×10^{2}		5.00×10^{-1}	
Selenious Acid	亚硒酸	7783-00-8	3.90×10^{2}	5.80×10^{3}	1.00×10^{2}			
Selenium	硒	7782-49-2	3.90×10^{2}	5.80×10^{3}	1.00×10^{2}	5.00×10	5.20×10^{-1}	2.60×10^{-1}
Selenium Sulfide	硫化硒	7446-34-6	3.90×10^{2}	5.80×10^{3}	1.00×10^{2}			
Sethoxydim	烯禾啶	74051-80-2	5.70×10^{3}	7.40×10^{4}	1.00×10^{3}		9.30	
Silica（crystalline，respirable）	硅	7631-86-9	4.30×10^{6}	1.80×10^{7}				
Silver	银	7440-22-4	3.90×10^{2}	5.80×10^{3}	9.40×10		8.00×10^{-1}	

续表

污染物名称		CAS 编号	基于保护人体健康的土壤和地下水筛选值				基于保护地下水的土壤筛选值	
英文	中文		resident soil/(mg/kg) 居住用地土壤	industrial soil/(mg/kg) 工业用地土壤	tap water/(μg/L) 自来水	MCL/(μg/L) 地下水最大浓度限值	risk-based SSL/(mg/kg)基于风险的土壤筛选值	MCL-based SSL/(mg/kg)基于地下水最大浓度限值的土壤筛选值
Simazine	西玛津	122-34-9	4.50	1.90×10	6.10×10^{-1}	4.00	3.00×10^{-4}	2.00×10^{-3}
Sodium Acifluorfen	杂草焚	62476-59-9	8.20×10^{2}	1.10×10^{4}	2.60×10^{2}		2.10	
Sodium Azide	叠氮化钠	26628-22-8	3.10×10^{2}	4.70×10^{3}	8.00×10			
Sodium Dichromate	重铬酸钠	10588-01-9	3.00×10^{-1}	6.20	4.10×10^{-2}			
Sodium Diethyldithiocarbamate	二乙基二硫代氨基甲酸钠	148-18-5	2.00	8.50	2.90×10^{-1}			
Sodium Fluoride	氟化钠	7681-49-4	3.90×10^{3}	5.80×10^{4}	1.00×10^{3}			
Sodium Fluoroacetate	氟代乙酸钠	62-74-8	1.30	1.60×10	4.00×10^{-1}		8.10×10^{-5}	
Sodium Metavanadate	偏钒酸钠	13718-26-8	7.80×10	1.20×10^{3}	2.00×10			
Stirofos（Tetrachlorovinphos）	司替罗磷	961-11-5	2.30×10	9.60×10	2.80		8.10×10^{-3}	
Strontium Chromate	铬酸锶	7789-06-2	3.00×10^{-1}	6.20	4.10×10^{-2}			
Strontium，Stable	锶	7440-24-6	4.70×10^{4}	7.00×10^{5}	1.20×10^{4}		4.20×10^{2}	
Strychnine	二甲双胍	57-24-9	1.90×10	2.50×10^{2}	5.90		6.50×10^{-2}	
Styrene	苯乙烯	100-42-5	6.00×10^{3}	3.50×10^{4}	1.20×10^{3}	1.00×10^{2}	1.30	1.10×10^{-1}
Styrene-Acrylonitrile（SAN）Trimer	苯乙烯-丙烯腈（SAN）三聚体	NA	1.90×10^{2}	2.50×10^{3}	4.80×10			
Sulfolane	环丁砜	126-33-0	6.30×10	8.20×10^{2}	2.00×10		4.40×10^{-3}	

续表

污染物名称		CAS 编号	基于保护人体健康的土壤和地下水筛选值				基于保护地下水的土壤筛选值	
英文	中文		resident soil/(mg/kg) 居住用地土壤	industrial soil/(mg/kg) 工业用地土壤	tap water/(μg/L) 自来水	MCL/(μg/L) 地下水最大浓度限值	risk-based SSL/(mg/kg)基于风险的土壤筛选值	MCL-based SSL/(mg/kg)基于地下水最大浓度限值的土壤筛选值
Sulfonylbis（4-chlorobenzene），1，1'-	1，1'-磺酰基（4-氯苯）	80-07-9	5.10×10	6.60×10^{2}	1.10×10		6.50×10^{-2}	
Sulfur Trioxide	三氧化硫	7446-11-9	1.40×10^{6}	6.00×10^{6}	2.10			
Sulfuric Acid	硫酸	7664-93-9	1.40×10^{6}	6.00×10^{6}				
Systhane	腈菌唑	88671-89-0	1.60×10^{3}	2.10×10^{4}	4.50×10^{2}		5.60	
TCMTB	苯噻氰	21564-17-0	1.90×10^{3}	2.50×10^{4}	4.80×10^{2}		3.30	
Tebuthiuron	丁噻隆	34014-18-1	4.40×10^{3}	5.70×10^{4}	1.40×10^{3}		3.90×10^{-1}	
Temephos	双硫磷	3383-96-8	1.30×10^{3}	1.60×10^{4}	4.00×10^{2}		7.60×10	
Terbacil	特草定	5902-51-2	8.20×10^{2}	1.10×10^{4}	2.50×10^{2}		7.50×10^{-2}	
Terbufos	特丁磷	13071-79-9	2.00	2.90×10	2.40×10^{-1}		5.20×10^{-4}	
Terbutryn	去草净	886-50-0	6.30×10	8.20×10^{2}	1.30×10		1.90×10^{-2}	
Tetrabromodiphenyl ether，2，2'，4，4'-（BDE-47）	2，2'，4，4'-（BDE-47）四溴二苯醚	5436-43-1	6.30	8.20×10	2.00		5.30×10^{-2}	
Tetrachlorobenzene，1，2，4，5-	1，2，4，5-四氯苯	95-94-3	2.30×10	3.50×10^{2}	1.70		7.90×10^{-3}	
Tetrachloroethane，1，1，1，2-	1，1，1，2-四氯乙烷	630-20-6	2.00	8.80	5.70×10^{-1}		2.20×10^{-4}	
Tetrachloroethane，1，1，2，2-	1，1，2，2-四氯乙烷	79-34-5	6.00×10^{-1}	2.70	7.60×10^{-2}		3.00×10^{-5}	

续表

污染物名称		CAS 编号	基于保护人体健康的土壤和地下水筛选值				基于保护地下水的土壤筛选值	
英文	中文		resident soil/(mg/kg) 居住用地土壤	industrial soil/(mg/kg) 工业用地土壤	tap water/(μg/L) 自来水	MCL/(μg/L) 地下水最大浓度限值	risk-based SSL/(mg/kg)基于风险的土壤筛选值	MCL-based SSL/(mg/kg)基于地下水最大浓度限值的土壤筛选值
Tetrachloroethylene	四氯乙烯	127-18-4	2.40×10	1.00×10^{2}	1.10×10	5.00	5.10×10^{-3}	2.30×10^{-3}
Tetrachlorophenol, 2, 3, 4, 6-	2，3，4，6-四氯苯酚	58-90-2	1.90×10^{3}	2.50×10^{4}	2.40×10^{2}		1.50	
Tetrachlorotoluene, p-alpha, alpha, alpha-	对-α，α，α-四氯甲苯	5216-25-1	3.50×10^{-2}	1.60×10^{-1}	1.30×10^{-3}		4.40×10^{-6}	
Tetraethyl Dithiopyrophosphate	治螟磷	3689-24-5	3.20×10	4.10×10^{2}	7.10		5.20×10^{-3}	
Tetrafluoroethane, 1, 1, 1, 2-	1，1，1，2-四氟乙烷	811-97-2	1.00×10^{5}	4.30×10^{5}	1.70×10^{5}		9.30×10	
Tetryl（Trinitrophenylmethylnitramine）	2，4，6-三硝基苯甲硝胺	479-45-8	1.60×10^{2}	2.30×10^{3}	3.90×10		3.70×10^{-1}	
Thallium（I）Nitrate	硝酸铊	10102-45-1	5.50×10^{-1}	8.20	1.40×10^{-1}			
Thallium（Soluble Salts）	铊	7440-28-0	7.80×10^{-1}	1.20×10	2.00×10^{-1}	2.00	1.40×10^{-2}	1.40×10^{-1}
Thallium Acetate	乙酸铊	563-68-8	3.80×10^{-1}	4.90	1.20×10^{-1}			
Thallium Carbonate	碳酸铊	6533-73-9	1.30	1.60×10	4.00×10^{-1}			
Thallium Chloride	氯化铊	7791-12-0	4.70×10^{-1}	7.00	1.20×10^{-1}			
Thallium Sulfate	硫酸铊	7446-18-6	1.60	2.30×10	4.00×10^{-1}			
Thiobencarb	禾草丹	28249-77-6	6.30×10^{2}	8.20×10^{3}	1.60×10^{2}		5.50×10^{-1}	
Thiodiglycol	硫二甘醇	111-48-8	5.40×10^{3}	7.90×10^{4}	1.40×10^{3}		2.80×10^{-1}	
Thiofanox	己酮肟威	39196-18-4	1.90×10	2.50×10^{2}	5.30		1.80×10^{-3}	

续表

污染物名称		CAS 编号	基于保护人体健康的土壤和地下水筛选值				基于保护地下水的土壤筛选值	
英文	中文		resident soil/(mg/kg) 居住用地土壤	industrial soil/(mg/kg) 工业用地土壤	tap water/(μg/L) 自来水	MCL/(μg/L) 地下水最大浓度限值	risk-based SSL/(mg/kg)基于风险的土壤筛选值	MCL-based SSL/(mg/kg)基于地下水最大浓度限值的土壤筛选值
Thiophanate，Methyl	甲基硫菌灵	23564-05-8	5.10×10^{3}	6.60×10^{4}	1.60×10^{3}		1.40	
Thiram	双硫胺甲酰	137-26-8	3.20×10^{2}	4.10×10^{3}	9.80×10		1.40×10^{-1}	
Tin	锡	7440-31-5	4.70×10^{4}	7.00×10^{5}	1.20×10^{4}		3.00×10^{3}	
Titanium Tetrachloride	四氯化钛	7550-45-0	1.40×10^{5}	6.00×10^{5}	2.10×10^{-1}			
Toluene	甲苯	108-88-3	4.90×10^{3}	4.70×10^{4}	1.10×10^{3}	1.00×10^{3}	7.60×10^{-1}	6.90×10^{-1}
Toluene-2，5-diamine	甲苯-2，5-二胺	95-70-5	3.00	1.30×10	4.30×10^{-1}		1.30×10^{-4}	
Toluidine，p-	对甲苯胺	106-49-0	1.80×10	7.70×10	2.50		1.10×10^{-3}	
Total Petroleum Hydrocarbons（Aliphatic High）	总石油烃（脂肪烃含量高）	NA	2.30×10^{5}	3.50×10^{6}	6.00×10^{4}		2.40×10^{3}	
Total Petroleum Hydrocarbons（Aliphatic Low）	总石油烃（脂肪烃含量低）	NA	5.20×10^{2}	2.20×10^{3}	1.30×10^{3}		8.80	
Total Petroleum Hydrocarbons（Aliphatic Medium）	总石油烃（脂肪烃含量中）	NA	9.60×10	4.40×10^{2}	1.00×10^{2}		1.50	
Total Petroleum Hydrocarbons（Aromatic High）	总石油烃（芳环含量高）	NA	2.50×10^{3}	3.30×10^{4}	8.00×10^{2}		8.90×10	
Total Petroleum Hydrocarbons（Aromatic Low）	总石油烃（芳环含量低）	NA	8.20×10	4.20×10^{2}	3.30×10		1.70×10^{-2}	

续表

污染物名称		CAS 编号	基于保护人体健康的土壤和地下水筛选值				基于保护地下水的土壤筛选值	
英文	中文		resident soil/(mg/kg)居住用地土壤	industrial soil/(mg/kg)工业用地土壤	tap water/(μg/L)自来水	MCL/(μg/L)地下水最大浓度限值	risk-based SSL/(mg/kg)基于风险的土壤筛选值	MCL-based SSL/(mg/kg)基于地下水最大浓度限值的土壤筛选值
Total Petroleum Hydrocarbons（Aromatic Medium）	总石油烃（芳环含量中）	NA	1.10×10^{2}	6.00×10^{2}	5.50		2.30×10^{-2}	
Toxaphene	毒沙芬	8001-35-2	4.90×10^{-1}	2.10	1.50×10^{-2}	3.00	2.40×10^{-3}	4.60×10^{-1}
Tralomethrin	四溴菊酯	66841-25-6	4.70×10^{2}	6.20×10^{3}	1.50×10^{2}		5.80×10	
Tri-n-butyltin	丁基锡	688-73-3	2.30×10	3.50×10^{2}	3.70		8.20×10^{-2}	
Triacetin	甘油醋酸酯	102-76-1	5.10×10^{6}	6.60×10^{7}	1.60×10^{6}		4.50×10^{2}	
Triallate	野麦畏	2303-17-5	1.00×10^{3}	1.50×10^{4}	1.20×10^{2}		2.60×10^{-1}	
Triasulfuron	醚苯磺隆	82097-50-5	6.30×10^{2}	8.20×10^{3}	2.00×10^{2}		2.10×10^{-1}	
Tribromobenzene，1，2，4-	1，2，4-三溴苯酚	615-54-3	3.90×10^{2}	5.80×10^{3}	4.50×10		6.40×10^{-2}	
Tributyl Phosphate	磷酸三丁酯	126-73-8	6.00×10	2.60×10^{2}	5.10		2.50×10^{-2}	
Tributyltin Compounds	三丁基锡化合物	NA	1.90×10	2.50×10^{2}	6.00			
Tributyltin Oxide	三丁基氧化锡	56-35-9	1.90×10	2.50×10^{2}	5.70		2.90×10^{2}	
Trichloro-1，2，2-trifluoroethane，1，1，2-	1，1，2-三氟三氯乙烷	76-13-1	4.00×10^{4}	1.70×10^{5}	5.50×10^{4}		1.40×10^{2}	
Trichloroacetic Acid	三氯乙酸	76-03-9	7.80	3.30×10	1.10	6.00×10	2.20×10^{-4}	1.20×10^{-2}
Trichloroaniline HCl，2，4，6-	2，4，6-三氯盐酸	33663-50-2	1.90×10	7.90×10	2.70		7.40×10^{-3}	

续表

污染物名称		CAS 编号	基于保护人体健康的土壤和地下水筛选值				基于保护地下水的土壤筛选值	
英文	中文		resident soil/(mg/kg) 居住用地土壤	industrial soil/(mg/kg) 工业用地土壤	tap water/(μg/L) 自来水	MCL/(μg/L) 地下水最大浓度限值	risk-based SSL/(mg/kg)基于风险的土壤筛选值	MCL-based SSL/(mg/kg)基于地下水最大浓度限值的土壤筛选值
Trichloroaniline，2，4，6-	2，4，6-三氯苯胺	634-93-5	1.90	2.50×10	4.00×10^{-1}		3.60×10^{-3}	
Trichlorobenzene，1，2，3-	1，2，3-三氯苯	87-61-6	6.30×10	9.30×10^{2}	7.00		2.10×10^{-2}	
Trichlorobenzene，1，2，4-	1，2，4-三氯苯	120-82-1	2.40×10	1.10×10^{2}	1.10	7.00×10	3.30×10^{-3}	2.00×10^{-1}
Trichloroethane，1，1，1-	1，1，1-三氯乙烷	71-55-6	8.10×10^{3}	3.60×10^{4}	8.00×10^{3}	2.00×10^{2}	2.80	7.00×10^{-2}
Trichloroethane，1，1，2-	1，1，2-三氯乙烷	79-00-5	1.10	5.00	2.80×10^{-1}	5.00	8.90×10^{-5}	1.60×10^{-3}
Trichloroethylene	三氯乙烯	79-01-6	9.40×10^{-1}	6.00	4.93×10^{-1}	5.00	1.80×10^{-4}	1.80×10^{-3}
Trichlorofluoromethane	三氯氟甲烷	75-69-4	7.30×10^{2}	3.10×10^{3}	1.10×10^{3}		7.30×10^{-1}	
Trichlorophenol，2，4，5-	2，4，5-三氯苯酚	95-95-4	6.30×10^{3}	8.20×10^{4}	1.20×10^{3}		4.40	
Trichlorophenol，2，4，6-	2，4，6-三氯苯酚	88-06-2	4.90×10	2.10×10^{2}	4.00		1.50×10^{-2}	
Trichlorophenoxyacetic Acid，2，4，5-	2，4，5-三氯苯氧乙酸	93-76-5	6.30×10^{2}	8.20×10^{3}	1.60×10^{2}		6.70×10^{-2}	
Trichlorophenoxypropionic acid，-2，4，5	2-（2，4，5-三氯苯氧）-丙酸	93-72-1	5.10×10^{2}	6.60×10^{3}	1.10×10^{2}	5.00×10	6.10×10^{-2}	2.80×10^{-2}
Trichloropropane，1，1，2-	1，1，2-三氯丙烷	598-77-6	3.90×10^{2}	5.80×10^{3}	8.80×10		3.50×10^{-2}	

续表

污染物名称		CAS 编号	基于保护人体健康的土壤和地下水筛选值				基于保护地下水的土壤筛选值	
英文	中文		resident soil/(mg/kg) 居住用地土壤	industrial soil/(mg/kg) 工业用地土壤	tap water/(μg/L) 自来水	MCL/(μg/L) 地下水最大浓度限值	risk-based SSL/(mg/kg)基于风险的土壤筛选值	MCL-based SSL/(mg/kg)基于地下水最大浓度限值的土壤筛选值
Trichloropropane，1，2，3-	1，2，3-三氯丙烷	96-18-4	5.10×10^{-3}	1.10×10^{-1}	7.50×10^{-4}		3.20×10^{-7}	
Trichloropropene，1，2，3-	1，2，3-氯丙烯	96-19-5	7.30×10^{-1}	3.10	6.20×10^{-1}		3.10×10^{-4}	
Tricresyl Phosphate（TCP）	磷酸甲苯	1330-78-5	1.30×10^{3}	1.60×10^{4}	1.60×10^{2}		1.50×10	
Tridiphane	灭草环	58138-08-2	1.90×10^{2}	2.50×10^{3}	1.80×10		1.30×10^{-1}	
Triethylamine	N，N-二乙基乙胺	121-44-8	1.20×10^{2}	4.80×10^{2}	1.50×10		4.40×10^{-3}	
Triethylene Glycol	三乙二醇	112-27-6	1.30×10^{5}	1.60×10^{6}	4.00×10^{4}		8.80	
Trifluralin	氟乐灵	1582-09-8	9.00×10	4.20×10^{2}	2.50		8.20×10^{-2}	
Trimethyl Phosphate	磷酸三甲酯	512-56-1	2.70×10	1.10×10^{2}	3.90		8.60×10^{-4}	
Trimethylbenzene，1，2，3-	1，2，3-三甲苯	526-73-8	4.90×10	2.10×10^{2}	1.00×10		1.50×10^{-2}	
Trimethylbenzene，1，2，4-	1，2，4-三甲基苯	95-63-6	5.80×10	2.40×10^{2}	1.50×10		2.10×10^{-2}	
Trimethylbenzene，1，3，5-	1，3，5-三甲苯	108-67-8	7.80×10^{2}	1.20×10^{4}	1.20×10^{2}		1.70×10^{-1}	
Trinitrobenzene，1，3，5-	1，3，5-三硝基苯	99-35-4	2.20×10^{3}	3.20×10^{4}	5.90×10^{2}		2.10	

续表

污染物名称		CAS 编号	基于保护人体健康的土壤和地下水筛选值				基于保护地下水的土壤筛选值	
英文	中文		resident soil/(mg/kg) 居住用地土壤	industrial soil/(mg/kg) 工业用地土壤	tap water/(μg/L) 自来水	MCL/(μg/L) 地下水最大浓度限值	risk-based SSL/(mg/kg)基于风险的土壤筛选值	MCL-based SSL/(mg/kg)基于地下水最大浓度限值的土壤筛选值
Trinitrotoluene, 2, 4, 6-	2，4，6-三硝基甲苯	118-96-7	2.10×10	9.60×10	2.50		1.50×10^{-2}	
Triphenylphosphine Oxide	三苯基膦氧化物	791-28-6	1.30×10^{3}	1.60×10^{4}	3.60×10^{2}		1.50	
Tris（1，3-Dichloro-2-propyl）Phosphate	三（1，3-二氯-2-丙基）磷酸酯	13674-87-8	1.30×10^{3}	1.60×10^{4}	3.60×10^{2}		8.00	
Tris（1-chloro-2-propyl）phosphate	三（1-氯-2-丙基）磷酸酯	13674-84-5	6.30×10^{2}	8.20×10^{3}	1.90×10^{2}		6.50×10^{-1}	
Tris（2，3-dibromopropyl）phosphate	三（2，3-二溴丙基）磷酸酯	126-72-7	2.80×10^{-1}	1.30	6.80×10^{-3}		1.30×10^{-4}	
Tris（2-chloroethyl）phosphate	三（2-氯乙基）磷酸酯	115-96-8	2.70×10	1.10×10^{2}	3.80		3.80×10^{-3}	
Tris（2-ethylhexyl）phosphate	三（2-乙基己基）磷酸酯	78-42-2	1.70×10^{2}	7.20×10^{2}	2.40×10		1.20×10^{2}	
Uranium（Soluble Salts）	铀	NA	2.30×10^{2}	3.50×10^{3}	6.00×10	3.00×10	2.70×10	1.40×10
Urethane	氨基甲酸乙酯	51-79-6	1.20×10^{-1}	2.30	2.50×10^{-2}		5.60×10^{-6}	
Vanadium Pentoxide	五氧化二钒	1314-62-1	4.60×10^{2}	2.00×10^{3}	1.50×10^{2}			
Vanadium and Compounds	钒化合物	7440-62-2	3.90×10^{2}	5.80×10^{3}	8.60×10		8.60×10	
Vernolate	灭草猛	1929-77-7	7.80×10	1.20×10^{3}	1.10×10		8.90×10^{-3}	
Vinclozolin	乙烯菌核利	50471-44-8	1.60×10^{3}	2.10×10^{4}	4.40×10^{2}		3.40×10^{-1}	

续表

污染物名称		CAS 编号	基于保护人体健康的土壤和地下水筛选值				基于保护地下水的土壤筛选值	
英文	中文		resident soil/(mg/kg)居住用地土壤	industrial soil/(mg/kg)工业用地土壤	tap water/(μg/L)自来水	MCL/(μg/L)地下水最大浓度限值	risk-based SSL/(mg/kg)基于风险的土壤筛选值	MCL-based SSL/(mg/kg)基于地下水最大浓度限值的土壤筛选值
Vinyl Acetate	醋酸乙烯酯	108-05-4	9.10×10^{2}	3.80×10^{3}	4.10×10^{2}		8.70×10^{-2}	
Vinyl Bromide	溴乙烯	593-60-2	1.20×10^{-1}	5.20×10^{-1}	1.80×10^{-1}		5.10×10^{-5}	
Vinyl Chloride	氯乙烯	75-01-4	5.90×10^{-2}	1.70	1.88×10^{-2}	2.00	6.50×10^{-6}	6.90×10^{-4}
Warfarin	华法林	81-81-2	1.90×10	2.50×10^{2}	5.60		5.90×10^{-3}	
Xylene，P-	对二甲苯	106-42-3	5.60×10^{2}	2.40×10^{3}	1.90×10^{2}		1.90×10^{-1}	
Xylene，m-	间二甲苯	108-38-3	5.50×10^{2}	2.40×10^{3}	1.90×10^{2}		1.90×10^{-1}	
Xylene，o-	邻二甲苯	95-47-6	6.50×10^{2}	2.80×10^{3}	1.90×10^{2}		1.90×10^{-1}	
Xylenes	二甲苯	1330-20-7	6.50×10^{2}	2.80×10^{3}	1.90×10^{2}	1.00×10^{4}	1.90×10^{-1}	9.80
Zinc Phosphide	磷化锌	1314-84-7	2.30×10	3.50×10^{2}	6.00			
Zinc and Compounds	锌化合物	7440-66-6	2.30×10^{4}	3.50×10^{5}	6.00×10^{3}		3.70×10^{2}	
Zineb	代森锌	12122-67-7	3.20×10^{3}	4.10×10^{4}	9.90×10^{2}		2.90	
Zirconium	锆	7440-67-7	6.30	9.30×10	1.60		4.80	

注：EPA 区域筛选值（regional screening levels）（2016 年 5 月更新），基于可接受致癌风险为 1×10^{-6}，可接受危害商为 1

附表 G 美国国家环境保护局推导区域筛选值使用的污染物毒性参数表

污染物名称		CAS 编号	经口摄入致癌斜率因子		呼吸吸入单位致癌风险		经口摄入参考剂量		呼吸吸入参考浓度		是否为挥发性物质	致突变性	消化道吸收因子	皮肤吸收效率因子	土壤饱和浓度
英文	中文		SF_o/[mg/(kg·d)]	参考文献	URF/(μg/m^3)	参考文献	RfD_o/[mg/(kg·d)]	参考文献	RfC_i/(mg/m^3)	参考文献	VOC	Mutagen	GIABS	ABS	C_{sat}/(mg/kg)
ALAR	乙酰肼	1596-84-5	1.80×10^{-2}	C	5.10×10^{-6}	C	1.50×10^{-1}	I					1	0.1	
Acephate	乙酰甲胺磷	30560-19-1	8.70×10^{-3}	I			4.00×10^{-3}	I					1	0.1	
Acetaldehyde	乙醛	75-07-0			2.20×10^{-6}	I			9.00×10^{-3}	I	V		1		1.07×10^{5}
Acetochlor	乙草胺	34256-82-1					2.00×10^{-2}	I					1	0.1	
Acetone	丙酮	67-64-1					9.00×10^{-1}	I	3.10×10	A	V		1		1.14×10^{5}
Acetone Cyanohydrin	2-羟基异丁腈	75-86-5							2.00×10^{-3}	X	V		1		1.06×10^{5}
Acetonitrile	乙腈	75-05-8							6.00×10^{-2}	I	V		1		1.28×10^{5}
Acetophenone	苯乙酮	98-86-2					1.00×10^{-1}	I			V		1		2.52×10^{3}
Acetylaminofluorene，2-	2-乙酰氨基芴	53-96-3	3.80	C	1.30×10^{-3}	C							1	0.1	
Acrolein	丙烯醛	107-02-8					5.00×10^{-4}	I	2.00×10^{-5}	I	V		1		2.27×10^{4}
Acrylamide	丙烯酰胺	79-06-1	5.00×10^{-1}	I	1.00×10^{-4}	I	2.00×10^{-3}	I	6.00×10^{-3}	I		M 一	1	0.1	

续表

污染物名称		CAS 编号	经口摄入致癌斜率因子		呼吸吸入单位致癌风险		经口摄入参考剂量		呼吸吸入参考浓度		是否为挥发性物质	致突变性	消化道吸收因子	皮肤吸收效率因子	土壤饱和浓度
英文	中文		SF_o/[mg/(kg·d)]	参考文献	URF/(μg/m³)	参考文献	RfD_o/[mg/(kg·d)]	参考文献	RfC_i/(mg/m³)	参考文献	VOC	Mutagen	GIABS	ABS	C_{sat}/(mg/kg)
Acrylic Acid	丙烯酸	79-10-7					5.00×10^{-1}	I	1.00×10^{-3}	I	V		1		1.09×10^{5}
Acrylonitrile	丙烯腈	107-13-1	5.40×10^{-1}	I	6.80×10^{-5}	I	4.00×10^{-2}	A	2.00×10^{-3}	I	V		1		1.13×10^{4}
Adiponitrile	乙二腈	111-69-3							6.00×10^{-3}	P			1	0.1	
Alachlor	甲草胺	15972-60-8	5.60×10^{-2}	C			1.00×10^{-2}	I					1	0.1	
Aldicarb	涕灭威	116-06-3					1.00×10^{-3}	I					1	0.1	
Aldicarb Sulfone	得灭克	1646-88-4					1.00×10^{-3}	I					1	0.1	
Aldicarb sulfoxide	涕灭威亚佩	1646-87-3											1	0.1	
Aldrin	艾氏剂	309-00-2	1.70×10	I	4.90×10^{-3}	I	3.00×10^{-5}	I			V		1		
Ally	甲磺隆	74223-64-6					2.50×10^{-1}	I					1	0.1	
Allyl Alcohol	丙烯醇	107-18-6					5.00×10^{-3}	I	1.00×10^{-4}	X	V		1		1.11×10^{5}
Allyl Chloride	3-氯丙烯	107-05-1	2.10×10^{-2}	C	6.00×10^{-6}	C			1.00×10^{-3}	I	V		1		1.42×10^{3}
Aluminum	铝	7429-90-5					1.00	P	5.00×10^{-3}	P			1		

续表

污染物名称		CAS 编号	经口摄入致癌斜率因子		呼吸吸入单位致癌风险		经口摄入参考剂量		呼吸吸入参考浓度		是否为挥发性物质	致突变性	消化道吸收因子	皮肤吸收效率因子	土壤饱和浓度
英文	中文		SF_o/[mg/(kg·d)]	参考文献	URF/(μg/m³)	参考文献	RfD_o/[mg/(kg·d)]	参考文献	RfC_i/(mg/m³)	参考文献	VOC	Mutagen	GIABS	ABS	C_{sat}/(mg/kg)
Aluminum Phosphide	磷化铝	20859-73-8					4.00×10^{-4}	I					1		
Amdro	灭蚁腙	67485-29-4					3.00×10^{-4}	I					1	0.1	
Ametryn	莠灭净	834-12-8					9.00×10^{-3}	I					1	0.1	
Aminobiphenyl, 4-	4-氨基联苯	92-67-1	2.10×10	C	6.00×10^{-3}	C							1	0.1	
Aminophenol, m-	间氨基苯酚	591-27-5					8.00×10^{-2}	P					1	0.1	
Aminophenol, p-	对氨基苯酚	123-30-8					2.00×10^{-2}	P					1	0.1	
Amitraz	双甲脒	33089-61-1					2.50×10^{-3}	I					1	0.1	
Ammonia	氨	7664-41-7							1.00×10^{-1}	I	V		1		
Ammonium Sulfamate	氨基磺酸铵	7773-06-0					2.00×10^{-1}	I					1		
Amyl Alcohol, tert-	叔戊醇	75-85-4							3.00×10^{-3}	X	V		1		1.37×10^{4}
Aniline	苯胺	62-53-3	5.70×10^{-3}	I	1.60×10^{-6}	C	7.00×10^{-3}	P	1.00×10^{-3}	I			1	0.1	
Anthraquinone, 9, 10-	蒽醌	84-65-1	4.00×10^{-2}	P			2.00×10^{-3}	X					1	0.1	

续表

污染物名称		CAS 编号	经口摄入致癌斜率因子		呼吸吸入单位致癌风险		经口摄入参考剂量		呼吸吸入参考浓度		是否为挥发性物质	致突变性	消化道吸收因子	皮肤吸收效率因子	土壤饱和浓度
英文	中文		SF_o/[mg/(kg·d)]	参考文献	URF/(μg/m³)	参考文献	RfD_o/[mg/(kg·d)]	参考文献	RfC_i/(mg/m³)	参考文献	VOC	Mutagen	GIABS	ABS	C_{sat}/(mg/kg)
Antimony（metallic）	锑	7440-36-0					4.00×10^{-4}	I					0.15		
Antimony Pentoxide	五氧化二锑	1314-60-9					5.00×10^{-4}	H					0.15		
Antimony Potassium Tartrate	酒石酸锑钾	11071-15-1					9.00×10^{-4}	H					0.15		
Antimony Tetroxide	四氧化锑	1332-81-6					4.00×10^{-4}	H					0.15		
Antimony Trioxide	三氧化锑	1309-64-4							2.00×10^{-4}	I			0.15		
Apollo	四螨嗪	74115-24-5					1.30×10^{-2}	I					1	0.1	
Aramite	杀螨特	140-57-8	2.50×10^{-2}	I	7.10×10^{-6}	I	5.00×10^{-2}	H					1	0.1	
Arsenic，Inorganic	砷（无机）	7440-38-2	1.50	I	4.30×10^{-3}	I	3.00×10^{-4}	I	1.50×10^{-5}	C			1	0.03	
Arsine	砷化氢	7784-42-1					3.50×10^{-6}	C	5.00×10^{-5}	I			1		
Assure	喹禾灵	76578-14-8					9.00×10^{-3}	I					1	0.1	
Asulam	黄草灵	3337-71-1					5.00×10^{-2}	I					1	0.1	

续表

污染物名称		CAS 编号	经口摄入致癌斜率因子		呼吸吸入单位致癌风险		经口摄入参考剂量		呼吸吸入参考浓度		是否为挥发性物质	致突变性	消化道吸收因子	皮肤吸收效率因子	土壤饱和浓度
英文	中文		SF_o/[mg/(kg·d)]	参考文献	URF/(μg/m^3)	参考文献	RfD_o/[mg/(kg·d)]	参考文献	RfC_i/(mg/m^3)	参考文献	VOC	Mutagen	GIABS	ABS	C_{sat}/(mg/kg)
Atrazine	阿特拉津	1912-24-9	2.30×10^{-1}	C			3.50×10^{-2}	I					1	0.1	
Auramine	金胺	492-80-8	8.80×10^{-1}	C	2.50×10^{-4}	C							1	0.1	
Avermectin B1	阿维菌素 B1	65195-55-3					4.00×10^{-4}	I					1	0.1	
Azobenzene	偶氮苯	103-33-3	1.10×10^{-1}	I	3.10×10^{-5}	I					V		1		
Azodicarbona-mide	偶氮二甲酰胺	123-77-3					1.00	P	7.00×10^{-6}	P			1	0.1	
Barium	钡	7440-39-3					2.00×10^{-1}	I	5.00×10^{-4}	H			0.07		
Barium Chromate	铬酸钡	10294-40-3	5.00×10^{-1}	C	1.50×10^{-1}	C	2.00×10^{-2}	C	2.00×10^{-4}	C		M	0.025		
Baygon	残杀威	114-26-1					4.00×10^{-3}	I					1	0.1	
Bayleton	三唑酮	43121-43-3					3.00×10^{-2}	I					1	0.1	
Baythroid	高效氟氯氰菊酯	68359-37-5					2.50×10^{-2}	I					1	0.1	
Benefin	氟草胺	1861-40-1					3.00×10^{-1}	I			V		1		
Benomyl	苯菌灵	17804-35-2					5.00×10^{-2}	I					1	0.1	

续表

污染物名称		CAS 编号	经口摄入致癌斜率因子		呼吸吸入单位致癌风险		经口摄入参考剂量		呼吸吸入参考浓度		是否为挥发性物质	致突变性	消化道吸收因子	皮肤吸收效率因子	土壤饱和浓度
英文	中文		SF_o/[mg/(kg·d)]	参考文献	URF/(μg/m^3)	参考文献	RfD_o/[mg/(kg·d)]	参考文献	RfC_i/(mg/m^3)	参考文献	VOC	Mutagen	GIABS	ABS	C_{sat}/(mg/kg)
Bentazon	灭草松	25057-89-0					3.00×10^{-2}	I					1	0.1	
Benzaldehyde	苯甲醛	100-52-7					1.00×10^{-1}	I			V		1		1.16×10^{3}
Benzene	苯	71-43-2	5.50×10^{-2}	I	7.80×10^{-6}	I	4.00×10^{-3}	I	3.00×10^{-2}	I	V		1		1.82×10^{3}
Benzenediamine -2-methyl sulfate，1，4-	1，4-苯二胺-2-甲基硫酸盐	6369-59-1	1.00×10^{-1}	X			3.00×10^{-4}	X					1	0.1	
Benzenethiol	苯硫酚	108-98-5					1.00×10^{-3}	P			V		1		1.26×10^{3}
Benzidine	4，4'-二氨基联苯	92-87-5	2.30×10^{2}	I	6.70×10^{-2}	I	3.00×10^{-3}	I				M	1	0.1	
Benzoic Acid	苯甲酸	65-85-0					4.00	I					1	0.1	
Benzotrichloride	三氯化苄	98-07-7	1.30×10	I							V		1		3.24×10^{2}
Benzyl Alcohol	苯甲醇	100-51-6					1.00×10^{-1}	P					1	0.1	
Benzyl Chloride	苄基氯	100-44-7	1.70×10^{-1}	I	4.90×10^{-5}	C	2.00×10^{-3}	P	1.00×10^{-3}	P	V		1		1.46×10^{3}
Beryllium and compounds	铍化合物	7440-41-7			2.40×10^{-3}	I	2.00×10^{-3}	I	2.00×10^{-5}	I			0.007		
Bidrin	百治磷	141-66-2					1.00×10^{-4}	I					1	0.1	

续表

污染物名称		CAS 编号	经口摄入致癌斜率因子		呼吸吸入单位致癌风险		经口摄入参考剂量		呼吸吸入参考浓度		是否为挥发性物质	致突变性	消化道吸收因子	皮肤吸收效率因子	土壤饱和浓度
英文	中文		SF_o/[mg/(kg·d)]	参考文献	URF/(μg/m^3)	参考文献	RfD_o/[mg/(kg·d)]	参考文献	RfC_i/(mg/m^3)	参考文献	VOC	Mutagen	GIABS	ABS	C_{sat}/(mg/kg)
Bifenox	甲酸除草醚	42576-02-3					9.00×10^{-3}	P					1	0.1	
Biphenthrin	联苯菊酯	82657-04-3					1.50×10^{-2}	I					1	0.1	
Biphenyl，1，1'-	1，1-联二苯	92-52-4	8.00×10^{-3}	I			5.00×10^{-1}	I	4.00×10^{-4}	X	V		1		
Bis（2-chloro-1-methylethyl）ether	双（2-氯-1-甲基乙基）醚	108-60-1	7.00×10^{-2}	H	1.00×10^{-5}	H	4.00×10^{-2}	I			V		1		1.02×10^{3}
Bis（2-chloroethoxy）methane	双（2-氯乙氧基）甲烷	111-91-1					3.00×10^{-3}	P					1	0.1	
Bis（2-chloroethyl）ether	双（2-氯乙基）醚	111-44-4	1.10	I	3.30×10^{-4}	I					V		1		5.05×10^{3}
Bis（chloromethyl）ether	双（氯甲基）醚	542-88-1	2.20×10^{2}	I	6.20×10^{-2}	I					V		1		4.22×10^{3}
Bisphenol A	双酚 A	80-05-7					5.00×10^{-2}	I					1	0.1	
Boron And Borates Only	硼及硼酸盐	7440-42-8					2.00×10^{-1}	I	2.00×10^{-2}	H			1		
Boron Trichloride	三氯化硼	10294-34-5					2.00	P	2.00×10^{-2}	P	V		1		

续表

污染物名称		CAS 编号	经口摄入致癌斜率因子		呼吸吸入单位致癌风险		经口摄入参考剂量		呼吸吸入参考浓度		是否为挥发性物质	致突变性	消化道吸收因子	皮肤吸收效率因子	土壤饱和浓度
英文	中文		SF_o/[mg/(kg·d)]	参考文献	URF/(μg/m^3)	参考文献	RfD_o/[mg/(kg·d)]	参考文献	RfC_i/(mg/m^3)	参考文献	VOC	Mutagen	GIABS	ABS	C_{sat}/(mg/kg)
Boron Trifluoride	四氯化硼	7637-07-2					4.00×10^{-2}	C	1.30×10^{-2}	C	V		1		
Bromate	溴酸盐	15541-45-4	7.00×10^{-1}	I			4.00×10^{-3}	I					1		
Bromo-2-chloroethane，1-	1-溴-2-氯乙烷	107-04-0	2.00	X	6.00×10^{-4}	X					V		1		2.38×10^{3}
Bromobenzene	溴苯	108-86-1					8.00×10^{-3}	I	6.00×10^{-2}	I	V		1		6.79×10^{2}
Bromochloromethane	溴氯甲烷	74-97-5							4.00×10^{-2}	X	V		1		4.04×10^{3}
Bromodichloromethane	一溴二氯甲烷	75-27-4	6.20×10^{-2}	I	3.70×10^{-5}	C	2.00×10^{-2}	I			V		1		9.31×10^{2}
Bromoform	溴仿	75-25-2	7.90×10^{-3}	I	1.10×10^{-6}	I	2.00×10^{-2}	I			V		1		9.15×10^{2}
Bromomethane	溴甲烷	74-83-9					1.40×10^{-3}	I	5.00×10^{-3}	I	V		1		3.59×10^{3}
Bromophos	溴硫磷	2104-96-3					5.00×10^{-3}	H			V		1		
Bromoxynil	溴草腈	1689-84-5					2.00×10^{-2}	I					1	0.1	
Bromoxynil Octanoate	溴苯腈辛酸	1689-99-2					2.00×10^{-2}	I			V		1		
Butadiene，1，3-	1，3-丁二烯	106-99-0	3.40	C	3.00×10^{-5}	I			2.00×10^{-3}	I	V		1		6.67×10^{2}

续表

污染物名称		CAS 编号	经口摄入致癌斜率因子		呼吸吸入单位致癌风险		经口摄入参考剂量		呼吸吸入参考浓度		是否为挥发性物质	致突变性	消化道吸收因子	皮肤吸收效率因子	土壤饱和浓度
英文	中文		SF_o/[mg/(kg·d)]	参考文献	URF/(μg/m³)	参考文献	RfD_o/[mg/(kg·d)]	参考文献	RfC_i/(mg/m³)	参考文献	VOC	Mutagen	GIABS	ABS	C_{sat}/(mg/kg)
Butanol，N-	正丁醇	71-36-3					1.00×10^{-1}	I			V		1		7.64×10^{3}
Butyl Benzyl Phthlate	邻苯二甲酸苄丁酯	85-68-7	1.90×10^{-3}	P			2.00×10^{-1}	I					1	0.1	
Butyl alcohol，sec-	2-丁醇	78-92-2					2.00	P	3.00×10	P	V		1		2.13×10^{4}
Butylate	丁草特	2008-41-5					5.00×10^{-2}	I			V		1		
Butylated hydroxyanisole	丁基羟基茴香醚	25013-16-5	2.00×10^{-4}	C	5.70×10^{-8}	C							1	0.1	
Butylated hydroxytoluene	二丁基羟基甲苯	128-37-0	3.60×10^{-3}	P			3.00×10^{-1}	P					1	0.1	
Butylbenzene，n-	正丁基苯	104-51-8					5.00×10^{-2}	P			V		1		1.08×10^{2}
Butylbenzene，sec-	异丁基苯	135-98-8					1.00×10^{-1}	X			V		1		1.45×10^{2}
Butylbenzene，tert-	叔丁基苯	98-06-6					1.00×10^{-1}	X			V		1		1.83×10^{2}
Cacodylic Acid	二甲次胂酸	75-60-5					2.00×10^{-2}	A					1	0.1	
Cadmium（Diet）	镉	7440-43-9			1.80×10^{-3}	I	1.00×10^{-3}	I	1.00×10^{-5}	A			0.025	0.001	

续表

污染物名称		CAS 编号	经口摄入致癌斜率因子		呼吸吸入单位致癌风险		经口摄入参考剂量		呼吸吸入参考浓度		是否为挥发性物质	致突变性	消化道吸收因子	皮肤吸收效率因子	土壤饱和浓度
英文	中文		SF_o/[mg/(kg·d)]	参考文献	URF/(μg/m³)	参考文献	RfD_o/[mg/(kg·d)]	参考文献	RfC_i/(mg/m³)	参考文献	VOC	Mutagen	GIABS	ABS	C_{sat}/(mg/kg)
Cadmium（Water）	镉	7440-43-9			1.80×10^{-3}	I	5.00×10^{-4}	I	1.00×10^{-5}	A			0.05	0.001	
Calcium Chromate	铬酸钙	13765-19-0	5.00×10^{-1}	C	1.50×10^{-1}	C	2.00×10^{-2}	C	2.00×10^{-4}	C		M	0.025		
Caprolactam	1，6-己内酰胺	105-60-2					5.00×10^{-1}	I	2.20×10^{-3}	C			1	0.1	
Captafol	敌菌丹	2425-06-1	1.50×10^{-1}	C	4.30×10^{-5}	C	2.00×10^{-3}	I					1	0.1	
Captan	克菌丹	133-06-2	2.30×10^{-3}	C	6.60×10^{-7}	C	1.30×10^{-1}	I					1	0.1	
Carbaryl	西维因	63-25-2					1.00×10^{-1}	I					1	0.1	
Carbofuran	呋喃丹	1563-66-2					5.00×10^{-3}	I					1	0.1	
Carbon Disulfide	二硫化碳	75-15-0					1.00×10^{-1}	I	7.00×10^{-1}	I	V		1		7.38×10^{2}
Carbon Tetrachloride	四氯化碳	56-23-5	7.00×10^{-2}	I	6.00×10^{-6}	I	4.00×10^{-3}	I	1.00×10^{-1}	I	V		1		4.58×10^{2}
Carbosulfan	丁硫克百威	55285-14-8					1.00×10^{-2}	I					1	0.1	
Carboxin	萎锈灵	5234-68-4					1.00×10^{-1}	I					1	0.1	
Ceric oxide	二氧化铈	1306-38-3							9.00×10^{-4}	I			1		

续表

污染物名称		CAS 编号	经口摄入致癌斜率因子		呼吸吸入单位致癌风险		经口摄入参考剂量		呼吸吸入参考浓度		是否为挥发性物质	致突变性	消化道吸收因子	皮肤吸收效率因子	土壤饱和浓度
英文	中文		SF_o/[mg/(kg·d)]	参考文献	URF/(μg/m^3)	参考文献	RfD_o/[mg/(kg·d)]	参考文献	RfC_i/(mg/m^3)	参考文献	VOC	Mutagen	GIABS	ABS	C_{sat}/(mg/kg)
Chloral Hydrate	2，2，2-三氯-1，1-乙二醇	302-17-0					1.00×10^{-1}	I			V		1		
Chloramben	3-氨基-2，5-二氯苯甲酸	133-90-4					1.50×10^{-2}	I					1	0.1	
Chloranil	二氧化铈	118-75-2	4.00×10^{-1}	H									1	0.1	
Chlordane	氯丹	12789-03-6	3.50×10^{-1}	I	1.00×10^{-4}	I	5.00×10^{-4}	I	7.00×10^{-4}	I	V		1	0.04	
Chlordecone（Kepone）	十氯酮	143-50-0	1.00×10	I	4.60×10^{-3}	C	3.00×10^{-4}	I					1	0.1	
Chlorfenvinphos	毒虫畏	470-90-6					7.00×10^{-4}	A					1	0.1	
Chlorimuron，Ethyl-	乙基-甲酸乙酯	90982-32-4					2.00×10^{-2}	I					1	0.1	
Chlorine	氯	7782-50-5					1.00×10^{-1}	I	1.50×10^{-4}	A	V		1		2.78×10^{3}
Chlorine Dioxide	二氧化氯	10049-04-4					3.00×10^{-2}	I	2.00×10^{-4}	I	V		1		
Chlorite（Sodium Salt）	亚氯酸盐（钠盐）	7758-19-2					3.00×10^{-2}	I					1		
Chloro-1，1-difluoroethane，1-	1-氯-1，1-二氟乙烷	75-68-3							5.00×10	I	V		1		1.15×10^{3}

续表

污染物名称		CAS 编号	经口摄入致癌斜率因子		呼吸吸入单位致癌风险		经口摄入参考剂量		呼吸吸入参考浓度		是否为挥发性物质	致突变性	消化道吸收因子	皮肤吸收效率因子	土壤饱和浓度
英文	中文		SF_o/[mg/(kg·d)]	参考文献	URF/(μg/m³)	参考文献	RfD_o/[mg/(kg·d)]	参考文献	RfC_i/(mg/m³)	参考文献	VOC	Mutagen	GIABS	ABS	C_{sat}/(mg/kg)
Chloro-1，3-butadiene，2-	2-氯-1，3-丁二烯	126-99-8			3.00×10^{-4}	I	2.00×10^{-2}	H	2.00×10^{-2}	I	V		1		7.51×10^{2}
Chloro-2-methyl aniline HCl，4-	4-氯-2-甲基苯胺盐酸	3165-93-3	4.60×10^{-1}	H									1	0.1	
Chloro-2-methyl aniline，4-	4-氯-2-甲基苯胺	95-69-2	1.00×10^{-1}	P	7.70×10^{-5}	C	3.00×10^{-3}	X					1	0.1	
Chloroacetaldehyde，2-	2-氯乙醛	107-20-0	2.70×10^{-1}	X							V		1		2.83×10^{4}
Chloroacetic Acid	氯乙酸	79-11-8					2.00×10^{-3}	H					1	0.1	
Chloroacetophenone，2-	2-氯乙酰苯	532-27-4							3.00×10^{-5}	I			1	0.1	
Chloroaniline，p-	对氯苯胺	106-47-8	2.00×10^{-1}	P			4.00×10^{-3}	I					1	0.1	
Chlorobenzene	氯苯	108-90-7					2.00×10^{-2}	I	5.00×10^{-2}	P	V		1		7.61×10^{2}
Chlorobenzilate	氯二苯乙醇酸盐	510-15-6	1.10×10^{-1}	C	3.10×10^{-5}	C	2.00×10^{-2}	I					1	0.1	
Chlorobenzoic Acid，p-	对氯苯甲酸	74-11-3					3.00×10^{-2}	X					1	0.1	
Chlorobenzotrifluoride，4-	4-氯三氟甲苯	98-56-6					3.00×10^{-3}	P	3.00×10^{-1}	P	V		1		1.17×10^{2}

续表

污染物名称		CAS 编号	经口摄入致癌斜率因子		呼吸吸入单位致癌风险		经口摄入参考剂量		呼吸吸入参考浓度		是否为挥发性物质	致突变性	消化道吸收因子	皮肤吸收效率因子	土壤饱和浓度
英文	中文		SF_o/[mg/(kg·d)]	参考文献	URF/(μg/m^3)	参考文献	RfD_o/[mg/(kg·d)]	参考文献	RfC_i/(mg/m^3)	参考文献	VOC	Mutagen	GIABS	ABS	C_{sat}/(mg/kg)
Chlorobutane，1-	1-氯丁烷	109-69-3					4.00×10^{-2}	P			V		1		7.28×10^{2}
Chlorodifluoromethane	一氯二氟甲烷	75-45-6							5.00×10	I	V		1		1.68×10^{3}
Chloroethanol，2-	2-氯乙醇	107-07-3					2.00×10^{-2}	P			V		1		1.11×10^{5}
Chloroform	氯仿	67-66-3	3.10×10^{-2}	C	2.30×10^{-5}	I	1.00×10^{-2}	I	9.80×10^{-2}	A	V		1		2.54×10^{3}
Chloromethane	氯甲烷	74-87-3							9.00×10^{-2}	I	V		1		1.32×10^{3}
Chloromethyl Methyl Ether	氯甲基甲醚	107-30-2	2.40	C	6.90×10^{-4}	C					V		1		2.58×10^{4}
Chloronitrobenzene，o-	邻氯硝基苯	88-73-3	3.00×10^{-1}	P			3.00×10^{-3}	P	1.00×10^{-5}	X			1	0.1	
Chloronitrobenzene，p-	对硝基氯苯	100-00-5	6.30×10^{-3}	P			1.00×10^{-3}	P	6.00×10^{-4}	P			1	0.1	
Chlorophenol，2-	2-氯苯酚	95-57-8					5.00×10^{-3}	I			V		1		2.19×10^{4}
Chloropicrin	硝基三氯甲烷	76-06-2							4.00×10^{-4}	C	V		1		6.17×10^{2}
Chlorothalonil	2，4，5，6-四氯邻苯二甲腈	1897-45-6	3.10×10^{-3}	C	8.90×10^{-7}	C	1.50×10^{-2}	I					1	0.1	

续表

污染物名称		CAS 编号	经口摄入致癌斜率因子		呼吸吸入单位致癌风险		经口摄入参考剂量		呼吸吸入参考浓度		是否为挥发性物质	致突变性	消化道吸收因子	皮肤吸收效率因子	土壤饱和浓度
英文	中文		SF_o/[mg/(kg·d)]	参考文献	URF/(μg/m^3)	参考文献	RfD_o/[mg/(kg·d)]	参考文献	RfC_i/(mg/m^3)	参考文献	VOC	Mutagen	GIABS	ABS	C_{sat}/(mg/kg)
Chlorotoluene, o-	2-氯甲苯	95-49-8					2.00×10^{-2}	I			V		1		9.07×10^{2}
Chlorotoluene, p-	4-氯甲苯	106-43-4					2.00×10^{-2}	X			V		1		2.53×10^{2}
Chlorozotocin	氯脲霉素	54749-90-5	2.40×10^{2}	C	6.90×10^{-2}	C							1	0.1	
Chlorpropham	氯苯胺灵	101-21-3					2.00×10^{-1}	I					1	0.1	
Chlorpyrifos	毒死蜱	2921-88-2					1.00×10^{-3}	A					1	0.1	
Chlorpyrifos Methyl	甲基毒死蜱	5598-13-0					1.00×10^{-2}	H					1	0.1	
Chlorsulfuron	绿黄隆	64902-72-3					5.00×10^{-2}	I					1	0.1	
Chlorthiophos	氯甲硫磷	60238-56-4					8.00×10^{-4}	H					1	0.1	
Chromium(III), Insoluble Salts	铬((III)	16065-83-1					1.50	I					0.013		
Chromium (VI)	铬(VI)	18540-29-9	5.00×10^{-1}	J	8.40×10^{-2}	S	3.00×10^{-3}	I	1.00×10^{-4}	I		M	0.025		
Chromium, Total	铬(总)	7440-47-3											0.013		
Cobalt	钴	7440-48-4			9.00×10^{-3}	P	3.00×10^{-4}	P	6.00×10^{-6}	P			1		

续表

污染物名称		CAS 编号	经口摄入致癌斜率因子		呼吸吸入单位致癌风险		经口摄入参考剂量		呼吸吸入参考浓度		是否为挥发性物质	致突变性	消化道吸收因子	皮肤吸收效率因子	土壤饱和浓度
英文	中文		SF_o/[mg/(kg·d)]	参考文献	URF/(μg/m^3)	参考文献	RfD_o/[mg/(kg·d)]	参考文献	RfC_i/(mg/m^3)	参考文献	VOC	Mutagen	GIABS	ABS	C_{sat}/(mg/kg)
Coke Oven Emissions	煤焦油	8007-45-2			6.20×10^{-4}	I					V	M	1		
Copper	铜	7440-50-8					4.00×10^{-2}	H					1		
Cresol，m-	3-甲基苯酚	108-39-4					5.00×10^{-2}	I	6.00×10^{-1}	C			1	0.1	
Cresol，o-	2-甲基苯酚	95-48-7					5.00×10^{-2}	I	6.00×10^{-1}	C			1	0.1	
Cresol，p-	4-甲酚（对-）	106-44-5					1.00×10^{-1}	A	6.00×10^{-1}	C			1	0.1	
Cresol，p-chloro-m-	4-氯-3-甲酚	59-50-7					1.00×10^{-1}	A					1	0.1	
Cresols	甲酚	1319-77-3					1.00×10^{-1}	A	6.00×10^{-1}	C			1	0.1	
Crotonaldehyde，trans-	2-丁烯醛	123-73-9	1.90	H			1.00×10^{-3}	P			V		1		1.66×10^{4}
Cumene	异丙基苯	98-82-8					1.00×10^{-1}	I	4.00×10^{-1}	I	V		1		2.68×10^{2}
Cupferron	铜铁试剂	135-20-6	2.20×10^{-1}	C	6.30×10^{-5}	C							1	0.1	
Cyanazine	氰草津	21725-46-2	8.40×10^{-1}	H			2.00×10^{-3}	H					1	0.1	
Cyanides	氰化物														

续表

污染物名称		CAS 编号	经口摄入致癌斜率因子		呼吸吸入单位致癌风险		经口摄入参考剂量		呼吸吸入参考浓度		是否为挥发性物质	致突变性	消化道吸收因子	皮肤吸收效率因子	土壤饱和浓度
英文	中文		SF_o/[mg/(kg·d)]	参考文献	URF/(μg/m³)	参考文献	RfD_o/[mg/(kg·d)]	参考文献	RfC_i/(mg/m³)	参考文献	VOC	Mutagen	GIABS	ABS	C_{sat}/(mg/kg)
Calcium Cyanide	氰化钙	592-01-8					1.00×10^{-3}	I					1		
Copper Cyanide	氰化铜	544-92-3					5.00×10^{-3}	I					1		
Cyanide（CN-）	氰化物	57-12-5					6.00×10^{-4}	I	8.00×10^{-4}	S	V		1		9.72×10^{5}
Cyanogen	乙二腈	460-19-5					1.00×10^{-3}	I			V		1		
Cyanogen Bromide	溴化氰	506-68-3					9.00×10^{-2}	I			V		1		
Cyanogen Chloride	氯化氰	506-77-4					5.00×10^{-2}	I			V		1		
Hydrogen Cyanide	氢氰酸	74-90-8					6.00×10^{-4}	I	8.00×10^{-4}	I	V		1		1.00×10^{7}
Potassium Cyanide	氰化钾	151-50-8					2.00×10^{-3}	I					1		
Potassium Silver Cyanide	氰化钾银	506-61-6					5.00×10^{-3}	I					0.04		
Silver Cyanide	氰化银	506-64-9					1.00×10^{-1}	I					0.04		
Sodium Cyanide	氰化钠	143-33-9					1.00×10^{-3}	I					1		
Thiocyanates	硫氰酸酯	NA					2.00×10^{-4}	P					1		

续表

污染物名称		CAS 编号	经口摄入致癌斜率因子		呼吸吸入单位致癌风险		经口摄入参考剂量		呼吸吸入参考浓度		是否为挥发性物质	致突变性	消化道吸收因子	皮肤吸收效率因子	土壤饱和浓度
英文	中文		SF_o/[mg/(kg·d)]	参考文献	URF/(μg/m^3)	参考文献	RfD_o/[mg/(kg·d)]	参考文献	RfC_i/(mg/m^3)	参考文献	VOC	Mutagen	GIABS	ABS	C_{sat}/(mg/kg)
Thiocyanic Acid	硫氰酸	463-56-9					2.00×10^{-4}	X			V		1		
Zinc Cyanide	氰化锌	557-21-1					5.00×10^{-2}	I					1		
Cyclohexane	环己烷	110-82-7							6.00	I	V		1		1.17×10^{2}
Cyclohexane, 1, 2, 3, 4, 5-pentabromo-6-chloro-	1，2，3，4，5-五溴-6-氯环己烷	87-84-3	2.30×10^{-2}	H									1	0.1	
Cyclohexanone	环己酮	108-94-1					5.00	I	7.00×10^{-1}	P	V		1		5.11×10^{3}
Cyclohexene	环己烯	110-83-8					5.00×10^{-3}	P	1.00	X	V		1		2.83×10^{2}
Cyclohexylamine	环己胺	108-91-8					2.00×10^{-1}	I			V		1		2.93×10^{5}
Cyhalothrin/karate	三氟氯氰菊酯	68085-85-8					5.00×10^{-3}	I					1	0.1	
Cypermethrin	氯氰菊酯	52315-07-8					1.00×10^{-2}	I					1	0.1	
Cyromazine	灭蝇胺	66215-27-8					7.50×10^{-3}	I					1	0.1	
DDD	滴滴滴	72-54-8	2.40×10^{-1}	I	6.90×10^{-5}	C							1	0.1	

续表

污染物名称		CAS 编号	经口摄入致癌斜率因子		呼吸吸入单位致癌风险		经口摄入参考剂量		呼吸吸入参考浓度		是否为挥发性物质	致突变性	消化道吸收因子	皮肤吸收效率因子	土壤饱和浓度
英文	中文		SF_o/[mg/(kg·d)]	参考文献	URF/(μg/m³)	参考文献	RfD_o/[mg/(kg·d)]	参考文献	RfC_i/(mg/m³)	参考文献	VOC	Mutagen	GIABS	ABS	C_{sat}/(mg/kg)
DDE，p，p′-	p，p′-滴滴伊	72-55-9	3.40×10^{-1}	I	9.70×10^{-5}	C					V		1		
DDT	滴滴涕	50-29-3	3.40×10^{-1}	I	9.70×10^{-5}	I	5.00×10^{-4}	I					1	0.03	
Dacthal	敌草索	1861-32-1					1.00×10^{-2}	I					1	0.1	
Dalapon	茅草枯	75-99-0					3.00×10^{-2}	I					1	0.1	
Decabromodiphenyl ether，2，2′，3，3′，4，4′，5，5′，6，6′-（BDE-209）	2，2′，3，3′，4，4′，5，5′，6，6′-（BDE-209）-十溴联苯醚	1163-19-5	7.00×10^{-4}	I			7.00×10^{-3}	I					1	0.1	
Demeton	内吸磷	8065-48-3					4.00×10^{-5}	I					1	0.1	
Di（2-ethylhexyl）adipate	己二酸二（2-乙基己基）酯	103-23-1	1.20×10^{-3}	I			6.00×10^{-1}	I					1	0.1	
Diallate	燕麦敌	2303-16-4	6.10×10^{-2}	H									1	0.1	
Diazinon	二嗪磷	333-41-5					7.00×10^{-4}	A					1	0.1	
Dibenzothiophene	二苯并噻吩	132-65-0					1.00×10^{-2}	X			V		1		

续表

污染物名称		CAS 编号	经口摄入致癌斜率因子		呼吸吸入单位致癌风险		经口摄入参考剂量		呼吸吸入参考浓度		是否为挥发性物质	致突变性	消化道吸收因子	皮肤吸收效率因子	土壤饱和浓度
英文	中文		SF_o/[mg/(kg·d)]	参考文献	URF/(μg/m^3)	参考文献	RfD_o/[mg/(kg·d)]	参考文献	RfC_i/(mg/m^3)	参考文献	VOC	Mutagen	GIABS	ABS	C_{sat}/(mg/kg)
Dibromo-3-chloropropane，1，2-	1，2-二溴-3-氯丙烷	96-12-8	8.00×10^{-1}	P	6.00×10^{-3}	P	2.00×10^{-4}	P	2.00×10^{-4}	I	V	M	1		9.79×10^{2}
Dibromobenzene，1，3-	1，3-二溴苯	108-36-1					4.00×10^{-4}	X			V		1		1.59×10^{2}
Dibromobenzene，1，4-	1，4-二溴苯	106-37-6					1.00×10^{-2}	I			V		1		
Dibromochloromethane	二溴氯甲烷	124-48-1	8.40×10^{-2}	I	2.70×10^{-5}	C	2.00×10^{-2}	I			V		1		8.02×10^{2}
Dibromoethane，1，2-	1，2-二溴苯	106-93-4	2.00	I	6.00×10^{-4}	I	9.00×10^{-3}	I	9.00×10^{-3}	I	V		1		1.34×10^{3}
Dibromomethane（Methylene Bromide）	二溴甲烷	74-95-3					1.00×10^{-2}	H	4.00×10^{-3}	X	V		1		2.82×10^{3}
Dibutyltin Compounds	二丁基锡	NA					3.00×10^{-4}	P					1	0.1	
Dicamba	3，6-二氯-2-甲氧基苯甲酸	1918-00-9					3.00×10^{-2}	I					1	0.1	
Dichloro-2-butene，1，4-	1，4-二氯-2-丁烯	764-41-0			4.20×10^{-3}	P					V		1		5.18×10^{2}
Dichloro-2-butene，cis-1，4-	顺式 1，4-二氯-2-丁烯	1476-11-5			4.20×10^{-3}	P					V		1		5.19×10^{2}

续表

污染物名称		CAS 编号	经口摄入致癌斜率因子		呼吸吸入单位致癌风险		经口摄入参考剂量		呼吸吸入参考浓度		是否为挥发性物质	致突变性	消化道吸收因子	皮肤吸收效率因子	土壤饱和浓度
英文	中文		SF_o/[mg/(kg·d)]	参考文献	URF/(μg/m³)	参考文献	RfD_o/[mg/(kg·d)]	参考文献	RfC_i/(mg/m³)	参考文献	VOC	Mutagen	GIABS	ABS	C_{sat}/(mg/kg)
Dichloro-2-butene，trans-1，4-	反式1，4-二氯-2-丁烯	110-57-6			4.20×10^{-3}	P					V		1		7.60×10^{2}
Dichloroacetic Acid	二氯乙酸	79-43-6	5.00×10^{-2}	I			4.00×10^{-3}	I					1	0.1	
Dichlorobenzene，1，2-	1，2-二氯苯	95-50-1					9.00×10^{-2}	I	2.00×10^{-1}	H	V		1		3.76×10^{2}
Dichlorobenzene，1，4-	1，4-二氯苯	106-46-7	5.40×10^{-3}	C	1.10×10^{-5}	C	7.00×10^{-2}	A	8.00×10^{-1}	I	V		1		
Dichlorobenzidine，3，3′-	3，3′-二氯联苯胺	91-94-1	4.50×10^{-1}	I	3.40×10^{-4}	C							1	0.1	
Dichlorobenzophenone，4，4′-	4，4′-二氯苯甲酮	90-98-2					9.00×10^{-3}	X					1	0.1	
Dichlorodifluoromethane	二氯二氟甲烷	75-71-8					2.00×10^{-1}	I	1.00×10^{-1}	X	V		1		8.45×10^{2}
Dichloroethane，1，1-	1，1-二氯乙烷	75-34-3	5.70×10^{-3}	C	1.60×10^{-6}	C	2.00×10^{-1}	P			V		1		1.69×10^{3}
Dichloroethane，1，2-	1，2-二氯乙烷	107-06-2	9.10×10^{-2}	I	2.60×10^{-5}	I	6.00×10^{-3}	X	7.00×10^{-3}	P	V		1		2.98×10^{3}
Dichloroethylene，1，1-	1，1-二氯乙烯	75-35-4					5.00×10^{-2}	I	2.00×10^{-1}	I	V		1		1.19×10^{3}

续表

污染物名称		CAS 编号	经口摄入致癌斜率因子		呼吸吸入单位致癌风险		经口摄入参考剂量		呼吸吸入参考浓度		是否为挥发性物质	致突变性	消化道吸收因子	皮肤吸收效率因子	土壤饱和浓度
英文	中文		SF_o/[mg/(kg·d)]	参考文献	URF/(μg/m^3)	参考文献	RfD_o/[mg/(kg·d)]	参考文献	RfC_i/(mg/m^3)	参考文献	VOC	Mutagen	GIABS	ABS	C_{sat}/(mg/kg)
Dichloroethylene，1，2-cis-	顺式 1,2-二氯乙烯	156-59-2					2.00×10^{-3}	I			V		1		2.37×10^{3}
Dichloroethylene，1，2-trans-	反式 1,2-二氯乙烯	156-60-5					2.00×10^{-2}	I			V		1		1.86×10^{3}
Dichlorophenol，2，4-	2，4-二氯苯酚	120-83-2					3.00×10^{-3}	I					1	0.1	
Dichlorophenoxy Acetic Acid，2，4-	2，4-二氯苯氧基乙酸	94-75-7					1.00×10^{-2}	I					1	0.05	
Dichlorophenoxy）butyric Acid，4-（2，4-	4-（2，4-二氯苯氧基）丁酸	94-82-6					8.00×10^{-3}	I					1	0.1	
Dichloropropane，1，2-	1，2-二氯丙烷	78-87-5	3.60×10^{-2}	C	1.00×10^{-5}	C	9.00×10^{-2}	A	4.00×10^{-3}	I	V		1		1.36×10^{3}
Dichloropropane，1，3-	1，3-二氯丙烷	142-28-9					2.00×10^{-2}	P			V		1		1.49×10^{3}
Dichloropropanol，2，3-	2，3-二氯-1-丙醇	616-23-9					3.00×10^{-3}	I					1	0.1	
Dichloropropene，1，3-	1，3-二氯丙烯	542-75-6	1.00×10^{-1}	I	4.00×10^{-6}	I	3.00×10^{-2}	I	2.00×10^{-2}	I	V		1		1.57×10^{3}
Dichlorvos	敌敌畏	62-73-7	2.90×10^{-1}	I	8.30×10^{-5}	C	5.00×10^{-4}	I	5.00×10^{-4}	I			1	0.1	

续表

污染物名称		CAS编号	经口摄入致癌斜率因子		呼吸吸入单位致癌风险		经口摄入参考剂量		呼吸吸入参考浓度		是否为挥发性物质	致突变性	消化道吸收因子	皮肤吸收效率因子	土壤饱和浓度
英文	中文		SF_o/[mg/(kg·d)]	参考文献	URF/(μg/m³)	参考文献	RfD_o/[mg/(kg·d)]	参考文献	RfC_i/(mg/m³)	参考文献	VOC	Mutagen	GIABS	ABS	C_{sat}/(mg/kg)
Dicyclopentadiene	二聚环戊二烯	77-73-6					8.00×10^{-2}	P	3.00×10^{-4}	X	V		1		
Dieldrin	狄氏剂	60-57-1	1.60×10	I	4.60×10^{-3}	I	5.00×10^{-5}	I					1	0.1	
Diesel Engine Exhaust	柴油机废气	NA			3.00×10^{-4}	C			5.00×10^{-3}	I			1	0.1	
Diethanolamine	二乙醇胺	111-42-2					2.00×10^{-3}	P	2.00×10^{-4}	P			1	0.1	
Diethylene Glycol Monobutyl Ether	二乙二醇丁醚	112-34-5					3.00×10^{-2}	P	1.00×10^{-4}	P			1	0.1	
Diethylene Glycol Monoethyl Ether	二甘醇胺	111-90-0					6.00×10^{-2}	P	3.00×10^{-4}	P			1	0.1	
Diethylformamide	N，N-二乙基甲酰胺	617-84-5					1.00×10^{-3}	P			V		1		1.12×10^{5}
Diethylstilbestrol	乙烯雌酚	56-53-1	3.50×10^{2}	C	1.00×10^{-1}	C							1	0.1	
Difenzoquat	双苯唑快	43222-48-6					8.00×10^{-2}	I					1	0.1	
Diflubenzuron	除虫脲	35367-38-5					2.00×10^{-2}	I					1	0.1	
Difluoroethane, 1，1-	1，1-二氟乙烷	75-37-6							4.00×10	I	V		1		1.43×10^{3}

续表

污染物名称		CAS 编号	经口摄入致癌斜率因子		呼吸吸入单位致癌风险		经口摄入参考剂量		呼吸吸入参考浓度		是否为挥发性物质	致突变性	消化道吸收因子	皮肤吸收效率因子	土壤饱和浓度
英文	中文		SF_o/[mg/(kg·d)]	参考文献	URF/(μg/m³)	参考文献	RfD_o/[mg/(kg·d)]	参考文献	RfC_i/(mg/m³)	参考文献	VOC	Mutagen	GIABS	ABS	C_{sat}/(mg/kg)
Dihydrosafrole	二氢黄樟素	94-58-6	4.40×10^{-2}	C	1.30×10^{-5}	C					V		1		
Diisopropyl Ether	异丙醚	108-20-3							7.00×10^{-1}	P	V		1		2.26×10^{3}
Diisopropyl Methylphosphonate	甲基磷酸二异丙酯	1445-75-6					8.00×10^{-2}	I			V		1		5.30×10^{2}
Dimethipin	噻节因	55290-64-7					2.00×10^{-2}	I					1	0.1	
Dimethoate	乐果	60-51-5					2.00×10^{-4}	I					1	0.1	
Dimethoxybenzidine，3，3′-	3，3′-二甲氧基联苯胺	119-90-4	1.60	P									1	0.1	
Dimethyl methylphosphonate	甲基膦酸二甲酯	756-79-6	1.70×10^{-3}	P			6.00×10^{-2}	P					1	0.1	
Dimethylaminoazobenzene [p-]	对二甲氨基偶氮苯	60-11-7	4.60	C	1.30×10^{-3}	C							1	0.1	
Dimethylaniline HCl，2，4-	2，4-二甲基苯胺盐酸盐	21436-96-4	5.80×10^{-1}	H									1	0.1	
Dimethylaniline，2，4-	2，4-二甲基苯胺	95-68-1	2.00×10^{-1}	P			2.00×10^{-3}	X					1	0.1	

续表

污染物名称		CAS 编号	经口摄入致癌斜率因子		呼吸吸入单位致癌风险		经口摄入参考剂量		呼吸吸入参考浓度		是否为挥发性物质	致突变性	消化道吸收因子	皮肤吸收效率因子	土壤饱和浓度
英文	中文		SF_o/[mg/(kg·d)]	参考文献	URF/(μg/m^3)	参考文献	RfD_o/[mg/(kg·d)]	参考文献	RfC_i/(mg/m^3)	参考文献	VOC	Mutagen	GIABS	ABS	C_{sat}/(mg/kg)
Dimethylaniline，N，N-	二甲基苯胺	121-69-7					2.00×10^{-3}	I			V		1		8.30×10^{2}
Dimethylbenzidine，3，3′-	邻联甲苯胺	119-93-7	1.10×10	P									1	0.1	
Dimethylformamide	二甲基甲酰胺	68-12-2					1.00×10^{-1}	P	3.00×10^{-2}	I	V		1		1.06×10^{5}
Dimethylhydrazine，1，1-	偏二甲肼	57-14-7					1.00×10^{-4}	X	2.00×10^{-6}	X	V		1		1.72×10^{5}
Dimethylhydrazine，1，2-	1，2-二甲肼	540-73-8	5.50×10^{2}	C	1.60×10^{-1}	C					V		1		1.89×10^{5}
Dimethylphenol，2，4-	2，4-二甲基苯酚	105-67-9					2.00×10^{-2}	I					1	0.1	
Dimethylphenol，2，6-	2，6-二甲基苯酚	576-26-1					6.00×10^{-4}	I					1	0.1	
Dimethylphenol，3，4-	3，4-二甲酚	95-65-8					1.00×10^{-3}	I					1	0.1	
Dimethylvinylchloride	双甲基氯乙烯	513-37-1	4.50×10^{-2}	C	1.30×10^{-5}	C					V		1		1.09×10^{3}
Dinitro-o-cresol，4，6-	4，6-二硝基-2-甲基苯酚	534-52-1					8.00×10^{-5}	X					1	0.1	

续表

污染物名称		CAS 编号	经口摄入致癌斜率因子		呼吸吸入单位致癌风险		经口摄入参考剂量		呼吸吸入参考浓度		是否为挥发性物质	致突变性	消化道吸收因子	皮肤吸收效率因子	土壤饱和浓度
英文	中文		SF_o/[mg/(kg·d)]	参考文献	URF/(μg/m^3)	参考文献	RfD_o/[mg/(kg·d)]	参考文献	RfC_i/(mg/m^3)	参考文献	VOC	Mutagen	GIABS	ABS	C_{sat}/(mg/kg)
Dinitro-o-cyclohexyl Phenol，4，6-	4，6-二硝基-2-环己基苯酚	131-89-5					2.00×10^{-3}	I					1	0.1	
Dinitrobenzene，1，2-	1，2-二硝基苯	528-29-0					1.00×10^{-4}	P					1	0.1	
Dinitrobenzene，1，3-	1，3-二硝基苯	99-65-0					1.00×10^{-4}	I					1	0.1	
Dinitrobenzene，1，4-	1，4-二硝基苯	100-25-4					1.00×10^{-4}	P					1	0.1	
Dinitrophenol，2，4-	2，4-二硝基苯酚	51-28-5					2.00×10^{-3}	I					1	0.1	
Dinitrotoluene Mixture，2，4/2，6-	2，4/2，6-二硝基甲苯（混合物）	NA	6.80×10^{-1}	I									1	0.1	
Dinitrotoluene，2，4-	2，4-二硝基甲苯	121-14-2	3.10×10^{-1}	C	8.90×10^{-5}	C	2.00×10^{-3}	I					1	0.102	
Dinitrotoluene，2，6-	2，6-二硝基甲苯	606-20-2	1.50	P			3.00×10^{-4}	X					1	0.099	
Dinitrotoluene，2-Amino-4，6-	2-氨基-4，6-二硝基甲苯	35572-78-2					2.00×10^{-3}	S					1	0.006	

续表

污染物名称		CAS 编号	经口摄入致癌斜率因子		呼吸吸入单位致癌风险		经口摄入参考剂量		呼吸吸入参考浓度		是否为挥发性物质	致突变性	消化道吸收因子	皮肤吸收效率因子	土壤饱和浓度
英文	中文		SF_o/[mg/(kg·d)]	参考文献	URF/(μg/m^3)	参考文献	RfD_o/[mg/(kg·d)]	参考文献	RfC_i/(mg/m^3)	参考文献	VOC	Mutagen	GIABS	ABS	C_{sat}/(mg/kg)
Dinitrotoluene，4-Amino-2，6-	4-氨基-2，6-二硝基甲苯	19406-51-0					2.00×10^{-3}	S					1	0.009	
Dinitrotoluene，Technical grade	二硝基甲苯（工业级）	25321-14-6	4.50×10^{-1}	X			9.00×10^{-4}	X					1	0.1	
Dinoseb	地乐酚	88-85-7					1.00×10^{-3}	I					1	0.1	
Dioxane，1，4-	1，4-二氧六环	123-91-1	1.00×10^{-1}	I	5.00×10^{-6}	I	3.00×10^{-2}	I	3.00×10^{-2}	I	V		1		1.16×10^{5}
Dioxins	二噁英类														
Hexachlorodibenzo-p-dioxin，Mixture	六氯二苯-4-二噁英（混合物）	NA	6.20×10^{3}	I	1.30	I							1	0.03	
TCDD，2，3，7，8-	二噁英（TCDD2378）	1746-01-6	1.30×10^{5}	C	3.80×10	C	7.00E-10	I	4.00×10^{-8}	C	V		1	0.03	
Diphenamid	草乃敌	957-51-7					3.00×10^{-2}	I					1	0.1	
Diphenyl Sulfone	127-63-9	127-63-9					8.00×10^{-4}	X					1	0.1	
Diphenylamine	二苯胺	122-39-4					2.50×10^{-2}	I					1	0.1	
Diphenylhydrazine，1，2-	1，2-二苯肼	122-66-7	8.00×10^{-1}	I	2.20×10^{-4}	I							1	0.1	

续表

污染物名称		CAS 编号	经口摄入致癌斜率因子		呼吸吸入单位致癌风险		经口摄入参考剂量		呼吸吸入参考浓度		是否为挥发性物质	致突变性	消化道吸收因子	皮肤吸收效率因子	土壤饱和浓度
英文	中文		SF_o/[mg/(kg·d)]	参考文献	URF/(μg/m^3)	参考文献	RfD_o/[mg/(kg·d)]	参考文献	RfC_i/(mg/m^3)	参考文献	VOC	Mutagen	GIABS	ABS	C_{sat}/(mg/kg)
Diquat	敌草快	85-00-7					2.20×10^{-3}	I					1	0.1	
Direct Black 38	偶氮黑 E	1937-37-7	7.10	C	1.40×10^{-1}	C							1	0.1	
Direct Blue 6	二氨基蓝 BB	2602-46-2	7.40	C	1.40×10^{-1}	C							1	0.1	
Direct Brown 95	直接棕 95	16071-86-6	6.70	C	1.40×10^{-1}	C							1	0.1	
Disulfoton	乙拌磷	298-04-4					4.00×10^{-5}	I					1	0.1	
Dithiane，1，4-	1，4-二噻烷	505-29-3					1.00×10^{-2}	I			V		1		
Diuron	敌草隆	330-54-1					2.00×10^{-3}	I					1	0.1	
Dodine	多果定	2439-10-3					4.00×10^{-3}	I					1	0.1	
EPTC	茵草敌	759-94-4					2.50×10^{-2}	I			V		1		
Endosulfan	硫丹	115-29-7					6.00×10^{-3}	I			V		1		
Endothall	草多索	145-73-3					2.00×10^{-2}	I					1	0.1	
Endrin	异狄氏剂	72-20-8					3.00×10^{-4}	I					1	0.1	

续表

污染物名称		CAS 编号	经口摄入致癌斜率因子		呼吸吸入单位致癌风险		经口摄入参考剂量		呼吸吸入参考浓度		是否为挥发性物质	致突变性	消化道吸收因子	皮肤吸收效率因子	土壤饱和浓度
英文	中文		SF_o/[mg/(kg·d)]	参考文献	URF/(μg/m^3)	参考文献	RfD_o/[mg/(kg·d)]	参考文献	RfC_i/(mg/m^3)	参考文献	VOC	Mutagen	GIABS	ABS	C_{sat}/(mg/kg)
Epichlorohydrin	环氧氯丙烷	106-89-8	9.90×10^{-3}	I	1.20×10^{-6}	I	6.00×10^{-3}	P	1.00×10^{-3}	I	V		1		1.05×10^{4}
Epoxybutane，1，2-	1，2-环氧丁烷	106-88-7							2.00×10^{-2}	I	V		1		1.53×10^{4}
Ethephon	乙烯利	16672-87-0					5.00×10^{-3}	I					1	0.1	
Ethion	乙硫磷	563-12-2					5.00×10^{-4}	I					1	0.1	
Ethoxyethanol Acetate，2-	乙二醇乙醚醋酸酯	111-15-9					1.00×10^{-1}	P	6.00×10^{-2}	P	V		1		3.14×10^{4}
Ethoxyethanol，2-	乙二醇单乙醚	110-80-5					9.00×10^{-2}	P	2.00×10^{-1}	I	V		1		1.06×10^{5}
Ethyl Acetate	乙酸乙酯	141-78-6					9.00×10^{-1}	I	7.00×10^{-2}	P	V		1		1.08×10^{4}
Ethyl Acrylate	丙烯酸乙酯	140-88-5	4.80×10^{-2}	H			5.00×10^{-3}	P	8.00×10^{-3}	P	V		1		2.50×10^{3}
Ethyl Chloride（Chloroethane）	氯乙烷	75-00-3							1.00×10	I	V		1		2.12×10^{3}
Ethyl Ether	乙醚	60-29-7					2.00×10^{-1}	I			V		1		1.01×10^{4}
Ethyl Methacrylate	甲基丙烯酸乙酯	97-63-2					9.00×10^{-2}	H	3.00×10^{-1}	P	V		1		1.10×10^{3}

续表

污染物名称		CAS 编号	经口摄入致癌斜率因子		呼吸吸入单位致癌风险		经口摄入参考剂量		呼吸吸入参考浓度		是否为挥发性物质	致突变性	消化道吸收因子	皮肤吸收效率因子	土壤饱和浓度
英文	中文		SF_o/[mg/(kg·d)]	参考文献	URF/(μg/m³)	参考文献	RfD_o/[mg/(kg·d)]	参考文献	RfC_i/(mg/m³)	参考文献	VOC	Mutagen	GIABS	ABS	C_{sat}/(mg/kg)
Ethyl-p-nitrophenyl Phosphonate	苯硫磷	2104-64-5					1.00×10^{-5}	I					1	0.1	
Ethylbenzene	乙苯	100-41-4	1.10×10^{-2}	C	2.50×10^{-6}	C	1.00×10^{-1}	I	1.00	I	V		1		4.80×10^{2}
Ethylene Cyanohydrin	3-羟基丙腈	109-78-4					7.00×10^{-2}	P					1	0.1	
Ethylene Diamine	乙二胺	107-15-3					9.00×10^{-2}	P			V		1		1.89×10^{5}
Ethylene Glycol	乙二醇	107-21-1					2.00	I	4.00×10^{-1}	C			1	0.1	
Ethylene Glycol Monobutyl Ether	2-丁氧基乙醇	111-76-2					1.00×10^{-1}	I	1.60	I			1	0.1	
Ethylene Oxide	环氧乙烷	75-21-8	3.10×10^{-1}	C	8.80×10^{-5}	C			3.00×10^{-2}	C	V		1		1.21×10^{5}
Ethylene Thiourea	乙烯硫脲	96-45-7	4.50×10^{-2}	C	1.30×10^{-5}	C	8.00×10^{-5}	I					1	0.1	
Ethyleneimine	氮丙啶	151-56-4	6.50×10	C	1.90×10^{-2}	C					V		1		1.54×10^{5}
Ethylphthalyl Ethyl Glycolate	乙基邻苯二酰乙醇酸乙酯	84-72-0					3.00	I					1	0.1	
Express	苯磺隆	101200-48-0					8.00×10^{-3}	I					1	0.1	

续表

污染物名称		CAS编号	经口摄入致癌斜率因子		呼吸吸入单位致癌风险		经口摄入参考剂量		呼吸吸入参考浓度		是否为挥发性物质	致突变性	消化道吸收因子	皮肤吸收效率因子	土壤饱和浓度
英文	中文		SF_o/[mg/(kg·d)]	参考文献	URF/(μg/m³)	参考文献	RfD_o/[mg/(kg·d)]	参考文献	RfC_i/(mg/m³)	参考文献	VOC	Mutagen	GIABS	ABS	C_{sat}/(mg/kg)
Fenamiphos	灭线灵	22224-92-6					2.50×10^{-4}	I					1	0.1	
Fenpropathrin	甲氰菊酯	39515-41-8					2.50×10^{-2}	I					1	0.1	
Fluometuron	伏草隆	2164-17-2					1.30×10^{-2}	I					1	0.1	
Fluoride	氟化物	16984-48-8					4.00×10^{-2}	C	1.30×10^{-2}	C			1		
Fluorine(Soluble Fluoride)	氟（可溶）	7782-41-4					6.00×10^{-2}	I	1.30×10^{-2}	C			1		
Fluridone	氟啶酮	59756-60-4					8.00×10^{-2}	I					1	0.1	
Flurprimidol	呋嘧醇	56425-91-3					2.00×10^{-2}	I					1	0.1	
Flutolanil	氟担菌宁	66332-96-5					6.00×10^{-2}	I					1	0.1	
Fluvalinate	氟胺氰菊酯	69409-94-5					1.00×10^{-2}	I					1	0.1	
Folpet	灭菌丹	133-07-3	3.50×10^{-3}	I			1.00×10^{-1}	I					1	0.1	
Fomesafen	氟磺胺草醚	72178-02-0	1.90×10^{-1}	I									1	0.1	
Fonofos	地虫磷	944-22-9					2.00×10^{-3}	I					1	0.1	

续表

污染物名称		CAS 编号	经口摄入致癌斜率因子		呼吸吸入单位致癌风险		经口摄入参考剂量		呼吸吸入参考浓度		是否为挥发性物质	致突变性	消化道吸收因子	皮肤吸收效率因子	土壤饱和浓度
英文	中文		SF_o/[mg/(kg·d)]	参考文献	URF/(μg/m^3)	参考文献	RfD_o/[mg/(kg·d)]	参考文献	RfC_i/(mg/m^3)	参考文献	VOC	Mutagen	GIABS	ABS	C_{sat}/(mg/kg)
Formaldehyde	甲醛	50-00-0			1.30×10^{-5}	I	2.00×10^{-1}	I	9.80×10^{-3}	A	V		1		4.24×10^{4}
Formic Acid	甲酸	64-18-6					9.00×10^{-1}	P	3.00×10^{-4}	X	V		1		1.06×10^{5}
Fosetyl-AL	乙膦铝	39148-24-8					3.00	I					1	0.1	
Furans	呋喃类														
Dibenzofuran	二苯并呋喃	132-64-9					1.00×10^{-3}	X			V		1	0.03	
～Furan	呋喃	110-00-9					1.00×10^{-3}	I			V		1	0.03	6.22×10^{3}
Tetrahydrofuran	四氢呋喃	109-99-9					9.00×10^{-1}	I	2.00	I	V		1	0.03	1.65×10^{5}
Furazolidone	呋喃唑酮	67-45-8	3.80	H									1	0.1	
Furfural	糠醛	98-01-1					3.00×10^{-3}	I	5.00×10^{-2}	H	V		1		1.01×10^{4}
Furium	#N/A	531-82-8	1.50	C	4.30×10^{-4}	C							1	0.1	
Furmecyclox	拌种胺	60568-05-0	3.00×10^{-2}	I	8.60×10^{-6}	C							1	0.1	
Glufosinate, Ammonium	草铵膦	77182-82-2					4.00×10^{-4}	I					1	0.1	

续表

污染物名称		CAS 编号	经口摄入致癌斜率因子		呼吸吸入单位致癌风险		经口摄入参考剂量		呼吸吸入参考浓度		是否为挥发性物质	致突变性	消化道吸收因子	皮肤吸收效率因子	土壤饱和浓度
英文	中文		SF_o/[mg/(kg·d)]	参考文献	URF/(μg/m^3)	参考文献	RfD_o/[mg/(kg·d)]	参考文献	RfC_i/(mg/m^3)	参考文献	VOC	Mutagen	GIABS	ABS	C_{sat}/(mg/kg)
Glutaraldehyde	戊二醛	111-30-8							8.00×10^{-5}	C			1	0.1	
Glycidyl	环氧丙醛	765-34-4					4.00×10^{-4}	I	1.00×10^{-3}	H	V		1		1.06×10^{5}
Glyphosate	草甘膦	1071-83-6					1.00×10^{-1}	I					1	0.1	
Goal	乙氧氟草醚	42874-03-3					3.00×10^{-3}	I					1	0.1	
Guanidine	胍	113-00-8					1.00×10^{-2}	X			V		1		
Guanidine Chloride	盐酸胍	50-01-1					2.00×10^{-2}	P					1	0.1	
Guthion	甲基谷硫磷	86-50-0					3.00×10^{-3}	A	1.00×10^{-2}	A			1	0.1	
Haloxyfop, Methyl	氟吡甲禾灵	69806-40-2					5.00×10^{-5}	I					1	0.1	
Harmony	噻吩磺隆	79277-27-3					1.30×10^{-2}	I					1	0.1	
Heptachlor	七氯	76-44-8	4.50	I	1.30×10^{-3}	I	5.00×10^{-4}	I			V		1		
Heptachlor Epoxide	环氧七氯	1024-57-3	9.10	I	2.60×10^{-3}	I	1.30×10^{-5}	I			V		1		
Hexabromobenzene	六溴苯	87-82-1					2.00×10^{-3}	I			V		1		

续表

污染物名称		CAS 编号	经口摄入致癌斜率因子		呼吸吸入单位致癌风险		经口摄入参考剂量		呼吸吸入参考浓度		是否为挥发性物质	致突变性	消化道吸收因子	皮肤吸收效率因子	土壤饱和浓度
英文	中文		SF_o/[mg/(kg·d)]	参考文献	URF/(μg/m^3)	参考文献	RfD_o/[mg/(kg·d)]	参考文献	RfC_i/(mg/m^3)	参考文献	VOC	Mutagen	GIABS	ABS	C_{sat}/(mg/kg)
Hexabromodiphenyl ether，2，2′，4，4′，5，5′-（BDE-153）	2，2′，4，4′，5，5′-（BDE-153）-六溴联苯醚	68631-49-2					2.00×10^{-4}	I					1	0.1	
Hexachlorobenzene	六氯苯	118-74-1	1.60	I	4.60×10^{-4}	I	8.00×10^{-4}	I			V		1		
Hexachlorobutadiene	六氯丁二烯	87-68-3	7.80×10^{-2}	I	2.20×10^{-5}	I	1.00×10^{-3}	P			V		1		1.68×10
Hexachlorocyclohexane，Alpha-	α-六六六	319-84-6	6.30	I	1.80×10^{-3}	I	8.00×10^{-3}	A					1	0.1	
Hexachlorocyclohexane，Beta-	β-六六六	319-85-7	1.80	I	5.30×10^{-4}	I							1	0.1	
Hexachlorocyclohexane，Gamma-（Lindane）	林丹	58-89-9	1.10	C	3.10×10^{-4}	C	3.00×10^{-4}	I					1	0.04	
Hexachlorocyclohexane，Technical	氯代环烷烃	608-73-1	1.80	I	5.10×10^{-4}	I							1	0.1	
Hexachlorocyclopentadiene	六氯环戊二烯	77-47-4					6.00×10^{-3}	I	2.00×10^{-4}	I	V		1		1.57×10
Hexachloroethane	六氯乙烷	67-72-1	4.00×10^{-2}	I	1.10×10^{-5}	C	7.00×10^{-4}	I	3.00×10^{-2}	I	V		1		

续表

污染物名称		CAS 编号	经口摄入致癌斜率因子		呼吸吸入单位致癌风险		经口摄入参考剂量		呼吸吸入参考浓度		是否为挥发性物质	致突变性	消化道吸收因子	皮肤吸收效率因子	土壤饱和浓度
英文	中文		SF_o/[mg/(kg·d)]	参考文献	URF/(μg/m^3)	参考文献	RfD_o/[mg/(kg·d)]	参考文献	RfC_i/(mg/m^3)	参考文献	VOC	Mutagen	GIABS	ABS	C_{sat}/(mg/kg)
Hexachlorophene	六氯酚	70-30-4					3.00×10^{-4}	I					1	0.1	
Hexahydro-1，3，5-trinitro-1，3，5-triazine（RDX）	1，3，5-三硝基六氢-1，3，5-三嗪	121-82-4	1.10×10^{-1}	I			3.00×10^{-3}	I					1	0.015	
Hexamethylene Diisocyanate，1，6-	1，6-六亚甲基二异氰酸酯	822-06-0							1.00×10^{-5}	I	V		1		5.19×10^{3}
Hexamethylphosphoramide	六甲基磷酸三铵	680-31-9					4.00×10^{-4}	P					1	0.1	
Hexane，N-	正己烷	110-54-3					6.00×10^{-2}	H	7.00×10^{-1}	I	V		1		1.41×10^{2}
Hexanedioic Acid	己二酸	124-04-9					2.00	P					1	0.1	
Hexanone，2-	2-己酮	591-78-6					5.00×10^{-3}	I	3.00×10^{-2}	I	V		1		3.28×10^{3}
Hexazinone	环嗪酮	51235-04-2					3.30×10^{-2}	I					1	0.1	
Hydrazine	肼	302-01-2	3.00	I	4.90×10^{-3}	I			3.00×10^{-5}	P	V		1		
Hydrazine Sulfate	硫酸肼	10034-93-2	3.00	I	4.90×10^{-3}	I							1		
Hydrogen Chloride	盐酸	7647-01-0							2.00×10^{-2}	I	V		1		

续表

污染物名称		CAS 编号	经口摄入致癌斜率因子		呼吸吸入单位致癌风险		经口摄入参考剂量		呼吸吸入参考浓度		是否为挥发性物质	致突变性	消化道吸收因子	皮肤吸收效率因子	土壤饱和浓度
英文	中文		SF_o/[mg/(kg·d)]	参考文献	URF/(μg/m^3)	参考文献	RfD_o/[mg/(kg·d)]	参考文献	RfC_i/(mg/m^3)	参考文献	VOC	Mutagen	GIABS	ABS	C_{sat}/(mg/kg)
Hydrogen Fluoride	氟酸氢	7664-39-3					4.00×10^{-2}	C	1.40×10^{-2}	C	V		1		
Hydrogen Sulfide	硫化氢	7783-06-4							2.00×10^{-3}	I	V		1		
Hydroquinone	对苯二酚	123-31-9	6.00×10^{-2}	P			4.00×10^{-2}	P					1	0.1	
Imazalil	恩康唑	35554-44-0					1.30×10^{-2}	I					1	0.1	
Imazaquin	灭草喹	81335-37-7					2.50×10^{-1}	I					1	0.1	
Iodine	碘	7553-56-2					1.00×10^{-2}	A					1		
Iprodione	异菌脲	36734-19-7					4.00×10^{-2}	I					1	0.1	
Iron	铁	7439-89-6					7.00×10^{-1}	P					1		
Isobutyl Alcohol	异丁醇	78-83-1					3.00×10^{-1}	I			V		1		1.00×10^{4}
Isophorone	异氟乐酮	78-59-1	9.50×10^{-4}	I			2.00×10^{-1}	I	2.00	C			1	0.1	
Isopropalin	异乐灵	33820-53-0					1.50×10^{-2}	I			V		1		
Isopropanol	异丙醇	67-63-0					2.00	P	2.00×10^{-1}	P	V		1		1.09×10^{5}

续表

污染物名称		CAS 编号	经口摄入致癌斜率因子		呼吸吸入单位致癌风险		经口摄入参考剂量		呼吸吸入参考浓度		是否为挥发性物质	致突变性	消化道吸收因子	皮肤吸收效率因子	土壤饱和浓度
英文	中文		SF_o/[mg/(kg·d)]	参考文献	URF/(μg/m^3)	参考文献	RfD_o/[mg/(kg·d)]	参考文献	RfC_i/(mg/m^3)	参考文献	VOC	Mutagen	GIABS	ABS	C_{sat}/(mg/kg)
Isopropyl Methyl Phosphonic Acid	异丙基甲基膦酸	1832-54-8					1.00×10^{-1}	I					1	0.1	
Isoxaben	异噁草胺	82558-50-7					5.00×10^{-2}	I					1	0.1	
JP-7	#N/A	NA							3.00×10^{-1}	A	V		1		
Kerb	拿草特	23950-58-5					7.50×10^{-2}	I					1	0.1	
Lactofen	乳氟禾草灵	77501-63-4					2.00×10^{-3}	I					1	0.1	
Lead Compounds	铅化合物														
Lead Chromate	铬酸铅	7758-97-6	5.00×10^{-1}	C	1.50×10^{-1}	C	2.00×10^{-2}	C	2.00×10^{-4}	C		M	0.025		
Lead Phosphate	磷酸铅	7446-27-7	8.50×10^{-3}	C	1.20×10^{-5}	C							1		
Lead acetate	醋酸铅	301-04-2	2.80×10^{-1}	C	8.00×10^{-5}	C							1	0.1	
Lead and Compounds	铅	7439-92-1											1		
Lead subacetate	碱式乙酸铅	1335-32-6	8.50×10^{-3}	C	1.20×10^{-5}	C							1	0.1	
Tetraethyl Lead	四乙基铅	78-00-2					1.00×10^{-7}	I			V		1		2.43

续表

污染物名称		CAS 编号	经口摄入致癌斜率因子		呼吸吸入单位致癌风险		经口摄入参考剂量		呼吸吸入参考浓度		是否为挥发性物质	致突变性	消化道吸收因子	皮肤吸收效率因子	土壤饱和浓度
英文	中文		SF_o/[mg/(kg·d)]	参考文献	URF/(μg/m^3)	参考文献	RfD_o/[mg/(kg·d)]	参考文献	RfC_i/(mg/m^3)	参考文献	VOC	Mutagen	GIABS	ABS	C_{sat}/(mg/kg)
Linuron	利谷隆	330-55-2					2.00×10^{-3}	I					1	0.1	
Lithium	锂	7439-93-2					2.00×10^{-3}	P					1		
Londax	苄黄隆	83055-99-6					2.00×10^{-1}	I					1	0.1	
MCPA	2-甲基-4-氯苯氧乙酸	94-74-6					5.00×10^{-4}	I					1	0.1	
MCPB	2-甲-4-氯丁酸	94-81-5					1.00×10^{-2}	I					1	0.1	
MCPP	2-（4-氯-2-甲基苯氧基）丙酸	93-65-2					1.00×10^{-3}	I					1	0.1	
Malathion	马拉硫磷	121-75-5					2.00×10^{-2}	I					1	0.1	
Maleic Anhydride	顺丁烯二酸酐	108-31-6					1.00×10^{-1}	I	7.00×10^{-4}	C			1	0.1	
Maleic Hydrazide	顺丁烯二酰肼	123-33-1					5.00×10^{-1}	I					1	0.1	
Malononitrile	丙二腈	109-77-3					1.00×10^{-4}	P					1	0.1	
Mancozeb	代森锰锌	8018-01-7					3.00×10^{-2}	H					1	0.1	
Maneb	代森锰	12427-38-2					5.00×10^{-3}	I					1	0.1	

续表

污染物名称		CAS 编号	经口摄入致癌斜率因子		呼吸吸入单位致癌风险		经口摄入参考剂量		呼吸吸入参考浓度		是否为挥发性物质	致突变性	消化道吸收因子	皮肤吸收效率因子	土壤饱和浓度
英文	中文		SF_o/[mg/(kg·d)]	参考文献	URF/(μg/m^3)	参考文献	RfD_o/[mg/(kg·d)]	参考文献	RfC_i/(mg/m^3)	参考文献	VOC	Mutagen	GIABS	ABS	C_{sat}/(mg/kg)
Manganese (Diet)	锰	7439-96-5					1.40×10^{-1}	I	5.00×10^{-5}	I			1		
Manganese (Non-diet)	锰（不可食）	7439-96-5					2.40×10^{-2}	S	5.00×10^{-5}	I			0.04		
Mephosfolan	地胺磷	950-10-7					9.00×10^{-5}	H					1	0.1	
Mepiquat Chloride	缩节胺	24307-26-4					3.00×10^{-2}	I					1	0.1	
Mercury Compounds	汞化合物														
Mercuric Chloride (and other Mercury salts)	氯化汞	7487-94-7					3.00×10^{-4}	I	3.00×10^{-4}	S			0.07		
Mercury (elemental)	汞	7439-97-6							3.00×10^{-4}	I	V		1		3.13
Methyl Mercury	甲基汞	22967-92-6					1.00×10^{-4}	I					1		
Phenylmercuric Acetate	乙酸苯汞	62-38-4					8.00×10^{-5}	I					1	0.1	
Merphos	脱叶亚磷	150-50-5					3.00×10^{-5}	I			V		1		
Merphos Oxide	S，S，S-三丁基三硫代磷酸酯	78-48-8					3.00×10^{-5}	I					1	0.1	

续表

污染物名称		CAS 编号	经口摄入致癌斜率因子		呼吸吸入单位致癌风险		经口摄入参考剂量		呼吸吸入参考浓度		是否为挥发性物质	致突变性	消化道吸收因子	皮肤吸收效率因子	土壤饱和浓度
英文	中文		SF_o/[mg/(kg·d)]	参考文献	URF/(μg/m^3)	参考文献	RfD_o/[mg/(kg·d)]	参考文献	RfC_i/(mg/m^3)	参考文献	VOC	Mutagen	GIABS	ABS	C_{sat}/(mg/kg)
Metalaxyl	甲霜灵	57837-19-1					6.00×10^{-2}	I					1	0.1	
Methacryl onitrile	甲基丙烯腈	126-98-7					1.00×10^{-4}	I	3.00×10^{-2}	P	V		1		4.58×10^{3}
Methamidophos	甲胺磷	10265-92-6					5.00×10^{-5}	I					1	0.1	
Methanol	甲醇	67-56-1					2.00	I	2.00×10	I	V		1		1.06×10^{5}
Methidathion	甲巯咪唑	950-37-8					1.00×10^{-3}	I					1	0.1	
Methomyl	灭多威	16752-77-5					2.50×10^{-2}	I					1	0.1	
Methoxy-5-nitro aniline，2-	2-甲氧基-5-硝基苯胺	99-59-2	4.90×10^{-2}	C	1.40×10^{-5}	C							1	0.1	
Methoxychlor	甲氧氯	72-43-5					5.00×10^{-3}	I					1	0.1	
Methoxyethanol Acetate，2-	2-乙二醇甲醚醋酸酯	110-49-6					8.00×10^{-3}	P	1.00×10^{-3}	P	V		1		1.15×10^{5}
Methoxyethanol，2-	乙二醇单甲醚	109-86-4					5.00×10^{-3}	P	2.00×10^{-2}	I	V		1		1.06×10^{5}
Methyl Acetate	醋酸甲酯	79-20-9					1.00	X			V		1		2.90×10^{4}
Methyl Acrylate	丙烯酸甲酯	96-33-3					3.00×10^{-2}	H	2.00×10^{-2}	P	V		1		6.75×10^{3}

续表

污染物名称		CAS 编号	经口摄入致癌斜率因子		呼吸吸入单位致癌风险		经口摄入参考剂量		呼吸吸入参考浓度		是否为挥发性物质	致突变性	消化道吸收因子	皮肤吸收效率因子	土壤饱和浓度
英文	中文		SF_o/[mg/(kg·d)]	参考文献	URF/(μg/m³)	参考文献	RfD_o/[mg/(kg·d)]	参考文献	RfC_i/(mg/m³)	参考文献	VOC	Mutagen	GIABS	ABS	C_{sat}/(mg/kg)
Methyl Ethyl Ketone (2-Butanone)	2-丁酮	78-93-3					6.00×10^{-1}	I	5.00	I	V		1		2.84×10^{4}
Methyl Hydrazine	甲肼	60-34-4			1.00×10^{-3}	X	1.00×10^{-3}	P	2.00×10^{-5}	X	V		1		1.80×10^{5}
Methyl Isobutyl Ketone (4-methyl-2-pentanone)	甲基异丁基甲酮	108-10-1					8.00×10^{-2}	H	3.00	I	V		1		3.36×10^{3}
Methyl Isocyanate	异氰酸甲酯	624-83-9							1.00×10^{-3}	C	V		1		1.67×10^{4}
Methyl Methacrylate	甲基丙烯酸甲酯	80-62-6					1.40	I	7.00×10^{-1}	I	V		1		2.36×10^{3}
Methyl Parathion	甲基对硫磷	298-00-0					2.50×10^{-4}	I					1	0.1	
Methyl Phosphonic Acid	甲基膦酸	993-13-5					6.00×10^{-2}	X					1	0.1	
Methyl Styrene (Mixed Isomers)	甲基苯乙烯	25013-15-4					6.00×10^{-3}	H	4.00×10^{-2}	H	V		1		3.93×10^{2}
Methyl methanesulfonate	甲基磺酸甲酯	66-27-3	9.90×10^{-2}	C	2.80×10^{-5}	C							1	0.1	

续表

污染物名称		CAS 编号	经口摄入致癌斜率因子		呼吸吸入单位致癌风险		经口摄入参考剂量		呼吸吸入参考浓度		是否为挥发性物质	致突变性	消化道吸收因子	皮肤吸收效率因子	土壤饱和浓度
英文	中文		SF_o/[mg/(kg·d)]	参考文献	URF/(μg/m³)	参考文献	RfD_o/[mg/(kg·d)]	参考文献	RfC_i/(mg/m³)	参考文献	VOC	Mutagen	GIABS	ABS	C_{sat}/(mg/kg)
Methyl tert-Butyl Ether（MTBE）	甲基叔丁基醚	1634-04-4	1.80×10^{-3}	C	2.60×10^{-7}	C			3.00	I	V		1		8.87×10^{3}
Methyl-1，4-benzenediamine dihydrochloride，2-	2-甲基-1，4-苯二胺二盐酸盐	615-45-2					3.00×10^{-4}	X					1	0.1	
Methyl-5-Nitroaniline，2-	5-硝基-邻-甲苯胺	99-55-8	9.00×10^{-3}	P			2.00×10^{-2}	X					1	0.1	
Methyl-N-nitro-N-nitrosoguanidine，N-	N-甲基-N-硝基-N-亚硝基胍	70-25-7	8.30	C	2.40×10^{-3}	C							1	0.1	
Methylaniline Hydrochloride，2-	2-甲基苯胺盐酸盐	636-21-5	1.30×10^{-1}	C	3.70×10^{-5}	C							1	0.1	
Methylarsonic acid	甲基胂酸	124-58-3					1.00×10^{-2}	A					1	0.1	
Methylbenzene，1-4-diamine monohydrochloride，2-	2-甲基苯-1-4二胺盐酸盐	74612-12-7					2.00×10^{-4}	X					1	0.1	
Methylbenzene-1，4-diamine sulfate，2-	2-甲基苯-1，4-二胺硫酸盐	615-50-9	1.00×10^{-1}	X			3.00×10^{-4}	X					1	0.1	

续表

污染物名称		CAS 编号	经口摄入致癌斜率因子		呼吸吸入单位致癌风险		经口摄入参考剂量		呼吸吸入参考浓度		是否为挥发性物质	致突变性	消化道吸收因子	皮肤吸收效率因子	土壤饱和浓度
英文	中文		SF_o/[mg/(kg·d)]	参考文献	URF/(μg/m^3)	参考文献	RfD_o/[mg/(kg·d)]	参考文献	RfC_i/(mg/m^3)	参考文献	VOC	Mutagen	GIABS	ABS	C_{sat}/(mg/kg)
Methylcholanthrene，3-	3-甲基胆蒽	56-49-5	2.20×10	C	6.30×10^{-3}	C						M	1	0.1	
Methylene Chloride	二氯甲烷	75-09-2	2.00×10^{-3}	I	1.00×10^{-8}	I	6.00×10^{-3}	I	6.00×10^{-1}	I	V	M	1		3.32×10^{3}
Methylene-bis（2-chloroaniline），4，4′-	4，4′-二氨基-3，3′-二氯二苯甲烷	101-14-4	1.00×10^{-1}	P	4.30×10^{-4}	C	2.00×10^{-3}	P				M	1	0.1	
Methylene-bis（N，N-dimethyl）Aniline，4，4′-	4，4′-亚甲基-双（N，N-二甲基）苯胺	101-61-1	4.60×10^{-2}	I	1.30×10^{-5}	C							1	0.1	
Methylenebisbenzenamine，4，4′-	4，4′-亚甲基双苯胺	101-77-9	1.60	C	4.60×10^{-4}	C			2.00×10^{-2}	C			1	0.1	
Methylenediphenyl Diisocyanate	亚甲基二异氰酸酯	101-68-8							6.00×10^{-4}	I			1	0.1	
Methylstyrene，Alpha-	α-甲基苯乙烯	98-83-9					7.00×10^{-2}	H			V		1		5.00×10^{2}
Metolachlor	异丙甲草胺	51218-45-2					1.50×10^{-1}	I					1	0.1	
Metribuzin	赛克津	21087-64-9					2.50×10^{-2}	I					1	0.1	
Mineral oils	矿物油	8012-95-1					3.00	P			V		1		3.42×10^{-1}
Mirex	灭蚁灵	2385-85-5	1.80×10	C	5.10×10^{-3}	C	2.00×10^{-4}	I			V		1		

续表

污染物名称		CAS 编号	经口摄入致癌斜率因子		呼吸吸入单位致癌风险		经口摄入参考剂量		呼吸吸入参考浓度		是否为挥发性物质	致突变性	消化道吸收因子	皮肤吸收效率因子	土壤饱和浓度
英文	中文		SF_o/[mg/(kg·d)]	参考文献	URF/(μg/m^3)	参考文献	RfD_o/[mg/(kg·d)]	参考文献	RfC_i/(mg/m^3)	参考文献	VOC	Mutagen	GIABS	ABS	C_{sat}/(mg/kg)
Molinate	禾草敌	2212-67-1					2.00×10^{-3}	I					1	0.1	
Molybdenum	钼	7439-98-7					5.00×10^{-3}	I					1		
Monochloramine	一氯胺	10599-90-3					1.00×10^{-1}	I					1		
Monomethylaniline	甲基苯胺	100-61-8					2.00×10^{-3}	P					1	0.1	
N，N′-Diphenyl-1，4-benzenediamine	N，N′-二苯基-1，4-苯二胺	74-31-7					3.00×10^{-4}	X					1	0.1	
Naled	二溴磷	300-76-5					2.00×10^{-3}	I			V		1		
Naphtha，High Flash Aromatic（HFAN）	石脑油，高闪点芳烃（HFAN）	64742-95-6					3.00×10^{-2}	X	1.00×10^{-1}	P	V		1		
Naphthylamine，2-	2-萘胺	91-59-8	1.80	C	0.00	C							1	0.1	
Napropamide	敌草胺	15299-99-7					1.00×10^{-1}	I					1	0.1	
Nickel Acetate	乙酸镍	373-02-4			2.60×10^{-4}	C	1.10×10^{-2}	C	1.40×10^{-5}	C			1	0.1	
Nickel Carbonate	碳酸镍	3333-67-3			2.60×10^{-4}	C	1.10×10^{-2}	C	1.40×10^{-5}	C			1	0.1	

续表

污染物名称		CAS 编号	经口摄入致癌斜率因子		呼吸吸入单位致癌风险		经口摄入参考剂量		呼吸吸入参考浓度		是否为挥发性物质	致突变性	消化道吸收因子	皮肤吸收效率因子	土壤饱和浓度
英文	中文		SF_o/[mg/(kg·d)]	参考文献	URF/(μg/m^3)	参考文献	RfD_o/[mg/(kg·d)]	参考文献	RfC_i/(mg/m^3)	参考文献	VOC	Mutagen	GIABS	ABS	C_{sat}/(mg/kg)
Nickel Carbonyl	羰基镍	13463-39-3			2.60×10^{-4}	C	1.10×10^{-2}	C	1.40×10^{-5}	C	V		1		
Nickel Hydroxide	氢氧化镍	12054-48-7			2.60×10^{-4}	C	1.10×10^{-2}	C	1.40×10^{-5}	C			0.04		
Nickel Oxide	氧化镍	1313-99-1			2.60×10^{-4}	C	1.10×10^{-2}	C	2.00×10^{-5}	C			0.04		
Nickel Refinery Dust	镍粉尘	NA			2.40×10^{-4}	I	1.10×10^{-2}	C	1.40×10^{-5}	C			0.04		
Nickel Soluble Salts	可溶性镍	7440-02-0			2.60×10^{-4}	C	2.00×10^{-2}	I	9.00×10^{-5}	A			0.04		
Nickel Subsulfide	硫化镍	12035-72-2	1.70	C	4.80×10^{-4}	I	1.10×10^{-2}	C	1.40×10^{-5}	C			0.04		
Nickelocene	二茂镍	1271-28-9			2.60×10^{-4}	C	1.10×10^{-2}	C	1.40×10^{-5}	C			1	0.1	
Nitrate	硝酸钾	14797-55-8					1.60	I					1		
Nitrate+Nitrite（as N）	亚硝酸盐	NA											1		
Nitrite	亚硝酸盐	14797-65-0					1.00×10^{-1}	I					1		
Nitroaniline，2-	2-硝基苯胺	88-74-4					1.00×10^{-2}	X	5.00×10^{-5}	X			1	0.1	
Nitroaniline，4-	4-硝基苯胺	100-01-6	2.00×10^{-2}	P			4.00×10^{-3}	P	6.00×10^{-3}	P			1	0.1	

续表

污染物名称		CAS 编号	经口摄入致癌斜率因子		呼吸吸入单位致癌风险		经口摄入参考剂量		呼吸吸入参考浓度		是否为挥发性物质	致突变性	消化道吸收因子	皮肤吸收效率因子	土壤饱和浓度
英文	中文		SF_o/[mg/(kg·d)]	参考文献	URF/(μg/m^3)	参考文献	RfD_o/[mg/(kg·d)]	参考文献	RfC_i/(mg/m^3)	参考文献	VOC	Mutagen	GIABS	ABS	C_{sat}/(mg/kg)
Nitrobenzene	硝基苯	98-95-3			4.00×10^{-5}	I	2.00×10^{-3}	I	9.00×10^{-3}	I	V		1		3.05×10^{3}
Nitrocellulose	硝化纤维	9004-70-0					3.00×10^{3}	P					1	0.1	
Nitrofurantoin	呋喃咀啶	67-20-9					7.00×10^{-2}	H					1	0.1	
Nitrofurazone	呋喃西林	59-87-0	1.30	C	3.70×10^{-4}	C							1	0.1	
Nitroglycerin	硝化甘油	55-63-0	1.70×10^{-2}	P			1.00×10^{-4}	P					1	0.1	
Nitroguanidine	硝基胍	556-88-7					1.00×10^{-1}	I					1	0.1	
Nitromethane	硝基甲烷	75-52-5			8.80×10^{-6}	P			5.00×10^{-3}	P	V		1		1.80×10^{4}
Nitropropane，2-	2-硝基丙烷	79-46-9			2.70×10^{-3}	H			2.00×10^{-2}	I	V		1		4.86×10^{3}
Nitroso-N-ethylurea，N-	N-亚硝基-N-乙基脲	759-73-9	2.70×10	C	7.70×10^{-3}	C						M	1	0.1	
Nitroso-N-methylurea，N-	N-亚硝基-N-甲基脲	684-93-5	1.20×10^{2}	C	3.40×10^{-2}	C						M	1	0.1	
Nitroso-di-N-butylamine，N-	亚硝基二丁胺	924-16-3	5.40	I	1.60×10^{-3}	I					V		1		
Nitroso-di-N-propylamine，N-	N-亚硝基二正丙胺	621-64-7	7.00	I	2.00×10^{-3}	C							1	0.1	

续表

污染物名称		CAS 编号	经口摄入致癌斜率因子		呼吸吸入单位致癌风险		经口摄入参考剂量		呼吸吸入参考浓度		是否为挥发性物质	致突变性	消化道吸收因子	皮肤吸收效率因子	土壤饱和浓度
英文	中文		SF_o/[mg/(kg·d)]	参考文献	URF/(μg/m^3)	参考文献	RfD_o/[mg/(kg·d)]	参考文献	RfC_i/(mg/m^3)	参考文献	VOC	Mutagen	GIABS	ABS	C_{sat}/(mg/kg)
Nitrosodiethanolamine，N-	二乙醇亚硝胺	1116-54-7	2.80	I	8.00×10^{-4}	C							1	0.1	
Nitrosodiethylamine，N-	N-亚硝基二乙胺	55-18-5	1.50×10^{2}	I	4.30×10^{-2}	I						M	1	0.1	
Nitrosodimethylamine，N-	N-亚硝基二甲胺	62-75-9	5.10×10	I	1.40×10^{-2}	I	8.00×10^{-6}	P	4.00×10^{-5}	X	V	M	1		2.37×10^{5}
Nitrosodiphenylamine，N-	N-亚硝基二苯胺	86-30-6	4.90×10^{-3}	I	2.60×10^{-6}	C							1	0.1	
Nitrosomethylethylamine，N-	N-亚硝基甲基乙胺	10595-95-6	2.20×10	I	6.30×10^{-3}	C					V		1		1.08×10^{5}
Nitrosomorpholine [N-]	N-亚硝基吗啉	59-89-2	6.70	C	1.90×10^{-3}	C							1	0.1	
Nitrosopiperidine [N-]	N-亚硝基哌啶	100-75-4	9.40	C	2.70×10^{-3}	C							1	0.1	
Nitrosopyrrolidine，N-	1-亚硝基吡咯烷	930-55-2	2.10	I	6.10×10^{-4}	I							1	0.1	
Nitrotoluene，m-	3-硝基甲苯	99-08-1					1.00×10^{-4}	X					1	0.1	
Nitrotoluene，o-	2-硝基甲苯	88-72-2	2.20×10^{-1}	P			9.00×10^{-4}	P			V		1		1.51×10^{3}
Nitrotoluene，p-	4-硝基甲苯	99-99-0	1.60×10^{-2}	P			4.00×10^{-3}	P					1	0.1	

续表

污染物名称		CAS 编号	经口摄入致癌斜率因子		呼吸吸入单位致癌风险		经口摄入参考剂量		呼吸吸入参考浓度		是否为挥发性物质	致突变性	消化道吸收因子	皮肤吸收效率因子	土壤饱和浓度
英文	中文		SF_o/[mg/(kg·d)]	参考文献	URF/(μg/m³)	参考文献	RfD_o/[mg/(kg·d)]	参考文献	RfC_i/(mg/m³)	参考文献	VOC	Mutagen	GIABS	ABS	C_{sat}/(mg/kg)
Nonane，n-	n-壬烷	111-84-2					3.00×10^{-4}	X	2.00×10^{-2}	P	V		1		6.86
Norflurazon	达草灭	27314-13-2					4.00×10^{-2}	I					1	0.1	
Nustar	福星	85509-19-9					7.00×10^{-4}	I					1	0.1	
Octabromodiphenyl Ether	八溴二苯醚	32536-52-0					3.00×10^{-3}	I					1	0.1	
Octahydro-1，3，5，7-tetranitro-1，3，5，7-tetrazocine（HMX）	奥克托今	2691-41-0					5.00×10^{-2}	I					1	0.006	
Octamethylpyrophosphoramide	八甲磷	152-16-9					2.00×10^{-3}	H					1	0.1	
Oryzalin	安磺灵	19044-88-3					5.00×10^{-2}	I					1	0.1	
Oxadiazon	噁草酮	19666-30-9					5.00×10^{-3}	I					1	0.1	
Oxamyl	杀线威	23135-22-0					2.50×10^{-2}	I					1	0.1	
Paclobutrazol	多效唑	76738-62-0					1.30×10^{-2}	I					1	0.1	
Paraquat Dichloride	百草枯	1910-42-5					4.50×10^{-3}	I					1	0.1	

续表

污染物名称		CAS 编号	经口摄入致癌斜率因子		呼吸吸入单位致癌风险		经口摄入参考剂量		呼吸吸入参考浓度		是否为挥发性物质	致突变性	消化道吸收因子	皮肤吸收效率因子	土壤饱和浓度
英文	中文		SF_o/[mg/(kg·d)]	参考文献	URF/(μg/m^3)	参考文献	RfD_o/[mg/(kg·d)]	参考文献	RfC_i/(mg/m^3)	参考文献	VOC	Mutagen	GIABS	ABS	C_{sat}/(mg/kg)
Parathion	对硫磷	56-38-2					6.00×10^{-3}	H					1	0.1	
Pebulate	克草猛	1114-71-2					5.00×10^{-2}	H			V		1		
Pendimethalin	二甲戊乐灵	40487-42-1					4.00×10^{-2}	I					1	0.1	
Pentabromodiphenyl Ether	五溴联苯醚	32534-81-9					2.00×10^{-3}	I					1	0.1	
Pentabromodiphenyl ether, 2, 2′, 4, 4′, 5-（BDE-99）	2，2′，4，4′，5-（BDE-99）-五溴联苯醚	60348-60-9					1.00×10^{-4}	I					1	0.1	
Pentachlorobenzene	五氯苯	608-93-5					8.00×10^{-4}	I			V		1		
Pentachloroethane	五氯乙烷	76-01-7	9.00×10^{-2}	P							V		1		4.47×10^{2}
Pentachloronitrobenzene	五氯硝基苯	82-68-8	2.60×10^{-1}	H			3.00×10^{-3}	I			V		1		
Pentachlorophenol	五氯苯酚	87-86-5	4.00×10^{-1}	I	5.10×10^{-6}	C	5.00×10^{-3}	I					1	0.25	
Pentaerythritol tetranitrate（PETN）	季戊四醇四硝酸酯	78-11-5	4.00×10^{-3}	X			2.00×10^{-3}	P					1	0.1	
Pentane，n-	正戊烷	109-66-0							1.00	P	V		1		3.88×10^{2}

续表

污染物名称		CAS 编号	经口摄入致癌斜率因子		呼吸吸入单位致癌风险		经口摄入参考剂量		呼吸吸入参考浓度		是否为挥发性物质	致突变性	消化道吸收因子	皮肤吸收效率因子	土壤饱和浓度
英文	中文		SF_o/[mg/(kg·d)]	参考文献	URF/(μg/m^3)	参考文献	RfD_o/[mg/(kg·d)]	参考文献	RfC_i/(mg/m^3)	参考文献	VOC	Mutagen	GIABS	ABS	C_{sat}/(mg/kg)
Perchlorates	高氯酸盐														
Ammonium Perchlorate	高氯酸铵	7790-98-9					7.00×10^{-4}	I					1		
Lithium Perchlorate	高氯酸锂	7791-03-9					7.00×10^{-4}	I					1		
Perchlorate and Perchlorate Salts	高氯酸盐	14797-73-0					7.00×10^{-4}	I					1		
Potassium Perchlorate	高氯酸钾	7778-74-7					7.00×10^{-4}	I					1		
Sodium Perchlorate	高氯酸钠	7601-89-0					7.00×10^{-4}	I					1		
Perfluorobutane Sulfonate	磺化十氯丁烷	375-73-5					2.00×10^{-2}	P			V		1		
Permethrin	二氯苯醚菊酯	52645-53-1					5.00×10^{-2}	I					1	0.1	
Phenacetin	非那西汀	62-44-2	2.20×10^{-3}	C	6.30×10^{-7}	C							1	0.1	
Phenmedipham	苯敌草	13684-63-4					2.50×10^{-1}	I					1	0.1	
Phenol	苯酚	108-95-2					3.00×10^{-1}	I	2.00×10^{-1}	C			1	0.1	
Phenothiazine	硫代二苯胺	92-84-2					5.00×10^{-4}	X					1	0.1	

续表

污染物名称		CAS 编号	经口摄入致癌斜率因子		呼吸吸入单位致癌风险		经口摄入参考剂量		呼吸吸入参考浓度		是否为挥发性物质	致突变性	消化道吸收因子	皮肤吸收效率因子	土壤饱和浓度
英文	中文		SF_o/[mg/(kg·d)]	参考文献	URF/(μg/m^3)	参考文献	RfD_o/[mg/(kg·d)]	参考文献	RfC_i/(mg/m^3)	参考文献	VOC	Mutagen	GIABS	ABS	C_{sat}/(mg/kg)
Phenylenediamine，m-	间苯二胺	108-45-2					6.00×10^{-3}	I					1	0.1	
Phenylenediamine，o-	邻苯二胺	95-54-5	4.70×10^{-2}	H									1	0.1	
Phenylenediamine，p-	对苯二胺	106-50-3					1.90×10^{-1}	H					1	0.1	
Phenylphenol，2-	2-苯基苯酚	90-43-7	1.90×10^{-3}	H									1	0.1	
Phorate	甲拌磷	298-02-2					2.00×10^{-4}	H					1	0.1	
Phosgene	碳酰氯	75-44-5							3.00×10^{-4}	I	V		1		1.61×10^{3}
Phosmet	亚胺硫磷	732-11-6					2.00×10^{-2}	I					1	0.1	
Phosphates，Inorganic	磷酸盐，无机物														
Aluminum metaphosphate	偏磷酸铝	13776-88-0					4.90×10	P					1		
Ammonium polyphosphate	多聚磷酸铵	68333-79-9					4.90×10	P					1		
Calcium pyrophosphate	焦磷酸钙	7790-76-3					4.90×10	P					1		
Diammonium phosphate	磷酸氢二铵	7783-28-0					4.90×10	P					1		

续表

污染物名称		CAS 编号	经口摄入致癌斜率因子		呼吸吸入单位致癌风险		经口摄入参考剂量		呼吸吸入参考浓度		是否为挥发性物质	致突变性	消化道吸收因子	皮肤吸收效率因子	土壤饱和浓度
英文	中文		SF_o/[mg/(kg·d)]	参考文献	URF/(μg/m^3)	参考文献	RfD_o/[mg/(kg·d)]	参考文献	RfC_i/(mg/m^3)	参考文献	VOC	Mutagen	GIABS	ABS	C_{sat}/(mg/kg)
Dicalcium phosphate	磷酸氢二钙	7757-93-9					4.90×10	P					1		
Dimagnesium phosphate	磷酸氢二镁	7782-75-4					4.90×10	P					1		
Dipotassium phosphate	磷酸氢二钾	7758-11-4					4.90×10	P					1		
Disodium phosphate	磷酸氢二钠	7558-79-4					4.90×10	P					1		
Monoaluminum phosphate	磷酸二氢铝	13530-50-2					4.90×10	P					1		
Monoammonium phosphate	磷酸二氢铵	7722-76-1					4.90×10	P					1		
Monocalcium phosphate	磷酸二氢钙	7758-23-8					4.90×10	P					1		
Monomagnesium phosphate	磷酸二氢镁	7757-86-0					4.90×10	P					1		
Monopotassium phosphate	磷酸二氢钾	7778-77-0					4.90×10	P					1		
Monosodium phosphate	磷酸二氢钠	7558-80-7					4.90×10	P					1		
Polyphosphoric acid	多聚磷酸	8017-16-1					4.90×10	P					1		
Potassium tripolyphosphate	三聚磷酸钾	13845-36-8					4.90×10	P					1		

续表

污染物名称		CAS 编号	经口摄入致癌斜率因子		呼吸吸入单位致癌风险		经口摄入参考剂量		呼吸吸入参考浓度		是否为挥发性物质	致突变性	消化道吸收因子	皮肤吸收效率因子	土壤饱和浓度
英文	中文		SF_o/[mg/(kg·d)]	参考文献	URF/(μg/m^3)	参考文献	RfD_o/[mg/(kg·d)]	参考文献	RfC_i/(mg/m^3)	参考文献	VOC	Mutagen	GIABS	ABS	C_{sat}/(mg/kg)
Sodium acid pyrophosphate	酸式焦磷酸钠	7758-16-9					4.90×10	P					1		
Sodium aluminum phosphate (acidic)	酸式铝磷酸钠	7785-88-8					4.90×10	P					1		
Sodium aluminum phosphate (anhydrous)	无水铝磷酸钠	10279-59-1					4.90×10	P					1		
Sodium aluminum phosphate (tetrahydrate)	四水合铝磷酸钠	10305-76-7					4.90×10	P					1		
Sodium hexametaphosphate	六偏磷酸钠	10124-56-8					4.90×10	P					1		
Sodium polyphosphate	聚磷酸钠	68915-31-1					4.90×10	P					1		
Sodium trimetaphosphate	三偏磷酸钠	7785-84-4					4.90×10	P					1		
Sodium tripolyphosphate	三聚磷酸钠	7758-29-4					4.90×10	P					1		
Tetrapotassium phosphate	磷酸四钾	7320-34-5					4.90×10	P					1		

续表

污染物名称		CAS 编号	经口摄入致癌斜率因子		呼吸吸入单位致癌风险		经口摄入参考剂量		呼吸吸入参考浓度		是否为挥发性物质	致突变性	消化道吸收因子	皮肤吸收效率因子	土壤饱和浓度
英文	中文		SF_o/[mg/(kg·d)]	参考文献	URF/(μg/m^3)	参考文献	RfD_o/[mg/(kg·d)]	参考文献	RfC_i/(mg/m^3)	参考文献	VOC	Mutagen	GIABS	ABS	C_{sat}/(mg/kg)
Tetrasodium pyrophosphate	焦磷酸四钠	7722-88-5					4.90×10	P					1		
～Trialuminum sodium tetra decahydro genoctaorthophosphate（dihydrate）	—	15136-87-5					4.90×10	P					1		
Tricalcium phosphate	磷酸三钙	7758-87-4					4.90×10	P					1		
Trimagnesium phosphate	磷酸三镁	7757-87-1					4.90×10	P					1		
Tripot assium phosphate	磷酸三钾	7778-53-2					4.90×10	P					1		
Trisodium phosphate	磷酸三钠	7601-54-9					4.90×10	P					1		
Phosphine	磷化三氢	7803-51-2					3.00×10^{-4}	I	3.00×10^{-4}	I	V		1		
Phosphoric Acid	磷酸	7664-38-2					4.90×10	P	1.00×10^{-2}	I			1		
Phosphorus，White	磷	7723-14-0					2.00×10^{-5}	I			V		1		
Phthalates	邻苯二甲酸酯														

续表

污染物名称		CAS 编号	经口摄入致癌斜率因子		呼吸吸入单位致癌风险		经口摄入参考剂量		呼吸吸入参考浓度		是否为挥发性物质	致突变性	消化道吸收因子	皮肤吸收效率因子	土壤饱和浓度
英文	中文		SF_o/[mg/(kg·d)]	参考文献	URF/(μg/m^3)	参考文献	RfD_o/[mg/(kg·d)]	参考文献	RfC_i/(mg/m^3)	参考文献	VOC	Mutagen	GIABS	ABS	C_{sat}/(mg/kg)
Bis（2-ethylhexyl）phthalate	双（2-乙基己基）邻苯二甲酸酯	117-81-7	1.40×10^{-2}	I	2.40×10^{-6}	C	2.00×10^{-2}	I					1	0.1	
Butylphthalyl Butylglycolate	#N/A	85-70-1					1.00	I					1	0.1	
Dibutyl Phthalate	邻苯二甲酸二丁酯	84-74-2					1.00×10^{-1}	I					1	0.1	
Diethyl Phthalate	邻苯二甲酸二乙酯	84-66-2					8.00×10^{-1}	I					1	0.1	
Dimethylterephthalate	对邻苯二甲酸二甲酯	120-61-6					1.00×10^{-1}	I			V		1		
Octyl Phthalate，di-N-	邻苯二甲酸辛酯	117-84-0					1.00×10^{-2}	P					1	0.1	
Phthalic Acid，P-	对苯二甲酸	100-21-0					1.00	H					1	0.1	
Phthalic Anhydride	邻苯二甲酸酐	85-44-9					2.00	I	2.00×10^{-2}	C			1	0.1	
Picloram	毒莠定	1918-02-1					7.00×10^{-2}	I					1	0.1	
Picramic Acid（2-Amino-4，6-dinitrophenol）	苦氨酸（2-氨基-4，6-二硝基酚）	96-91-3					1.00×10^{-4}	X					1	0.1	

续表

污染物名称		CAS 编号	经口摄入致癌斜率因子		呼吸吸入单位致癌风险		经口摄入参考剂量		呼吸吸入参考浓度		是否为挥发性物质	致突变性	消化道吸收因子	皮肤吸收效率因子	土壤饱和浓度
英文	中文		SF_o/[mg/(kg·d)]	参考文献	URF/(μg/m³)	参考文献	RfD_o/[mg/(kg·d)]	参考文献	RfC_i/(mg/m³)	参考文献	VOC	Mutagen	GIABS	ABS	C_{sat}/(mg/kg)
Pirimiphos, Methyl	甲基-嘧啶磷	29232-93-7					1.00×10^{-2}	I					1	0.1	
Polybrominated Biphenyls	多溴联苯	59536-65-1	3.00×10	C	8.60×10^{-3}	C	7.00×10^{-6}	H					1	0.1	
Polychlorinated Biphenyls (PCBs)	多氯联苯														
Aroclor 1016	氯化二苯 1016	12674-11-2	7.00×10^{-2}	S	2.00×10^{-5}	S	7.00×10^{-5}	I			V		1	0.14	
Aroclor 1221	氯化二苯 1221	11104-28-2	2.00	S	5.70×10^{-4}	S					V		1	0.14	
Aroclor 1232	氯化二苯 1232	11141-16-5	2.00	S	5.70×10^{-4}	S					V		1	0.14	
Aroclor 1242	氯化二苯 1242	53469-21-9	2.00	S	5.70×10^{-4}	S					V		1	0.14	
Aroclor 1248	氯化二苯 1248	12672-29-6	2.00	S	5.70×10^{-4}	S					V		1	0.14	
～Aroclor 1254	氯化二苯 1254	11097-69-1	2.00	S	5.70×10^{-4}	S	2.00×10^{-5}	I			V		1	0.14	
～Aroclor 1260	氯化二苯 1260	11096-82-5	2.00	S	5.70×10^{-4}	S					V		1	0.14	
～Aroclor 5460	氯化二苯 5460	11126-42-4					6.00×10^{-4}	X			V		1	0.14	

续表

污染物名称		CAS 编号	经口摄入致癌斜率因子		呼吸吸入单位致癌风险		经口摄入参考剂量		呼吸吸入参考浓度		是否为挥发性物质	致突变性	消化道吸收因子	皮肤吸收效率因子	土壤饱和浓度
英文	中文		SF_o/[mg/(kg·d)]	参考文献	URF/(μg/m^3)	参考文献	RfD_o/[mg/(kg·d)]	参考文献	RfC_i/(mg/m^3)	参考文献	VOC	Mutagen	GIABS	ABS	C_{sat}/(mg/kg)
Heptachlorobiphenyl，2，3，3′，4，4′，5，5′-（PCB 189）	多氯联苯 189	39635-31-9	3.90	E	1.10×10^{-3}	E	2.30×10^{-5}	E	1.30×10^{-3}	E	V		1	0.14	
Hexachlorobiphenyl，2，3′，4，4′，5，5′-（PCB 167）	多氯联苯 167	52663-72-6	3.90	E	1.10×10^{-3}	E	2.30×10^{-5}	E	1.30×10^{-3}	E	V		1	0.14	
Hexachlorobiphenyl，2，3，3′，4，4′，5′-（PCB 157）	多氯联苯 157	69782-90-7	3.90	E	1.10×10^{-3}	E	2.30×10^{-5}	E	1.30×10^{-3}	E	V		1	0.14	
Hexachlorobiphenyl，2，3，3′，4，4′，5-（PCB 156）	多氯联苯 156	38380-08-4	3.90	E	1.10×10^{-3}	E	2.30×10^{-5}	E	1.30×10^{-3}	E	V		1	0.14	
Hexachlorobiphenyl，3，3′，4，4′，5，5′-（PCB 169）	多氯联苯 169	32774-16-6	3.90×10^{3}	E	1.10	E	2.30×10^{-8}	E	1.30×10^{-6}	E	V		1	0.14	
Pentachlorobiphenyl，2′，3，4，4′，5-（PCB 123）	多氯联苯 123	65510-44-3	3.90	E	1.10×10^{-3}	E	2.30×10^{-5}	E	1.30×10^{-3}	E	V		1	0.14	
Pentachlorobiphenyl，2，3′，4，4′，5-（PCB 118）	多氯联苯 118	31508-00-6	3.90	E	1.10×10^{-3}	E	2.30×10^{-5}	E	1.30×10^{-3}	E	V		1	0.14	

续表

污染物名称		CAS 编号	经口摄入致癌斜率因子		呼吸吸入单位致癌风险		经口摄入参考剂量		呼吸吸入参考浓度		是否为挥发性物质	致突变性	消化道吸收因子	皮肤吸收效率因子	土壤饱和浓度
英文	中文		SF_o/[mg/(kg·d)]	参考文献	URF/(μg/m^3)	参考文献	RfD_o/[mg/(kg·d)]	参考文献	RfC_i/(mg/m^3)	参考文献	VOC	Mutagen	GIABS	ABS	C_{sat}/(mg/kg)
Pentachlorobiphenyl，2，3，3′，4，4′-（PCB 105）	多氯联苯 105	32598-14-4	3.90	E	1.10×10^{-3}	E	2.30×10^{-5}	E	1.30×10^{-3}	E	V		1	0.14	
Pentachlorobiphenyl，2，3，4，4′，5-（PCB 114）	多氯联苯 114	74472-37-0	3.90	E	1.10×10^{-3}	E	2.30×10^{-5}	E	1.30×10^{-3}	E	V		1	0.14	
Pentachlorobiphenyl，3，3′，4，4′，5-（PCB 126）	多氯联苯 126	57465-28-8	1.30×10^{4}	E	3.80	E	7.00×10^{-9}	E	4.00×10^{-7}	E	V		1	0.14	
Polychlorinated Biphenyls（high risk）	多氯联苯（高风险）	1336-36-3	2.00	I	5.70×10^{-4}	I					V		1	0.14	
Polychlorinated Biphenyls（low risk）	多氯联苯（低风险）	1336-36-3	4.00×10^{-1}	I	1.00×10^{-4}	I					V		1	0.14	
Polychlorinated Biphenyls（lowest risk）	多氯联苯（最低风险）	1336-36-3	7.00×10^{-2}	I	2.00×10^{-5}	I					V		1	0.14	
Tetrachlorobiphenyl，3，3′，4，4′-（PCB 77）	多氯联苯 77	32598-13-3	1.30×10	E	3.80×10^{-3}	E	7.00×10^{-6}	E	4.00×10^{-4}	E			1	0.14	
Tetrachlorobiphenyl，3，4，4′，5-（PCB 81）	多氯联苯 81	70362-50-4	3.90×10	E	1.10×10^{-2}	E	2.30×10^{-6}	E	1.30×10^{-4}	E	V		1	0.14	

续表

污染物名称		CAS 编号	经口摄入致癌斜率因子		呼吸吸入单位致癌风险		经口摄入参考剂量		呼吸吸入参考浓度		是否为挥发性物质	致突变性	消化道吸收因子	皮肤吸收效率因子	土壤饱和浓度
英文	中文		SF_o/[mg/(kg·d)]	参考文献	URF/(μg/m³)	参考文献	RfD_o/[mg/(kg·d)]	参考文献	RfC_i/(mg/m³)	参考文献	VOC	Mutagen	GIABS	ABS	C_{sat}/(mg/kg)
Polymeric Methylene Diphenyl Diisocyanate (PMDI)	聚合二苯基甲烷二异氰酸酯	9016-87-9							6.00×10^{-4}	I			1	0.1	
Polynuclear Aromatic Hydrocarbons (PAHs)	多环芳烃														
～Acenaphthene	苊	83-32-9					6.00×10^{-2}	I			V		1	0.13	
～Anthracene	蒽	120-12-7					3.00×10^{-1}	I			V		1	0.13	
Benz (a) anthracene	苯并（a）蒽	56-55-3	7.30×10^{-1}	E	1.10×10^{-4}	C					V	M	1	0.13	
Benzo (j) fluoranthene	苯并（j）荧蒽	205-82-3	1.20	C	1.10×10^{-4}	C							1	0.13	
Benzo(a)pyrene	苯并（a）芘	50-32-8	7.30	I	1.10×10^{-3}	C						M	1	0.13	
Benzo (b) fluoranthene	苯并（b）荧蒽	205-99-2	7.30×10^{-1}	E	1.10×10^{-4}	C						M	1	0.13	
Benzo (k) fluoranthene	苯并（k）荧蒽	207-08-9	7.30×10^{-2}	E	1.10×10^{-4}	C						M	1	0.13	
Chloronaphthalene, Beta-	β-氯萘	91-58-7					8.00×10^{-2}	I			V		1	0.13	
Chrysene	䓛	218-01-9	7.30×10^{-3}	E	1.10×10^{-5}	C						M	1	0.13	

续表

污染物名称		CAS 编号	经口摄入致癌斜率因子		呼吸吸入单位致癌风险		经口摄入参考剂量		呼吸吸入参考浓度		是否为挥发性物质	致突变性	消化道吸收因子	皮肤吸收效率因子	土壤饱和浓度
英文	中文		SF_o/[mg/(kg·d)]	参考文献	URF/(μg/m^3)	参考文献	RfD_o/[mg/(kg·d)]	参考文献	RfC_i/(mg/m^3)	参考文献	VOC	Mutagen	GIABS	ABS	C_{sat}/(mg/kg)
Dibenz（a，h）anthracene	二苯（a，h）蒽	53-70-3	7.30	E	1.20×10^{-3}	C						M	1	0.13	
Dibenzo（a，e）pyrene	二苯（a，e）芘	192-65-4	1.20×10	C	1.10×10^{-3}	C							1	0.13	
Dimethylbenz（a）anthracene，7，12-	7，12-二甲蒽	57-97-6	2.50×10^{2}	C	7.10×10^{-2}	C						M	1	0.13	
Fluoranthene	荧蒽	206-44-0					4.00×10^{-2}	I					1	0.13	
Fluorene	芴	86-73-7					4.00×10^{-2}	I			V		1	0.13	
Indeno（1，2，3-cd）pyrene	茚并（1，2，3-cd）芘	193-39-5	7.30×10^{-1}	E	1.10×10^{-4}	C						M	1	0.13	
Methylnaphthalene，1-	1-甲基萘	90-12-0	2.90×10^{-2}	P			7.00×10^{-2}	A			V		1	0.13	
Methylnaphthalene，2-	2-甲基萘	91-57-6					4.00×10^{-3}	I			V		1	0.13	
Naphthalene	萘	91-20-3			3.40×10^{-5}	C	2.00×10^{-2}	I	3.00×10^{-3}	I	V		1	0.13	
Nitropyrene，4-	4-硝基芘	57835-92-4	1.20	C	1.10×10^{-4}	C							1	0.13	
Pyrene	芘	129-00-0					3.00×10^{-2}	I			V		1	0.13	
Potassium Perfluorobutane Sulfonate	钾全氟磺酸	29420-49-3					2.00×10^{-2}	P					1	0.1	

续表

污染物名称		CAS 编号	经口摄入致癌斜率因子		呼吸吸入单位致癌风险		经口摄入参考剂量		呼吸吸入参考浓度		是否为挥发性物质	致突变性	消化道吸收因子	皮肤吸收效率因子	土壤饱和浓度
英文	中文		SF_o/[mg/(kg·d)]	参考文献	URF/(μg/m³)	参考文献	RfD_o/[mg/(kg·d)]	参考文献	RfC_i/(mg/m³)	参考文献	VOC	Mutagen	GIABS	ABS	C_{sat}/(mg/kg)
Prochloraz	环丙氯灵	67747-09-5	1.50×10^{-1}	I			9.00×10^{-3}	I					1	0.1	
Profluralin	环丙氟灵	26399-36-0					6.00×10^{-3}	H			V		1		
Prometon	扑灭通	1610-18-0					1.50×10^{-2}	I					1	0.1	
Prometryn	扑草净	7287-19-6					4.00×10^{-3}	I					1	0.1	
Propachlor	毒草胺	1918-16-7					1.30×10^{-2}	I					1	0.1	
Propanil	N-（3′，4′-二氯苯基）丙酰胺	709-98-8					5.00×10^{-3}	I					1	0.1	
Propargite	克螨特	2312-35-8					2.00×10^{-2}	I					1	0.1	
Propargyl Alcohol	2-丙炔-1-醇	107-19-7					2.00×10^{-3}	I			V		1		1.11×10^{5}
Propazine	扑灭津	139-40-2					2.00×10^{-2}	I					1	0.1	
Propham	N-苯基氨基甲酸异丙酯	122-42-9					2.00×10^{-2}	I					1	0.1	
Propiconazole	丙环唑	60207-90-1					1.30×10^{-2}	I					1	0.1	
Propionaldehyde	丙醛	123-38-6							8.00×10^{-3}	I	V		1		3.26×10^{4}

续表

污染物名称		CAS 编号	经口摄入致癌斜率因子		呼吸吸入单位致癌风险		经口摄入参考剂量		呼吸吸入参考浓度		是否为挥发性物质	致突变性	消化道吸收因子	皮肤吸收效率因子	土壤饱和浓度
英文	中文		SF_o/[mg/(kg·d)]	参考文献	URF/(μg/m³)	参考文献	RfD_o/[mg/(kg·d)]	参考文献	RfC_i/(mg/m³)	参考文献	VOC	Mutagen	GIABS	ABS	C_{sat}/(mg/kg)
Propyl benzene	正-丙苯	103-65-1					1.00×10^{-1}	X	1.00	X	V		1		2.64×10^{2}
Propylene	丙烯	115-07-1							3.00	C	V		1		3.49×10^{2}
Propylene Glycol	1，2-丙二醇	57-55-6					2.00×10	P					1	0.1	
Propylene Glycol Dinitrate	丙二醇硝酸酯	6423-43-4							2.70×10^{-4}	A			1	0.1	
Propylene Glycol Monoethyl Ether	丙二醇乙醚	1569-02-4					7.00×10^{-1}	H			V		1		8.52×10^{4}
Propylene Glycol Monomethyl Ether	丙二醇甲醚	107-98-2					7.00×10^{-1}	H	2.00	I	V		1		1.06×10^{5}
Propylene Oxide	环氧丙烷	75-56-9	2.40×10^{-1}	I	3.70×10^{-6}	I			3.00×10^{-2}	I	V		1		7.77×10^{4}
Pursuit	咪草烟	81335-77-5					2.50×10^{-1}	I					1	0.1	
Pydrin	敌虫菊酯	51630-58-1					2.50×10^{-2}	I					1	0.1	
Pyridine	吡啶	110-86-1					1.00×10^{-3}	I			V		1		5.30×10^{5}
Quinalphos	喹硫磷	13593-03-8					5.00×10^{-4}	I					1	0.1	

续表

污染物名称		CAS 编号	经口摄入致癌斜率因子		呼吸吸入单位致癌风险		经口摄入参考剂量		呼吸吸入参考浓度		是否为挥发性物质	致突变性	消化道吸收因子	皮肤吸收效率因子	土壤饱和浓度
英文	中文		SF_o/[mg/(kg·d)]	参考文献	URF/(μg/m^3)	参考文献	RfD_o/[mg/(kg·d)]	参考文献	RfC_i/(mg/m^3)	参考文献	VOC	Mutagen	GIABS	ABS	C_{sat}/(mg/kg)
Quinoline	喹啉	91-22-5	3.00	I									1	0.1	
Refractory Ceramic Fibers	耐火陶瓷纤维	NA							3.00×10^{-2}	A			1		
Resmethrin	苄呋菊酯	10453-86-8					3.00×10^{-2}	I					1	0.1	
Ronnel	皮蝇磷	299-84-3					5.00×10^{-2}	H			V		1		
Rotenone	鱼藤酮	83-79-4					4.00×10^{-3}	I					1	0.1	
Safrole	黄樟素	94-59-7	2.20×10^{-1}	C	6.30×10^{-5}	C						M	1	0.1	
Savey	噻螨酮	78587-05-0					2.50×10^{-2}	I					1	0.1	
Selenious Acid	亚硒酸	7783-00-8					5.00×10^{-3}	I					1		
Selenium	硒	7782-49-2					5.00×10^{-3}	I	2.00×10^{-2}	C			1		
Selenium Sulfide	硫化硒	7446-34-6					5.00×10^{-3}	C	2.00×10^{-2}	C			1		
Sethoxydim	烯禾啶	74051-80-2					9.00×10^{-2}	I					1	0.1	
Silica（crystalline，respirable）	硅	7631-86-9							3.00×10^{-3}	C			1		

续表

污染物名称		CAS 编号	经口摄入致癌斜率因子		呼吸吸入单位致癌风险		经口摄入参考剂量		呼吸吸入参考浓度		是否为挥发性物质	致突变性	消化道吸收因子	皮肤吸收效率因子	土壤饱和浓度
英文	中文		SF_o/[mg/(kg·d)]	参考文献	URF/(μg/m^3)	参考文献	RfD_o/[mg/(kg·d)]	参考文献	RfC_i/(mg/m^3)	参考文献	VOC	Mutagen	GIABS	ABS	C_{sat}/(mg/kg)
Silver	银	7440-22-4					5.00×10^{-3}	I					0.04		
Simazine	西玛津	122-34-9	1.20×10^{-1}	H			5.00×10^{-3}	I					1	0.1	
Sodium Acifluorfen	杂草焚	62476-59-9					1.30×10^{-2}	I					1	0.1	
Sodium Azide	叠氮化钠	26628-22-8					4.00×10^{-3}	I					1		
Sodium Dichromate	重铬酸钠	10588-01-9	5.00×10^{-1}	C	1.50×10^{-1}	C	2.00×10^{-2}	C	2.00×10^{-4}	C		M	0.025		
Sodium Diethyldithiocarbamate	二乙基二硫代氨基甲酸钠	148-18-5	2.70×10^{-1}	H			3.00×10^{-2}	I					1	0.1	
Sodium Fluoride	氟化钠	7681-49-4					5.00×10^{-2}	A	1.30×10^{-2}	C			1		
Sodium Fluoroacetate	氟代乙酸钠	62-74-8					2.00×10^{-5}	I					1	0.1	
Sodium Metavanadate	偏钒酸钠	13718-26-8					1.00×10^{-3}	H					1		
Stirofos（Tetrachlorovinphos）	司替罗磷	961-11-5	2.40×10^{-2}	H			3.00×10^{-2}	I					1	0.1	
Strontium Chromate	铬酸锶	7789-06-2	5.00×10^{-1}	C	1.50×10^{-1}	C	2.00×10^{-2}	C	2.00×10^{-4}	C		M	0.025		

续表

污染物名称		CAS 编号	经口摄入致癌斜率因子		呼吸吸入单位致癌风险		经口摄入参考剂量		呼吸吸入参考浓度		是否为挥发性物质	致突变性	消化道吸收因子	皮肤吸收效率因子	土壤饱和浓度
英文	中文		SF_o/[mg/(kg·d)]	参考文献	URF/(μg/m^3)	参考文献	RfD_o/[mg/(kg·d)]	参考文献	RfC_i/(mg/m^3)	参考文献	VOC	Mutagen	GIABS	ABS	C_{sat}/(mg/kg)
Strontium, Stable	锶	7440-24-6					6.00×10^{-1}	I					1		
Strychnine	二甲双胍	57-24-9					3.00×10^{-4}	I					1	0.1	
Styrene	苯乙烯	100-42-5					2.00×10^{-1}	I	1.00	I	V		1		8.67×10^{2}
Styrene-Acrylonitrile（SAN）Trimer	苯乙烯-丙烯腈（SAN）三聚体	NA					3.00×10^{-3}	P					1	0.1	
Sulfolane	环丁砜	126-33-0					1.00×10^{-3}	P	2.00×10^{-3}	X			1	0.1	
Sulfonylbis（4-chlorobenzene），1，1′-	1，1′-磺酰基（4-氯苯）	80-07-9					8.00×10^{-4}	P					1	0.1	
Sulfur Trioxide	三氧化硫	7446-11-9							1.00×10^{-3}	C	V		1		
Sulfuric Acid	硫酸	7664-93-9							1.00×10^{-3}	C			1		
Systhane	腈菌唑	88671-89-0					2.50×10^{-2}	I					1	0.1	
TCMTB	苯噻氰	21564-17-0					3.00×10^{-2}	H					1	0.1	
Tebuthiuron	丁噻隆	34014-18-1					7.00×10^{-2}	I					1	0.1	

续表

污染物名称		CAS 编号	经口摄入致癌斜率因子		呼吸吸入单位致癌风险		经口摄入参考剂量		呼吸吸入参考浓度		是否为挥发性物质	致突变性	消化道吸收因子	皮肤吸收效率因子	土壤饱和浓度
英文	中文		SF_o/[mg/(kg·d)]	参考文献	URF/(μg/m^3)	参考文献	RfD_o/[mg/(kg·d)]	参考文献	RfC_i/(mg/m^3)	参考文献	VOC	Mutagen	GIABS	ABS	C_{sat}/(mg/kg)
Temephos	双硫磷	3383-96-8					2.00×10^{-2}	H					1	0.1	
Terbacil	特草定	5902-51-2					1.30×10^{-2}	I					1	0.1	
Terbufos	特丁磷	13071-79-9					2.50×10^{-5}	H			V		1		3.09×10
Terbutryn	去草净	886-50-0					1.00×10^{-3}	I					1	0.1	
Tetrabromodiphenyl ether，2，2′，4，4′-（BDE-47）	2，2′，4，4′-（BDE-47）四溴二苯醚	5436-43-1					1.00×10^{-4}	I					1	0.1	
Tetrachlorobenzene，1，2，4，5-	1，2，4，5-四氯苯	95-94-3					3.00×10^{-4}	I			V		1		
Tetrachloroethane，1，1，1，2-	1，1，1，2-四氯乙烷	630-20-6	2.60×10^{-2}	I	7.40×10^{-6}	I	3.00×10^{-2}	I			V		1		6.80×10^{2}
Tetrachloroethane，1，1，2，2-	1，1，2，2-四氯乙烷	79-34-5	2.00×10^{-1}	I	5.80×10^{-5}	C	2.00×10^{-2}	I			V		1		1.90×10^{3}
Tetrachloroethylene	四氯乙烯	127-18-4	2.10×10^{-3}	I	2.60×10^{-7}	I	6.00×10^{-3}	I	4.00×10^{-2}	I	V		1		1.66×10^{2}
Tetrachlorophenol，2，3，4，6-	2，3，4，6-四氯苯酚	58-90-2					3.00×10^{-2}	I					1	0.1	
Tetrachlorotoluene，p-alpha，alpha，alpha-	对-α，α，α-四氯甲苯	5216-25-1	2.00×10	H							V		1		

续表

污染物名称		CAS 编号	经口摄入致癌斜率因子		呼吸吸入单位致癌风险		经口摄入参考剂量		呼吸吸入参考浓度		是否为挥发性物质	致突变性	消化道吸收因子	皮肤吸收效率因子	土壤饱和浓度
英文	中文		SF_o/[mg/(kg·d)]	参考文献	URF/(μg/m³)	参考文献	RfD_o/[mg/(kg·d)]	参考文献	RfC_i/(mg/m³)	参考文献	VOC	Mutagen	GIABS	ABS	C_{sat}/(mg/kg)
Tetraethyl Dithiopyrophosphate	治螟磷	3689-24-5					5.00×10^{-4}	I					1	0.1	
Tetrafluoroethane, 1，1，1，2-	1，1，1，2-四氟乙烷	811-97-2							8.00×10	I	V		1		1.09×10^{3}
Tetryl（Trinitrophenylmethylnitramine）	2，4，6-三硝基苯甲硝胺	479-45-8					2.00×10^{-3}	P					1	0.00065	
Thallium（I）Nitrate	硝酸铊	10102-45-1					7.00×10^{-6}	X					1		
Thallium（Soluble Salts）	铊	7440-28-0					1.00×10^{-5}	X					1		
Thallium Acetate	乙酸铊	563-68-8					6.00×10^{-6}	X			V		1	0.1	
Thallium Carbonate	碳酸铊	6533-73-9					2.00×10^{-5}	X					1	0.1	
Thallium Chloride	氯化铊	7791-12-0					6.00×10^{-6}	X					1		
Thallium Sulfate	硫酸铊	7446-18-6					2.00×10^{-5}	X					1		
Thiobencarb	禾草丹	28249-77-6					1.00×10^{-2}	I					1	0.1	

续表

污染物名称		CAS 编号	经口摄入致癌斜率因子		呼吸吸入单位致癌风险		经口摄入参考剂量		呼吸吸入参考浓度		是否为挥发性物质	致突变性	消化道吸收因子	皮肤吸收效率因子	土壤饱和浓度
英文	中文		SF_o/[mg/(kg·d)]	参考文献	URF/(μg/m³)	参考文献	RfD_o/[mg/(kg·d)]	参考文献	RfC_i/(mg/m³)	参考文献	VOC	Mutagen	GIABS	ABS	C_{sat}/(mg/kg)
Thiodiglycol	硫二甘醇	111-48-8					7.00×10^{-2}	X					1	0.0075	
Thiofanox	己酮肟威	39196-18-4					3.00×10^{-4}	H					1	0.1	
Thiophanate，Methyl	甲基硫菌灵	23564-05-8					8.00×10^{-2}	I					1	0.1	
Thiram	双硫胺甲酰	137-26-8					5.00×10^{-3}	I					1	0.1	
Tin	锡	7440-31-5					6.00×10^{-1}	H					1		
Titanium Tetrachloride	四氯化钛	7550-45-0							1.00×10^{-4}	A	V		1		
Toluene	甲苯	108-88-3					8.00×10^{-2}	I	5.00	I	V		1		8.18×10^{2}
Toluene-2，5-diamine	甲苯-2，5-二胺	95-70-5	1.80×10^{-1}	X			2.00×10^{-4}	X					1	0.1	
Toluidine，p-	对甲苯胺	106-49-0	3.00×10^{-2}	P			4.00×10^{-3}	X					1	0.1	
Total Petroleum Hydrocarbons（Aliphatic High）	总石油烃（脂肪烃含量高）	NA					3.00	P			V		1		3.42×10^{-1}
Total Petroleum Hydrocarbons（Aliphatic Low）	总石油烃（脂肪烃含量低）	NA							6.00×10^{-1}	P	V		1		1.41×10^{2}

续表

污染物名称		CAS 编号	经口摄入致癌斜率因子		呼吸吸入单位致癌风险		经口摄入参考剂量		呼吸吸入参考浓度		是否为挥发性物质	致突变性	消化道吸收因子	皮肤吸收效率因子	土壤饱和浓度
英文	中文		SF_o/[mg/(kg·d)]	参考文献	URF/(μg/m^3)	参考文献	RfD_o/[mg/(kg·d)]	参考文献	RfC_i/(mg/m^3)	参考文献	VOC	Mutagen	GIABS	ABS	C_{sat}/(mg/kg)
Total Petroleum Hydrocarbons（Aliphatic Medium）	总石油烃（脂肪烃含量中）	NA					1.00×10^{-2}	X	1.00×10^{-1}	P	V		1		6.86
Total Petroleum Hydrocarbons（Aromatic High）	总石油烃（芳环含量高）	NA					4.00×10^{-2}	P					1	0.1	
Total Petroleum Hydrocarbons（Aromatic Low）	总石油烃（芳环含量低）	NA					4.00×10^{-3}	P	3.00×10^{-2}	P	V		1		1.82×10^{3}
Total Petroleum Hydrocarbons（Aromatic Medium）	总石油烃（芳环含量中）	NA					4.00×10^{-3}	P	3.00×10^{-3}	P	V		1		
Toxaphene	毒沙芬	8001-35-2	1.10	I	3.20×10^{-4}	I							1	0.1	
Tralomethrin	四溴菊酯	66841-25-6					7.50×10^{-3}	I					1	0.1	
Tri-n-butyltin	丁基锡	688-73-3					3.00×10^{-4}	A			V		1		
Triacetin	甘油醋酸酯	102-76-1					8.00×10	X					1	0.1	
Triallate	野麦畏	2303-17-5					1.30×10^{-2}	I			V		1		

续表

污染物名称		CAS 编号	经口摄入致癌斜率因子		呼吸吸入单位致癌风险		经口摄入参考剂量		呼吸吸入参考浓度		是否为挥发性物质	致突变性	消化道吸收因子	皮肤吸收效率因子	土壤饱和浓度
英文	中文		SF_o/[mg/(kg·d)]	参考文献	URF/(μg/m^3)	参考文献	RfD_o/[mg/(kg·d)]	参考文献	RfC_i/(mg/m^3)	参考文献	VOC	Mutagen	GIABS	ABS	C_{sat}/(mg/kg)
Triasulfuron	醚苯磺隆	82097-50-5					1.00×10^{-2}	I					1	0.1	
Tribromobenzene，1，2，4-	1，2，4-三溴苯酚	615-54-3					5.00×10^{-3}	I			V		1		
Tributyl Phosphate	磷酸三丁酯	126-73-8	9.00×10^{-3}	P			1.00×10^{-2}	P					1	0.1	
Tributyltin Compounds	三丁基锡化合物	NA					3.00×10^{-4}	P					1	0.1	
Tributyltin Oxide	三丁基氧化锡	56-35-9					3.00×10^{-4}	I					1	0.1	
Trichloro-1，2，2-trifluoroethane，1，1，2-	1，1，2-三氟三氯乙烷	76-13-1					3.00×10	I	3.00×10	H	V		1		9.10×10^{2}
Trichloroacetic Acid	三氯乙酸	76-03-9	7.00×10^{-2}	I			2.00×10^{-2}	I					1	0.1	
Trichloroaniline HCl，2，4，6-	2，4，6-三氯盐酸	33663-50-2	2.90×10^{-2}	H									1	0.1	
Trichloroaniline，2，4，6-	2，4，6-三氯苯胺	634-93-5	7.00×10^{-3}	X			3.00×10^{-5}	X					1	0.1	
Trichlorobenzene，1，2，3-	1，2，3-三氯苯	87-61-6					8.00×10^{-4}	X			V		1		
Trichlorobenzene，1，2，4-	1，2，4-三氯苯	120-82-1	2.90×10^{-2}	P			1.00×10^{-2}	I	2.00×10^{-3}	P	V		1		4.04×10^{2}
Trichloroethane，1，1，1-	1，1，1-三氯乙烷	71-55-6					2.00	I	5.00	I	V		1		6.40×10^{2}

续表

污染物名称		CAS 编号	经口摄入致癌斜率因子		呼吸吸入单位致癌风险		经口摄入参考剂量		呼吸吸入参考浓度		是否为挥发性物质	致突变性	消化道吸收因子	皮肤吸收效率因子	土壤饱和浓度
英文	中文		SF_o/[mg/(kg·d)]	参考文献	URF/(μg/m^3)	参考文献	RfD_o/[mg/(kg·d)]	参考文献	RfC_i/(mg/m^3)	参考文献	VOC	Mutagen	GIABS	ABS	C_{sat}/(mg/kg)
Trichloroethane，1，1，2-	1，1，2-三氯乙烷	79-00-5	5.70×10^{-2}	I	1.60×10^{-5}	I	4.00×10^{-3}	I	2.00×10^{-4}	X	V		1		2.16×10^{3}
Trichloroethylene	三氯乙烯	79-01-6	4.60×10^{-2}	I	4.10×10^{-6}	I	5.00×10^{-4}	I	2.00×10^{-3}	I	V	M	1		6.92×10^{2}
Trichlorofluoromethane	三氯氟甲烷	75-69-4					3.00×10^{-1}	I	7.00×10^{-1}	H	V		1		1.23×10^{3}
Trichlorophenol，2，4，5-	2，4，5-三氯苯酚	95-95-4					1.00×10^{-1}	I					1	0.1	
Trichlorophenol，2，4，6-	2，4，6-三氯苯酚	88-06-2	1.10×10^{-2}	I	3.10×10^{-6}	I	1.00×10^{-3}	P					1	0.1	
Trichlorophenoxyacetic Acid，2，4，5-	2，4，5-三氯苯氧乙酸	93-76-5					1.00×10^{-2}	I					1	0.1	
Trichlorophenoxypropionic acid，-2，4，5	2-（2，4，5-三氯苯氧）-丙酸	93-72-1					8.00×10^{-3}	I					1	0.1	
Trichloropropane，1，1，2-	1，1，2-三氯丙烷	598-77-6					5.00×10^{-3}	I			V		1		1.28×10^{3}
Trichloropropane，1，2，3-	1，2，3-三氯丙烷	96-18-4	3.00×10	I			4.00×10^{-3}	I	3.00×10^{-4}	I	V	M	1		1.40×10^{3}
Trichloropropene，1，2，3-	1，2，3-氯丙烯	96-19-5					3.00×10^{-3}	X	3.00×10^{-4}	P	V		1		4.51×10^{2}
Tricresyl Phosphate（TCP）	磷酸甲苯	1330-78-5					2.00×10^{-2}	A					1	0.1	
Tridiphane	灭草环	58138-08-2					3.00×10^{-3}	I					1	0.1	

续表

污染物名称		CAS 编号	经口摄入致癌斜率因子		呼吸吸入单位致癌风险		经口摄入参考剂量		呼吸吸入参考浓度		是否为挥发性物质	致突变性	消化道吸收因子	皮肤吸收效率因子	土壤饱和浓度
英文	中文		SF_o/[mg/(kg·d)]	参考文献	URF/(μg/m³)	参考文献	RfD_o/[mg/(kg·d)]	参考文献	RfC_i/(mg/m³)	参考文献	VOC	Mutagen	GIABS	ABS	C_{sat}/(mg/kg)
Triethylamine	N，N-二乙基乙胺	121-44-8							7.00×10^{-3}	I	V		1		2.79×10^{4}
Triethylene Glycol	三乙二醇	112-27-6					2.00	P					1	0.1	
Trifluralin	氟乐灵	1582-09-8	7.70×10^{-3}	I			7.50×10^{-3}	I			V		1		
Trimethyl Phosphate	磷酸三甲酯	512-56-1	2.00×10^{-2}	P			1.00×10^{-2}	P					1	0.1	
Trimethylbenzene，1，2，3-	1，2，3-三甲苯	526-73-8							5.00×10^{-3}	P	V		1		2.93×10^{2}
Trimethylbenzene，1，2，4-	1，2，4-三甲基苯	95-63-6							7.00×10^{-3}	P	V		1		2.19×10^{2}
Trimethylbenzene，1，3，5-	1，3，5-三甲苯	108-67-8					1.00×10^{-2}	X			V		1		1.82×10^{2}
Trinitrobenzene，1，3，5-	1，3，5-三硝基苯	99-35-4					3.00×10^{-2}	I					1	0.019	
Trinitrotoluene，2，4，6-	2，4，6-三硝基甲苯	118-96-7	3.00×10^{-2}	I			5.00×10^{-4}	I					1	0.032	
Triphenylphosphine Oxide	三苯基膦氧化物	791-28-6					2.00×10^{-2}	P					1	0.1	
Tris（1，3-Dichloro-2-propyl）Phosphate	三（1，3-二氯-2-丙基）磷酸酯	13674-87-8					2.00×10^{-2}	A					1	0.1	
Tris（1-chloro-2-propyl）phosphate	三（1-氯-2-丙基）磷酸酯	13674-84-5					1.00×10^{-2}	X					1	0.1	

续表

污染物名称		CAS 编号	经口摄入致癌斜率因子		呼吸吸入单位致癌风险		经口摄入参考剂量		呼吸吸入参考浓度		是否为挥发性物质	致突变性	消化道吸收因子	皮肤吸收效率因子	土壤饱和浓度
英文	中文		SF_o/[mg/(kg·d)]	参考文献	URF/(μg/m^3)	参考文献	RfD_o/[mg/(kg·d)]	参考文献	RfC_i/(mg/m^3)	参考文献	VOC	Mutagen	GIABS	ABS	C_{sat}/(mg/kg)
Tris (2, 3-dibromopropyl) phosphate	三（2，3-二溴丙基）磷酸酯	126-72-7	2.30	C	6.60×10^{-4}	C					V		1		4.67×10^{2}
Tris (2-chloroethyl) phosphate	三（2-氯乙基）磷酸酯	115-96-8	2.00×10^{-2}	P			7.00×10^{-3}	P					1	0.1	
Tris (2-ethylhexyl) phosphate	三（2-乙基己基）磷酸酯	78-42-2	3.20×10^{-3}	P			1.00×10^{-1}	P					1	0.1	
Uranium (Soluble Salts)	铀	NA					3.00×10^{-3}	I	4.00×10^{-5}	A			1		
Urethane	氨基甲酸乙酯	51-79-6	1.00	C	2.90×10^{-4}	C						M	1	0.1	
Vanadium Pentoxide	五氧化二钒	1314-62-1			8.30×10^{-3}	P	9.00×10^{-3}	I	7.00×10^{-6}	P			0.026		
Vanadium and Compounds	钒化合物	7440-62-2					5.00×10^{-3}	S	1.00×10^{-4}	A			0.026		
Vernolate	灭草猛	1929-77-7					1.00×10^{-3}	I			V		1		
Vinclozolin	乙烯菌核利	50471-44-8					2.50×10^{-2}	I					1	0.1	
Vinyl Acetate	醋酸乙烯酯	108-05-4					1.00	H	2.00×10^{-1}	I	V		1		2.75×10^{3}
Vinyl Bromide	溴乙烯	593-60-2			3.20×10^{-5}	H			3.00×10^{-3}	I	V		1		3.37×10^{3}
Vinyl Chloride	氯乙烯	75-01-4	7.20×10^{-1}	I	4.40×10^{-6}	I	3.00×10^{-3}	I	1.00×10^{-1}	I	V	M	1		3.92×10^{3}

续表

污染物名称		CAS 编号	经口摄入致癌斜率因子		呼吸吸入单位致癌风险		经口摄入参考剂量		呼吸吸入参考浓度		是否为挥发性物质	致突变性	消化道吸收因子	皮肤吸收效率因子	土壤饱和浓度
英文	中文		SF_o/[mg/(kg·d)]	参考文献	URF/(μg/m³)	参考文献	RfD_o/[mg/(kg·d)]	参考文献	RfC_i/(mg/m³)	参考文献	VOC	Mutagen	GIABS	ABS	C_{sat}/(mg/kg)
Warfarin	华法林	81-81-2					3.00×10^{-4}	I					1	0.1	
Xylene，P-	对二甲苯	106-42-3					2.00×10^{-1}	S	1.00×10^{-1}	S	V		1		3.90×10^{2}
Xylene，m-	间二甲苯	108-38-3					2.00×10^{-1}	S	1.00×10^{-1}	S	V		1		3.88×10^{2}
Xylene，o-	邻二甲苯	95-47-6					2.00×10^{-1}	S	1.00×10^{-1}	S	V		1		4.34×10^{2}
Xylenes	二甲苯	1330-20-7					2.00×10^{-1}	I	1.00×10^{-1}	I	V		1		2.58×10^{2}
Zinc Phosphide	磷化锌	1314-84-7					3.00×10^{-4}	I					1		
Zinc and Compounds	锌化合物	7440-66-6					3.00×10^{-1}	I					1		
Zineb	代森锌	12122-67-7					5.00×10^{-2}	I					1	0.1	
Zirconium	锆	7440-67-7					8.00×10^{-5}	X					1		

注：EPA 区域污染物毒性参数（2016 年 5 月更新），基于可接受致癌风险为 1×10^{-6}，可接受危害商为 1。参考文献：I=IRIS；P=PPRTV；A=ATSDR；C=Cal EPA；X=APPENDIX PPRTV SCREEN；H=HEAST；J=New Jersey；E=Environmental Criteria and Assessment Office；S=see user guide Section 5，详见 Regional Screening Levels（RSLs）-User's Guide（May 2016），https：//www.epa.gov/risk/regional-screening-levels-rsls-users-guide-may-2016

附表 H　美国国家环境保护局推导区域筛选值使用的污染物理化参数表

污染物名称		CAS 序号	分子量		密度		水和空气中扩散系数			分配系数						水溶解度	
英文	中文		MW	参考文献	Density/(g/cm^3)	参考文献	Dia/(cm^2/s)	Diw/（cm^2/s）	参考文献	K_d/(L/kg)	参考文献	K_{oc}/(L/kg)	参考文献	logK_{ow}/(L/kg)	参考文献	S/(mg/L)	参考文献
ALAR	乙酰肼	1596-84-5	1.60×10^2	EPI			6.44×10^{-2}	7.53×10^{-6}	W			1.00×10	EPI	−1.50	EPI	1.00×10^5	EPI
Acephate	乙酰甲胺磷	30560-19-1	1.83×10^2	EPI	1.35	CRC89	3.74×10^{-2}	7.98×10^{-6}	W			1.00×10	EPI	-8.50×10^{-1}	EPI	8.18×10^5	EPI
Acetal dehyde	乙醛	75-07-0	4.41×10	EPI	7.83×10^{-1}	CRC89	1.28×10^{-1}	1.35×10^{-5}	W			1.00	EPI	-3.40×10^{-1}	EPI	1.00×10^6	EPI
Acetochlor	乙草胺	34256-82-1	2.70×10^2	EPI	1.11	Pub Chem	2.24×10^{-2}	5.61×10^{-6}	W			2.98×10^2	EPI	3.03	EPI	2.23×10^2	EPI
Acetone	丙酮	67-64-1	5.81×10	EPI	7.85×10^{-1}	CRC89	1.06×10^{-1}	1.15×10^{-5}	W			2.36	EPI	-2.40×10^{-1}	EPI	1.00×10^6	EPI
Acetone Cyanoh ydrin	2-羟基异丁腈	75-86-5	8.51×10	EPI	9.32×10^{-1}	CRC89	8.59×10^{-2}	1.01×10^{-5}	W			1.00	EPI	-3.00×10^{-2}	EPI	1.00×10^6	EPI
Acetonitrile	乙腈	75-05-8	4.11×10	EPI	7.86×10^{-1}	CRC89	1.34×10^{-1}	1.41×10^{-5}	W			4.67	EPI	-3.40×10^{-1}	EPI	1.00×10^6	EPI
Aceto phenone	苯乙酮	98-86-2	1.20×10^2	EPI	1.03	CRC89	6.52×10^{-2}	8.72×10^{-6}	W			5.19×10	EPI	1.58	EPI	6.13×10^3	EPI
Acetylamino fluorene，2-	2-乙酰氨基芴	53-96-3	2.23×10^2	EPI			5.16×10^{-2}	6.03×10^{-6}	W			2.21×10^3	EPI	3.12	EPI	8.46	EPI
Acrolein	丙烯醛	107-02-8	5.61×10	EPI	8.40×10^{-1}	CRC89	1.12×10^{-1}	1.22×10^{-5}	W			1.00	EPI	-1.00×10^{-2}	EPI	2.12×10^5	EPI

续表

污染物名称		CAS 序号	分子量		密度		水和空气中扩散系数			分配系数						水溶解度	
英文	中文		MW	参考文献	Density/(g/cm^3)	参考文献	Dia/(cm^2/s)	Diw/(cm^2/s)	参考文献	K_d/(L/kg)	参考文献	K_{oc}/(L/kg)	参考文献	logK_{ow}/(L/kg)	参考文献	S/(mg/L)	参考文献
Acrylamide	丙烯酰胺	79-06-1	7.11×10	EPI	1.22	LA NGE	1.10×10^{-1}	1.33×10^{-5}	W			5.69	EPI	−6.70×10^{-1}	EPI	3.90×10^5	EPI
Acrylic Acid	丙烯酸	79-10-7	7.21×10	EPI	1.05	CRC89	1.03×10^{-1}	1.20×10^{-5}	W			1.44	EPI	3.50×10^{-1}	EPI	1.00×10^6	EPI
Acrylonitrile	丙烯腈	107-13-1	5.31×10	EPI	8.01×10^{-1}	CRC89	1.14×10^{-1}	1.23×10^{-5}	W			8.51	EPI	2.50×10^{-1}	EPI	7.45×10^4	EPI
Adiponitrile	乙二腈	111-69-3	1.08×10^2	EPI	9.68×10^{-1}	CRC89	7.08×10^{-2}	8.96×10^{-6}	W			2.02×10	EPI	−3.20×10^{-1}	EPI	8.00×10^4	EPI
Alachlor	甲草胺	15972-60-8	2.70×10^2	EPI	1.13	CRC89	2.26×10^{-2}	5.69×10^{-6}	W			3.12×10^2	EPI	3.52	EPI	2.40×10^2	EPI
Aldicarb	涕灭威	116-06-3	1.90×10^2	EPI	1.20	CRC89	3.19×10^{-2}	7.25×10^{-6}	W			2.46×10	EPI	1.13	EPI	6.03×10^3	EPI
Aldicarb Sulfone	得灭克	1646-88-4	2.22×10^2	EPI			5.18×10^{-2}	6.05×10^{-6}	W			1.00×10	EPI	−5.70×10^{-1}	EPI	1.00×10^4	EPI
Aldicarb sulfoxide	涕灭威亚砜	1646-87-3	2.06×10^2	EPI			5.44×10^{-2}	6.36×10^{-6}	W			1.00×10	EPI	−7.80×10^{-1}	EPI	2.80×10^4	EPI
Aldrin	艾氏剂	309-00-2	3.65×10^2	EPI	1.60	PubChem	2.28×10^{-2}	5.84×10^{-6}	W			8.20×10^4	EPI	6.50	EPI	1.70×10^{-2}	EPI
Ally	甲磺隆	74223-64-6	3.81×10^2	EPI			3.61×10^{-2}	4.22×10^{-6}	W			9.25×10	EPI	2.20	EPI	9.50×10^3	EPI
Allyl Alcohol	丙烯醇	107-18-6	5.81×10	EPI	8.54×10^{-1}	CRC89	1.10×10^{-1}	1.21×10^{-5}	W			1.90	EPI	1.70×10^{-1}	EPI	1.00×10^6	EPI
Allyl Chloride	3-氯丙烯	107-05-1	7.65×10	EPI	9.38×10^{-1}	CRC89	9.36×10^{-2}	1.08×10^{-5}	W			3.96×10	EPI	1.93	YAWS	3.37×10^3	EPI

续表

污染物名称		CAS 序号	分子量		密度		水和空气中扩散系数			分配系数						水溶解度	
英文	中文		MW	参考文献	Density/(g/cm^3)	参考文献	Dia/(cm^2/s)	Diw/(cm^2/s)	参考文献	K_d/(L/kg)	参考文献	K_{oc}/(L/kg)	参考文献	logK_{ow}/(L/kg)	参考文献	S/(mg/L)	参考文献
Aluminum	铝	7429-90-5	2.70×10	CRC89	2.70	CRC89				1.50×10^3	BAES						
Aluminum Phosphide	磷化铝	20859-73-8	5.80×10	EPI	2.40	CRC89											
Amdro	灭蚁腙	67485-29-4	4.94×10^2	EPI			3.04×10^{-2}	3.55×10^{-6}	W			1.80×10^8	EPI	2.31	EPI	6.00×10^{-3}	EPI
Ametryn	莠灭净	834-12-8	2.27×10^2	EPI			5.10×10^{-2}	5.96×10^{-6}	W			4.28×10^2	EPI	2.98	EPI	2.09×10^2	EPI
Aminobiphenyl，4-	4-氨基联苯	92-67-1	1.69×10^2	EPI			6.21×10^{-2}	7.26×10^{-6}	W			2.47×10^3	EPI	2.86	EPI	1.29×10^2	EPI
Aminophenol，m-	间氨基苯酚	591-27-5	1.09×10^2	EPI			8.32×10^{-2}	9.72×10^{-6}	W			9.02×10	EPI	2.10×10^{-1}	EPI	2.70×10^4	EPI
Aminophenol，p-	对氨基苯酚	123-30-8	1.09×10^2	EPI			8.32×10^{-2}	9.72×10^{-6}	W			9.02×10	EPI	4.00×10^{-2}	EPI	1.60×10^4	EPI
Amitraz	双甲脒	33089-61-1	2.93×10^2	EPI	1.13	CRC89	2.16×10^{-2}	5.40×10^{-6}	W			2.57×10^5	EPI	5.50	EPI	1.00	EPI
Ammonia	氨	7664-41-7	1.70×10	CRC89	6.96×10^{-1}	CRC89	2.31×10^{-1}	2.23×10^{-5}	W					2.30×10^{-1}	OTHER	8.99×10^5	PERRY
Ammonium Sulfamate	氨基磺酸铵	7773-06-0	1.14×10^2	CRC89	1.77	PubChem										1.34×10^6	PERRY
Amyl Alcohol，tert-	叔戊醇	75-85-4	8.82×10	EPI	8.10×10^{-1}	CRC89	7.85×10^{-2}	9.10×10^{-6}	W			4.14	EPI	8.90×10^{-1}	EPI	1.10×10^5	EPI

续表

污染物名称		CAS 序号	分子量		密度		水和空气中扩散系数			分配系数						水溶解度	
英文	中文		MW	参考文献	Density/(g/cm^3)	参考文献	Dia/(cm^2/s)	Diw/（cm^2/s）	参考文献	K_d/(L/kg)	参考文献	K_{oc}/(L/kg)	参考文献	logK_{ow}/(L/kg)	参考文献	S/(mg/L)	参考文献
Aniline	苯胺	62-53-3	9.31×10	EPI	1.02	CRC89	8.30×10^{-2}	1.01×10^{-5}	W			7.02×10	EPI	9.00×10^{-1}	EPI	3.60×10^4	EPI
Anthraquinone，9，10-	蒽醌	84-65-1	2.08×10^2	EPI			5.41×10^{-2}	6.32×10^{-6}	W			5.01×10^3	EPI	3.39	EPI	1.35	EPI
Antimony（metallic）	锑	7440-36-0	1.22×10^2	CRC89	6.68	CRC89				4.50×10	SSL						
Antimony Pentoxide	五氧化二锑	1314-60-9	3.24×10^2	CRC89	3.78	CRC89										3.00×10^3	CRC89
Antimony Potassium Tartrate	酒石酸锑钾	11071-15-1	6.15×10^2	EPI			2.63×10^{-2}	3.07×10^{-6}	W			1.34×10	EPI	−7.28	EPI	5.26×10^4	PhysProp
Antimony Tetroxide	四氧化锑	1332-81-6	3.08×10^2	EPI	6.64	CRC89											
Antimony Trioxide	三氧化锑	1309-64-4	2.92×10^2	EPI	5.58	CRC89											
Apollo	四螨嗪	74115-24-5	3.03×10^2	EPI			4.21×10^{-2}	4.92×10^{-6}	W			3.02×10^4	EPI	3.10	EPI	1.00	EPI
Aramite	杀螨特	140-57-8	3.35×10^2	EPI	1.14	CRC89	2.03×10^{-2}	5.03×10^{-6}	W			5.55×10^3	EPI	4.82	EPI	2.59	EPI
Arsenic，Inorganic	砷（无机）	7440-38-2	7.49×10	CRC89	4.90	CRC89				2.90×10	SSL						
Arsine	砷化氢	7784-42-1	7.80×10	EPI	3.19	CRC89										2.00×10^5	PERRY
Assure	喹禾灵	76578-14-8	3.73×10^2	EPI			3.67×10^{-2}	4.29×10^{-6}	W			7.74×10^3	EPI	4.28	EPI	3.00×10^{-1}	EPI

续表

污染物名称		CAS 序号	分子量		密度		水和空气中扩散系数			分配系数						水溶解度	
英文	中文		MW	参考文献	Density/(g/cm^3)	参考文献	Dia/(cm^2/s)	Diw/（cm^2/s）	参考文献	K_d/(L/kg)	参考文献	K_{oc}/(L/kg)	参考文献	$\log K_{ow}$/(L/kg)	参考文献	S/(mg/L)	参考文献
Asulam	黄草灵	3337-71-1	2.30×10^{2}	EPI			5.06×10^{-2}	5.91×10^{-6}	W			2.78×10	EPI	-2.70×10^{-1}	EPI	5.00×10^{3}	EPI
Atrazine	阿特拉津	1912-24-9	2.16×10^{2}	EPI	1.23	PubChem	2.65×10^{-2}	6.84×10^{-6}	W			2.25×10^{2}	EPI	2.61	EPI	3.47×10	EPI
Auramine	金胺	492-80-8	2.67×10^{2}	EPI			4.58×10^{-2}	5.35×10^{-6}	W			4.46×10^{3}	EPI	2.98	EPI	1.77	EPI
Avermectin B1	阿维菌素 B1	65195-55-3	8.75×10^{2}	EPI			2.08×10^{-2}	2.43×10^{-6}	W			8.77×10^{5}	EPI	4.48	EPI	1.42	EPI
Azobenzene	偶氮苯	103-33-3	1.82×10^{2}	EPI	1.20	PERRY	3.59×10^{-2}	7.47×10^{-6}	W			3.76×10^{3}	EPI	3.82	EPI	6.40	EPI
Azodicarbonamide	偶氮二甲酰胺	123-77-3	1.16×10^{2}	EPI	1.65	GuideChem	8.30×10^{-2}	1.18×10^{-5}	W			6.96×10	EPI	−1.70	EPI	3.50×10	EPI
Barium	钡	7440-39-3	1.37×10^{2}	EPI	3.62	CRC89				4.10×10	SSL						
Barium Chromate	铬酸钡	10294-40-3	2.53×10^{2}	CRC 89	4.50	CRC89										2.60	CRC 89
Baygon	残杀威	114-26-1	2.09×10^{2}	EPI	1.12	CRC89	2.57×10^{-2}	6.58×10^{-6}	W			6.00×10	EPI	1.52	EPI	1.86×10^{3}	EPI
Bayleton	三唑酮	43121-43-3	2.94×10^{2}	EPI	1.22	CRC89	2.24×10^{-2}	5.65×10^{-6}	W			2.99×10^{2}	EPI	2.77	EPI	7.15×10	EPI
Baythroid	高效氟氯氰菊酯	68359-37-5	4.34×10^{2}	EPI			3.31×10^{-2}	3.87×10^{-6}	W			1.31×10^{5}	EPI	5.95	EPI	3.00×10^{-3}	EPI
Benefin	氟草胺	1861-40-1	3.35×10^{2}	EPI	1.34	ChemNet	2.19×10^{-2}	5.52×10^{-6}	W			1.64×10^{4}	EPI	5.29	EPI	1.00×10^{-1}	EPI

续表

污染物名称		CAS 序号	分子量		密度		水和空气中扩散系数			分配系数						水溶解度	
英文	中文		MW	参考文献	Density/(g/cm^3)	参考文献	Dia/(cm^2/s)	Diw/(cm^2/s)	参考文献	K_d/(L/kg)	参考文献	K_{oc}/(L/kg)	参考文献	logK_{ow}/(L/kg)	参考文献	S/(mg/L)	参考文献
Benomyl	苯菌灵	17804-35-2	2.90×10^2	EPI			4.33×10^{-2}	5.06×10^{-6}	W			3.36×10^2	EPI	2.12	EPI	3.80	EPI
Bentazon	灭草松	25057-89-0	2.40×10^2	EPI			4.92×10^{-2}	5.74×10^{-6}	W			1.00×10	EPI	2.34	EPI	5.00×10^2	EPI
Benzaldehyde	苯甲醛	100-52-7	1.06×10^2	EPI	1.04	CRC89	7.44×10^{-2}	9.46×10^{-6}	W			1.11×10	EPI	1.48	EPI	6.95×10^3	EPI
Benzene	苯	71-43-2	7.81×10	EPI	8.77×10^{-1}	CRC89	8.95×10^{-2}	1.03×10^{-5}	W			1.46×10^2	EPI	2.13	EPI	1.79×10^3	EPI
Benzenediamine-2-methyl sulfate，1，4-	1，4-苯二胺-2-甲基硫酸盐	6369-59-1	2.20×10^2	EPI			5.21×10^{-2}	6.09×10^{-6}	W			3.84×10	EPI	−3.73	EPI	1.00×10^6	EPI
Benzenethiol	苯硫酚	108-98-5	1.10×10^2	EPI	1.08	CRC89	7.29×10^{-2}	9.45×10^{-6}	W			2.34×10^2	EPI	2.52	EPI	8.35×10^2	EPI
Benzidine	4，4′-二氨基联苯	92-87-5	1.84×10^2	EPI	1.22	Yaws 2008	3.51×10^{-2}	7.48×10^{-6}	W			1.19×10^3	EPI	1.34	EPI	3.22×10^2	EPI
Benzoic Acid	苯甲酸	65-85-0	1.22×10^2	EPI	1.27	CRC89	7.02×10^{-2}	9.79×10^{-6}	W			1.66×10	EPI	1.87	EPI	3.40×10^3	EPI
Benzotrichloride	三氯化苄	98-07-7	1.95×10^2	EPI	1.37	CRC89	3.13×10^{-2}	7.75×10^{-6}	W			1.00×10^3	EPI	3.90	YAWS	5.30×10	EPI
Benzyl Alcohol	苯甲醇	100-51-6	1.08×10^2	EPI	1.04	CRC89	7.31×10^{-2}	9.37×10^{-6}	W			2.15×10	EPI	1.10	EPI	4.29×10^4	EPI
Benzyl Chloride	苄基氯	100-44-7	1.27×10^2	EPI	1.10	CRC89	6.34×10^{-2}	8.81×10^{-6}	W			4.46×10^2	EPI	2.30	EPI	5.25×10^2	EPI

续表

污染物名称		CAS序号	分子量		密度		水和空气中扩散系数			分配系数						水溶解度	
英文	中文		MW	参考文献	Density/(g/cm^3)	参考文献	Dia/(cm^2/s)	Diw/（cm^2/s）	参考文献	K_d/(L/kg)	参考文献	K_{oc}/(L/kg)	参考文献	logK_{ow}/(L/kg)	参考文献	S/(mg/L)	参考文献
Beryllium and compounds	铍化合物	7440-41-7	9.01	EPI	1.85	CRC89				7.90×10^2	SSL						
Bidrin	百治磷	141-66-2	2.37×10^2	EPI	1.22	CRC89	2.50×10^{-2}	6.41×10^{-6}	W			1.66×10	EPI	0.00	EPI	1.00×10^6	EPI
Bifenox	甲酸除草醚	42576-02-3	3.42×10^2	EPI	1.16	PubChem	2.02×10^{-2}	4.99×10^{-6}	W			3.68×10^3	EPI	4.48	EPI	3.98×10^{-1}	EPI
Biphenthrin	联苯菊酯	82657-04-3	4.23×10^2	EPI	1.20	CRC89	1.84×10^{-2}	4.50×10^{-6}	W			2.27×10^6	EPI	8.15	EPI	1.00×10^{-1}	EPI
Biphenyl，1，1′-	1，1-联二苯	92-52-4	1.54×10^2	EPI	1.04	CRC89	4.71×10^{-2}	7.56×10^{-6}	W			5.13×10^3	EPI	4.01	EPI	6.94	EPI
Bis（2-chloro-1-methylethyl）ether	双（2-氯-1-甲基乙基）醚	108-60-1	1.71×10^2	EPI	1.10	CRC89	3.99×10^{-2}	7.36×10^{-6}	W			8.29×10	EPI	2.48	EPI	1.70×10^3	EPI
Bis（2-chloroethoxy）methane	双(2-氯乙氧基）甲烷	111-91-1	1.73×10^2	EPI			6.12×10^{-2}	7.15×10^{-6}	W			1.44×10	EPI	1.30	EPI	7.80×10^3	EPI
Bis（2-chloroethyl）ether	双(2-氯乙基）醚	111-44-4	1.43×10^2	EPI	1.22	CRC89	5.67×10^{-2}	8.71×10^{-6}	W			3.22×10	EPI	1.29	EPI	1.72×10^4	EPI
Bis（chloromethyl）ether	双（氯甲基）醚	542-88-1	1.15×10^2	EPI	1.32	CRC89	7.63×10^{-2}	1.04×10^{-5}	W			9.70	EPI	5.70×10^{-1}	YAWS	2.20×10^4	EPI

续表

污染物名称		CAS 序号	分子量		密度		水和空气中扩散系数			分配系数						水溶解度	
英文	中文		MW	参考文献	Density/(g/cm^3)	参考文献	Dia/(cm^2/s)	Diw/(cm^2/s)	参考文献	K_d/(L/kg)	参考文献	K_{oc}/(L/kg)	参考文献	logK_{ow}/(L/kg)	参考文献	S/(mg/L)	参考文献
Bisphenol A	双酚 A	80-05-7	2.28×10^2	EPI	1.20	PubChem	2.53×10^{-2}	6.50×10^{-6}	W			3.77×10^4	EPI	3.32	EPI	1.20×10^2	EPI
Boron And Borates Only	硼及硼酸盐	7440-42-8	1.38×10	EPI	2.34	CRC89				3.00	BAES						
Boron Trichloride	三氯化硼	10294-34-5	1.17×10^2	CRC89	4.79	CRC89	1.25×10^{-1}	2.23×10^{-5}	W					1.16	OTHER		
Boron Trifluoride	四氟化硼	7637-07-2	6.78×10	EPI	2.77	CRC89	1.56×10^{-1}	2.23×10^{-5}	W					2.20×10^{-1}	OTHER	3.32×10^6	EPI
Bromate	溴酸盐	15541-45-4	7.99×10	EPI						7.50	BAES						
Bromo-2-chloroethane，1-	1-溴-2-氯乙烷	107-04-0	1.43×10^2	EPI	1.74	CRC89	6.59×10^{-2}	1.08×10^{-5}	W			3.96×10	EPI	1.92	EPI	6.90×10^3	PERRY
Bromobenzene	溴苯	108-86-1	1.57×10^2	EPI	1.50	CRC89	5.37×10^{-2}	9.30×10^{-6}	W			2.34×10^2	EPI	2.99	EPI	4.46×10^2	EPI
Bromochloromethane	溴氯甲烷	74-97-5	1.29×10^2	EPI	1.93	CRC89	7.87×10^{-2}	1.22×10^{-5}	W			2.17×10	EPI	1.41	EPI	1.67×10^4	EPI
Bromodichloromethane	一溴二氯甲烷	75-27-4	1.64×10^2	EPI	1.98	CRC89	5.63×10^{-2}	1.07×10^{-5}	W			3.18×10	EPI	2.00	EPI	3.03×10^3	EPI
Bromoform	溴仿	75-25-2	2.53×10^2	EPI	2.88	CRC89	3.57×10^{-2}	1.04×10^{-5}	W			3.18×10	EPI	2.40	EPI	3.10×10^3	EPI
Bromomethane	溴甲烷	74-83-9	9.49×10	EPI	1.68	CRC89	1.00×10^{-1}	1.35×10^{-5}	W			1.32×10	EPI	1.19	EPI	1.52×10^4	EPI

续表

污染物名称		CAS 序号	分子量		密度		水和空气中扩散系数			分配系数						水溶解度	
英文	中文		MW	参考文献	Density/(g/cm^3)	参考文献	Dia/(cm^2/s)	Diw/（cm^2/s）	参考文献	K_d/(L/kg)	参考文献	K_{oc}/(L/kg)	参考文献	logK_{ow}/(L/kg)	参考文献	S/(mg/L)	参考文献
Bromophos	溴硫磷	2104-96-3	3.66×10^{2}	EPI	1.70	LookChem	2.35×10^{-2}	6.05×10^{-6}	W			2.02×10^{3}	EPI	5.21	EPI	3.00×10^{-1}	EPI
Bromoxynil	溴草腈	1689-84-5	2.77×10^{2}	EPI			4.47×10^{-2}	5.23×10^{-6}	W			3.30×10^{2}	EPI	3.39	EPI	1.30×10^{2}	EPI
Bromoxynil Octanoate	溴苯腈辛酸	1689-99-2	4.03×10^{2}	EPI	1.54	LookChem	2.13×10^{-2}	5.38×10^{-6}	W			4.25×10^{3}	EPI	5.40	EPI	8.00×10^{-2}	EPI
Butadiene，1，3-	1，3-丁二烯	106-99-0	5.41×10	EPI	6.15×10^{-1}	CRC89	1.00×10^{-1}	1.03×10^{-5}	W			3.96×10	EPI	1.99	EPI	7.35×10^{2}	EPI
Butanol，N-	正丁醇	71-36-3	7.41×10	EPI	8.10×10^{-1}	CRC89	9.00×10^{-2}	1.01×10^{-5}	W			3.47	EPI	8.80×10^{-1}	EPI	6.32×10^{4}	EPI
Butyl Benzyl Phthlate	邻苯二甲酸苄丁酯	85-68-7	3.12×10^{2}	EPI	1.12	CRC89	2.08×10^{-2}	5.17×10^{-6}	W			7.16×10^{3}	EPI	4.73	EPI	2.69	EPI
Butyl alcohol，sec-	2-丁醇	78-92-2	7.41×10	EPI	8.06×10^{-1}	CRC89	8.99×10^{-2}	1.01×10^{-5}	W			2.92	EPI	6.10×10^{-1}	EPI	1.81×10^{5}	EPI
Butylate	丁草特	2008-41-5	2.17×10^{2}	EPI	9.40×10^{-1}	CRC89	2.32×10^{-2}	5.79×10^{-6}	W			3.86×10^{2}	EPI	4.15	EPI	4.50×10	EPI
Butylated hydroxyanisole	丁基羟基茴香醚	25013-16-5	1.80×10^{2}	EPI			5.95×10^{-2}	6.96×10^{-6}	W			8.41×10^{2}	EPI	3.50	EPI	7.43×10^{2}	EPI
Butylated hydroxytoluene	二丁基羟基甲苯	128-37-0	2.20×10^{2}	EPI	8.94×10^{-1}	CRC89	2.25×10^{-2}	5.57×10^{-6}	W			1.48×10^{4}	EPI	5.10	EPI	6.00×10^{-1}	EPI
Butylbenzene，n-	正丁基苯	104-51-8	1.34×10^{2}	EPI	8.60×10^{-1}	CRC89	5.28×10^{-2}	7.33×10^{-6}	W			1.48×10^{3}	EPI	4.38	EPI	1.18×10	EPI

续表

污染物名称		CAS 序号	分子量		密度		水和空气中扩散系数			分配系数						水溶解度	
英文	中文		MW	参考文献	Density/(g/cm^3)	参考文献	Dia/(cm^2/s)	Diw/(cm^2/s)	参考文献	K_d/(L/kg)	参考文献	K_{oc}/(L/kg)	参考文献	logK_{ow}/(L/kg)	参考文献	S/(mg/L)	参考文献
Butylbenzene，sec-	异丁基苯	135-98-8	1.34×10^2	EPI	8.61×10^{-1}	LANGE	5.28×10^{-2}	7.34×10^{-6}	W			1.33×10^3	EPI	4.57	EPI	1.76×10	EPI
Butylbenzene，tert-	叔丁基苯	98-06-6	1.34×10^2	EPI	8.67×10^{-1}	CRC89	5.30×10^{-2}	7.37×10^{-6}	W			1.00×10^3	EPI	4.11	EPI	2.95×10	EPI
Cacodylic Acid	二甲次胂酸	75-60-5	1.38×10^2	EPI			7.11×10^{-2}	8.31×10^{-6}	W			4.39×10	EPI	3.60×10^{-1}	EPI	2.00×10^6	EPI
Cadmium（Diet）	镉	7440-43-9	1.12×10^2	EPI	8.69	CRC89				7.50×10	SSL						
Cadmium（Water）	镉	7440-43-9	1.12×10^2	EPI	8.69	CRC89				7.50×10	SSL						
Calcium Chromate	铬酸钙	13765-19-0	1.56×10^2	CRC89													
Caprolactam	1，6-己内酰胺	105-60-2	1.13×10^2	EPI	1.02	LANGE	6.92×10^{-2}	9.00×10^{-6}	W			2.45×10	EPI	-1.90×10^{-1}	YAWS	7.72×10^5	EPI
Captafol	敌菌丹	2425-06-1	3.49×10^2	EPI			3.83×10^{-2}	4.48×10^{-6}	W			7.83×10^2	EPI	3.80	EPI	1.40	EPI
Captan	克菌丹	133-06-2	3.01×10^2	EPI	1.74	CRC89	2.62×10^{-2}	6.90×10^{-6}	W			2.52×10^2	EPI	2.80	EPI	5.10	EPI
Carbaryl	西维因	63-25-2	2.01×10^2	EPI	1.23	CRC89	2.74×10^{-2}	7.12×10^{-6}	W			3.55×10^2	EPI	2.36	EPI	1.10×10^2	EPI
Carbofuran	呋喃丹	1563-66-2	2.21×10^2	EPI	1.18	CRC89	2.56×10^{-2}	6.57×10^{-6}	W			9.53×10	EPI	2.32	EPI	3.20×10^2	EPI
Carbon Disulfide	二硫化碳	75-15-0	7.61×10	EPI	1.26	CRC89	1.06×10^{-1}	1.30×10^{-5}	W			2.17×10	EPI	1.94	EPI	2.16×10^3	EPI

续表

污染物名称		CAS 序号	分子量		密度		水和空气中扩散系数			分配系数						水溶解度	
英文	中文		MW	参考文献	Density/(g/cm^3)	参考文献	Dia/(cm^2/s)	Diw/(cm^2/s)	参考文献	K_d/(L/kg)	参考文献	K_{oc}/(L/kg)	参考文献	logK_{ow}/(L/kg)	参考文献	S/(mg/L)	参考文献
Carbon Tetrachloride	四氯化碳	56-23-5	1.54×10^2	EPI	1.59	CRC89	5.71×10^{-2}	9.78×10^{-6}	W			4.39×10	EPI	2.83	EPI	7.93×10^2	EPI
Carbosulfan	丁硫克百威	55285-14-8	3.81×10^2	EPI	1.06	CRC89	1.82×10^{-2}	4.44×10^{-6}	W			1.20×10^4	EPI	3.81	OTHER	3.00×10^{-1}	EPI
Carboxin	萎锈灵	5234-68-4	2.35×10^2	EPI			4.99×10^{-2}	5.82×10^{-6}	W			1.69×10^2	EPI	2.14	EPI	1.47×10^2	EPI
Ceric oxide	二氧化铈	1306-38-3	1.72×10^2	CRC89	7.22	CRC89											
Chloral Hydrate	2，2，2-三氯-1，1-乙二醇	302-17-0	1.65×10^2	EPI	1.91	CRC89	5.44×10^{-2}	1.04×10^{-5}	W			1.00	EPI	9.90×10^{-1}	EPI	7.93×10^5	EPI
Chloramben	3-氨基-2，5-二氯苯甲酸	133-90-4	2.06×10^2	EPI			5.45×10^{-2}	6.36×10^{-6}	W			2.14×10	EPI	1.90	EPI	7.00×10^2	EPI
Chloranil	二氧化铈	118-75-2	2.46×10^2	EPI			4.84×10^{-2}	5.66×10^{-6}	W			3.08×10^2	EPI	2.22	EPI	2.50×10^2	EPI
Chlordane	氯丹	12789-03-6	4.10×10^2	EPI	1.59	PubChem	2.14×10^{-2}	5.43×10^{-6}	W			3.38×10^4	EPI	6.26	OTHER	1.30×10^{-2}	PhysProp
Chlordecone（Kepone）	十氯酮	143-50-0	4.91×10^2	EPI	1.61	CRC89	1.96×10^{-2}	4.91×10^{-6}	W			1.75×10^4	EPI	5.41	EPI	2.70	EPI
Chlorfenvinphos	毒虫畏	470-90-6	3.60×10^2	EPI			3.76×10^{-2}	4.39×10^{-6}	W			1.26×10^3	EPI	3.81	EPI	1.24×10^2	EPI
Chlorimuron，Ethyl-	乙基-甲酸乙酯	90982-32-4	4.15×10^2	EPI			3.42×10^{-2}	3.99×10^{-6}	W			7.18×10	EPI	2.50	EPI	1.20×10^3	EPI

续表

污染物名称		CAS 序号	分子量		密度		水和空气中扩散系数			分配系数						水溶解度	
英文	中文		MW	参考文献	Density/(g/cm^3)	参考文献	Dia/(cm^2/s)	Diw/(cm^2/s)	参考文献	K_d/(L/kg)	参考文献	K_{oc}/(L/kg)	参考文献	logK_{ow}/(L/kg)	参考文献	S/(mg/L)	参考文献
Chlorine	氯	7782-50-5	7.09×10	EPI	2.90	CRC89	1.54×10^{-1}	2.23×10^{-5}	W	2.50×10^{-1}	BAES			8.50×10^{-1}	OTHER	6.30×10^3	EPI
Chlorine Dioxide	二氧化氯	10049-04-4	6.75×10	EPI	2.76	CRC89	1.57×10^{-1}	2.23×10^{-5}	W								
Chlorite (Sodium Salt)	亚氯酸盐（钠盐）	7758-19-2	9.04×10	EPI												6.40×10^5	CRC89
Chloro-1, 1-difluoroethane, 1-	1-氯-1，1-二氟乙烷	75-68-3	1.01×10^2	EPI	1.11	CRC89	8.04×10^{-2}	1.01×10^{-5}	W			4.39×10	EPI	2.05	YAWS	1.40×10^3	EPI
Chloro-1, 3-butadiene, 2-	2-氯-1，3-丁二烯	126-99-8	8.85×10	EPI	9.56×10^{-1}	CRC89	8.41×10^{-2}	1.00×10^{-5}	W			6.07×10	EPI	2.53	EPI	8.37×10^2	EPI
Chloro-2-methylaniline HCl，4-	4-氯-2-甲基苯胺盐酸	3165-93-3	1.78×10^2	EPI			6.00×10^{-2}	7.01×10^{-6}	W			3.52×10^2	EPI	−1.42	EPI	1.16×10^2	EPI
Chloro-2-methylaniline, 4-	4-氯-2-甲基苯胺	95-69-2	1.42×10^2	EPI			6.99×10^{-2}	8.17×10^{-6}	W			1.85×10^2	EPI	2.27	EPI	1.73×10^3	EPI
Chloro acetaldehyde，2-	2-氯乙醛	107-20-0	7.85×10	EPI	1.19	CRC89	1.02×10^{-1}	1.23×10^{-5}	W			1.00	EPI	9.00×10^{-2}	YAWS	2.67×10^5	EPI
Chloro acetic Acid	氯乙酸	79-11-8	9.45×10	EPI	1.40	CRC89	9.38×10^{-2}	1.21×10^{-5}	W			1.44	EPI	2.20×10^{-1}	EPI	8.58×10^5	EPI

续表

污染物名称		CAS序号	分子量		密度		水和空气中扩散系数			分配系数						水溶解度	
英文	中文		MW	参考文献	Density/(g/cm^3)	参考文献	Dia/(cm^2/s)	Diw/(cm^2/s)	参考文献	K_d/(L/kg)	参考文献	K_{oc}/(L/kg)	参考文献	logK_{ow}/(L/kg)	参考文献	S/(mg/L)	参考文献
Chloroacetophenone，2-	2-氯乙酰苯	532-27-4	1.55×10^{2}	EPI	1.32	CRC89	5.22×10^{-2}	8.73×10^{-6}	W			9.89×10	EPI	1.93	EPI	1.10×10^{3}	PERRY
Chloroaniline，p-	对-氯苯胺	106-47-8	1.28×10^{2}	EPI	1.43	CRC89	7.04×10^{-2}	1.03×10^{-5}	W			1.13×10^{2}	EPI	1.83	EPI	3.90×10^{3}	EPI
Chlorobenzene	氯苯	108-90-7	1.13×10^{2}	EPI	1.11	CRC89	7.21×10^{-2}	9.48×10^{-6}	W			2.34×10^{2}	EPI	2.84	EPI	4.98×10^{2}	EPI
Chlorobenzilate	氯二苯乙醇酸盐	510-15-6	3.25×10^{2}	EPI	1.28	CRC89	2.18×10^{-2}	5.48×10^{-6}	W			1.54×10^{3}	EPI	4.74	EPI	1.30×10	EPI
Chlorobenzoic Acid，p-	对氯苯甲酸	74-11-3	1.57×10^{2}	EPI	1.54	PERRY	5.47×10^{-2}	9.49×10^{-6}	W			2.66×10	EPI	2.65	EPI	7.20×10	EPI
Chlorobenzotrifluoride，4-	4-氯三氟甲苯	98-56-6	1.81×10^{2}	EPI	1.33	CRC89	3.85×10^{-2}	7.99×10^{-6}	W			1.61×10^{3}	EPI	3.60	YAWS	1.17×10	EPI
Chlorobutane，1-	1-氯丁烷	109-69-3	9.26×10	EPI	8.86×10^{-1}	CRC89	7.84×10^{-2}	9.33×10^{-6}	W			7.22×10	EPI	2.64	EPI	1.10×10^{3}	EPI
Chlorodifluoromethane	一氯二氟甲烷	75-45-6	8.65×10	EPI	1.49	CRC89	1.03×10^{-1}	1.33×10^{-5}	W			3.18×10	EPI	1.08	EPI	2.77×10^{3}	EPI
Chloroethanol，2-	2-氯乙醇	107-07-3	8.05×10	EPI	1.20	CRC89	1.00×10^{-1}	1.22×10^{-5}	W			1.90	EPI	3.00×10^{-2}	EPI	1.00×10^{6}	EPI
Chloroform	氯仿	67-66-3	1.19×10^{2}	EPI	1.48	CRC89	7.69×10^{-2}	1.09×10^{-5}	W			3.18×10	EPI	1.97	EPI	7.95×10^{3}	EPI
Chloromethane	氯甲烷	74-87-3	5.05×10	EPI	9.11×10^{-1}	CRC89	1.24×10^{-1}	1.36×10^{-5}	W			1.32×10	EPI	9.10×10^{-1}	EPI	5.32×10^{3}	EPI

续表

污染物名称		CAS 序号	分子量		密度		水和空气中扩散系数			分配系数						水溶解度	
英文	中文		MW	参考文献	Density/(g/cm^3)	参考文献	Dia/(cm^2/s)	Diw/(cm^2/s)	参考文献	K_d/(L/kg)	参考文献	K_{oc}/(L/kg)	参考文献	logK_{ow}/(L/kg)	参考文献	S/(mg/L)	参考文献
Chloromethyl Methyl Ether	氯甲基甲醚	107-30-2	8.05×10	EPI	1.06	CRC89	9.50×10^{-2}	1.13×10^{-5}	W			5.32	EPI	3.20×10^{-1}	EPI	1.92×10^{5}	EPI
Chloronitrobenzene，o-	邻氯硝基苯	88-73-3	1.58×10^{2}	EPI	1.37	CRC89	5.13×10^{-2}	8.80×10^{-6}	W			3.71×10^{2}	EPI	2.24	EPI	4.41×10^{2}	EPI
Chloronitrobenzene，p-	对硝基氯苯	100-00-5	1.58×10^{2}	EPI	1.30	CRC89	5.02×10^{-2}	8.53×10^{-6}	W			3.63×10^{2}	EPI	2.39	EPI	2.25×10^{2}	EPI
Chlorophenol，2-	2-氯苯酚	95-57-8	1.29×10^{2}	EPI	1.26	CRC89	6.61×10^{-2}	9.48×10^{-6}	W			3.07×10^{2}	EPI	2.15	EPI	1.13×10^{4}	EPI
Chloropicrin	硝基三氯甲烷	76-06-2	1.64×10^{2}	EPI	1.66	CRC89	5.18×10^{-2}	9.62×10^{-6}	W			4.42×10	EPI	2.09	EPI	1.62×10^{3}	EPI
Chlorothalonil	2，4，5，6-四氯邻苯二甲腈	1897-45-6	2.66×10^{2}	EPI	1.70	CRC89	2.76×10^{-2}	7.32×10^{-6}	W			1.04×10^{3}	EPI	3.05	EPI	8.10×10^{-1}	EPI
Chlorotoluene，o-	2-氯甲苯	95-49-8	1.27×10^{2}	EPI	1.08	CRC89	6.29×10^{-2}	8.72×10^{-6}	W			3.83×10^{2}	EPI	3.42	EPI	3.74×10^{2}	EPI
Chlorotoluene，p-	4-氯甲苯	106-43-4	1.27×10^{2}	EPI	1.07	CRC89	6.26×10^{-2}	8.66×10^{-6}	W			3.75×10^{2}	EPI	3.33	EPI	1.06×10^{2}	EPI
Chlorozotocin	氯脲霉素	54749-90-5	3.14×10^{2}	EPI			4.12×10^{-2}	4.81×10^{-6}	W			1.00×10	EPI	–1.02	EPI	1.00×10^{6}	EPI
Chlorpropham	氯苯胺灵	101-21-3	2.14×10^{2}	EPI	1.18	CRC89	2.61×10^{-2}	6.71×10^{-6}	W			3.51×10^{2}	EPI	3.51	EPI	8.90×10	EPI
Chlorpyrifos	毒死蜱	2921-88-2	3.51×10^{2}	EPI			3.82×10^{-2}	4.47×10^{-6}	W			7.28×10^{3}	EPI	4.96	EPI	1.12	EPI

续表

污染物名称		CAS 序号	分子量		密度		水和空气中扩散系数			分配系数						水溶解度	
英文	中文		MW	参考文献	Density/(g/cm^3)	参考文献	Dia/(cm^2/s)	Diw/(cm^2/s)	参考文献	K_d/(L/kg)	参考文献	K_{oc}/(L/kg)	参考文献	logK_{ow}/(L/kg)	参考文献	S/(mg/L)	参考文献
Chlorpyrifos Methyl	甲基毒死蜱	5598-13-0	3.23×10^2	EPI			4.04×10^{-2}	4.72×10^{-6}	W			2.19×10^3	EPI	4.31	EPI	4.76	EPI
Chlorsulfuron	绿黄隆	64902-72-3	3.58×10^2	EPI			3.77×10^{-2}	4.41×10^{-6}	W			3.22×10^2	EPI	2.00	EPI	3.10×10^4	EPI
Chlorthiophos	氯甲硫磷	60238-56-4	3.61×10^2	EPI			3.75×10^{-2}	4.38×10^{-6}	W			1.28×10^4	EPI	5.80	EPI	3.00×10^{-1}	EPI
Chromium (III), Insoluble Salts	铬（(III)	16065-83-1	5.20×10	EPI	5.22	CRC89				1.80×10^6	SSL						
Chromium (VI)	铬（VI）	18540-29-9	5.20×10	EPI						1.90×10	SSL					1.69×10^6	CRC 89
Chromium, Total	铬（总）	7440-47-3	5.20×10	EPI	7.15	CRC89				1.80×10^6	SSL						
Cobalt	钴	7440-48-4	5.89×10	EPI	8.86	CRC89				4.50×10	BAES						
Coke Oven Emissions	煤焦油	8007-45-2					1.04×10^{-1}	1.21×10^{-5}	W			1.60×10^4					
Copper	铜	7440-50-8	6.36×10	EPI	8.96	CRC89				3.50×10	BAES						
Cresol，m-	3-甲基苯酚	108-39-4	1.08×10^2	EPI	1.03	CRC89	7.29×10^{-2}	9.32×10^{-6}	W			3.00×10^2	EPI	1.96	EPI	2.27×10^4	EPI
Cresol，o-	2-甲基苯酚	95-48-7	1.08×10^2	EPI	1.03	CRC89	7.28×10^{-2}	9.32×10^{-6}	W			3.07×10^2	EPI	1.95	EPI	2.59×10^4	EPI

续表

污染物名称		CAS 序号	分子量		密度		水和空气中扩散系数			分配系数						水溶解度	
英文	中文		MW	参考文献	Density/(g/cm^3)	参考文献	Dia/(cm^2/s)	Diw/（cm^2/s）	参考文献	K_d/(L/kg)	参考文献	K_{oc}/(L/kg)	参考文献	logK_{ow}/(L/kg)	参考文献	S/(mg/L)	参考文献
Cresol，p-	4-甲酚(对-)	106-44-5	1.08×10^2	EPI	1.02	CRC89	7.24×10^{-2}	9.24×10^{-6}	W			3.00×10^2	EPI	1.94	EPI	2.15×10^4	EPI
Cresol，p-chloro-m-	4-氯-3-甲酚	59-50-7	1.43×10^2	EPI			6.96×10^{-2}	8.13×10^{-6}	W			4.92×10^2	EPI	3.10	EPI	3.83×10^3	EPI
Cresols	甲酚	1319-77-3	1.08×10^2	EPI			8.37×10^{-2}	9.78×10^{-6}	W			3.07×10^2	EPI	1.95	EPI	9.07×10^3	Phys Prop
Crotonaldehyde，trans-	2-丁烯醛	123-73-9	7.01×10	EPI	8.52×10^{-1}	CRC89	9.59×10^{-2}	1.08×10^{-5}	W			1.79	EPI	6.00×10^{-1}	YAWS	1.50×10^5	EPI
Cumene	异丙基苯	98-82-8	1.20×10^2	EPI	8.64×10^{-1}	CRC89	6.03×10^{-2}	7.86×10^{-6}	W			6.98×10^2	EPI	3.66	EPI	6.13×10	EPI
Cupferron	铜铁试剂	135-20-6	1.55×10^2	EPI			6.58×10^{-2}	7.69×10^{-6}	W			7.62×10^2	EPI	−3.16	EPI	2.04×10^5	EPI
Cyanazine	氰草津	21725-46-2	2.41×10^2	EPI			4.91×10^{-2}	5.74×10^{-6}	W			1.34×10^2	EPI	2.22	EPI	1.70×10^2	EPI
Cyanides	氰化物																
Calcium Cyanide	氰化钙	592-01-8	9.21×10	EPI													
Copper Cyanide	氰化铜	544-92-3	8.96×10	EPI	2.90	CRC89											
Cyanide（CN-）	氰化物	57-12-5	2.60×10	OTHER	6.95×10^{-1}	CHEMGUIDE	2.11×10^{-1}	2.46×10^{-5}	W	9.90	SSL					9.54×10^4	PHYSPROP
Cyanogen	乙二腈	460-19-5	5.20×10	EPI	9.54×10^{-1}	CRC89	1.24×10^{-1}	1.38×10^{-5}	W					7.00×10^{-2}	EPI	9.49×10^3	YAWS

续表

污染物名称		CAS序号	分子量		密度		水和空气中扩散系数			分配系数						水溶解度	
英文	中文		MW	参考文献	Density/(g/cm^3)	参考文献	Dia/(cm^2/s)	Diw/（cm^2/s）	参考文献	K_d/(L/kg)	参考文献	K_{oc}/(L/kg)	参考文献	logK_{ow}/(L/kg)	参考文献	S/(mg/L)	参考文献
Cyanogen Bromide	溴化氰	506-68-3	1.06×10^2	EPI	2.02	CRC89	9.84×10^{-2}	1.41×10^{-5}	W								
Cyanogen Chloride	氯化氰	506-77-4	6.15×10	EPI	1.19	CRC89	1.21×10^{-1}	1.42×10^{-5}	W							3.00×10^4	YAWS
Hydrogen Cyanide	氢氰酸	74-90-8	2.70×10	EPI	6.88×10^{-1}	CRC89	1.68×10^{-1}	1.68×10^{-5}	W	9.90	SSL			-2.50×10^{-1}	EPI	1.00×10^6	EPI
Potassium Cyanide	氰化钾	151-50-8	6.51×10	EPI	1.55	CRC89										7.20×10^5	EPI
Potassium Silver Cyanide	氰化钾银	506-61-6	1.99×10^2	EPI													
Silver Cyanide	氰化银	506-64-9	1.34×10^2	EPI	3.95	CRC89										2.30×10	EPI
Sodium Cyanide	氰化钠	143-33-9	4.90×10	EPI	1.60	CRC89										5.82×10^5	CRC 89
Thiocyanates	硫氰酸酯	NA															
Thiocyanic Acid	硫氰酸	463-56-9	5.91×10	EPI	1.13	PPRTV	1.21×10^{-1}	1.41×10^{-5}	W					5.80×10^{-1}	OTHER		
Zinc Cyanide	氰化锌	557-21-1	1.17×10^2	EPI	1.85	CRC89										4.70	CRC 89
Cyclohexane	环己烷	110-82-7	8.42×10	EPI	7.74×10^{-1}	CRC89	8.00×10^{-2}	9.11×10^{-6}	W			1.46×10^2	EPI	3.44	EPI	5.50×10	EPI
Cyclohexane, 1, 2, 3, 4, 5-pentabromo-6-chloro-	1, 2, 3, 4, 5-五溴-6-氯环己烷	87-84-3	5.13×10^2	EPI			2.96×10^{-2}	3.46×10^{-6}	W			2.81×10^3	EPI	4.72	EPI	4.54×10^{-1}	EPI

续表

污染物名称		CAS 序号	分子量		密度		水和空气中扩散系数			分配系数						水溶解度	
英文	中文		MW	参考文献	Density/(g/cm^3)	参考文献	Dia/(cm^2/s)	Diw/（cm^2/s）	参考文献	K_d/(L/kg)	参考文献	K_{oc}/(L/kg)	参考文献	logK_{ow}/(L/kg)	参考文献	S/(mg/L)	参考文献
Cyclohexanone	环己酮	108-94-1	9.82×10	EPI	9.48×10^{-1}	CRC89	7.68×10^{-2}	9.38×10^{-6}	W			1.74×10	EPI	8.10×10^{-1}	EPI	2.50×10^{4}	EPI
Cyclohexene	环己烯	110-83-8	8.22×10	EPI	8.10×10^{-1}	NIOSH	8.32×10^{-2}	9.50×10^{-6}	W			1.46×10^{2}	EPI	2.86	EPI	2.13×10^{2}	EPI
Cyclohexylamine	环己胺	108-91-8	9.92×10	EPI	8.19×10^{-1}	CRC89	7.13×10^{-2}	8.54×10^{-6}	W			3.22×10	EPI	1.49	EPI	1.00×10^{6}	EPI
Cyhalothrin/karate	三氟氯氰菊酯	68085-85-8	4.50×10^{2}	EPI			3.24×10^{-2}	3.78×10^{-6}	W			3.41×10^{5}	EPI	6.90	OTHER	5.00×10^{-3}	EPI
Cypermethrin	氯氰菊酯	52315-07-8	4.16×10^{2}	EPI	1.25	CRC89	1.89×10^{-2}	4.65×10^{-6}	W			7.98×10^{4}	EPI	6.60	EPI	4.00×10^{-3}	EPI
Cyromazine	灭蝇胺	66215-27-8	1.66×10^{2}	EPI			6.29×10^{-2}	7.34×10^{-6}	W			2.87×10	EPI	9.60×10^{-1}	EPI	1.30×10^{4}	EPI
DDD	滴滴滴	72-54-8	3.20×10^{2}	EPI			4.06×10^{-2}	4.74×10^{-6}	W			1.18×10^{5}	EPI	6.02	EPI	9.00×10^{-2}	EPI
DDE，p，p'-	p，p'-滴滴伊	72-55-9	3.18×10^{2}	EPI	1.40	LookChem	2.30×10^{-2}	5.86×10^{-6}	W			1.18×10^{5}	EPI	6.51	EPI	4.00×10^{-2}	EPI
DDT	滴滴涕	50-29-3	3.54×10^{2}	EPI			3.79×10^{-2}	4.43×10^{-6}	W			1.69×10^{5}	EPI	6.91	EPI	5.50×10^{-3}	EPI
Dacthal	敌草索	1861-32-1	3.32×10^{2}	EPI			3.96×10^{-2}	4.63×10^{-6}	W			5.11×10^{2}	EPI	4.28	EPI	5.00×10^{-1}	EPI
Dalapon	茅草枯	75-99-0	1.43×10^{2}	EPI	1.39	CRC89	6.01×10^{-2}	9.41×10^{-6}	W			3.23	EPI	7.80×10^{-1}	EPI	5.02×10^{5}	EPI

续表

污染物名称		CAS 序号	分子量		密度		水和空气中扩散系数			分配系数						水溶解度	
英文	中文		MW	参考文献	Density/(g/cm^3)	参考文献	Dia/(cm^2/s)	Diw/(cm^2/s)	参考文献	K_d/(L/kg)	参考文献	K_{oc}/(L/kg)	参考文献	logK_{ow}/(L/kg)	参考文献	S/(mg/L)	参考文献
Decabromodiphenyl ether，2，2′，3，3′，4，4′，5，5′，6，6′-（BDE-209）	2，2′，3，3′，4，4′，5，5′，6，6′-（BDE-209)-十溴联苯醚	1163-19-5	9.59×10^2	EPI	3.00	IRIS	1.89×10^{-2}	4.77×10^{-6}	W			2.76×10^5	EPI	1.21×10	EPI	1.00×10^{-4}	EPI
Demeton	内吸磷	8065-48-3	2.58×10^2	CRC 89	1.12	PubChem	2.30×10^{-2}	5.80×10^{-6}	W					3.21	OTHER	0.00	CRC 89
Di（2-ethylhexyl）adipate	己二酸二（2-乙基己基）酯	103-23-1	3.71×10^2	EPI	9.22×10^{-1}	CRC89	1.73×10^{-2}	4.16×10^{-6}	W			3.60×10^4	EPI	8.12	EPI	7.80×10^{-1}	EPI
Diallate	燕麦敌	2303-16-4	2.70×10^2	EPI			4.55×10^{-2}	5.31×10^{-6}	W			6.44×10^2	EPI	4.49	EPI	1.40×10	EPI
Diazinon	二嗪磷	333-41-5	3.04×10^2	EPI	1.11	CRC89	2.10×10^{-2}	5.23×10^{-6}	W			3.03×10^3	EPI	3.81	EPI	4.00×10	EPI
Dibenzothiophene	二苯并噻吩	132-65-0	1.84×10^2	EPI	1.25	Chem Net	3.55×10^{-2}	7.60×10^{-6}	W			9.16×10^3	EPI	4.38	EPI	1.47	EPI
Dibromo-3-chloropropane，1，2-	1，2-二溴-3-氯丙烷	96-12-8	2.36×10^2	EPI	2.09	CRC89	3.21×10^{-2}	8.90×10^{-6}	W			1.16×10^2	EPI	2.96	EPI	1.23×10^3	EPI
Dibromobenzene，1，3-	1，3-二溴苯	108-36-1	2.36×10^2	EPI	1.95	CRC89	3.12×10^{-2}	8.55×10^{-6}	W			3.75×10^2	EPI	3.75	EPI	6.75×10	EPI

续表

污染物名称		CAS序号	分子量		密度		水和空气中扩散系数			分配系数						水溶解度	
英文	中文		MW	参考文献	Density/(g/cm^3)	参考文献	Dia/(cm^2/s)	Diw/(cm^2/s)	参考文献	K_d/(L/kg)	参考文献	K_{oc}/(L/kg)	参考文献	logK_{ow}/(L/kg)	参考文献	S/(mg/L)	参考文献
Dibromobenzene，1，4-	1，4-二溴苯	106-37-6	2.36×10^2	EPI	2.26	CRC89	3.33×10^{-2}	9.34×10^{-6}	W			3.75×10^2	EPI	3.79	EPI	2.00×10	EPI
Dibromochloromethane	二溴氯甲烷	124-48-1	2.08×10^2	EPI	2.45	CRC89	3.66×10^{-2}	1.06×10^{-5}	W			3.18×10	EPI	2.16	EPI	2.70×10^3	EPI
Dibromoethane，1，2-	1，2-二溴苯	106-93-4	1.88×10^2	EPI	2.17	CRC89	4.30×10^{-2}	1.04×10^{-5}	W			3.96×10	EPI	1.96	EPI	3.91×10^3	EPI
Dibromomethane（Methylene Bromide）	二溴甲烷	74-95-3	1.74×10^2	EPI	2.50	CRC89	5.51×10^{-2}	1.19×10^{-5}	W			2.17×10	EPI	1.70	EPI	1.19×10^4	EPI
Dibutyltin Compounds	二丁基锡	NA															
Dicamba	3，6-二氯-2-甲氧基苯甲酸	1918-00-9	2.21×10^2	EPI	1.57	CRC89	2.92×10^{-2}	7.80×10^{-6}	W			2.90×10	EPI	2.21	EPI	8.31×10^3	EPI
Dichloro-2-butene，1，4-	1，4-二氯-2-丁烯	764-41-0	1.25×10^2	EPI	1.19	LANGE	6.65×10^{-2}	9.29×10^{-6}	W			1.32×10^2	EPI	2.60	EPI	5.80×10^2	EPI
Dichloro-2-butene，cis-1，4-	顺式1，4-二氯-2-丁烯	1476-11-5	1.25×10^2	EPI	1.19	CRC89	6.65×10^{-2}	9.29×10^{-6}	W			1.32×10^2	EPI	2.60	YAWS	5.80×10^2	EPI
Dichloro-2-butene，trans-1，4-	反式1，4-二氯-2-丁烯	110-57-6	1.25×10^2	EPI	1.18	CRC89	6.64×10^{-2}	9.27×10^{-6}	W			1.32×10^2	EPI	2.60	YAWS	8.50×10^2	EPI

续表

污染物名称		CAS序号	分子量		密度		水和空气中扩散系数			分配系数						水溶解度	
英文	中文		MW	参考文献	Density/(g/cm^3)	参考文献	Dia/(cm^2/s)	Diw/（cm^2/s）	参考文献	K_d/(L/kg)	参考文献	K_{oc}/(L/kg)	参考文献	logK_{ow}/(L/kg)	参考文献	S/(mg/L)	参考文献
Dichloroacetic Acid	二氯乙酸	79-43-6	1.29×10^2	EPI	1.56	CRC89	7.22×10^{-2}	1.08×10^{-5}	W			2.25	EPI	9.20×10^{-1}	EPI	1.00×10^6	EPI
Dichlorobenzene，1，2-	1，2-二氯苯	95-50-1	1.47×10^2	EPI	1.31	CRC89	5.62×10^{-2}	8.92×10^{-6}	W			3.83×10^2	EPI	3.43	EPI	1.56×10^2	EPI
Dichlorobenzene，1，4-	1，4-二氯苯	106-46-7	1.47×10^2	EPI	1.25	CRC89	5.50×10^{-2}	8.68×10^{-6}	W			3.75×10^2	EPI	3.44	EPI	8.13×10	EPI
Dichlorobenzidine，3，3′-	3，3′-二氯联苯胺	91-94-1	2.53×10^2	EPI			4.75×10^{-2}	5.55×10^{-6}	W			3.19×10^3	EPI	3.51	EPI	3.10	EPI
Dichlorobenzophenone，4，4′-	4，4′-二氯苯甲酮	90-98-2	2.51×10^2	EPI	1.45	CRC89	2.64×10^{-2}	6.89×10^{-6}	W			2.93×10^3	EPI	4.44	EPI	7.80	EPI
Dichlorodifluoromethane	二氯二氟甲烷	75-71-8	1.21×10^2	EPI	1.49	PERRY	7.60×10^{-2}	1.08×10^{-5}	W			4.39×10	EPI	2.16	EPI	2.80×10^2	EPI
Dichloroethane，1，1-	1，1-二氯乙烷	75-34-3	9.90×10	EPI	1.18	CRC89	8.36×10^{-2}	1.06×10^{-5}	W			3.18×10	EPI	1.79	EPI	5.04×10^3	EPI
Dichloroethane，1，2-	1，2-二氯乙烷	107-06-2	9.90×10	EPI	1.25	CRC89	8.57×10^{-2}	1.10×10^{-5}	W			3.96×10	EPI	1.48	EPI	8.60×10^3	EPI
Dichloroethylene，1，1-	1，1-二氯乙烯	75-35-4	9.69×10	EPI	1.21	CRC89	8.63×10^{-2}	1.10×10^{-5}	W			3.18×10	EPI	2.13	EPI	2.42×10^3	EPI

续表

污染物名称		CAS 序号	分子量		密度		水和空气中扩散系数			分配系数						水溶解度	
英文	中文		MW	参考文献	Density/(g/cm^3)	参考文献	Dia/(cm^2/s)	Diw/（cm^2/s）	参考文献	K_d/(L/kg)	参考文献	K_{oc}/(L/kg)	参考文献	logK_{ow}/(L/kg)	参考文献	S/(mg/L)	参考文献
Dichloroethylene，1，2-cis-	顺式1，2-二氯乙烯	156-59-2	9.69×10	EPI	1.28	CRC89	8.84×10^{-2}	1.13×10^{-5}	W			3.96×10	EPI	1.86	EPI	6.41×10^{3}	EPI
Dichloroethylene，1，2-trans-	反式1，2-二氯乙烯	156-60-5	9.69×10	EPI	1.26	CRC89	8.76×10^{-2}	1.12×10^{-5}	W			3.96×10	EPI	2.09	EPI	4.52×10^{3}	EPI
Dichlorophenol，2，4-	2，4-二氯苯酚	120-83-2	1.63×10^{2}	EPI	1.38	PERRY	4.86×10^{-2}	8.68×10^{-6}	W			4.92×10^{2}	EPI	3.06	EPI	4.50×10^{3}	EPI
Dichlorophenoxy Acetic Acid，2，4-	2，4-二氯苯氧基乙酸	94-75-7	2.21×10^{2}	EPI	1.42	PubChem	2.79×10^{-2}	7.34×10^{-6}	W			2.96×10	EPI	2.81	EPI	6.77×10^{2}	EPI
Dichlorophenoxy）butyric Acid，4-(2，4-	4-（2，4-二氯苯氧基）丁酸	94-82-6	2.49×10^{2}	EPI	1.37	ChemNet	2.58×10^{-2}	6.69×10^{-6}	W			3.70×10^{2}	PubChem	3.53	EPI	4.60×10	EPI
Dichloropropane，1，2-	1，2-二氯丙烷	78-87-5	1.13×10^{2}	EPI	1.16	PERRY	7.33×10^{-2}	9.73×10^{-6}	W			6.07×10	EPI	1.98	EPI	2.80×10^{3}	EPI
Dichloropropane，1，3-	1，3-二氯丙烷	142-28-9	1.13×10^{2}	EPI	1.18	CRC89	7.39×10^{-2}	9.82×10^{-6}	W			7.22×10	EPI	2.00	EPI	2.75×10^{3}	EPI
Dichloropropanol，2，3-	2，3-二氯-1-丙醇	616-23-9	1.29×10^{2}	EPI	1.36	CRC89	6.80×10^{-2}	9.89×10^{-6}	W			5.57	EPI	7.80×10^{-1}	EPI	6.08×10^{4}	EPI

续表

污染物名称		CAS 序号	分子量		密度		水和空气中扩散系数			分配系数						水溶解度	
英文	中文		MW	参考文献	Density/(g/cm^3)	参考文献	Dia/(cm^2/s)	Diw/(cm^2/s)	参考文献	K_d/(L/kg)	参考文献	K_{oc}/(L/kg)	参考文献	logK_{ow}/(L/kg)	参考文献	S/(mg/L)	参考文献
Dichloropropene，1，3-	1，3-二氯丙烯	542-75-6	1.11×10^{2}	EPI	1.22	LANGE	7.63×10^{-2}	1.01×10^{-5}	W			7.22×10	EPI	2.04	EPI	2.80×10^{3}	EPI
Dichlorvos	敌敌畏	62-73-7	2.21×10^{2}	EPI	1.42	CRC89	2.79×10^{-2}	7.33×10^{-6}	W			5.40×10	EPI	1.43	EPI	8.00×10^{3}	EPI
Dicyclopentadiene	二聚环戊二烯	77-73-6	1.32×10^{2}	EPI	9.30×10^{-1}	LANGE	5.57×10^{-2}	7.76×10^{-6}	W			1.51×10^{3}	EPI	3.51	YAWS	1.37×10	EPI
Dieldrin	狄氏剂	60-57-1	3.81×10^{2}	EPI	1.75	CRC89	2.33×10^{-2}	6.01×10^{-6}	W			2.01×10^{4}	EPI	5.40	EPI	1.95×10^{-1}	EPI
Diesel Engine Exhaust	柴油机废气	NA															
Diethanolamine	二乙醇胺	111-42-2	1.05×10^{2}	EPI	1.10	CRC89	7.68×10^{-2}	9.82×10^{-6}	W			1.00	EPI	−1.43	EPI	1.00×10^{6}	EPI
Diethylene Glycol Monobutyl Ether	二乙二醇丁醚	112-34-5	1.62×10^{2}	EPI	9.55×10^{-1}	CRC89	4.14×10^{-2}	6.97×10^{-6}	W			1.00×10	EPI	5.60×10^{-1}	EPI	1.00×10^{6}	EPI
Diethylene Glycol Monoethyl Ether	二甘醇胺	111-90-0	1.34×10^{2}	EPI	9.89×10^{-1}	CRC89	5.62×10^{-2}	7.97×10^{-6}	W			1.00	EPI	-5.40×10^{-1}	EPI	1.00×10^{6}	EPI
Diethylformamide	N，N-二乙基甲酰胺	617-84-5	1.01×10^{2}	EPI	9.08×10^{-1}	CRC89	7.33×10^{-2}	8.98×10^{-6}	W			2.06	EPI	5.00×10^{-2}	EPI	1.00×10^{6}	EPI
Diethylstilbestrol	乙烯雌酚	56-53-1	2.68×10^{2}	EPI			4.57×10^{-2}	5.34×10^{-6}	W			2.74×10^{5}	EPI	5.07	EPI	1.20×10	EPI

续表

污染物名称		CAS 序号	分子量		密度		水和空气中扩散系数			分配系数						水溶解度	
英文	中文		MW	参考文献	Density/(g/cm^3)	参考文献	Dia/(cm^2/s)	Diw/(cm^2/s)	参考文献	K_d/(L/kg)	参考文献	K_{oc}/(L/kg)	参考文献	logK_{ow}/(L/kg)	参考文献	S/(mg/L)	参考文献
Difenz oquat	双苯唑快	43222-48-6	3.60×10^2	EPI			3.75×10^{-2}	4.38×10^{-6}	W			7.84×10^4	EPI	6.50×10^{-1}	EPI	8.17×10^5	EPI
Diflub enzuron	除虫脲	35367-38-5	3.11×10^2	EPI			4.14×10^{-2}	4.84×10^{-6}	W			4.63×10^2	EPI	3.88	EPI	8.00×10^{-2}	EPI
Difluoroeth ane，1，1-	1，1-二氟乙烷	75-37-6	6.61×10	EPI	8.96×10^{-1}	CRC89	1.02×10^{-1}	1.15×10^{-5}	W			3.18×10	EPI	7.50×10^{-1}	EPI	3.20×10^3	EPI
Dihy |drosafrole	二氢黄樟素	94-58-6	1.64×10^2	EPI	1.07	PubChem	4.26×10^{-2}	7.39×10^{-6}	W			2.07×10^2	EPI	3.38	OTHER	5.77	EPI
Diisopropyl Ether	异丙醚	108-20-3	1.02×10^2	EPI	7.19×10^{-1}	CRC89	6.54×10^{-2}	7.76×10^{-6}	W			2.28×10	EPI	1.52	EPI	8.80×10^3	EPI
Diisopropyl Methyl phosph onate	甲基磷酸二异丙酯	1445-75-6	1.80×10^2	EPI	9.76×10^{-1}	ATSDR Profile	3.35×10^{-2}	6.63×10^{-6}	W			4.22×10	EPI	1.03	EPI	1.50×10^3	EPI
Dimethipin	噻节因	55290-64-7	2.10×10^2	EPI			5.37×10^{-2}	6.28×10^{-6}	W			1.00×10	EPI	-1.70×10^{-1}	EPI	4.60×10^3	EPI
Dimethoate	乐果	60-51-5	2.29×10^2	EPI	1.28	CRC89	2.61×10^{-2}	6.74×10^{-6}	W			1.28×10	EPI	7.80×10^{-1}	EPI	2.33×10^4	EPI
Dimethoxy benzidine，3，3′-	3，3′-二甲氧基联苯胺	119-90-4	2.44×10^2	EPI			4.86×10^{-2}	5.68×10^{-6}	W			5.09×10^2	EPI	1.81	EPI	6.00×10	EPI
Dimethyl methyl phosphonate	甲基膦酸二甲酯	756-79-6	1.24×10^2	EPI	1.17	CRC89	6.66×10^{-2}	9.24×10^{-6}	W			5.41	EPI	-6.10×10^{-1}	EPI	1.00×10^6	EPI

续表

污染物名称		CAS序号	分子量		密度		水和空气中扩散系数			分配系数						水溶解度	
英文	中文		MW	参考文献	Density/(g/cm^3)	参考文献	Dia/(cm^2/s)	Diw/（cm^2/s）	参考文献	K_d/(L/kg)	参考文献	K_{oc}/(L/kg)	参考文献	logK_{ow}/(L/kg)	参考文献	S/(mg/L)	参考文献
Dimethylamino azobenzene [p-]	对二甲氨基偶氮苯	60-11-7	2.25×10^{2}	EPI			5.13×10^{-2}	6.00×10^{-6}	W			2.03×10^{3}	EPI	4.58	EPI	2.30×10^{-1}	EPI
Dimethylaniline HCl，2，4-	2，4-二甲基苯胺盐酸盐	21436-96-4	1.58×10^{2}	EPI			6.51×10^{-2}	7.61×10^{-6}	W			3.52×10^{2}	EPI	−1.51	EPI	1.50×10^{2}	EPI
Dimethylaniline，2，4-	2，4-二甲基苯胺	95-68-1	1.21×10^{2}	EPI	9.72×10^{-1}	CRC89	6.30×10^{-2}	8.39×10^{-6}	W			1.85×10^{2}	EPI	1.68	EPI	2.18×10^{3}	EPI
Dimethylaniline，N，N-	二甲基苯胺	121-69-7	1.21×10^{2}	EPI	9.56×10^{-1}	CRC89	6.25×10^{-2}	8.31×10^{-6}	W			7.87×10	EPI	2.31	EPI	1.45×10^{3}	EPI
Dimethylbenzidine，3，3′-	邻联甲苯胺	119-93-7	2.12×10^{2}	EPI			5.34×10^{-2}	6.24×10^{-6}	W			3.19×10^{3}	EPI	2.34	EPI	1.30×10^{3}	EPI
Dimethylformamide	二甲基甲酰胺	68-12-2	7.31×10	EPI	9.45×10^{-1}	CRC89	9.72×10^{-2}	1.12×10^{-5}	W			1.00	EPI	−1.01	EPI	1.00×10^{6}	EPI
Dimethylhydrazine，1，1-	偏二甲肼	57-14-7	6.01×10	EPI	7.91×10^{-1}	CRC89	1.04×10^{-1}	1.13×10^{-5}	W			1.20×10	EPI	−1.19	EPI	1.00×10^{6}	EPI
Dimethylhydrazine，1，2-	1，2-二甲肼	540-73-8	6.01×10	EPI	8.27×10^{-1}	CRC89	1.06×10^{-1}	1.16×10^{-5}	W			1.49×10	EPI	-5.40×10^{-1}	EPI	1.00×10^{6}	EPI
Dimethylphenol，2，4-	2，4-二甲基苯酚	105-67-9	1.22×10^{2}	EPI	9.65×10^{-1}	CRC89	6.22×10^{-2}	8.31×10^{-6}	W			4.92×10^{2}	EPI	2.30	EPI	7.87×10^{3}	EPI

续表

污染物名称		CAS 序号	分子量		密度		水和空气中扩散系数			分配系数						水溶解度	
英文	中文		MW	参考文献	Density/(g/cm^3)	参考文献	Dia/(cm^2/s)	Diw/(cm^2/s)	参考文献	K_d/(L/kg)	参考文献	K_{oc}/(L/kg)	参考文献	logK_{ow}/(L/kg)	参考文献	S/(mg/L)	参考文献
Dimethylphenol，2，6-	2，6-二甲基苯酚	576-26-1	1.22×10^2	EPI			7.72×10^{-2}	9.02×10^{-6}	W			5.02×10^2	EPI	2.36	EPI	6.05×10^3	EPI
Dimethylphenol，3，4-	3，4-二甲酚	95-65-8	1.22×10^2	EPI	9.83×10^{-1}	CRC89	6.28×10^{-2}	8.41×10^{-6}	W			4.92×10^2	EPI	2.23	EPI	4.76×10^3	EPI
Dimethylvinylchloride	双甲基氯乙烯	513-37-1	9.06×10	EPI	9.19×10^{-1}	CRC89	8.12×10^{-2}	9.66×10^{-6}	W			6.07×10	EPI	2.58	EPI	1.00×10^3	EPI
Dinitro-o-cresol，4，6-	4，6-二硝基-2-甲基苯酚	534-52-1	1.98×10^2	EPI			5.59×10^{-2}	6.53×10^{-6}	W			7.54×10^2	EPI	2.13	EPI	1.98×10^2	EPI
Dinitro-o-cyclohexyl Phenol，4，6-	4，6-二硝基-2-环己基苯酚	131-89-5	2.66×10^2	EPI			4.59×10^{-2}	5.36×10^{-6}	W			1.65×10^4	EPI	4.12	EPI	1.50×10	EPI
Dinitrobenzene，1，2-	1，2-二硝基苯	528-29-0	1.68×10^2	EPI	1.31	CRC89	4.47×10^{-2}	8.25×10^{-6}	W			3.59×10^2	EPI	1.69	EPI	1.33×10^2	EPI
Dinitrobenzene，1，3-	1，3-二硝基苯	99-65-0	1.68×10^2	EPI	1.58	CRC89	4.85×10^{-2}	9.21×10^{-6}	W			3.52×10^2	EPI	1.49	EPI	5.33×10^2	EPI
Dinitrobenzene，1，4-	1，4-二硝基苯	100-25-4	1.68×10^2	EPI	1.63	CRC89	4.92×10^{-2}	9.38×10^{-6}	W			3.52×10^2	EPI	1.46	EPI	6.90×10	EPI
Dinitrophenol，2，4-	2，4-二硝基苯酚	51-28-5	1.84×10^2	EPI	1.68	CRC89	4.07×10^{-2}	9.08×10^{-6}	W			4.61×10^2	EPI	1.67	EPI	2.79×10^3	EPI
Dinitrotoluene Mixture，2，4/2，6-	2，4/2，6-二硝基甲苯（混合物）	NA	1.82×10^2	EPI			5.91×10^{-2}	6.91×10^{-6}	W			5.87×10^2	EPI	2.18	EPI	2.70×10^2	EPI

续表

污染物名称		CAS 序号	分子量		密度		水和空气中扩散系数			分配系数						水溶解度	
英文	中文		MW	参考文献	Density/(g/cm^3)	参考文献	Dia/(cm^2/s)	Diw/(cm^2/s)	参考文献	K_d/(L/kg)	参考文献	K_{oc}/(L/kg)	参考文献	logK_{ow}/(L/kg)	参考文献	S/(mg/L)	参考文献
Dinitrotoluene，2，4-	2，4-二硝基甲苯	121-14-2	1.82×10^2	EPI	1.32	CRC89	3.75×10^{-2}	7.90×10^{-6}	W			5.76×10^2	EPI	1.98	EPI	2.00×10^2	EPI
Dinitrotoluene，2，6-	2，6-二硝基甲苯	606-20-2	1.82×10^2	EPI	1.28	CRC89	3.70×10^{-2}	7.76×10^{-6}	W			5.87×10^2	EPI	2.10	EPI	1.82×10^2	SSL
Dinitrotoluene，2-Amino-4，6-	2-氨基-4，6-二硝基甲苯	35572-78-2	1.97×10^2	EPI			5.61×10^{-2}	6.55×10^{-6}	W			2.83×10^2	EPI	1.84	EPI	3.19×10^2	EPI
Dinitrotoluene，4-Amino-2，6-	4-氨基-2，6-二硝基甲苯	19406-51-0	1.97×10^2	EPI			5.61×10^{-2}	6.55×10^{-6}	W			2.83×10^2	EPI	1.84	EPI	3.19×10^2	EPI
Dinitrotoluene，Technical grade	二硝基甲苯（工业级）	25321-14-6	1.82×10^2	EPI			5.91×10^{-2}	6.91×10^{-6}	W			5.87×10^2	EPI	2.18	EPI	2.70×10^2	EPI
Dinoseb	地乐酚	88-85-7	2.40×10^2	EPI	1.27	CRC89	2.53×10^{-2}	6.52×10^{-6}	W			4.29×10^3	EPI	3.56	EPI	5.20×10	EPI
Dioxane，1，4-	1，4-二氧六环	123-91-1	8.81×10	EPI	1.03	CRC89	8.74×10^{-2}	1.05×10^{-5}	W			2.63	EPI	-2.70×10^{-1}	EPI	1.00×10^6	EPI
Dioxins	二噁英类																
Hexachlorodibenzo-p-dioxin，Mixture	六氯二苯-4-二噁英（混合物）	NA	3.91×10^2	EPI			3.55×10^{-2}	4.15×10^{-6}	W			6.95×10^5	EPI	8.21	EPI	4.00×10^{-6}	EPI

续表

污染物名称		CAS 序号	分子量		密度		水和空气中扩散系数			分配系数						水溶解度	
英文	中文		MW	参考文献	Density/(g/cm³)	参考文献	Dia/(cm²/s)	Diw/（cm²/s）	参考文献	K_d/(L/kg)	参考文献	K_{oc}/(L/kg)	参考文献	logK_{ow}/(L/kg)	参考文献	S/(mg/L)	参考文献
TCDD，2，3，7，8-	二噁英（TCDD2378）	1746-01-6	3.22×10^{2}	EPI	1.80	PubChem	4.70×10^{-2}	6.76×10^{-6}	W			2.49×10^{5}	EPI	6.80	EPI	2.00×10^{-4}	EPI
Diphenamid	草乃敌	957-51-7	2.39×10^{2}	EPI	1.17	CRC89	2.45×10^{-2}	6.23×10^{-6}	W			4.80×10^{3}	EPI	2.86	EPI	2.60×10^{2}	EPI
Diphenyl Sulfone	127-63-9	127-63-9	2.18×10^{2}	EPI	1.25	CRC89	2.65×10^{-2}	6.86×10^{-6}	W			1.11×10^{3}	EPI	2.40	EPI	9.42	EPI
Diphenylamine	二苯胺	122-39-4	1.69×10^{2}	EPI	1.16	CRC89	4.17×10^{-2}	7.63×10^{-6}	W			8.26×10^{2}	EPI	3.50	EPI	5.30×10	EPI
Diphenylhydrazine，1，2-	1，2-二苯肼	122-66-7	1.84×10^{2}	EPI	1.16	CRC89	3.43×10^{-2}	7.25×10^{-6}	W			1.51×10^{3}	EPI	2.94	EPI	2.21×10^{2}	EPI
Diquat	敌草快	85-00-7	3.44×10^{2}	EPI	1.24	CRC89	2.08×10^{-2}	5.19×10^{-6}	W			9.27×10^{3}	EPI	−2.82	EPI	7.08×10^{5}	EPI
Direct Black 38	偶氮黑 E	1937-37-7	7.38×10^{2}	EPI			2.33×10^{-2}	2.72×10^{-6}	W			2.42×10^{8}	EPI	4.90	EPI	5.59×10	EPI
Direct Blue 6	二氨基蓝 BB	2602-46-2	9.33×10^{2}	CRC89			1.99×10^{-2}	2.33×10^{-6}	W			7.91×10^{8}	EPI	−2.03	EPI	8.22×10^{-7}	EPI
Direct Brown 95	直接棕 95	16071-86-6	7.60×10^{2}	EPI			2.28×10^{-2}	2.67×10^{-6}	W			6.99×10^{6}	EPI	−6.53	EPI	1.00×10^{6}	EPI
Disulfoton	乙拌磷	298-04-4	2.74×10^{2}	EPI	1.14	CRC89	2.25×10^{-2}	5.67×10^{-6}	W			8.38×10^{2}	EPI	4.02	EPI	1.63×10	EPI
Dithiane，1，4-	1，4-二噻烷	505-29-3	1.20×10^{2}	EPI	1.14	Chem Net	6.82×10^{-2}	9.28×10^{-6}	W			1.46×10^{2}	EPI	7.70×10^{-1}	EPI	3.00×10^{3}	EPI

续表

污染物名称		CAS序号	分子量		密度		水和空气中扩散系数			分配系数							水溶解度	
英文	中文		MW	参考文献	Density/(g/cm^3)	参考文献	Dia/(cm^2/s)	Diw/（cm^2/s）	参考文献	K_d/(L/kg)	参考文献	K_{oc}/(L/kg)	参考文献	logK_{ow}/(L/kg)	参考文献	S/(mg/L)	参考文献
Diuron	敌草隆	330-54-1	2.33×10^2	EPI			5.02×10^{-2}	5.86×10^{-6}	W			1.09×10^2	EPI	2.68	EPI	4.20×10	EPI
Dodine	多果定	2439-10-3	2.87×10^2	EPI			4.36×10^{-2}	5.10×10^{-6}	W			2.48×10^3	EPI	1.15	EPI	6.30×10^2	EPI
EPTC	茵草敌	759-94-4	1.89×10^2	EPI	9.55×10^{-1}	CRC89	2.91×10^{-2}	6.35×10^{-6}	W			1.64×10^2	EPI	3.21	EPI	3.75×10^2	EPI
Endosulfan	硫丹	115-29-7	4.07×10^2	EPI	1.75	CRC89	2.25×10^{-2}	5.76×10^{-6}	W			6.76×10^3	EPI	3.83	EPI	3.25×10^{-1}	EPI
Endothall	草多索	145-73-3	1.86×10^2	EPI	1.43	CRC89	3.67×10^{-2}	8.18×10^{-6}	W			1.94×10	EPI	1.91	EPI	1.00×10^5	EPI
Endrin	异狄氏剂	72-20-8	3.81×10^2	EPI			3.62×10^{-2}	4.22×10^{-6}	W			2.01×10^4	EPI	5.20	EPI	2.50×10^{-1}	EPI
Epichlorohydrin	环氧氯丙烷	106-89-8	9.25×10	EPI	1.18	PERRY	8.89×10^{-2}	1.11×10^{-5}	W			9.91	EPI	4.50×10^{-1}	EPI	6.59×10^4	EPI
Epoxybutane，1，2-	1，2-环氧丁烷	106-88-7	7.21×10	EPI	8.30×10^{-1}	CRC89	9.29×10^{-2}	1.04×10^{-5}	W			9.91	EPI	8.60×10^{-1}	YAWS	9.50×10^4	EPI
Ethephon	乙烯利	16672-87-0	1.45×10^2	EPI	1.20	CRC89	5.55×10^{-2}	8.57×10^{-6}	W			5.03	EPI	−2.20×10^{-1}	EPI	1.00×10^6	EPI
Ethion	乙硫磷	563-12-2	3.84×10^2	EPI	1.22	CRC89	1.95×10^{-2}	4.81×10^{-6}	W			8.82×10^2	EPI	5.07	EPI	2.00	EPI
Ethoxyethanol Acetate，2-	乙二醇乙醚醋酸酯	111-15-9	1.32×10^2	EPI	9.74×10^{-1}	CRC89	5.70×10^{-2}	7.98×10^{-6}	W			4.54	EPI	5.90×10^{-1}	YAWS	2.47×10^5	EPI
Ethoxyethanol，2-	乙二醇单乙醚	110-80-5	9.01×10	EPI	9.25×10^{-1}	CRC89	8.18×10^{-2}	9.73×10^{-6}	W			1.00	EPI	−3.20×10^{-1}	EPI	1.00×10^6	EPI

续表

污染物名称		CAS 序号	分子量		密度		水和空气中扩散系数			分配系数						水溶解度	
英文	中文		MW	参考文献	Density/(g/cm^3)	参考文献	Dia/(cm^2/s)	Diw/（cm^2/s）	参考文献	K_d/(L/kg)	参考文献	K_{oc}/(L/kg)	参考文献	logK_{ow}/(L/kg)	参考文献	S/(mg/L)	参考文献
Ethyl Acetate	乙酸乙酯	141-78-6	8.81×10	EPI	9.00×10^{-1}	CRC89	8.23×10^{-2}	9.70×10^{-6}	W			5.58	EPI	7.30×10^{-1}	EPI	8.00×10^{4}	EPI
Ethyl Acrylate	丙烯酸乙酯	140-88-5	1.00×10^{2}	EPI	9.23×10^{-1}	CRC89	7.45×10^{-2}	9.12×10^{-6}	W			1.07×10	EPI	1.32	EPI	1.50×10^{4}	EPI
Ethyl Chloride（Chloroethane）	氯乙烷	75-00-3	6.45×10	EPI	8.90×10^{-1}	CRC89	1.04×10^{-1}	1.16×10^{-5}	W			2.17×10	EPI	1.43	EPI	6.71×10^{3}	EPI
Ethyl Ether	乙醚	60-29-7	7.41×10	EPI	7.14×10^{-1}	CRC89	8.52×10^{-2}	9.36×10^{-6}	W			9.70	EPI	8.90×10^{-1}	EPI	6.04×10^{4}	EPI
Ethyl Methacrylate	甲基丙烯酸乙酯	97-63-2	1.14×10^{2}	EPI	9.14×10^{-1}	CRC89	6.53×10^{-2}	8.38×10^{-6}	W			1.67×10	EPI	1.94	EPI	5.40×10^{3}	EPI
Ethyl-p-nitrophenyl Phosphonate	苯硫磷	2104-64-5	3.23×10^{2}	EPI	1.27	CRC89	2.17×10^{-2}	5.47×10^{-6}	W			1.55×10^{4}	EPI	4.78	EPI	3.11	EPI
Ethylbenzene	乙苯	100-41-4	1.06×10^{2}	EPI	8.63×10^{-1}	CRC89	6.85×10^{-2}	8.46×10^{-6}	W			4.46×10^{2}	EPI	3.15	EPI	1.69×10^{2}	EPI
Ethylene Cyanohydrin	3-羟基丙腈	109-78-4	7.11×10	EPI	1.04	CRC89	1.03×10^{-1}	1.20×10^{-5}	W			1.00	EPI	-9.40×10^{-1}	EPI	1.00×10^{6}	EPI
Ethylene Diamine	乙二胺	107-15-3	6.01×10	EPI	8.98×10^{-1}	CRC89	1.09×10^{-1}	1.22×10^{-5}	W			1.49×10	EPI	−2.04	EPI	1.00×10^{6}	EPI

续表

污染物名称		CAS 序号	分子量		密度		水和空气中扩散系数			分配系数						水溶解度	
英文	中文		MW	参考文献	Density/(g/cm^3)	参考文献	Dia/(cm^2/s)	Diw/(cm^2/s)	参考文献	K_d/(L/kg)	参考文献	K_{oc}/(L/kg)	参考文献	logK_{ow}/(L/kg)	参考文献	S/(mg/L)	参考文献
Ethylene Glycol	乙二醇	107-21-1	6.21×10	EPI	1.11	CRC89	1.17×10^{-1}	1.36×10^{-5}	W			1.00	EPI	−1.36	EPI	1.00×10^{6}	EPI
Ethylene Glycol Monobutyl Ether	2-丁氧基乙醇	111-76-2	1.18×10^{2}	EPI	9.02×10^{-1}	CRC89	6.26×10^{-2}	8.14×10^{-6}	W			2.82	EPI	8.30×10^{-1}	EPI	1.00×10^{6}	EPI
Ethylene Oxide	环氧乙烷	75-21-8	4.41×10	EPI	8.82×10^{-1}	CRC89	1.34×10^{-1}	1.45×10^{-5}	W			3.24	EPI	-3.00×10^{-1}	EPI	1.00×10^{6}	EPI
Ethylene Thiourea	乙烯硫脲	96-45-7	1.02×10^{2}	EPI			8.69×10^{-2}	1.02×10^{-5}	W			1.30×10	EPI	-6.60×10^{-1}	EPI	2.00×10^{4}	EPI
Ethylen eimine	氮丙啶	151-56-4	4.31×10	EPI	8.32×10^{-1}	CRC89	1.33×10^{-1}	1.42×10^{-5}	W			9.04	EPI	-2.80×10^{-1}	YAWS	1.00×10^{6}	EPI
Ethylphthal yl Ethyl Glycolate	乙基邻苯二酰乙醇酸乙酯	84-72-0	2.80×10^{2}	EPI			4.44×10^{-2}	5.18×10^{-6}	W			1.02×10^{3}	EPI	2.19	EPI	9.93×10^{2}	EPI
Express	苯磺隆	101200-48-0	3.95×10^{2}	EPI			3.53×10^{-2}	4.12×10^{-6}	W			9.47×10	EPI	2.55	EPI	5.00×10	EPI
Fenamiphos	灭线灵	22224-92-6	3.03×10^{2}	EPI	1.15	CRC89	2.14×10^{-2}	5.35×10^{-6}	W			3.98×10^{2}	EPI	3.23	EPI	3.29×10^{2}	EPI
Fenpro pathrin	甲氰菊酯	39515-41-8	3.49×10^{2}	EPI			3.83×10^{-2}	4.47×10^{-6}	W			2.25×10^{4}	EPI	5.70	EPI	3.30×10^{-1}	EPI
Fluome turon	伏草隆	2164-17-2	2.32×10^{2}	EPI			5.03×10^{-2}	5.88×10^{-6}	W			2.85×10^{2}	EPI	2.42	EPI	1.10×10^{2}	EPI
Fluoride	氟化物	16984-48-8	3.80×10	EPI						1.50×10^{2}	BAES					1.69	EPI

续表

污染物名称		CAS 序号	分子量		密度		水和空气中扩散系数			分配系数						水溶解度	
英文	中文		MW	参考文献	Density/(g/cm^3)	参考文献	Dia/(cm^2/s)	Diw/(cm^2/s)	参考文献	K_d/(L/kg)	参考文献	K_{oc}/(L/kg)	参考文献	logK_{ow}/(L/kg)	参考文献	S/(mg/L)	参考文献
Fluorine (Soluble Fluoride)	氟（可溶）	7782-41-4	3.80×10	EPI	1.55	CRC89				1.50×10^2	BAES					1.69	EPI
Fluridone	氟啶酮	59756-60-4	3.29×10^2	EPI			3.98×10^{-2}	4.66×10^{-6}	W			5.68×10^4	EPI	3.16	EPI	1.20×10	EPI
Flurprimidol	呋嘧醇	56425-91-3	3.12×10^2	EPI			4.13×10^{-2}	4.82×10^{-6}	W			2.19×10^3	EPI	3.34	EPI	1.14×10^2	EPI
Flutolanil	氟担菌宁	66332-96-5	3.23×10^2	EPI			4.03×10^{-2}	4.71×10^{-6}	W			2.56×10^3	EPI	3.70	EPI	6.53	EPI
Fluvalinate	氟胺氰菊酯	69409-94-5	5.03×10^2	EPI			3.00×10^{-2}	3.51×10^{-6}	W			7.30×10^5	EPI	6.81	EPI	5.00×10^{-3}	EPI
Folpet	灭菌丹	133-07-3	2.97×10^2	EPI			4.27×10^{-2}	4.99×10^{-6}	W			1.77×10	EPI	2.85	EPI	8.00×10^{-1}	EPI
Fomesafen	氟磺胺草醚	72178-02-0	4.39×10^2	EPI	1.28	CRC89	1.86×10^{-2}	4.57×10^{-6}	W			1.55×10^3	EPI	2.90	EPI	5.00×10	EPI
Fonofos	地虫磷	944-22-9	2.46×10^2	EPI	1.16	CRC89	2.40×10^{-2}	6.10×10^{-6}	W			8.56×10^2	EPI	3.94	EPI	1.57×10	EPI
Formaldehyde	甲醛	50-00-0	3.00×10	EPI	8.15×10^{-1}	CRC89	1.67×10^{-1}	1.74×10^{-5}	W			1.00	EPI	3.50×10^{-1}	EPI	4.00×10^5	EPI
Formic Acid	甲酸	64-18-6	4.60×10	EPI	1.22	CRC89	1.48×10^{-1}	1.72×10^{-5}	W			1.00	EPI	-5.40×10^{-1}	EPI	1.00×10^6	EPI
Fosetyl-AL	乙膦铝	39148-24-8	3.54×10^2	EPI			3.80×10^{-2}	4.44×10^{-6}	W			6.49×10^3	EPI	–2.40	EPI	1.11×10^5	EPI

续表

污染物名称		CAS 序号	分子量		密度		水和空气中扩散系数			分配系数						水溶解度	
英文	中文		MW	参考文献	Density/(g/cm^3)	参考文献	Dia/(cm^2/s)	Diw/（cm^2/s）	参考文献	K_d/(L/kg)	参考文献	K_{oc}/(L/kg)	参考文献	logK_{ow}/(L/kg)	参考文献	S/(mg/L)	参考文献
Furans	呋喃类																
Dibenzo furan	二苯并呋喃	132-64-9	1.68×10^2	EPI	1.09	CRC89	4.10×10^{-2}	7.38×10^{-6}	W			9.16×10^3	EPI	4.12	EPI	3.10	EPI
～Furan	呋喃	110-00-9	6.81×10	EPI	9.51×10^{-1}	CRC89	1.03×10^{-1}	1.17×10^{-5}	W			8.00×10	EPI	1.34	EPI	1.00×10^4	EPI
Tetrahydrof uran	四氢呋喃	109-99-9	7.21×10	EPI	8.83×10^{-1}	CRC89	9.54×10^{-2}	1.08×10^{-5}	W			1.08×10	EPI	4.60×10^{-1}	EPI	1.00×10^6	EPI
Furazolidone	呋喃唑酮	67-45-8	2.25×10^2	EPI			5.13×10^{-2}	6.00×10^{-6}	W			8.58×10^2	EPI	-4.00×10^{-2}	EPI	4.00×10	EPI
Furfural	糠醛	98-01-1	9.61×10	EPI	1.16	CRC89	8.53×10^{-2}	1.07×10^{-5}	W			6.08	EPI	4.10×10^{-1}	EPI	7.41×10^4	EPI
Furium	#N/A	531-82-8	2.53×10^2	EPI			4.75×10^{-2}	5.55×10^{-6}	W			5.78×10^2	EPI	1.80	EPI	4.21×10^3	EPI
Furme cyclox	拌种胺	60568-05-0	2.51×10^2	EPI			4.77×10^{-2}	5.57×10^{-6}	W			4.29×10^2	EPI	4.38	EPI	3.00×10^{-1}	EPI
Glufosinate，Ammonium	草铵膦	77182-82-2	1.98×10^2	EPI			5.59×10^{-2}	6.53×10^{-6}	W			1.00×10	EPI	−5.34	EPI	1.37×10^6	EPI
Glutaraldeh yde	戊二醛	111-30-8	1.00×10^2	EPI			8.81×10^{-2}	1.03×10^{-5}	W			1.00	EPI	-1.80×10^{-1}	EPI	7.10×10^5	EPI
Glycidyl	环氧丙醛	765-34-4	7.21×10	EPI	1.14	CRC89	1.06×10^{-1}	1.26×10^{-5}	W			1.00	EPI	-1.20×10^{-1}	EPI	1.00×10^6	EPI
Glyphosate	草甘膦	1071-83-6	1.69×10^2	EPI			6.21×10^{-2}	7.26×10^{-6}	W			2.10×10^3	US DA ARS	−3.40	EPI	1.05×10^4	EPI

续表

污染物名称		CAS 序号	分子量		密度		水和空气中扩散系数			分配系数						水溶解度	
英文	中文		MW	参考文献	Density/(g/cm^3)	参考文献	Dia/(cm^2/s)	Diw/(cm^2/s)	参考文献	K_d/(L/kg)	参考文献	K_{oc}/(L/kg)	参考文献	logK_{ow}/(L/kg)	参考文献	S/(mg/L)	参考文献
Goal	乙氧氟草醚	42874-03-3	3.62×10^2	EPI	1.35	CRC89	2.11×10^{-2}	5.30×10^{-6}	W			3.99×10^4	EPI	4.73	EPI	1.16×10^{-1}	EPI
Guanidine	胍	113-00-8	5.91×10	EPI	1.55	GuideChem	1.38×10^{-1}	1.71×10^{-5}	W			1.20×10	EPI	−1.63	EPI	1.84×10^3	EPI
Guanidine Chloride	盐酸胍	50-01-1	9.55×10	EPI	1.35	CRC89	9.16×10^{-2}	1.18×10^{-5}	W					−1.70	OTHER	1.00×10^6	EPI
Guthion	甲基谷硫磷	86-50-0	3.17×10^2	EPI	1.44	CRC89	2.33×10^{-2}	5.96×10^{-6}	W			5.19×10	EPI	2.75	EPI	2.09×10	EPI
Haloxyfop, Methyl	氟吡甲禾灵	69806-40-2	3.76×10^2	EPI			3.65×10^{-2}	4.26×10^{-6}	W			5.45×10^3	EPI	4.07	EPI	9.30	EPI
Harmony	噻吩磺隆	79277-27-3	3.87×10^2	EPI			3.58×10^{-2}	4.18×10^{-6}	W			5.08×10	EPI	1.56	EPI	2.24×10^3	EPI
Heptachlor	七氯	76-44-8	3.73×10^2	EPI	1.57	CRC89	2.23×10^{-2}	5.70×10^{-6}	W			4.13×10^4	EPI	6.10	EPI	1.80×10^{-1}	EPI
Heptachlor Epoxide	环氧七氯	1024-57-3	3.89×10^2	EPI	1.91	LookChem	2.40×10^{-2}	6.25×10^{-6}	W			1.01×10^4	EPI	4.98	EPI	2.00×10^{-1}	EPI
Hexabromobenzene	六溴苯	87-82-1	5.51×10^2	EPI	2.96	LookChem	2.48×10^{-2}	6.59×10^{-6}	W			2.81×10^3	EPI	6.07	EPI	1.60×10^{-4}	EPI
Hexabromodiphenyl ether, 2, 2′, 4, 4′, 5, 5′-(BDE-153)	2，2′，4，4′，5，5′-(BDE-153)-六溴联苯醚	68631-49-2	6.44×10^2	OTHER			2.55×10^{-2}	2.98×10^{-6}	W							9.00×10^{-4}	IRIS

续表

污染物名称		CAS序号	分子量		密度		水和空气中扩散系数			分配系数						水溶解度	
英文	中文		MW	参考文献	Density/(g/cm^3)	参考文献	Dia/(cm^2/s)	Diw/(cm^2/s)	参考文献	K_d/(L/kg)	参考文献	K_{oc}/(L/kg)	参考文献	logK_{ow}/(L/kg)	参考文献	S/(mg/L)	参考文献
Hexachlorobenzene	六氯苯	118-74-1	2.85×10^{2}	EPI	2.04	CRC89	2.90×10^{-2}	7.85×10^{-6}	W			6.20×10^{3}	EPI	5.73	EPI	6.20×10^{-3}	EPI
Hexachlorobutadiene	六氯丁二烯	87-68-3	2.61×10^{2}	EPI	1.56	CRC89	2.67×10^{-2}	7.03×10^{-6}	W			8.45×10^{2}	EPI	4.78	EPI	3.20	EPI
Hexachlorocyclohexane, Alpha-	α-六六六	319-84-6	2.91×10^{2}	EPI			4.33×10^{-2}	5.06×10^{-6}	W			2.81×10^{3}	EPI	3.80	EPI	2.00	EPI
Hexachlorocyclohexane, Beta-	β-六六六	319-85-7	2.91×10^{2}	EPI	1.89	CRC89	2.77×10^{-2}	7.40×10^{-6}	W			2.81×10^{3}	EPI	3.78	EPI	2.40×10^{-1}	EPI
Hexachlorocyclohexane, Gamma-（Lindane）	林丹	58-89-9	2.91×10^{2}	EPI			4.33×10^{-2}	5.06×10^{-6}	W			2.81×10^{3}	EPI	3.72	EPI	7.30	EPI
Hexachlorocyclohexane, Technical	氯代环烷烃	608-73-1	2.91×10^{2}	EPI			4.33×10^{-2}	5.06×10^{-6}	W			2.81×10^{3}	EPI	4.14	EPI	8.00	EPI
Hexachlorocyclopentadiene	六氯环戊二烯	77-47-4	2.73×10^{2}	EPI	1.70	CRC89	2.72×10^{-2}	7.22×10^{-6}	W			1.40×10^{3}	EPI	5.04	EPI	1.80	EPI
Hexachloroethane	六氯乙烷	67-72-1	2.37×10^{2}	EPI	2.09	CRC89	3.21×10^{-2}	8.89×10^{-6}	W			1.97×10^{2}	EPI	4.14	EPI	5.00×10	EPI
Hexachlorophene	六氯酚	70-30-4	4.07×10^{2}	EPI			3.46×10^{-2}	4.04×10^{-6}	W			6.69×10^{5}	EPI	7.54	EPI	1.40×10^{2}	EPI

续表

污染物名称		CAS 序号	分子量		密度		水和空气中扩散系数					分配系数						水溶解度	
英文	中文		MW	参考文献	Density/(g/cm^3)	参考文献	Dia/(cm^2/s)	Diw/（cm^2/s）	参考文献	K_d/(L/kg)	参考文献	K_{oc}/(L/kg)	参考文献	logK_{ow}/(L/kg)	参考文献	S/(mg/L)	参考文献
Hexahydro-1，3，5-trinitro-1，3，5-triazine（RDX）	1，3，5-三硝基六氢-1，3，5-三嗪	121-82-4	2.22×10^2	EPI	1.82	CRC89	3.12×10^{-2}	8.50×10^{-6}	W			8.91×10	EPI	8.70×10^{-1}	EPI	5.97×10	EPI
Hexamethylene Diisocyanate，1，6-	1，6-六亚甲基二异氰酸酯	822-06-0	1.68×10^2	EPI	1.05	CRC89	4.04×10^{-2}	7.23×10^{-6}	W			4.82×10^3	EPI	3.20	EPI	1.79×10^2	EPI
Hexamethylphosphoramide	六甲基磷酸三铵	680-31-9	1.79×10^2	EPI	1.03	CRC89	3.48×10^{-2}	6.87×10^{-6}	W			1.00×10	EPI	2.80×10^{-1}	EPI	1.00×10^6	EPI
Hexane，N-	正己烷	110-54-3	8.62×10	EPI	6.61×10^{-1}	CRC89	7.31×10^{-2}	8.17×10^{-6}	W			1.32×10^2	EPI	3.90	EPI	9.50	EPI
Hexanedioic Acid	己二酸	124-04-9	1.46×10^2	EPI	1.36	CRC89	5.77×10^{-2}	9.17×10^{-6}	W			2.43×10	EPI	8.00×10^{-2}	EPI	3.08×10^4	EPI
Hexanone，2-	2-己酮	591-78-6	1.00×10^2	EPI	8.11×10^{-1}	CRC89	7.04×10^{-2}	8.44×10^{-6}	W			1.50×10	EPI	1.38	EPI	1.72×10^4	EPI
Hexazinone	环嗪酮	51235-04-2	2.52×10^2	EPI	1.25	CRC89	2.46×10^{-2}	6.28×10^{-6}	W			1.29×10^2	EPI	1.85	EPI	3.30×10^4	EPI
Hydrazine	肼	302-01-2	3.21×10	EPI	1.00	CRC89	1.73×10^{-1}	1.90×10^{-5}	W					−2.07	EPI	1.00×10^6	EPI
Hydrazine Sulfate	硫酸肼	10034-93-2	1.28×10^2	EPI	1.38	CRC89										3.06×10^4	PERRY

续表

污染物名称		CAS 序号	分子量		密度		水和空气中扩散系数			分配系数						水溶解度	
英文	中文		MW	参考文献	Density/(g/cm^3)	参考文献	Dia/(cm^2/s)	Diw/(cm^2/s)	参考文献	K_d/(L/kg)	参考文献	K_{oc}/(L/kg)	参考文献	logK_{ow}/(L/kg)	参考文献	S/(mg/L)	参考文献
Hydrogen Chloride	盐酸	7647-01-0	3.55×10	EPI	1.49	CRC89	1.88×10^{-1}	2.27×10^{-5}	W							6.73×10^{5}	Toxnet HSDB
Hydrogen Fluoride	氟酸氢	7664-39-3	2.00×10	CRC89	8.18×10^{-1}	CRC89	2.19×10^{-1}	2.23×10^{-5}	W					2.30×10^{-1}	OTHER	1.00×10^{6}	PHYSPROP
Hydrogen Sulfide	硫化氢	7783-06-4	3.41×10	CRC89	1.39	CRC89	1.88×10^{-1}	2.23×10^{-5}	W					2.30×10^{-1}	OTHER	4.37×10^{6}	PERRY
Hydroquinone	对苯二酚	123-31-9	1.10×10^{2}	EPI	1.33	CRC89	7.98×10^{-2}	1.07×10^{-5}	W			2.41×10^{2}	EPI	5.90×10^{-1}	EPI	7.20×10^{4}	EPI
Imazalil	恩康唑	35554-44-0	2.97×10^{2}	EPI	1.24	CRC89	2.25×10^{-2}	5.68×10^{-6}	W			8.50×10^{3}	EPI	3.82	EPI	1.80×10^{2}	EPI
Imazaquin	灭草喹	81335-37-7	3.11×10^{2}	EPI			4.14×10^{-2}	4.83×10^{-6}	W			2.39×10^{3}	EPI	1.86	EPI	9.00×10	EPI
Iodine	碘	7553-56-2	2.54×10^{2}	EPI	4.93	CRC89				6.00×10	BAES					3.30×10^{2}	EPI
Iprodione	异菌脲	36734-19-7	3.30×10^{2}	EPI			3.98×10^{-2}	4.65×10^{-6}	W			5.25×10	EPI	3.00	EPI	1.39×10	EPI
Iron	铁	7439-89-6	5.59×10	EPI	7.87	CRC89				2.50×10	BAES						
Isobutyl Alcohol	异丁醇	78-83-1	7.41×10	EPI	8.02×10^{-1}	CRC89	8.97×10^{-2}	1.00×10^{-5}	W			2.92	EPI	7.60×10^{-1}	EPI	8.50×10^{4}	EPI
Isophorone	异氟乐酮	78-59-1	1.38×10^{2}	EPI	9.26×10^{-1}	CRC89	5.25×10^{-2}	7.53×10^{-6}	W			6.52×10	EPI	1.70	EPI	1.20×10^{4}	EPI

续表

污染物名称		CAS 序号	分子量		密度		水和空气中扩散系数					分配系数				水溶解度	
英文	中文		MW	参考文献	Density/(g/cm^3)	参考文献	Dia/(cm^2/s)	Diw/（cm^2/s）	参考文献	K_d/(L/kg)	参考文献	K_{oc}/(L/kg)	参考文献	logK_{ow}/(L/kg)	参考文献	S/(mg/L)	参考文献
Isopropalin	异乐灵	33820-53-0	3.09×10^2	EPI	1.16	Chem Net	2.13×10^{-2}	5.31×10^{-6}	W			1.14×10^4	EPI	5.80	EPI	1.10×10^{-1}	EPI
Isopropanol	异丙醇	67-63-0	6.01×10	EPI	7.81×10^{-1}	CRC89	1.03×10^{-1}	1.12×10^{-5}	W			1.53	EPI	5.00×10^{-2}	EPI	1.00×10^6	EPI
Isopropyl Methyl Phosphonic Acid	异丙基甲基膦酸	1832-54-8	1.38×10^2	EPI			7.11×10^{-2}	8.31×10^{-6}	W			7.71	EPI	2.70×10^{-1}	EPI	1.00×10^6	EPI
Isoxaben	异噁草胺	82558-50-7	3.32×10^2	EPI			3.96×10^{-2}	4.63×10^{-6}	W			1.26×10^3	EPI	3.94	EPI	1.42	EPI
JP-7	#N/A	NA			7.79×10^{-1}	ATS DR Profile								8.00	OTH ER	1.04×10	EPA HCD
Kerb	拿草特	23950-58-5	2.56×10^2	EPI			4.71×10^{-2}	5.50×10^{-6}	W			4.05×10^2	EPI	3.43	EPI	1.50×10	EPI
Lactofen	乳氟禾草灵	77501-63-4	4.62×10^2	EPI			3.18×10^{-2}	3.72×10^{-6}	W			2.30×10^4	EPI	4.81	EPI	1.00×10^{-1}	EPI
Lead Compounds	铅化合物																
Lead Chromate	铬酸铅	7758-97-6	3.23×10^2	CRC 89	6.12	CRC89										1.70×10^{-1}	CRC 89
Lead Phosphate	磷酸铅	7446-27-7	8.12×10^2	CRC 89	7.01	CRC89										0.00	CRC 89
Lead acetate	醋酸铅	301-04-2	3.25×10^2	EPI	3.25	CRC89	3.34×10^{-2}	9.57×10^{-6}	W			1.00	EPI	-8.00×10^{-2}	EPI	4.43×10^5	CRC 89

续表

污染物名称		CAS 序号	分子量		密度		水和空气中扩散系数			分配系数						水溶解度	
英文	中文		MW	参考文献	Density/(g/cm^3)	参考文献	Dia/(cm^2/s)	Diw/（cm^2/s）	参考文献	K_d/(L/kg)	参考文献	K_{oc}/(L/kg)	参考文献	logK_{ow}/(L/kg)	参考文献	S/(mg/L)	参考文献
Lead and Compounds	铅	7439-92-1	2.07×10^2	EPI	1.13×10	CRC89				9.00×10^2	BAES						
Lead subacetate	碱式乙酸铅	1335-32-6	8.06×10^2	EPI			2.19×10^{-2}	2.56×10^{-6}	W			1.04×10	EPI	−4.00	EPI	6.30×10^4	CRC89
Tetraethyl Lead	四乙基铅	78-00-2	3.23×10^2	EPI	1.65	CRC89	2.46×10^{-2}	6.40×10^{-6}	W			6.48×10^2	EPI	4.15	EPI	2.90×10^{-1}	EPI
Linuron	利谷隆	330-55-2	2.49×10^2	EPI			4.80×10^{-2}	5.61×10^{-6}	W			3.40×10^2	EPI	3.20	EPI	7.50×10	EPI
Lithium	锂	7439-93-2	6.94	EPI	5.34×10^{-1}	CRC89				3.00×10^2	BAES						
Londax	苄黄隆	83055-99-6	4.10×10^2	EPI			3.44×10^{-2}	4.02×10^{-6}	W			2.78×10	EPI	2.18	EPI	1.20×10^2	EPI
MCPA	2-甲基-4-氯苯氧乙酸	94-74-6	2.01×10^2	EPI	1.56	PubChem	3.06×10^{-2}	8.24×10^{-6}	W			2.96×10	EPI	3.25	EPI	6.30×10^2	EPI
MCPB	2-甲-4-氯丁酸	94-81-5	2.29×10^2	EPI			5.08×10^{-2}	5.94×10^{-6}	W			9.84×10	EPI	3.50	EPI	4.80×10	EPI
MCPP	2-（4-氯-2-甲基苯氧基）丙酸	93-65-2	2.15×10^2	EPI	1.28	PubChem	2.70×10^{-2}	7.02×10^{-6}	W			4.85×10	EPI	3.13	EPI	6.20×10^2	EPI
Malathion	马拉硫磷	121-75-5	3.30×10^2	EPI	1.21	CRC89	2.10×10^{-2}	5.24×10^{-6}	W			3.13×10	EPI	2.36	EPI	1.43×10^2	EPI
Maleic Anhydride	顺丁烯二酸酐	108-31-6	9.81×10	EPI	1.31	CRC89	8.84×10^{-2}	1.14×10^{-5}	W			1.00	EPI	1.62	YAWS	1.63×10^5	PERRY

续表

污染物名称		CAS 序号	分子量		密度		水和空气中扩散系数			分配系数						水溶解度	
英文	中文		MW	参考文献	Density/(g/cm^3)	参考文献	Dia/(cm^2/s)	Diw/（cm^2/s）	参考文献	K_d/(L/kg)	参考文献	K_{oc}/(L/kg)	参考文献	logK_{ow}/(L/kg)	参考文献	S/(mg/L)	参考文献
Maleic Hydrazide	顺丁烯二酰肼	123-33-1	1.12×10^2	EPI			8.17×10^{-2}	9.55×10^{-6}	W			3.30	EPI	-8.40×10^{-1}	EPI	4.51×10^3	EPI
Malono nitrile	丙二腈	109-77-3	6.61×10	EPI	1.19	CRC89	1.15×10^{-1}	1.36×10^{-5}	W			3.33	EPI	-6.00×10^{-1}	EPI	1.33×10^5	EPI
Mancozeb	代森锰锌	8018-01-7	5.41×10^2	OTHER	1.92	PubChem	2.04×10^{-2}	5.14×10^{-6}	W					1.33	EPI	6.20	USDA ARS
Maneb	代森锰	12427-38-2	2.65×10^2	CRC 89			4.60×10^{-2}	5.38×10^{-6}	W			6.08×10^2	EPI	6.20×10^{-1}	EPI	6.00	USDA ARS
Manganese（Diet）	锰	7439-96-5	5.49×10	EPI	7.30	CRC89				6.50×10	BAES						
Manganese（Non-diet）	锰（不可食）	7439-96-5	5.49×10	EPI	7.30	CRC89				6.50×10	BAES						
Mephos folan	地胺磷	950-10-7	2.69×10^2	EPI			4.56×10^{-2}	5.32×10^{-6}	W			6.36×10^2	EPI	1.04	EPI	5.70×10	EPI
Mepiquat Chloride	缩节胺	24307-26-4	1.50×10^2	EPI			6.74×10^{-2}	7.88×10^{-6}	W			6.62×10	EPI	-2.82	EPI	5.00×10^5	EPI
Mercury Compounds	汞化合物																
Mercuric Chloride（and other Mercury salts）	氯化汞	7487-94-7	2.72×10^2	EPI	5.60	CRC89								-2.20×10^{-1}	EPI	6.90×10^4	EPI

续表

污染物名称		CAS 序号	分子量		密度		水和空气中扩散系数			分配系数						水溶解度	
英文	中文		MW	参考文献	Density/(g/cm^3)	参考文献	Dia/(cm^2/s)	Diw/(cm^2/s)	参考文献	K_d/(L/kg)	参考文献	K_{oc}/(L/kg)	参考文献	logK_{ow}/(L/kg)	参考文献	S/(mg/L)	参考文献
Mercury (elemental)	汞	7439-97-6	2.01×10^{2}	EPI	1.35×10	CRC89	3.07×10^{-2}	6.30×10^{-6}	W	5.20×10	SSL			6.20×10^{-1}	EPI	6.00×10^{-2}	EPI
Methyl Mercury	甲基汞	22967-92-6	2.17×10^{2}	OTHER													
Phenylmercuric Acetate	乙酸苯汞	62-38-4	3.37×10^{2}	EPI			3.93×10^{-2}	4.59×10^{-6}	W			5.64×10	EPI	7.10×10^{-1}	EPI	4.37×10^{3}	EPI
Merphos	脱叶亚磷	150-50-5	2.99×10^{2}	EPI	1.02	CRC89	2.04×10^{-2}	5.03×10^{-6}	W			4.90×10^{4}	EPI	7.67	EPI	9.97×10^{-4}	EPI
Merphos Oxide	S，S，S-三丁基三硫代磷酸酯	78-48-8	3.15×10^{2}	EPI	1.06	CRC89	2.02×10^{-2}	4.98×10^{-6}	W			2.35×10^{3}	EPI	5.70	EPI	2.30	EPI
Metalaxyl	甲霜灵	57837-19-1	2.79×10^{2}	EPI			4.45×10^{-2}	5.20×10^{-6}	W			3.86×10	EPI	1.65	EPI	8.40×10^{3}	EPI
Methacrylonitrile	甲基丙烯腈	126-98-7	6.71×10	EPI	8.00×10^{-1}	CRC89	9.64×10^{-2}	1.06×10^{-5}	W			1.31×10	EPI	6.80×10^{-1}	EPI	2.54×10^{4}	EPI
Methamidophos	甲胺磷	10265-92-6	1.41×10^{2}	EPI	1.31	CRC89	5.96×10^{-2}	9.16×10^{-6}	W			5.41	EPI	-8.00×10^{-1}	EPI	1.00×10^{6}	EPI
Methanol	甲醇	67-56-1	3.20×10	EPI	7.91×10^{-1}	CRC89	1.58×10^{-1}	1.65×10^{-5}	W			1.00	EPI	-7.70×10^{-1}	EPI	1.00×10^{6}	EPI
Methidathion	甲巯咪唑	950-37-8	3.02×10^{2}	EPI			4.22×10^{-2}	4.93×10^{-6}	W			2.12×10	EPI	2.20	EPI	1.87×10^{2}	EPI
Methomyl	灭多威	16752-77-5	1.62×10^{2}	EPI	1.29	CRC89	4.76×10^{-2}	8.37×10^{-6}	W			1.00×10	EPI	6.00×10^{-1}	EPI	5.80×10^{4}	EPI

续表

污染物名称		CAS 序号	分子量		密度		水和空气中扩散系数			分配系数						水溶解度	
英文	中文		MW	参考文献	Density/(g/cm³)	参考文献	Dia/(cm²/s)	Diw/（cm²/s）	参考文献	K_d/(L/kg)	参考文献	K_{oc}/(L/kg)	参考文献	logK_{ow}/(L/kg)	参考文献	S/(mg/L)	参考文献
Methoxy-5-nitroaniline，2-	2-甲氧基-5-硝基苯胺	99-59-2	1.68×10^{2}	EPI	1.21	CRC89	4.30×10^{-2}	7.85×10^{-6}	W			7.13×10	EPI	1.47	EPI	1.15×10^{2}	EPI
Methoxychlor	甲氧氯	72-43-5	3.46×10^{2}	EPI	1.41	CRC89	2.21×10^{-2}	5.59×10^{-6}	W			2.69×10^{4}	EPI	5.08	EPI	1.00×10^{-1}	EPI
Methoxyethanol Acetate，2-	2-乙二醇甲醚醋酸酯	110-49-6	1.18×10^{2}	EPI	1.01	CRC89	6.58×10^{-2}	8.71×10^{-6}	W			2.49	EPI	1.00×10^{-1}	EPI	1.00×10^{6}	EPI
Methoxyethanol，2-	乙二醇单甲醚	109-86-4	7.61×10	EPI	9.65×10^{-1}	CRC89	9.52×10^{-2}	1.10×10^{-5}	W			1.00	EPI	-7.70×10^{-1}	EPI	1.00×10^{6}	EPI
Methyl Acetate	醋酸甲酯	79-20-9	7.41×10	EPI	9.34×10^{-1}	CRC89	9.58×10^{-2}	1.10×10^{-5}	W			3.06	EPI	1.80×10^{-1}	EPI	2.43×10^{5}	EPI
Methyl Acrylate	丙烯酸甲酯	96-33-3	8.61×10	EPI	9.54×10^{-1}	CRC89	8.60×10^{-2}	1.02×10^{-5}	W			5.84	EPI	8.00×10^{-1}	EPI	4.94×10^{4}	EPI
Methyl Ethyl Ketone（2-Butanone）	2-丁酮	78-93-3	7.21×10	EPI	8.00×10^{-1}	CRC89	9.14×10^{-2}	1.02×10^{-5}	W			4.51	EPI	2.90×10^{-1}	EPI	2.23×10^{5}	EPI
Methyl Hydrazine	甲肼	60-34-4	4.61×10	EPI	8.66×10^{-1}	LANGE	1.29×10^{-1}	1.40×10^{-5}	W			1.33×10	EPI	−1.05	EPI	1.00×10^{6}	EPI
Methyl Isobutyl Ketone（4-methyl-2-pentanone）	甲基异丁基甲酮	108-10-1	1.00×10^{2}	EPI	7.97×10^{-1}	CRC89	6.98×10^{-2}	8.35×10^{-6}	W			1.26×10	EPI	1.31	EPI	1.90×10^{4}	EPI

续表

污染物名称		CAS序号	分子量		密度		水和空气中扩散系数			分配系数						水溶解度	
英文	中文		MW	参考文献	Density/(g/cm^3)	参考文献	Dia/(cm^2/s)	Diw/（cm^2/s）	参考文献	K_d/(L/kg)	参考文献	K_{oc}/(L/kg)	参考文献	logK_{ow}/(L/kg)	参考文献	S/(mg/L)	参考文献
Methyl Isocyanate	异氰酸甲酯	624-83-9	5.71×10	EPI	9.59×10^{-1}	CRC89	1.17×10^{-1}	1.31×10^{-5}	W			3.96×10	EPI	7.90×10^{-1}	YAWS	4.83×10^4	EPI
Methyl Methacrylate	甲基丙烯酸甲酯	80-62-6	1.00×10^2	EPI	9.38×10^{-1}	CRC89	7.50×10^{-2}	9.21×10^{-6}	W			9.14	EPI	1.38	EPI	1.50×10^4	EPI
Methyl Parathion	甲基对硫磷	298-00-0	2.63×10^2	EPI	1.36	CRC89	2.50×10^{-2}	6.44×10^{-6}	W			7.29×10^2	EPI	2.86	EPI	3.77×10	EPI
Methyl Phosphonic Acid	甲基膦酸	993-13-5	9.60×10	EPI			9.06×10^{-2}	1.06×10^{-5}	W			1.41	EPI	−1.00	EPI	2.00×10^4	EPI
Methyl Styrene（Mixed Isomers）	甲基苯乙烯	25013-15-4	1.18×10^2	EPI	8.90×10^{-1}	HSDB	6.23×10^{-2}	8.08×10^{-6}	W			7.16×10^2	EPI	3.44	EPI	8.90×10	EPI
Methyl methanesulfonate	甲基磺酸甲酯	66-27-3	1.10×10^2	EPI	1.29	CRC89	7.89×10^{-2}	1.06×10^{-5}	W			4.33	EPI	−6.60×10^{-1}	EPI	2.00×10^5	LANGE
Methyl tert-Butyl Ether（MTBE）	甲基叔丁基醚	1634-04-4	8.82×10	EPI	7.35×10^{-1}	CRC89	7.53×10^{-2}	8.59×10^{-6}	W			1.16×10	EPI	9.40×10^{-1}	EPI	5.10×10^4	EPI
Methyl-1, 4-benzenediamine dihydrochloride，2-	2-甲基-1，4-苯二胺二盐酸盐	615-45-2	1.95×10^2	EPI			5.65×10^{-2}	6.60×10^{-6}	W			2.02×10^2	EPI	−2.06	EPI	3.90×10^2	EPI

续表

污染物名称		CAS 序号	分子量		密度		水和空气中扩散系数			分配系数						水溶解度	
英文	中文		MW	参考文献	Density/(g/cm^3)	参考文献	Dia/(cm^2/s)	Diw/（cm^2/s）	参考文献	K_d/(L/kg)	参考文献	K_{oc}/(L/kg)	参考文献	logK_{ow}/(L/kg)	参考文献	S/(mg/L)	参考文献
Methyl-5-Nitroaniline，2-	5-硝基-邻-甲苯胺	99-55-8	1.52×10^{2}	EPI			6.67×10^{-2}	7.79×10^{-6}	W			1.79×10^{2}	EPI	1.87	EPI	6.13×10^{2}	EPI
Methyl-N-nitro-N-nitrosoguanidine，N-	N-甲基-N-硝基-N-亚硝基胍	70-25-7	1.47×10^{2}	EPI			6.82×10^{-2}	7.97×10^{-6}	W			7.20×10	EPI	-9.20×10^{-1}	EPI	1.00×10^{6}	EPI
Methylaniline Hydrochloride，2-	2-甲基苯胺盐酸盐	636-21-5	1.44×10^{2}	EPI			6.93×10^{-2}	8.09×10^{-6}	W			1.15×10^{2}	EPI	−2.06	EPI	4.59×10^{2}	EPI
Methylarsonic acid	甲基胂酸	124-58-3	1.40×10^{2}	EPI			7.05×10^{-2}	8.24×10^{-6}	W			4.39×10	EPI	−1.18	EPI	2.56×10^{5}	EPI
Methylbenzene，1-4-diamine monohydrochloride，2-	2-甲基苯-1-4 二胺盐酸盐	74612-12-7	1.59×10^{2}	OTHER			6.48×10^{-2}	7.58×10^{-6}	W								
Methylbenzene-1，4-diamine sulfate，2-	2-甲基苯-1，4-二胺硫酸盐	615-50-9	2.20×10^{2}	OTHER			5.21×10^{-2}	6.09×10^{-6}	W								
Methylcholanthrene，3-	3-甲基胆蒽	56-49-5	2.68×10^{2}	EPI	1.28	CRC89	2.41×10^{-2}	6.14×10^{-6}	W			9.62×10^{5}	EPI	6.42	EPI	2.90×10^{-3}	EPI

续表

污染物名称		CAS序号	分子量		密度		水和空气中扩散系数			分配系数						水溶解度	
英文	中文		MW	参考文献	Density/(g/cm^3)	参考文献	Dia/(cm^2/s)	Diw/（cm^2/s）	参考文献	K_d/(L/kg)	参考文献	K_{oc}/(L/kg)	参考文献	logK_{ow}/(L/kg)	参考文献	S/(mg/L)	参考文献
Methylene Chloride	二氯甲烷	75-09-2	8.49×10	EPI	1.33	CRC89	9.99×10^{-2}	1.25×10^{-5}	W			2.17×10	EPI	1.25	EPI	1.30×10^4	EPI
Methylene-bis（2-chloroaniline），4，4′-	4，4′-二氨基-3，3′-二氯二苯甲烷	101-14-4	2.67×10^2	EPI			4.58×10^{-2}	5.35×10^{-6}	W			5.70×10^3	EPI	3.91	EPI	1.39×10	EPI
Methylene-bis（N，N-dimethyl）Aniline，4，4′-	4，4′-亚甲基-双（N，N-二甲基）苯胺	101-61-1	2.54×10^2	EPI			4.73×10^{-2}	5.53×10^{-6}	W			2.67×10^3	EPI	4.37	EPI	5.49	EPI
Methylenebisbenzenamine，4，4′-	4，4′-亚甲基双苯胺	101-77-9	1.98×10^2	EPI			5.59×10^{-2}	6.53×10^{-6}	W			2.13×10^3	EPI	1.59	EPI	1.00×10^3	EPI
Methylenediphenyl Diisocyanate	亚甲基二异氰酸酯	101-68-8	2.50×10^2	EPI	1.20	CRC89	2.42×10^{-2}	6.15×10^{-6}	W			2.85×10^5	EPI	5.22	YAWS	1.84	EPI
Methylstyrene，Alpha-	α-甲基苯乙烯	98-83-9	1.18×10^2	EPI	9.11×10^{-1}	CRC89	6.29×10^{-2}	8.19×10^{-6}	W			6.98×10^2	EPI	3.48	EPI	1.16×10^2	EPI
Metolachlor	异丙甲草胺	51218-45-2	2.84×10^2	EPI	1.12	CRC89	2.19×10^{-2}	5.48×10^{-6}	W			4.89×10^2	EPI	3.13	EPI	5.30×10^2	EPI
Metribuzin	赛克津	21087-64-9	2.14×10^2	EPI	1.31	CRC89	2.73×10^{-2}	7.13×10^{-6}	W			5.31×10	EPI	1.70	EPI	1.05×10^3	EPI

续表

污染物名称		CAS 序号	分子量		密度		水和空气中扩散系数			分配系数						水溶解度	
英文	中文		MW	参考文献	Density/(g/cm^3)	参考文献	Dia/(cm^2/s)	Diw/（cm^2/s）	参考文献	K_d/(L/kg)	参考文献	K_{oc}/(L/kg)	参考文献	logK_{ow}/(L/kg)	参考文献	S/(mg/L)	参考文献
Mineral oils	矿物油	8012-95-1	1.70×10^2	EPI	8.77×10^{-1}	Chem Net	3.62×10^{-2}	6.43×10^{-6}	W			4.82×10^3	EPI	6.10	EPI	3.70×10^{-3}	EPI
Mirex	灭蚁灵	2385-85-5	5.46×10^2	EPI	2.25	Chem Net	2.19×10^{-2}	5.63×10^{-6}	W			3.57×10^5	EPI	6.89	EPI	8.50×10^{-2}	EPI
Molinate	禾草敌	2212-67-1	1.87×10^2	EPI	1.06	CRC89	3.16×10^{-2}	6.82×10^{-6}	W			1.82×10^2	EPI	3.21	EPI	9.70×10^2	EPI
Molybdenum	钼	7439-98-7	9.59×10	EPI	1.02×10	CRC89				2.00×10	BAES						
Monochloramine	一氯胺	10599-90-3	5.15×10	EPI													
Monomethylaniline	甲基苯胺	100-61-8	1.07×10^2	EPI	9.89×10^{-1}	CRC89	7.21×10^{-2}	9.13×10^{-6}	W			8.21×10	EPI	1.66	EPI	5.62×10^3	EPI
N，N′-Diphenyl-1-1，4-benzenediamine	N，N′-二苯基-1，4-苯二胺	74-31-7	2.60×10^2	EPI			4.66×10^{-2}	5.44×10^{-6}	W			5.19×10^4	EPI	4.04	YAWS	1.59	EPI
Naled	二溴磷	300-76-5	3.81×10^2	EPI	1.96	CRC89	2.46×10^{-2}	6.43×10^{-6}	W			1.27×10^2	EPI	1.38	EPI	1.50	EPI
Naphtha，High Flash Aromatic（HFAN）	石脑油，高闪点芳烃（HFAN）	64742-95-6														3.10×10	EPI
Naphthylamine，2-	2-萘胺	91-59-8	1.43×10^2	EPI	1.64	CRC89	6.45×10^{-2}	1.04×10^{-5}	W			2.48×10^3	EPI	2.28	EPI	1.89×10^2	EPI

续表

污染物名称		CAS 序号	分子量		密度		水和空气中扩散系数			分配系数						水溶解度	
英文	中文		MW	参考文献	Density/(g/cm^3)	参考文献	Dia/(cm^2/s)	Diw/(cm^2/s)	参考文献	K_d/(L/kg)	参考文献	K_{oc}/(L/kg)	参考文献	logK_{ow}/(L/kg)	参考文献	S/(mg/L)	参考文献
Napropamide	敌草胺	15299-99-7	2.71×10^2	EPI			4.53×10^{-2}	5.30×10^{-6}	W			3.22×10^3	EPI	3.36	EPI	7.30×10	EPI
Nickel Acetate	乙酸镍	373-02-4	1.77×10^2	PERRY	1.80	PERRY	4.62×10^{-2}	9.68×10^{-6}	W							1.66×10^5	PERRY
Nickel Carbonate	碳酸镍	3333-67-3	1.19×10^2	PERRY			7.87×10^{-2}	9.19×10^{-6}	W							9.30×10	PERRY
Nickel Carbonyl	羰基镍	13463-39-3	1.71×10^2	CRC89	1.31	CRC89	4.33×10^{-2}	8.17×10^{-6}	W							1.80×10^2	PERRY
Nickel Hydroxide	氢氧化镍	12054-48-7	9.27×10	OTHER													
Nickel Oxide	氧化镍	1313-99-1	7.47×10	EPI	6.72	CRC89											
Nickel Refinery Dust	镍粉尘	NA								1.50×10^2	BAES						
Nickel Soluble Salts	可溶性镍	7440-02-0	5.87×10	EPI	8.90	CRC89				6.50×10	SSL						
Nickel Subsulfide	硫化镍	12035-72-2	2.40×10^2	CRC89	5.87	CRC89											
Nickelocene	二茂镍	1271-28-9	1.89×10^2	CRC89			5.77×10^{-2}	6.74×10^{-6}	W								
Nitrate	硝酸钾	14797-55-8	6.20×10	EPI													

续表

污染物名称		CAS 序号	分子量		密度		水和空气中扩散系数			分配系数						水溶解度	
英文	中文		MW	参考文献	Density/(g/cm^3)	参考文献	Dia/(cm^2/s)	Diw/(cm^2/s)	参考文献	K_d/(L/kg)	参考文献	K_{oc}/(L/kg)	参考文献	logK_{ow}/(L/kg)	参考文献	S/(mg/L)	参考文献
Nitrate+Nitrite（as N）	亚硝酸盐	NA															
Nitrite	亚硝酸盐	14797-65-0	4.70×10	EPI													
Nitroaniline, 2-	2-硝基苯胺	88-74-4	1.38×10^{2}	EPI	9.02×10^{-1}	CRC89	5.19×10^{-2}	7.41×10^{-6}	W			1.11×10^{2}	EPI	1.85	EPI	1.47×10^{3}	EPI
Nitroaniline, 4-	4-硝基苯胺	100-01-6	1.38×10^{2}	EPI	1.42	CRC89	6.37×10^{-2}	9.75×10^{-6}	W			1.09×10^{2}	EPI	1.39	EPI	7.28×10^{2}	EPI
Nitro benzene	硝基苯	98-95-3	1.23×10^{2}	EPI	1.20	CRC89	6.81×10^{-2}	9.45×10^{-6}	W			2.26×10^{2}	EPI	1.85	EPI	2.09×10^{3}	EPI
Nitrocellulose	硝化纤维	9004-70-0	3.87×10^{2}	EPI			3.58×10^{-2}	4.18×10^{-6}	W			1.00×10	EPI	–4.56	EPI	1.00×10^{6}	EPI
Nitro furantoin	呋喃咀啶	67-20-9	2.38×10^{2}	EPI			4.95×10^{-2}	5.78×10^{-6}	W			1.17×10^{2}	EPI	-4.70×10^{-1}	EPI	7.95×10	EPI
Nitro furazone	呋喃西林	59-87-0	1.98×10^{2}	EPI			5.59×10^{-2}	6.53×10^{-6}	W			3.50×10^{2}	EPI	2.30×10^{-1}	EPI	2.10×10^{2}	EPI
Nitroglycerin	硝化甘油	55-63-0	2.27×10^{2}	EPI	1.59	CRC89	2.90×10^{-2}	7.74×10^{-6}	W			1.16×10^{2}	EPI	1.62	EPI	1.38×10^{3}	EPI
Nitro guanidine	硝基胍	556-88-7	1.04×10^{2}	EPI	2.00	Chem Net	9.97×10^{-2}	1.42×10^{-5}	W			2.07×10	EPI	-8.90×10^{-1}	EPI	4.40×10^{3}	EPI
Nitro methane	硝基甲烷	75-52-5	6.10×10	EPI	1.14	CRC89	1.19×10^{-1}	1.39×10^{-5}	W			1.03×10	EPI	-3.50×10^{-1}	EPI	1.11×10^{5}	EPI
Nitropropane, 2-	2-硝基丙烷	79-46-9	8.91×10	EPI	9.82×10^{-1}	CRC89	8.47×10^{-2}	1.02×10^{-5}	W			3.08×10	EPI	9.30×10^{-1}	EPI	1.70×10^{4}	EPI

续表

污染物名称		CAS 序号	分子量		密度		水和空气中扩散系数			分配系数						水溶解度		
英文	中文		MW	参考文献	Density/(g/cm^3)	参考文献	Dia/(cm^2/s)	Diw/（cm^2/s）	参考文献	K_d/(L/kg)	参考文献	K_{oc}/(L/kg)	参考文献	logK_{ow}/(L/kg)	参考文献	S/(mg/L)	参考文献
Nitroso-N-ethylurea，N-	N-亚硝基-N-乙基脲	759-73-9	1.17×10^2	EPI			7.94×10^{-2}	9.27×10^{-6}	W			2.10×10	EPI	2.30×10^{-1}	EPI	1.30×10^4	EPI
Nitroso-N-methylurea，N-	N-亚硝基-N-甲基脲	684-93-5	1.03×10^2	EPI			8.64×10^{-2}	1.01×10^{-5}	W			1.10×10	EPI	−3.00×10^{-2}	EPI	1.44×10^4	EPI
Nitroso-di-N-butylamine，N-	亚硝基二丁胺	924-16-3	1.58×10^2	EPI	9.01×10^{-1}	PubChem	4.22×10^{-2}	6.83×10^{-6}	W			9.15×10^2	EPI	2.63	EPI	1.27×10^3	EPI
Nitroso-di-N-propylamine，N-	N-亚硝基二正丙胺	621-64-7	1.30×10^2	EPI	9.16×10^{-1}	CRC89	5.64×10^{-2}	7.76×10^{-6}	W			2.75×10^2	EPI	1.36	EPI	1.30×10^4	EPI
Nitrosodiethanolamine，N-	二乙醇亚硝胺	1116-54-7	1.34×10^2	EPI			7.25×10^{-2}	8.47×10^{-6}	W			1.00	EPI	−1.28	EPI	1.00×10^6	EPI
Nitrosodiethylamine，N-	N-亚硝基二乙胺	55-18-5	1.02×10^2	EPI	9.42×10^{-1}	CRC89	7.38×10^{-2}	9.13×10^{-6}	W			8.29×10	EPI	4.80×10^{-1}	EPI	1.06×10^5	EPI
Nitrosodimethylamine，N-	N-亚硝基二甲胺	62-75-9	7.41×10	EPI	1.00	CRC89	9.88×10^{-2}	1.15×10^{-5}	W			2.28×10	EPI	−5.70×10^{-1}	EPI	1.00×10^6	EPI
Nitrosodiphenylamine，N-	N-亚硝基二苯胺	86-30-6	1.98×10^2	EPI			5.59×10^{-2}	6.53×10^{-6}	W			2.63×10^3	EPI	3.13	EPI	3.50×10	EPI
Nitrosomethylethylamine，N-	N-亚硝基甲基乙胺	10595-95-6	8.81×10	EPI	9.45×10^{-1}	PubChem	8.41×10^{-2}	9.99×10^{-6}	W			4.35×10	EPI	4.00×10^{-2}	EPI	3.00×10^5	EPI

续表

污染物名称		CAS 序号	分子量		密度		水和空气中扩散系数			分配系数						水溶解度	
英文	中文		MW	参考文献	Density/(g/cm³)	参考文献	Dia/(cm²/s)	Diw/（cm²/s）	参考文献	K_d/(L/kg)	参考文献	K_{oc}/(L/kg)	参考文献	$\log K_{ow}$/(L/kg)	参考文献	S/(mg/L)	参考文献
Nitrosomorpholine [N-]	N-亚硝基吗啉	59-89-2	1.16×10^2	EPI			7.98×10^{-2}	9.33×10^{-6}	W			2.25×10	EPI	-4.40×10^{-1}	EPI	1.00×10^6	EPI
Nitrosopiperidine [N-]	N-亚硝基哌啶	100-75-4	1.14×10^2	EPI	1.06	CRC89	6.99×10^{-2}	9.18×10^{-6}	W			1.68×10^2	EPI	3.60×10^{-1}	EPI	7.65×10^4	EPI
Nitrosopyrrolidine，N-	1-亚硝基吡咯烷	930-55-2	1.00×10^2	EPI	1.09	CRC89	8.00×10^{-2}	1.01×10^{-5}	W			9.19×10	EPI	-1.90×10^{-1}	EPI	1.00×10^6	EPI
Nitrotoluene，m-	3-硝基甲苯	99-08-1	1.37×10^2	EPI	1.16	CRC89	5.87×10^{-2}	8.65×10^{-6}	W			3.63×10^2	EPI	2.45	EPI	5.00×10^2	EPI
Nitrotoluene，o-	2-硝基甲苯	88-72-2	1.37×10^2	EPI	1.16	CRC89	5.88×10^{-2}	8.67×10^{-6}	W			3.71×10^2	EPI	2.30	EPI	6.50×10^2	EPI
Nitrotoluene，p-	4-硝基甲苯	99-99-0	1.37×10^2	EPI	1.10	CRC89	5.74×10^{-2}	8.41×10^{-6}	W			3.63×10^2	EPI	2.37	EPI	4.42×10^2	EPI
Nonane，*n*-	*n*-壬烷	111-84-2	1.28×10^2	EPI	7.19×10^{-1}	CRC89	5.14×10^{-2}	6.77×10^{-6}	W			7.96×10^2	EPI	5.65	EPI	2.20×10^{-1}	EPI
Norflurazon	达草灭	27314-13-2	3.04×10^2	EPI			4.21×10^{-2}	4.91×10^{-6}	W			3.12×10^3	EPI	2.30	EPI	3.37×10	EPI
Nustar	福星	85509-19-9	3.15×10^2	EPI			4.10×10^{-2}	4.79×10^{-6}	W			8.11×10^4	EPI	3.70	EPI	5.40×10	EPI
Octabromodiphenyl Ether	八溴二苯醚	32536-52-0	8.01×10^2	EPI			2.20×10^{-2}	2.57×10^{-6}	W			9.90×10^4	EPI	8.71	EPI	7.43×10^{-5}	EPI
Octahydro-1，3，5，7-tetranitro-1，3，5，7-tetrazocine（HMX）	奥克托今	2691-41-0	2.96×10^2	EPI			4.28×10^{-2}	5.00×10^{-6}	W			5.32×10^2	EPI	1.60×10^{-1}	EPI	5.00	EPI

续表

污染物名称		CAS 序号	分子量		密度		水和空气中扩散系数			分配系数						水溶解度		
英文	中文		MW	参考文献	Density/(g/cm^3)	参考文献	Dia/(cm^2/s)	Diw/（cm^2/s）	参考文献	K_d/(L/kg)	参考文献	K_{oc}/(L/kg)	参考文献	logK_{ow}/(L/kg)	参考文献	S/(mg/L)	参考文献
Octamethyl pyrophosph oramide	八甲磷	152-16-9	2.86×10^2	EPI	1.09	CRC89	2.15×10^{-2}	5.37×10^{-6}	W			2.01×10	EPI	−1.01	EPI	1.00×10^6	EPI
Oryzalin	安磺灵	19044-88-3	3.46×10^2	EPI			3.85×10^{-2}	4.50×10^{-6}	W			8.25×10^2	EPI	3.73	EPI	2.50	EPI
Oxadiazon	噁草酮	19666-30-9	3.45×10^2	EPI			3.86×10^{-2}	4.51×10^{-6}	W			5.00×10^3	EPI	4.80	EPI	7.00×10^{-1}	EPI
Oxamyl	杀线威	23135-22-0	2.19×10^2	EPI	9.70×10^{-1}	CRC89	2.35×10^{-2}	5.87×10^{-6}	W			1.00×10	EPI	-4.70×10^{-1}	EPI	2.80×10^5	EPI
Paclo butrazol	多效唑	76738-62-0	2.94×10^2	EPI	1.22	CRC89	2.24×10^{-2}	5.65×10^{-6}	W			9.23×10^2	EPI	3.20	EPI	2.60×10	EPI
Paraquat Dichloride	百草枯	1910-42-5	2.57×10^2	EPI			4.70×10^{-2}	5.49×10^{-6}	W			6.78×10^3	EPI	−4.50	EPI	7.00×10^5	EPI
Parathion	对硫磷	56-38-2	2.91×10^2	EPI	1.27	CRC89	2.29×10^{-2}	5.82×10^{-6}	W			2.42×10^3	EPI	3.83	EPI	1.10×10	EPI
Pebulate	克草猛	1114-71-2	2.03×10^2	EPI	9.46×10^{-1}	CRC89	2.41×10^{-2}	6.05×10^{-6}	W			2.99×10^2	EPI	3.83	EPI	1.00×10^2	EPI
Pendi methalin	二甲戊乐灵	40487-42-1	2.81×10^2	EPI	1.19	CRC89	2.27×10^{-2}	5.72×10^{-6}	W			5.62×10^3	EPI	5.18	EPI	3.00×10^{-1}	EPI
Pentabromo diphenyl Ether	五溴联苯醚	32534-81-9	5.65×10^2	EPI			2.78×10^{-2}	3.25×10^{-6}	W			2.17×10^4	EPI	6.84	EPI	9.00×10^{-7}	EPI
Pentabromo diphenyl ether，2，2′，4，4′，5-（BDE-99）	2，2′，4，4′，5-（BDE-99）-五溴联苯醚	60348-60-9	5.65×10^2	EPI	2.28	IRIS	2.16×10^{-2}	5.56×10^{-6}	W			2.17×10^4	EPI	7.66	EPI	1.07×10^{-2}	EPI

续表

污染物名称		CAS 序号	分子量		密度		水和空气中扩散系数			分配系数						水溶解度	
英文	中文		MW	参考文献	Density/(g/cm^3)	参考文献	Dia/(cm^2/s)	Diw/（cm^2/s）	参考文献	K_d/(L/kg)	参考文献	K_{oc}/(L/kg) K_{oc}/(L/kg)	参考文献	$\log K_{ow}$/(L/kg)	参考文献	S/(mg/L)	参考文献
Pentachlorobenzene	五氯苯	608-93-5	2.50×10^{2}	EPI	1.83	CRC89	2.94×10^{-2}	7.95×10^{-6}	W			3.71×10^{3}	EPI	5.17	EPI	8.31×10^{-1}	EPI
Pentachloroethane	五氯乙烷	76-01-7	2.02×10^{2}	EPI	1.68	CRC89	3.15×10^{-2}	8.57×10^{-6}	W			1.36×10^{2}	EPI	3.22	EPI	4.80×10^{2}	EPI
Pentachloronitrobenzene	五氯硝基苯	82-68-8	2.95×10^{2}	EPI	1.72	CRC89	2.63×10^{-2}	6.92×10^{-6}	W			6.00×10^{3}	EPI	4.64	EPI	4.40×10^{-1}	EPI
Pentachlorophenol	五氯苯酚	87-86-5	2.66×10^{2}	EPI	1.98	CRC89	2.95×10^{-2}	8.01×10^{-6}	W			4.96×10^{3}	EPI	5.12	EPI	1.40×10	EPI
Pentaerythritol tetranitrate（PETN）	季戊四醇四硝酸酯	78-11-5	3.16×10^{2}	EPI	1.77	CRC89	2.58×10^{-2}	6.77×10^{-6}	W			6.48×10^{2}	EPI	2.38	YAWS	4.30×10	EPI
Pentane，n-	正戊烷	109-66-0	7.22×10	EPI	6.26×10^{-1}	CRC89	8.21×10^{-2}	8.80×10^{-6}	W			7.22×10	EPI	3.39	EPI	3.80×10	EPI
Perchlorates	高氯酸盐																
Ammonium Perchlorate	高氯酸铵	7790-98-9	1.17×10^{2}	EPI	1.95	CRC89										2.00×10^{5}	EPI
Lithium Perchlorate	高氯酸锂	7791-03-9	1.06×10^{2}	CRC89	2.43	CRC89										5.87×10^{5}	CRC89
Perchlorate and Perchlorate Salts	高氯酸盐	14797-73-0	1.17×10^{2}	CRC89												2.45×10^{5}	CRC89

续表

污染物名称		CAS序号	分子量		密度		水和空气中扩散系数			分配系数						水溶解度	
英文	中文		MW	参考文献	Density/(g/cm^3)	参考文献	Dia/(cm^2/s)	Diw/(cm^2/s)	参考文献	K_d/(L/kg)	参考文献	K_{oc}/(L/kg)	参考文献	$\log K_{ow}$/(L/kg)	参考文献	S/(mg/L)	参考文献
Potassium Perchlorate	高氯酸钾	7778-74-7	1.39×10^{2}	EPI	2.52	CRC89										1.50×10^{4}	EPI
Sodium Perchlorate	高氯酸钠	7601-89-0	1.22×10^{2}	EPI	2.52	CRC89										2.10×10^{6}	EPI
Perfluorobutane Sulfonate	磺化十氯丁烷	375-73-5	3.00×10^{2}	EPI	1.85	LookChem	2.70×10^{-2}	7.16×10^{-6}	W			1.77×10^{2}	EPI	1.82	EPI	8.86×10^{3}	EPI
Permethrin	二氯苯醚菊酯	52645-53-1	3.91×10^{2}	EPI	1.23	CRC89	1.94×10^{-2}	4.78×10^{-6}	W			1.19×10^{5}	EPI	6.50	EPI	6.00×10^{-3}	EPI
Phenacetin	非那西汀	62-44-2	1.79×10^{2}	EPI			5.98×10^{-2}	6.98×10^{-6}	W			4.10×10	EPI	1.58	EPI	7.66×10^{2}	EPI
Phenmedipham	苯敌草	13684-63-4	3.00×10^{2}	EPI			4.24×10^{-2}	4.95×10^{-6}	W			2.59×10^{3}	EPI	3.59	EPI	4.70	EPI
Phenol	苯酚	108-95-2	9.41×10	EPI	1.05	CRC89	8.34×10^{-2}	1.03×10^{-5}	W			1.87×10^{2}	EPI	1.46	EPI	8.28×10^{4}	EPI
Phenothiazine	硫代二苯胺	92-84-2	1.99×10^{2}	EPI	1.34	PubChem	2.90×10^{-2}	7.55×10^{-6}	W			1.48×10^{3}	EPI	4.15	EPI	1.59	EPI
Phenylenediamine，m-	间苯二胺	108-45-2	1.08×10^{2}	EPI	1.01	CRC89	7.21×10^{-2}	9.19×10^{-6}	W			3.38×10	EPI	-3.30×10^{-1}	EPI	2.38×10^{5}	EPI
Phenylenediamine，o-	邻苯二胺	95-54-5	1.08×10^{2}	EPI			8.37×10^{-2}	9.78×10^{-6}	W			3.45×10	EPI	1.50×10^{-1}	EPI	4.04×10^{4}	EPI
Phenylenediamine，p-	对苯二胺	106-50-3	1.08×10^{2}	EPI			8.37×10^{-2}	9.78×10^{-6}	W			3.38×10	EPI	-3.00×10^{-1}	EPI	3.70×10^{4}	EPI

续表

污染物名称		CAS 序号	分子量		密度		水和空气中扩散系数			分配系数						水溶解度	
英文	中文		MW	参考文献	Density/(g/cm^3)	参考文献	Dia/(cm^2/s)	Diw/（cm^2/s）	参考文献	K_d/(L/kg)	参考文献	K_{oc}/(L/kg)	参考文献	logK_{ow}/(L/kg)	参考文献	S/(mg/L)	参考文献
Phenyl phenol，2-	2-苯基苯酚	90-43-7	1.70×10^2	EPI	1.21	CRC89	4.21×10^{-2}	7.82×10^{-6}	W			6.72×10^3	EPI	3.09	EPI	7.00×10^2	EPI
Phorate	甲拌磷	298-02-2	2.60×10^2	EPI	1.16	CRC89	2.33×10^{-2}	5.90×10^{-6}	W			4.60×10^2	EPI	3.56	EPI	5.00×10	EPI
Phosgene	碳酰氯	75-44-5	9.89×10	EPI	1.37	CRC89	8.93×10^{-2}	1.17×10^{-5}	W			1.00	EPI	-7.10×10^{-1}	YAWS	6.83×10^3	YAWS
Phosmet	亚胺硫磷	732-11-6	3.17×10^2	EPI			4.08×10^{-2}	4.77×10^{-6}	W			1.00×10	EPI	2.78	EPI	2.44×10	EPI
Phosphates，Inorganic	磷酸盐，无机物																
Aluminum metaphosphate	偏磷酸铝	13776-88-0	2.64×10^2	CRC89	2.78	CRC89											
Ammonium polyphosphate	多聚磷酸铵	68333-79-9															
Calcium pyrophosphate	焦磷酸钙	7790-76-3	2.54×10^2	CRC89	3.09	CRC89											
Diammonium phosphate	磷酸氢二铵	7783-28-0	1.32×10^2	EPI													
Dicalcium phosphate	磷酸氢二钙	7757-93-9	1.36×10^2	EPI													

续表

污染物名称		CAS 序号	分子量		密度		水和空气中扩散系数			分配系数						水溶解度	
英文	中文		MW	参考文献	Density/(g/cm^3)	参考文献	Dia/(cm^2/s)	Diw/（cm^2/s）	参考文献	K_d/(L/kg)	参考文献	K_{oc}/(L/kg)	参考文献	logK_{ow}/(L/kg)	参考文献	S/(mg/L)	参考文献
Dimagnesium phosphate	磷酸氢二镁	7782-75-4	1.74×10^2	CRC 89	2.12	CRC89											
Dipotassium phosphate	磷酸氢二钾	7758-11-4	1.74×10^2	EPI													
Disodium phosphate	磷酸氢二钠	7558-79-4	1.42×10^2	EPI													
Monoaluminum phosphate	磷酸二氢铝	13530-50-2	3.18×10^2	CRC 89													
Monoammonium phosphate	磷酸二氢铵	7722-76-1	1.15×10^2	EPI													
Mono calcium phosphate	磷酸二氢钙	7758-23-8	2.34×10^2	EPI													
Monomagnesium phosphate	磷酸二氢镁	7757-86-0	1.20×10^2	CRC 89													
Mono potassium phosphate	磷酸二氢钾	7778-77-0	1.36×10^2	EPI													
Monosodium phosphate	磷酸二氢钠	7558-80-7	1.20×10^2	EPI													

续表

污染物名称		CAS 序号	分子量		密度		水和空气中扩散系数			分配系数						水溶解度	
英文	中文		MW	参考文献	Density/(g/cm^3)	参考文献	Dia/(cm^2/s)	Diw/(cm^2/s)	参考文献	K_d/(L/kg)	参考文献	K_{oc}/(L/kg)	参考文献	logK_{ow}/(L/kg)	参考文献	S/(mg/L)	参考文献
Polyphosphoric acid	多聚磷酸	8017-16-1	2.58×10^2	EPI													
Potassium tripolyphosphate	三聚磷酸钾	13845-36-8	4.48×10^2	OTHER													
Sodium acid pyrophosphate	酸式焦磷酸钠	7758-16-9	2.22×10^2	EPI													
Sodium aluminum phosphate（acidic）	酸式铝磷酸钠	7785-88-8	1.45×10^2	OTHER													
Sodium aluminum phosphate（anhydrous）	无水铝磷酸钠	10279-59-1															
Sodium aluminum phosphate（tetrahydrate）	四水合铝磷酸钠	10305-76-7	9.50×10^2	OTHER													
Sodium hexametaphosphate	六偏磷酸钠	10124-56-8	6.11×10^2	CRC 89													

续表

污染物名称		CAS 序号	分子量		密度		水和空气中扩散系数			分配系数						水溶解度	
英文	中文		MW	参考文献	Density/(g/cm^3)	参考文献	Dia/(cm^2/s)	Diw/（cm^2/s）	参考文献	K_d/(L/kg)	参考文献	K_{oc}/(L/kg)	参考文献	logK_{ow}/(L/kg)	参考文献	S/(mg/L)	参考文献
Sodium polyphosphate	聚磷酸钠	68915-31-1	3.60×10^2	EPI													
Sodium trimetaphosphate	三偏磷酸钠	7785-84-4	3.06×10^2	EPI													
Sodium tripolyphosphate	三聚磷酸钠	7758-29-4	3.68×10^2	EPI													
Tetrapotassium phosphate	磷酸四钾	7320-34-5	3.30×10^2	EPI													
Tetrasodium pyrophosphate	焦磷酸四钠	7722-88-5	2.66×10^2	EPI													
~ Trialuminum sodium tetra decahydrogenoctaorthophosphate（dihydrate）	—	15136-87-5	8.88×10^2	OTHER													
Tricalcium phosphate	磷酸三钙	7758-87-4	3.10×10^2	CRC89	3.14	CRC89											
Trimagnesium phosphate	磷酸三镁	7757-87-1	2.63×10^2	CRC89													

续表

污染物名称		CAS 序号	分子量		密度		水和空气中扩散系数			分配系数						水溶解度	
英文	中文		MW	参考文献	Density/(g/cm^3)	参考文献	Dia/(cm^2/s)	Diw/(cm^2/s)	参考文献	K_d/(L/kg)	参考文献	K_{oc}/(L/kg)	参考文献	$\log K_{ow}$/(L/kg)	参考文献	S/(mg/L)	参考文献
Tripo tassium phosphate	磷酸三钾	7778-53-2	2.12×10^{2}	EPI													
Trisodium phosphate	磷酸三钠	7601-54-9	1.64×10^{2}	EPI													
Phosphine	磷化三氢	7803-51-2	3.40×10	EPI	1.39	CRC89	1.88×10^{-1}	2.23×10^{-5}	W					-2.70×10^{-1}	OTHER	2.60×10^{5}	PERRY
Phosphoric Acid	磷酸	7664-38-2	9.80×10	EPI	1.83	PERRY										5.48×10^{6}	CRC89
Phosphorus, White	磷	7723-14-0	3.10×10	CRC89	1.82	CRC89	2.19×10^{-1}	2.77×10^{-5}	W	3.50	BAES			3.08	OTHER	3.00	ATSDR Profile
Phthalates	邻苯二甲酸酯																
Bis（2-ethylhexyl）phthalate	双(2-乙基己基）邻苯二甲酸酯	117-81-7	3.91×10^{2}	EPI	9.81×10^{-1}	CRC89	1.73×10^{-2}	4.18×10^{-6}	W			1.20×10^{5}	EPI	7.60	EPI	2.70×10^{-1}	EPI
Butyl phthalyl Butylglycolate	#N/A	85-70-1	3.36×10^{2}	EPI	1.10	LANGE	1.99×10^{-2}	4.90×10^{-6}	W			1.12×10^{4}	EPI	4.15	EPI	8.47	EPI
Dibutyl Phthalate	邻苯二甲酸二丁酯	84-74-2	2.78×10^{2}	EPI	1.05	CRC89	2.14×10^{-2}	5.33×10^{-6}	W			1.16×10^{3}	EPI	4.50	EPI	1.12×10	EPI

续表

污染物名称		CAS 序号	分子量		密度		水和空气中扩散系数			分配系数						水溶解度	
英文	中文		MW	参考文献	Density/(g/cm^3)	参考文献	Dia/(cm^2/s)	Diw/(cm^2/s)	参考文献	K_d/(L/kg)	参考文献	K_{oc}/(L/kg)	参考文献	logK_{ow}/(L/kg)	参考文献	S/(mg/L)	参考文献
Diethyl Phthalate	邻苯二甲酸二乙酯	84-66-2	2.22×10^2	EPI	1.23	CRC89	2.61×10^{-2}	6.72×10^{-6}	W			1.05×10^2	EPI	2.42	EPI	1.08×10^3	EPI
Dimethylterephthalate	对邻苯二甲酸二甲酯	120-61-6	1.94×10^2	EPI	1.08	CRC89	2.85×10^{-2}	6.72×10^{-6}	W			3.10×10	EPI	2.25	EPI	1.90×10	EPI
Octyl Phthalate, di-N-	邻苯二甲酸辛酯	117-84-0	3.91×10^2	EPI			3.56×10^{-2}	4.15×10^{-6}	W			1.41×10^5	EPI	8.10	EPI	2.20×10^{-2}	EPI
Phthalic Acid, P-	对苯二甲酸	100-21-0	1.66×10^2	EPI	1.51	PERRY	4.87×10^{-2}	9.04×10^{-6}	W			7.92×10	EPI	2.00	EPI	1.50×10	EPI
Phthalic Anhydride	邻苯二甲酸酐	85-44-9	1.48×10^2	EPI	1.53	CRC89	5.95×10^{-2}	9.75×10^{-6}	W			1.00×10	EPI	1.60	EPI	6.20×10^3	EPI
Picloram	毒莠定	1918-02-1	2.41×10^2	EPI			4.90×10^{-2}	5.73×10^{-6}	W			3.88×10	EPI	1.90	EPI	4.30×10^2	EPI
Picramic Acid（2-Amino-4，6-dinitrophenol）	苦氨酸（2-氨基-4，6-二硝基酚）	96-91-3	1.99×10^2	EPI			5.57×10^{-2}	6.51×10^{-6}	W			2.27×10^2	EPI	9.30×10^{-1}	EPI	1.40×10^3	EPI
Pirimiphos，Methyl	甲基-嘧啶磷	29232-93-7	3.05×10^2	EPI	1.17	CRC89	2.15×10^{-2}	5.39×10^{-6}	W			3.75×10^2	EPI	4.20	EPI	8.60	EPI
Polybrominated Biphenyls	多溴联苯	59536-65-1															

续表

污染物名称		CAS 序号	分子量		密度		水和空气中扩散系数			分配系数						水溶解度	
英文	中文		MW	参考文献	Density/(g/cm^3)	参考文献	Dia/(cm^2/s)	Diw/(cm^2/s)	参考文献	K_d/(L/kg)	参考文献	K_{oc}/(L/kg)	参考文献	logK_{ow}/(L/kg)	参考文献	S/(mg/L)	参考文献
Polychlorinated Biphenyls（PCBs）	多氯联苯																
Aroclor 1016	氯化二苯 1016	12674-11-2	2.58×10^{2}	EPI	1.37	ATSDR Profile	2.54×10^{-2}	6.56×10^{-6}	W			4.77×10^{4}	EPI	5.69	EPI	4.20×10^{-1}	EPI
Aroclor 1221	氯化二苯 1221	11104-28-2	1.89×10^{2}	EPI	1.18	ATSDR Profile	3.25×10^{-2}	7.23×10^{-6}	W			8.40×10^{3}	EPI	4.65	EPI	1.50×10	EPI
Aroclor 1232	氯化二苯 1232	11141-16-5	1.89×10^{2}	EPI	1.26	ATSDR Profile	3.34×10^{-2}	7.52×10^{-6}	W			8.40×10^{3}	EPI	4.40	EPI	1.45	EPI
Aroclor 1242	氯化二苯 1242	53469-21-9	2.92×10^{2}	EPI	1.38	ATSDR Profile	2.39×10^{-2}	6.11×10^{-6}	W			7.81×10^{4}	EPI	6.34	EPI	2.77×10^{-1}	EPI
Aroclor 1248	氯化二苯 1248	12672-29-6	2.92×10^{2}	EPI	1.41	HSDB	2.41×10^{-2}	6.18×10^{-6}	W			7.65×10^{4}	EPI	6.20	EPI	1.00×10^{-1}	EPI
～Aroclor 1254	氯化二苯 1254	11097-69-1	3.26×10^{2}	EPI	1.54	ATSDR Profile	2.37×10^{-2}	6.10×10^{-6}	W			1.31×10^{5}	EPI	6.50	EPI	4.30×10^{-2}	EPI
～Aroclor 1260	氯化二苯 1260	11096-82-5	3.95×10^{2}	EPI	1.62	ATSDR Profile	2.20×10^{-2}	5.61×10^{-6}	W			3.50×10^{5}	EPI	7.55	EPI	1.44×10^{-2}	EPI
～Aroclor 5460	氯化二苯 5460	11126-42-4	2.92×10^{2}	EPI	1.65	LookChem	2.59×10^{-2}	6.80×10^{-6}	W			8.13×10^{4}	EPI	6.34	EPI	3.22×10^{-2}	EPI

续表

污染物名称		CAS序号	分子量		密度		水和空气中扩散系数			分配系数						水溶解度	
英文	中文		MW	参考文献	Density/(g/cm^3)	参考文献	Dia/(cm^2/s)	Diw/(cm^2/s)	参考文献	K_d/(L/kg)	参考文献	K_{oc}/(L/kg)	参考文献	logK_{ow}/(L/kg)	参考文献	S/(mg/L)	参考文献
Heptachlorobiphenyl, 2, 3, 3′, 4, 4′, 5, 5′-(PCB 189)	多氯联苯189	39635-31-9	3.95×10^{2}	EPI	1.66	LookChem	2.23×10^{-2}	5.69×10^{-6}	W			3.50×10^{5}	EPI	8.27	EPI	7.53×10^{-4}	EPI
Hexachlorobiphenyl, 2, 3′, 4, 4′, 5, 5′-(PCB 167)	多氯联苯167	52663-72-6	3.61×10^{2}	EPI	1.59	LookChem	2.29×10^{-2}	5.86×10^{-6}	W			2.09×10^{5}	EPI	7.50	EPI	2.23×10^{-3}	EPI
Hexachlorobiphenyl, 2, 3, 3′, 4, 4′, 5′-(PCB 157)	多氯联苯157	69782-90-7	3.61×10^{2}	EPI	1.59	I	2.29×10^{-2}	5.86×10^{-6}	W			2.14×10^{5}	EPI	7.60	EPI	1.65×10^{-3}	EPI
Hexachlorobiphenyl, 2, 3, 3′, 4, 4′, 5-(PCB 156)	多氯联苯156	38380-08-4	3.61×10^{2}	EPI	1.59	LookChem	2.29×10^{-2}	5.86×10^{-6}	W			2.14×10^{5}	EPI	7.60	EPI	5.33×10^{-3}	EPI
Hexachlorobiphenyl, 3, 3′, 4, 4′, 5, 5′-(PCB 169)	多氯联苯169	32774-16-6	3.61×10^{2}	EPI	1.59	LookChem	2.29×10^{-2}	5.86×10^{-6}	W			2.09×10^{5}	EPI	7.41	EPI	5.10×10^{-4}	EPI

续表

污染物名称		CAS序号	分子量		密度		水和空气中扩散系数			分配系数						水溶解度	
英文	中文		MW	参考文献	Density/(g/cm^3)	参考文献	Dia/(cm^2/s)	Diw/(cm^2/s)	参考文献	K_d/(L/kg)	参考文献	K_{oc}/(L/kg)	参考文献	logK_{ow}/(L/kg)	参考文献	S/(mg/L)	参考文献
Pentachloro biphenyl, 2′, 3, 4, 4′, 5-（PCB 123）	多氯联苯123	65510-44-3	3.26×10^{2}	EPI	1.52	LookChem	2.36×10^{-2}	6.06×10^{-6}	W			1.31×10^{5}	EPI	6.98	EPI	1.60×10^{-2}	EPI
Pentachloro biphenyl, 2, 3′, 4, 4′, 5-（PCB 118）	多氯联苯118	31508-00-6	3.26×10^{2}	EPI	1.52	LookChem	2.36×10^{-2}	6.06×10^{-6}	W			1.28×10^{5}	EPI	7.12	EPI	1.34×10^{-2}	EPI
Pentachloro biphenyl, 2, 3, 3′, 4, 4′-（PCB 105）	多氯联苯105	32598-14-4	3.26×10^{2}	EPI	1.52	LookChem	2.36×10^{-2}	6.06×10^{-6}	W			1.31×10^{5}	EPI	6.79	EPI	3.40×10^{-3}	EPI
Pentachloro biphenyl, 2, 3, 4, 4′, 5-（PCB 114）	多氯联苯114	74472-37-0	3.26×10^{2}	EPI	1.52	LookChem	2.36×10^{-2}	6.06×10^{-6}	W			1.31×10^{5}	EPI	6.98	EPI	1.60×10^{-2}	EPI
Pentachloro biphenyl, 3, 3′, 4, 4′, 5-（PCB 126）	多氯联苯126	57465-28-8	3.26×10^{2}	EPI	1.52	LookChem	2.36×10^{-2}	6.06×10^{-6}	W			1.28×10^{5}	EPI	6.98	EPI	7.33×10^{-3}	EPI

续表

污染物名称		CAS序号	分子量		密度		水和空气中扩散系数			分配系数						水溶解度	
英文	中文		MW	参考文献	Density/(g/cm^3)	参考文献	Dia/(cm^2/s)	Diw/(cm^2/s)	参考文献	K_d/(L/kg)	参考文献	K_{oc}/(L/kg)	参考文献	$\log K_{ow}$/(L/kg)	参考文献	S/(mg/L)	参考文献
Polychlorinated Biphenyls (high risk)	多氯联苯（高风险）	1336-36-3	2.92×10^{2}	EPI	1.44	HSDB	2.43×10^{-2}	6.27×10^{-6}	W			7.81×10^{4}	EPI	7.10	EPI	7.00×10^{-1}	SSL
Polychlorinated Biphenyls (low risk)	多氯联苯（低风险）	1336-36-3	2.92×10^{2}	EPI	1.44	HSDB	2.43×10^{-2}	6.27×10^{-6}	W			7.81×10^{4}	EPI	7.10	EPI	7.00×10^{-1}	SSL
Polychlorinated Biphenyls (lowest risk)	多氯联苯（最低风险）	1336-36-3	2.92×10^{2}	EPI	1.44	HSDB	2.43×10^{-2}	6.27×10^{-6}	W			7.81×10^{4}	EPI	7.10	EPI	7.00×10^{-1}	SSL
Tetrachlorobiphenyl, 3, 3′, 4, 4′- (PCB 77)	多氯联苯77	32598-13-3	2.92×10^{2}	EPI			4.32×10^{-2}	5.04×10^{-6}	W			7.81×10^{4}	EPI	6.63	EPI	5.69×10^{-4}	EPI
Tetrachlorobiphenyl, 3, 4, 4′, 5- (PCB 81)	多氯联苯81	70362-50-4	2.92×10^{2}	EPI	1.44	LookChem	2.43×10^{-2}	6.27×10^{-6}	W			7.81×10^{4}	EPI	6.34	EPI	3.22×10^{-2}	EPI
Polymeric Methylene Diphenyl Diisocyanate (PMDI)	聚合二苯基甲烷二异氰酸酯	9016-87-9	5.13×10^{2}	EPI			2.97×10^{-2}	3.47×10^{-6}	W			1.00E+10	EPI	1.05×10	EPI	1.76×10^{-6}	EPI

续表

污染物名称		CAS 序号	分子量		密度		水和空气中扩散系数			分配系数						水溶解度	
英文	中文		MW	参考文献	Density/(g/cm^3)	参考文献	Dia/(cm^2/s)	Diw/(cm^2/s)	参考文献	K_d/(L/kg)	参考文献	K_{oc}/(L/kg)	参考文献	logK_{ow}/(L/kg)	参考文献	S/(mg/L)	参考文献
Polynuclear Aromatic Hydrocarbons（PAHs）	多环芳烃																
～Acenaphthene	苊	83-32-9	1.54×10^{2}	EPI	1.22	CRC89	5.06×10^{-2}	8.33×10^{-6}	W			5.03×10^{3}	EPI	3.92	EPI	3.90	EPI
～Anthracene	蒽	120-12-7	1.78×10^{2}	EPI	1.28	CRC89	3.90×10^{-2}	7.85×10^{-6}	W			1.64×10^{4}	EPI	4.45	EPI	4.34×10^{-2}	EPI
Benz（a）anthracene	苯并（a）蒽	56-55-3	2.28×10^{2}	EPI	1.27	PubChem	2.61×10^{-2}	6.75×10^{-6}	W			1.77×10^{5}	EPI	5.76	EPI	9.40×10^{-3}	EPI
Benzo（j）fluoranthene	苯并（j）荧蒽	205-82-3	2.52×10^{2}	EPI			4.76×10^{-2}	5.56×10^{-6}	W			5.99×10^{5}	EPI	6.11	EPI	2.50×10^{-3}	EPI
Benzo（a）pyrene	苯并（a）芘	50-32-8	2.52×10^{2}	EPI			4.76×10^{-2}	5.56×10^{-6}	W			5.87×10^{5}	EPI	6.13	EPI	1.62×10^{-3}	EPI
Benzo（b）fluoranthene	苯并（b）荧蒽	205-99-2	2.52×10^{2}	EPI			4.76×10^{-2}	5.56×10^{-6}	W			5.99×10^{5}	EPI	5.78	EPI	1.50×10^{-3}	EPI
Benzo（k）fluoranthene	苯并（k）荧蒽	207-08-9	2.52×10^{2}	EPI			4.76×10^{-2}	5.56×10^{-6}	W			5.87×10^{5}	EPI	6.11	EPI	8.00×10^{-4}	EPI
Chloronaphthalene, Beta-	β-氯萘	91-58-7	1.63×10^{2}	EPI	1.14	CRC89	4.47×10^{-2}	7.73×10^{-6}	W			2.48×10^{3}	EPI	3.90	EPI	1.17×10	EPI

续表

污染物名称		CAS序号	分子量		密度		水和空气中扩散系数			分配系数						水溶解度	
英文	中文		MW	参考文献	Density/(g/cm^3)	参考文献	Dia/(cm^2/s)	Diw/（cm^2/s）	参考文献	K_d/(L/kg)	参考文献	K_{oc}/(L/kg)	参考文献	logK_{ow}/(L/kg)	参考文献	S/(mg/L)	参考文献
Chrysene	䓛	218-01-9	2.28×10^2	EPI	1.27	CRC89	2.61×10^{-2}	6.75×10^{-6}	W			1.81×10^5	EPI	5.81	EPI	2.00×10^{-3}	EPI
Dibenz(a, h)anthracene	二苯（a，h）蒽	53-70-3	2.78×10^2	EPI			4.46×10^{-2}	5.21×10^{-6}	W			1.91×10^6	EPI	6.75	EPI	2.49×10^{-3}	EPI
Dibenzo（a，e）pyrene	二苯（a，e）芘	192-65-4	3.02×10^2	EPI			4.22×10^{-2}	4.93×10^{-6}	W			6.48×10^6	EPI	7.71	EPI	4.25×10^{-5}	EPI
Dimethylbenz（a）anthracene，7，12-	7，12-二甲蒽	57-97-6	2.56×10^2	EPI			4.71×10^{-2}	5.50×10^{-6}	W			4.94×10^5	EPI	5.80	EPI	6.10×10^{-2}	EPI
Fluoranthene	荧蒽	206-44-0	2.02×10^2	EPI	1.25	CRC89	2.76×10^{-2}	7.18×10^{-6}	W			5.55×10^4	EPI	5.16	EPI	2.60×10^{-1}	EPI
Fluorene	芴	86-73-7	1.66×10^2	EPI	1.20	CRC89	4.40×10^{-2}	7.89×10^{-6}	W			9.16×10^3	EPI	4.18	EPI	1.69	EPI
Indeno（1，2，3-cd）pyrene	茚并（1，2，3-cd）芘	193-39-5	2.76×10^2	EPI			4.48×10^{-2}	5.23×10^{-6}	W			1.95×10^6	EPI	6.70	EPI	1.90×10^{-4}	EPI
Methylnaphthalene，1-	1-甲基萘	90-12-0	1.42×10^2	EPI	1.02	CRC89	5.28×10^{-2}	7.85×10^{-6}	W			2.53×10^3	EPI	3.87	EPI	2.58×10	EPI
Methylnaphthalene，2-	2-甲基萘	91-57-6	1.42×10^2	EPI	1.01	CRC89	5.24×10^{-2}	7.78×10^{-6}	W			2.48×10^3	EPI	3.86	EPI	2.46×10	EPI
Naphthalene	萘	91-20-3	1.28×10^2	EPI	1.03	CRC89	6.05×10^{-2}	8.38×10^{-6}	W			1.54×10^3	EPI	3.30	EPI	3.10×10	EPI

续表

污染物名称		CAS 序号	分子量		密度		水和空气中扩散系数			分配系数						水溶解度	
英文	中文		MW	参考文献	Density/(g/cm^3)	参考文献	Dia/(cm^2/s)	Diw/(cm^2/s)	参考文献	K_d/(L/kg)	参考文献	K_{oc}/(L/kg)	参考文献	logK_{ow}/(L/kg)	参考文献	S/(mg/L)	参考文献
Nitropyrene, 4-	4-硝基芘	57835-92-4	2.47×10^{2}	EPI			4.82×10^{-2}	5.64×10^{-6}	W			8.61×10^{4}	EPI	4.75	EPI	4.45×10^{-2}	EPI
Pyrene	芘	129-00-0	2.02×10^{2}	EPI	1.27	CRC89	2.78×10^{-2}	7.25×10^{-6}	W			5.43×10^{4}	EPI	4.88	EPI	1.35×10^{-1}	EPI
Potassium Perfluorobutane Sulfonate	钾全氟磺酸	29420-49-3	3.38×10^{2}	EPI			3.91×10^{-2}	4.57×10^{-6}	W			1.77×10^{2}	EPI	-3.30×10^{-1}	EPI	1.41	EPI
Prochloraz	环丙氯灵	67747-09-5	3.77×10^{2}	EPI			3.64×10^{-2}	4.26×10^{-6}	W			2.43×10^{3}	EPI	4.10	EPI	3.40×10	EPI
Profluralin	环丙氟灵	26399-36-0	3.47×10^{2}	EPI	1.38	HSDB	2.18×10^{-2}	5.51×10^{-6}	W			3.05×10^{4}	EPI	5.58	EPI	1.00×10^{-1}	EPI
Prometon	扑灭通	1610-18-0	2.25×10^{2}	EPI			5.13×10^{-2}	6.00×10^{-6}	W			1.37×10^{2}	EPI	2.99	EPI	7.50×10^{2}	EPI
Prometryn	扑草净	7287-19-6	2.41×10^{2}	EPI	1.16	CRC89	2.42×10^{-2}	6.16×10^{-6}	W			6.56×10^{2}	EPI	3.51	EPI	3.30×10	EPI
Propachlor	毒草胺	1918-16-7	2.12×10^{2}	EPI	1.24	CRC89	2.68×10^{-2}	6.96×10^{-6}	W			2.05×10^{2}	EPI	2.18	EPI	5.80×10^{2}	EPI
Propanil	N-（3′，4′-二氯苯基）丙酰胺	709-98-8	2.18×10^{2}	EPI	1.25	CRC89	2.65×10^{-2}	6.86×10^{-6}	W			1.76×10^{2}	EPI	3.07	EPI	1.52×10^{2}	EPI
Propargite	克螨特	2312-35-8	3.50×10^{2}	EPI	1.10	CRC89	1.94×10^{-2}	4.78×10^{-6}	W			3.67×10^{4}	EPI	5.00	EPI	2.15×10^{-1}	EPI
Propargyl Alcohol	2-丙炔-1-醇	107-19-7	5.61×10	EPI	9.48×10^{-1}	CRC89	1.17×10^{-1}	1.31×10^{-5}	W			1.90	EPI	-3.80×10^{-1}	EPI	1.00×10^{6}	EPI

续表

污染物名称		CAS序号	分子量		密度		水和空气中扩散系数			分配系数						水溶解度	
英文	中文		MW	参考文献	Density/(g/cm^3)	参考文献	Dia/(cm^2/s)	Diw/(cm^2/s)	参考文献	K_d/(L/kg)	参考文献	K_{oc}/(L/kg)	参考文献	logK_{ow}/(L/kg)	参考文献	S/(mg/L)	参考文献
Propazine	扑灭津	139-40-2	2.30×10^{2}	EPI	1.16	CRC89	2.49×10^{-2}	6.36×10^{-6}	W			3.44×10^{2}	EPI	2.93	EPI	8.60	EPI
Propham	N-苯基氨基甲酸异丙酯	122-42-9	1.79×10^{2}	EPI	1.09	CRC89	3.58×10^{-2}	7.11×10^{-6}	W			2.19×10^{2}	EPI	2.60	EPI	1.79×10^{2}	EPI
Propi conazole	丙环唑	60207-90-1	3.42×10^{2}	EPI	1.27	CRC89	2.11×10^{-2}	5.28×10^{-6}	W			1.56×10^{3}	EPI	3.72	EPI	1.10×10^{2}	EPI
Propionalde hyde	丙醛	123-38-6	5.81×10	EPI	8.66×10^{-1}	CRC89	1.10×10^{-1}	1.22×10^{-5}	W			1.00	EPI	5.90×10^{-1}	EPI	3.06×10^{5}	EPI
Propyl benzene	正-丙苯	103-65-1	1.20×10^{2}	EPI	8.59×10^{-1}	CRC89	6.02×10^{-2}	7.83×10^{-6}	W			8.13×10^{2}	EPI	3.69	EPI	5.22×10	EPI
Propylene	丙烯	115-07-1	4.21×10	EPI	5.05×10^{-1}	CRC89	1.10×10^{-1}	1.07×10^{-5}	W			2.17×10	EPI	1.77	EPI	2.00×10^{2}	EPI
Propylene Glycol	1，2-丙二醇	57-55-6	7.61×10	EPI	1.04	CRC89	9.81×10^{-2}	1.15×10^{-5}	W			1.00	EPI	-9.20×10^{-1}	EPI	1.00×10^{6}	EPI
Propylene Glycol Dinitrate	丙二醇硝酸酯	6423-43-4	1.66×10^{2}	EPI			6.29×10^{-2}	7.35×10^{-6}	W			6.07×10	EPI	1.59	EPI	3.26×10^{3}	EPI
Propylene Glycol Monoethyl Ether	丙二醇乙醚	1569-02-4	1.04×10^{2}	EPI	8.96×10^{-1}	PubChem	7.09×10^{-2}	8.75×10^{-6}	W			1.30	EPI	2.00×10^{-3}	EPI	7.90×10^{5}	EPI
Propylene Glycol Monomethyl Ether	丙二醇甲醚	107-98-2	9.01×10	EPI	9.62×10^{-1}	CRC89	8.31×10^{-2}	9.96×10^{-6}	W			1.00	EPI	-4.90×10^{-1}	EPI	1.00×10^{6}	EPI

续表

污染物名称		CAS 序号	分子量		密度		水和空气中扩散系数			分配系数						水溶解度	
英文	中文		MW	参考文献	Density/(g/cm^3)	参考文献	Dia/(cm^2/s)	Diw/(cm^2/s)	参考文献	K_d/(L/kg)	参考文献	K_{oc}/(L/kg)	参考文献	logK_{ow}/(L/kg)	参考文献	S/(mg/L)	参考文献
Propylene Oxide	环氧丙烷	75-56-9	5.81×10	EPI	8.31×10^{-1}	PERRY	1.09×10^{-1}	1.19×10^{-5}	W			5.19	EPI	3.00×10^{-2}	EPI	5.90×10^{5}	EPI
Pursuit	咪草烟	81335-77-5	2.89×10^{2}	EPI			4.34×10^{-2}	5.07×10^{-6}	W			3.39×10^{2}	EPI	2.60	EPI	1.40×10^{3}	EPI
Pydrin	敌虫菊酯	51630-58-1	4.20×10^{2}	EPI	1.15	CRC89	1.81×10^{-2}	4.40×10^{-6}	W			3.17×10^{5}	EPI	6.20	EPI	2.40×10^{-2}	EPI
Pyridine	吡啶	110-86-1	7.91×10	EPI	9.82×10^{-1}	CRC89	9.31×10^{-2}	1.09×10^{-5}	W			7.17×10	EPI	6.50×10^{-1}	EPI	1.00×10^{6}	EPI
Quinalphos	喹硫磷	13593-03-8	2.98×10^{2}	EPI			4.26×10^{-2}	4.97×10^{-6}	W			4.19×10^{3}	EPI	4.44	EPI	2.20×10	EPI
Quinoline	喹啉	91-22-5	1.29×10^{2}	EPI	1.10	CRC89	6.18×10^{-2}	8.69×10^{-6}	W			1.54×10^{3}	EPI	2.03	EPI	6.11×10^{3}	EPI
Refractory Ceramic Fibers	耐火陶瓷纤维	NA															
Resmethrin	苄呋菊酯	10453-86-8	3.38×10^{2}	EPI			3.91×10^{-2}	4.57×10^{-6}	W			3.11×10^{5}	EPI	6.14	EPI	3.79×10^{-2}	EPI
Ronnel	皮蝇磷	299-84-3	3.22×10^{2}	EPI	1.44	CRC89	2.32×10^{-2}	5.91×10^{-6}	W			4.46×10^{3}	EPI	4.88	EPI	1.00	EPI
Rotenone	鱼藤酮	83-79-4	3.94×10^{2}	EPI			3.53×10^{-2}	4.13×10^{-6}	W			2.61×10^{5}	EPI	4.10	EPI	2.00×10^{-1}	EPI
Safrole	黄樟素	94-59-7	1.62×10^{2}	EPI	1.10	CRC89	4.42×10^{-2}	7.59×10^{-6}	W			2.07×10^{2}	EPI	3.45	EPI	5.90	EPI
Savey	噻螨酮	78587-05-0	3.53×10^{2}	EPI			3.80×10^{-2}	4.45×10^{-6}	W			2.12×10^{3}	EPI	5.57	EPI	5.00×10^{-1}	EPI

续表

污染物名称		CAS 序号	分子量		密度		水和空气中扩散系数			分配系数						水溶解度	
英文	中文		MW	参考文献	Density/(g/cm^3)	参考文献	Dia/(cm^2/s)	Diw/(cm^2/s)	参考文献	K_d/(L/kg)	参考文献	K_{oc}/(L/kg)	参考文献	logK_{ow}/(L/kg)	参考文献	S/(mg/L)	参考文献
Selenious Acid	亚硒酸	7783-00-8	1.29×10^2	EPI	3.00	CRC89										9.00×10^5	PERRY
Selenium	硒	7782-49-2	7.90×10	CRC89	4.81	CRC89				5.00	SSL						
Selenium Sulfide	硫化硒	7446-34-6	1.11×10^2	EPI													
Sethoxydim	烯禾啶	74051-80-2	3.27×10^2	EPI	1.04	CRC89	1.96×10^{-2}	4.82×10^{-6}	W			4.37×10^3	EPI	4.38	EPI	2.50×10	EPI
Silica (crystalline, respirable)	硅	7631-86-9	6.01×10	EPI	2.32	PERRY											
Silver	银	7440-22-4	1.08×10^2	EPI	1.05×10	CRC89				8.30	SSL						
Simazine	西玛津	122-34-9	2.02×10^2	EPI	1.30	CRC89	2.81×10^{-2}	7.37×10^{-6}	W			1.47×10^2	EPI	2.18	EPI	6.20	EPI
Sodium Acifluorfen	杂草焚	62476-59-9	3.84×10^2	EPI			3.60×10^{-2}	4.20×10^{-6}	W			3.88×10^3	EPI	3.70×10^{-1}	EPI	2.50×10^5	EPI
Sodium Azide	叠氮化钠	26628-22-8	6.50×10	EPI	1.85	CRC89										4.08×10^5	CRC89
Sodium Dichromate	重铬酸钠	10588-01-9	2.62×10^2	CRC89												1.87×10^6	CRC89
Sodium Diethyldithiocarbamate	二乙基二硫代氨基甲酸钠	148-18-5	1.71×10^2	EPI			6.16×10^{-2}	7.20×10^{-6}	W			2.05×10^2	EPI	−1.43	EPI	4.28×10^5	EPI

续表

污染物名称		CAS 序号	分子量		密度		水和空气中扩散系数			分配系数						水溶解度	
英文	中文		MW	参考文献	Density/(g/cm^3)	参考文献	Dia/(cm^2/s)	Diw/(cm^2/s)	参考文献	K_d/(L/kg)	参考文献	K_{oc}/(L/kg)	参考文献	logK_{ow}/(L/kg)	参考文献	S/(mg/L)	参考文献
Sodium Fluoride	氟化钠	7681-49-4	4.20×10	EPI	2.78	CRC89										4.22×10^4	EPI
Sodium Fluoro acetate	氟代乙酸钠	62-74-8	1.00×10^2	EPI			8.82×10^{-2}	1.03×10^{-5}	W			1.44	EPI	−3.78	EPI	1.11×10^6	EPI
Sodium Metav anadate	偏钒酸钠	13718-26-8	1.22×10^2	CRC 89												2.10×10^5	CRC 89
Stirofos (Tetrachlo rovinphos)	司替罗磷	961-11-5	3.66×10^2	EPI			3.71×10^{-2}	4.34×10^{-6}	W			1.38×10^3	EPI	3.53	EPI	1.10×10	EPI
Strontium Chromate	铬酸锶	7789-06-2	2.04×10^2	CRC 89	3.90	CRC89										1.06×10^3	CRC 89
Strontium, Stable	锶	7440-24-6	8.76×10	EPI	2.64	CRC89				3.50 ×10	BA ES						
Strychnine	二甲双胍	57-24-9	3.34×10^2	EPI	1.36	CRC89	2.21×10^{-2}	5.58×10^{-6}	W			5.40×10^3	EPI	1.93	EPI	1.60×10^2	EPI
Styrene	苯乙烯	100-42-5	1.04×10^2	EPI	9.02×10^{-1}	CRC89	7.11×10^{-2}	8.78×10^{-6}	W			4.46×10^2	EPI	2.95	EPI	3.10×10^2	EPI
Styrene-Acr ylonitrile (SAN) Trimer	苯乙烯-丙烯腈(SAN)三聚体	NA	2.10×10^2	OTH ER	1.10	PPRTV	2.55×10^{-2}	6.51×10^{-6}	W					3.10	OTH ER	8.49×10	PPR TV
Sulfolane	环丁砜	126-33-0	1.20×10^2	EPI	1.27	CRC89	7.16×10^{-2}	9.91×10^{-6}	W			9.08	EPI	−7.70×10^{-1}	EPI	2.93×10^5	EPI

续表

污染物名称		CAS序号	分子量		密度		水和空气中扩散系数			分配系数						水溶解度	
英文	中文		MW	参考文献	Density/(g/cm^3)	参考文献	Dia/(cm^2/s)	Diw/（cm^2/s）	参考文献	K_d/(L/kg)	参考文献	K_{oc}/(L/kg)	参考文献	logK_{ow}/(L/kg)	参考文献	S/(mg/L)	参考文献
Sulfonylbis（4-chlorobenzene）, 1, 1′-	1，1′-磺酰基（4-氯苯）	80-07-9	2.87×10^{2}	EPI			4.37×10^{-2}	5.10×10^{-6}	W			2.86×10^{3}	EPI	3.90	EPI	5.12×10^{-1}	EPI
Sulfur Trioxide	三氧化硫	7446-11-9	8.01×10	CRC89	1.90	CRC89	1.21×10^{-1}	1.61×10^{-5}	W								
Sulfuric Acid	硫酸	7664-93-9	9.81×10	EPI	1.83	CRC89										1.00×10^{6}	EPI
Systhane	腈菌唑	88671-89-0	2.89×10^{2}	EPI			4.35×10^{-2}	5.08×10^{-6}	W			6.08×10^{3}	EPI	2.94	EPI	1.42×10^{2}	EPI
TCMTB	苯噻氰	21564-17-0	2.38×10^{2}	EPI			4.94×10^{-2}	5.78×10^{-6}	W			3.37×10^{3}	EPI	3.30	EPI	1.25×10^{2}	EPI
Tebuthiuron	丁噻隆	34014-18-1	2.28×10^{2}	EPI			5.09×10^{-2}	5.94×10^{-6}	W			4.24×10	EPI	1.79	EPI	2.50×10^{3}	EPI
Temephos	双硫磷	3383-96-8	4.66×10^{2}	EPI	1.32	CRC89	1.83×10^{-2}	4.49×10^{-6}	W			9.51×10^{4}	EPI	5.96	EPI	2.70×10^{-1}	EPI
Terbacil	特草定	5902-51-2	2.17×10^{2}	EPI	1.34	CRC89	2.75×10^{-2}	7.18×10^{-6}	W			5.01×10	EPI	1.89	EPI	7.10×10^{2}	EPI
Terbufos	特丁磷	13071-79-9	2.88×10^{2}	EPI	1.11	CRC89	2.16×10^{-2}	5.39×10^{-6}	W			9.99×10^{2}	EPI	4.48	EPI	5.07	EPI
Terbutryn	去草净	886-50-0	2.41×10^{2}	EPI	1.12	CRC89	2.38×10^{-2}	6.03×10^{-6}	W			6.07×10^{2}	EPI	3.74	EPI	2.50×10	EPI
Tetrabromodiphenyl ether, 2, 2′, 4, 4′-（BDE-47）	2, 2′, 4, 4′-（BDE-47）四溴二苯醚	5436-43-1	4.86×10^{2}	EPI			3.07×10^{-2}	3.59×10^{-6}	W			1.32×10^{4}	EPI	6.77	EPI	5.42×10^{-2}	EPI

续表

污染物名称		CAS 序号	分子量		密度		水和空气中扩散系数			分配系数						水溶解度	
英文	中文		MW	参考文献	Density/(g/cm^3)	参考文献	Dia/(cm^2/s)	Diw/(cm^2/s)	参考文献	K_d/(L/kg)	参考文献	K_{oc}/(L/kg)	参考文献	logK_{ow}/(L/kg)	参考文献	S/(mg/L)	参考文献
Tetrachlorobenzene, 1, 2, 4, 5-	1，2，4，5-四氯苯	95-94-3	2.16×10^{2}	EPI	1.86	CRC89	3.19×10^{-2}	8.75×10^{-6}	W			2.22×10^{3}	EPI	4.64	EPI	5.95×10^{-1}	EPI
Tetrachloroethane, 1, 1, 1, 2-	1，1，1，2-四氯乙烷	630-20-6	1.68×10^{2}	EPI	1.54	CRC89	4.82×10^{-2}	9.10×10^{-6}	W			8.60×10	EPI	2.93	YAWS	1.07×10^{3}	EPI
Tetrachloroethane, 1, 1, 2, 2-	1，1，2，2-四氯乙烷	79-34-5	1.68×10^{2}	EPI	1.60	CRC89	4.89×10^{-2}	9.29×10^{-6}	W			9.49×10	EPI	2.39	EPI	2.83×10^{3}	EPI
Tetrachloroethylene	四氯乙烯	127-18-4	1.66×10^{2}	EPI	1.62	CRC89	5.05×10^{-2}	9.46×10^{-6}	W			9.49×10	EPI	3.40	EPI	2.06×10^{2}	EPI
Tetrachlorophenol, 2, 3, 4, 6-	2，3，4，6-四氯苯酚	58-90-2	2.32×10^{2}	EPI			5.03×10^{-2}	5.88×10^{-6}	W			2.97×10^{3}	EPI	4.45	EPI	2.30×10	EPI
Tetrachlorotoluene, p-alpha, alpha, alpha-	对-α，α，α-四氯甲苯	5216-25-1	2.30×10^{2}	EPI	1.45	CRC89	2.76×10^{-2}	7.25×10^{-6}	W			1.61×10^{3}	EPI	4.54	EPI	6.11	EPI
Tetraethyl Dithiopyrophosphate	治螟磷	3689-24-5	3.22×10^{2}	EPI	1.20	CRC89	2.12×10^{-2}	5.28×10^{-6}	W			2.66×10^{2}	EPI	3.99	EPI	3.00×10	EPI
Tetrafluoroethane, 1, 1, 1, 2-	1，1，1，2-四氟乙烷	811-97-2	1.02×10^{2}	EPI	1.21	CRC89	8.23×10^{-2}	1.06×10^{-5}	W			8.60×10	EPI	1.68	YAWS	1.09×10^{3}	EPI

续表

污染物名称		CAS 序号	分子量		密度		水和空气中扩散系数			分配系数						水溶解度	
英文	中文		MW	参考文献	Density/(g/cm^3)	参考文献	Dia/(cm^2/s)	Diw/（cm^2/s）	参考文献	K_d/(L/kg)	参考文献	K_{oc}/(L/kg)	参考文献	logK_{ow}/(L/kg)	参考文献	S/(mg/L)	参考文献
Tetryl（Trinitrophenylmethylnitramine）	2，4，6-三硝基苯甲硝胺	479-45-8	2.87×10^{2}	EPI	1.57	CRC89	2.56×10^{-2}	6.67×10^{-6}	W			4.61×10^{3}	EPI	1.64	EPI	7.40×10	EPI
Thallium（I）Nitrate	硝酸铊	10102-45-1	2.66×10^{2}	EPI	5.55	CRC89										9.55×10^{4}	EPI
Thallium（Soluble Salts）	铊	7440-28-0	2.04×10^{2}	EPI	1.18×10	CRC89				7.10 ×10	SSL						
Thallium Acetate	乙酸铊	563-68-8	2.63×10^{2}	CRC 89	3.68	CRC89	3.89×10^{-2}	1.17×10^{-5}	W					-1.70×10^{-1}	OTHER	2.80×10^{4}	Phys Prop
Thallium Carbonate	碳酸铊	6533-73-9	4.69×10^{2}	EPI	7.11	CRC89	3.93×10^{-2}	1.23×10^{-5}	W							5.20×10^{4}	EPI
Thallium Chloride	氯化铊	7791-12-0	2.40×10^{2}	EPI	7.00	CRC89	5.25×10^{-2}	1.82×10^{-5}	W							2.90×10^{3}	EPI
Thallium Sulfate	硫酸铊	7446-18-6	5.05×10^{2}	EPI	6.77	CRC89										5.47×10^{4}	CRC 89
Thiobencarb	禾草丹	28249-77-6	2.58×10^{2}	EPI	1.16	CRC89	2.35×10^{-2}	5.93×10^{-6}	W			1.63×10^{3}	EPI	3.40	EPI	2.80×10	EPI
Thiodiglycol	硫二甘醇	111-48-8	1.22×10^{2}	EPI	1.18	CRC89	6.80×10^{-2}	9.38×10^{-6}	W			1.00	EPI	-6.30×10^{-1}	EPI	1.00×10^{6}	EPI
Thiofanox	己酮肟威	39196-18-4	2.18×10^{2}	EPI			5.24×10^{-2}	6.12×10^{-6}	W			7.24×10	EPI	2.16	EPI	5.20×10^{3}	EPI
Thiophanate，Methyl	甲基硫菌灵	23564-05-8	3.42×10^{2}	EPI			3.88×10^{-2}	4.54×10^{-6}	W			3.27×10^{2}	EPI	1.40	EPI	2.66×10	EPI

续表

污染物名称		CAS 序号	分子量		密度		水和空气中扩散系数					分配系数				水溶解度	
英文	中文		MW	参考文献	Density/(g/cm^3)	参考文献	Dia/(cm^2/s)	Diw/(cm^2/s)	参考文献	K_d/(L/kg)	参考文献	K_{oc}/(L/kg)	参考文献	logK_{ow}/(L/kg)	参考文献	S/(mg/L)	参考文献
Thiram	双硫胺甲酰	137-26-8	2.40×10^2	EPI	1.29	PERRY	2.56×10^{-2}	6.59×10^{-6}	W			6.11×10^2	EPI	1.73	EPI	3.00×10	EPI
Tin	锡	7440-31-5	1.19×10^2	CRC89	7.29	CRC89				2.50×10^2	BAES						
Titanium Tetra chloride	四氯化钛	7550-45-0	1.90×10^2	CRC89	1.73	CRC89	3.80×10^{-2}	9.06×10^{-6}	W								
Toluene	甲苯	108-88-3	9.21×10	EPI	8.62×10^{-1}	CRC89	7.78×10^{-2}	9.20×10^{-6}	W			2.34×10^2	EPI	2.73	EPI	5.26×10^2	EPI
Toluene-2，5-diamine	甲苯-2，5-二胺	95-70-5	1.22×10^2	EPI			7.72×10^{-2}	9.02×10^{-6}	W			5.54×10	EPI	1.60×10^{-1}	EPI	1.38×10^4	EPI
Tolui dine，p-	对甲苯胺	106-49-0	1.07×10^2	EPI	9.62×10^{-1}	CRC89	7.12×10^{-2}	8.98×10^{-6}	W			1.13×10^2	EPI	1.39	EPI	6.50×10^3	EPI
Total Petroleum Hydro carbons（Aliphatic High）	总石油烃（脂肪烃含量高）	NA	1.70×10^2	EPI			6.18×10^{-2}	7.22×10^{-6}	W			4.82×10^3	EPI	6.10	EPI	3.70×10^{-3}	EPI
Total Petroleum Hydro carbons（Aliphatic Low）	总石油烃（脂肪烃含量低）	NA	8.62×10	EPI	6.61×10^{-1}	CRC89	7.31×10^{-2}	8.17×10^{-6}	W			1.32×10^2	EPI	3.90	EPI	9.50	EPI

续表

污染物名称		CAS 序号	分子量		密度		水和空气中扩散系数			分配系数						水溶解度	
英文	中文		MW	参考文献	Density/(g/cm^3)	参考文献	Dia/(cm^2/s)	Diw/（cm^2/s）	参考文献	K_d/(L/kg)	参考文献	K_{oc}/(L/kg)	参考文献	logK_{ow}/(L/kg)	参考文献	S/(mg/L)	参考文献
Total Petroleum Hydr ocarbons（Aliphatic Medium）	总石油烃（脂肪烃含量中）	NA	1.28×10^{2}	EPI	7.19×10^{-1}	CRC89	5.14×10^{-2}	6.77×10^{-6}	W			7.96×10^{2}	EPI	5.65	EPI	2.20×10^{-1}	EPI
Total Petroleum Hydr ocarbons（Aromatic High）	总石油烃（芳环含量高）	NA	2.02×10^{2}	EPI	1.25	CRC89	2.76×10^{-2}	7.18×10^{-6}	W			5.55×10^{4}	EPI	5.16	EPI	2.60×10^{-1}	EPI
Total Petroleum Hydr ocarbons（Aromatic Low）	总石油烃（芳环含量低）	NA	7.81×10	EPI	8.77×10^{-1}	CRC89	8.95×10^{-2}	1.03×10^{-5}	W			1.46×10^{2}	EPI	2.13	EPI	1.79×10^{3}	EPI
Total Petroleum Hydr ocarbons（Aromatic Medium）	总石油烃（芳环含量中）	NA	1.35×10^{2}	EPI	1.02	CRC89	5.64×10^{-2}	8.07×10^{-6}	W			2.01×10^{3}	EPI	3.58	EPI	2.78×10	EPI
Toxaphene	毒沙芬	8001-35-2	4.14×10^{2}	EPI			3.42×10^{-2}	4.00×10^{-6}	W			7.72×10^{4}	EPI	5.90	EPI	7.40×10^{-1}	SSL
Tralo methrin	四溴菊酯	66841-25-6	6.65×10^{2}	EPI			2.49×10^{-2}	2.91×10^{-6}	W			1.91×10^{5}	EPI	7.56	EPI	8.00×10^{-2}	EPI

续表

污染物名称		CAS 序号	分子量		密度		水和空气中扩散系数			分配系数						水溶解度	
英文	中文		MW	参考文献	Density/(g/cm^3)	参考文献	Dia/(cm^2/s)	Diw/(cm^2/s)	参考文献	K_d/(L/kg)	参考文献	K_{oc}/(L/kg)	参考文献	logK_{ow}/(L/kg)	参考文献	S/(mg/L)	参考文献
Tri-n-butyltin	丁基锡	688-73-3	2.91×10^2	EPI	1.10	CRC89	2.15×10^{-2}	5.35×10^{-6}	W			8.09×10^3	EPI	4.10	EPI	8.25×10^{-1}	EPI
Triacetin	甘油醋酸酯	102-76-1	2.18×10^2	EPI	1.16	CRC89	2.56×10^{-2}	6.55×10^{-6}	W			4.07×10	EPI	2.50×10^{-1}	EPI	5.80×10^4	EPI
Triallate	野麦畏	2303-17-5	3.05×10^2	EPI	1.27	CRC89	2.25×10^{-2}	5.67×10^{-6}	W			1.01×10^3	EPI	4.60	EPI	4.00	EPI
Triasu lfuron	醚苯磺隆	82097-50-5	4.02×10^2	EPI			3.49×10^{-2}	4.08×10^{-6}	W			4.27×10^2	EPI	1.10	EPI	3.20×10	EPI
Tribromobenzene, 1, 2, 4-	1，2，4-三溴苯酚	615-54-3	3.15×10^2	EPI	2.28	Chem Net	2.90×10^{-2}	7.89×10^{-6}	W			6.14×10^2	EPI	4.66	EPI	4.90	EPI
Tributyl Phosphate	磷酸三丁酯	126-73-8	2.66×10^2	EPI	9.73×10^{-1}	CRC89	2.12×10^{-2}	5.23×10^{-6}	W			2.35×10^3	EPI	4.00	EPI	2.80×10^2	EPI
Tributyltin Compounds	三丁基锡化合物	NA															
Tributyltin Oxide	三丁基氧化锡	56-35-9	5.96×10^2	EPI	1.17	CRC89	1.51×10^{-2}	3.61×10^{-6}	W			2.59×10^7	EPI	4.05	EPI	1.95×10	EPI
Trichloro-1, 2, 2-trifluoroethane, 1, 1, 2-	1，1，2-三氟三氯乙烷	76-13-1	1.87×10^2	EPI	1.56	CRC89	3.76×10^{-2}	8.59×10^{-6}	W			1.97×10^2	EPI	3.16	EPI	1.70×10^2	EPI
Trichloroacetic Acid	三氯乙酸	76-03-9	1.63×10^2	EPI	1.61	CRC89	5.17×10^{-2}	9.50×10^{-6}	W			3.23	EPI	1.33	EPI	5.46×10^4	EPI

续表

污染物名称		CAS序号	分子量		密度		水和空气中扩散系数			分配系数						水溶解度	
英文	中文		MW	参考文献	Density/(g/cm^3)	参考文献	Dia/(cm^2/s)	Diw/(cm^2/s)	参考文献	K_d/(L/kg)	参考文献	K_{oc}/(L/kg)	参考文献	logK_{ow}/(L/kg)	参考文献	S/(mg/L)	参考文献
Trichloroaniline HCl，2，4，6-	2，4，6-三氯盐酸	33663-50-2	2.33×10^2	EPI			5.02×10^{-2}	5.86×10^{-6}	W			1.27×10^3	EPI	-6.70×10^{-1}	EPI	2.10×10	EPI
Trichloroaniline，2，4，6-	2，4，6-三氯苯胺	634-93-5	1.96×10^2	EPI			5.62×10^{-2}	6.57×10^{-6}	W			4.44×10^3	EPI	3.52	EPI	4.00×10	EPI
Trichlorobenzene，1，2，3-	1，2，3-三氯苯	87-61-6	1.81×10^2	EPI	1.45	CRC89	3.95×10^{-2}	8.38×10^{-6}	W			1.38×10^3	EPI	4.05	EPI	1.80×10	EPI
Trichlorobenzene，1，2，4-	1，2，4-三氯苯	120-82-1	1.81×10^2	EPI	1.46	CRC89	3.96×10^{-2}	8.40×10^{-6}	W			1.36×10^3	EPI	4.02	EPI	4.90×10	EPI
Trichloroethane，1，1，1-	1，1，1-三氯乙烷	71-55-6	1.33×10^2	EPI	1.34	CRC89	6.48×10^{-2}	9.60×10^{-6}	W			4.39×10	EPI	2.49	EPI	1.29×10^3	EPI
Trichloroethane，1，1，2-	1，1，2-三氯乙烷	79-00-5	1.33×10^2	EPI	1.44	CRC89	6.69×10^{-2}	1.00×10^{-5}	W			6.07×10	EPI	1.89	EPI	4.59×10^3	EPI
Trichloroethylene	三氯乙烯	79-01-6	1.31×10^2	EPI	1.46	CRC89	6.87×10^{-2}	1.02×10^{-5}	W			6.07×10	EPI	2.42	EPI	1.28×10^3	EPI
Trichlorofluoromethane	三氯氟甲烷	75-69-4	1.37×10^2	EPI	1.49	CRC89	6.54×10^{-2}	1.00×10^{-5}	W			4.39×10	EPI	2.53	EPI	1.10×10^3	EPI
Trichlorophenol，2，4，5-	2，4，5-三氯苯酚	95-95-4	1.97×10^2	EPI	1.49	PERRY	3.14×10^{-2}	8.09×10^{-6}	W			1.78×10^3	EPI	3.72	EPI	1.20×10^3	EPI

续表

污染物名称		CAS 序号	分子量		密度		水和空气中扩散系数			分配系数						水溶解度	
英文	中文		MW	参考文献	Density/(g/cm^3)	参考文献	Dia/(cm^2/s)	Diw/（cm^2/s）	参考文献	K_d/(L/kg)	参考文献	K_{oc}/(L/kg)	参考文献	logK_{ow}/(L/kg)	参考文献	S/(mg/L)	参考文献
Trichlorophenol，2，4，6-	2，4，6-三氯苯酚	88-06-2	1.97×10^2	EPI	1.49	CRC89	3.14×10^{-2}	8.09×10^{-6}	W			1.78×10^3	EPI	3.69	EPI	8.00×10^2	EPI
Trichlorophenoxyacetic Acid，2，4，5-	2，4，5-三氯苯氧乙酸	93-76-5	2.55×10^2	EPI	1.80	PubChem	2.89×10^{-2}	7.76×10^{-6}	W			1.07×10^2	EPI	3.31	EPI	2.78×10^2	EPI
Trichlorophenoxypropionic acid，-2，4，5	2-（2，4，5-三氯苯氧）-丙酸	93-72-1	2.70×10^2	EPI	1.21	PubChem	2.34×10^{-2}	5.92×10^{-6}	W			1.75×10^2	EPI	3.80	EPI	7.10×10	EPI
Trichloropropane，1，1，2-	1，1，2-三氯丙烷	598-77-6	1.47×10^2	EPI	1.37	CRC89	5.72×10^{-2}	9.17×10^{-6}	W			9.49×10	EPI	2.43	EPI	1.90×10^3	EPI
Trichloropropane，1，2，3-	1，2，3-三氯丙烷	96-18-4	1.47×10^2	EPI	1.39	CRC89	5.75×10^{-2}	9.24×10^{-6}	W			1.16×10^2	EPI	2.27	EPI	1.75×10^3	EPI
Trichloropropene，1，2，3-	1，2，3-氯丙烯	96-19-5	1.45×10^2	EPI	1.41	CRC89	5.91×10^{-2}	9.41×10^{-6}	W			1.16×10^2	EPI	2.78	EPI	4.84×10^2	EPI
Tricresyl Phosphate（TCP）	磷酸甲苯	1330-78-5	3.68×10^2	EPI	1.15	Yaws	1.94×10^{-2}	4.77×10^{-6}	W			4.71×10^4	EPI	5.11	EPI	3.60×10^{-1}	EPI
Tridiphane	灭草环	58138-08-2	3.20×10^2	EPI			4.06×10^{-2}	4.74×10^{-6}	W			3.45×10^3	EPI	5.18	EPI	1.17	EPI

续表

污染物名称		CAS 序号	分子量		密度		水和空气中扩散系数			分配系数						水溶解度	
英文	中文		MW	参考文献	Density/(g/cm^3)	参考文献	Dia/(cm^2/s)	Diw/（cm^2/s）	参考文献	K_d/(L/kg)	参考文献	K_{oc}/(L/kg)	参考文献	logK_{ow}/(L/kg)	参考文献	S/(mg/L)	参考文献
Triethylamine	N, N-二乙基乙胺	121-44-8	1.01×10^2	EPI	7.28×10^{-1}	CRC89	6.64×10^{-2}	7.86×10^{-6}	W			5.08×10	EPI	1.45	EPI	6.86×10^4	EPI
Triethylene Glycol	三乙二醇	112-27-6	1.50×10^2	EPI	1.13	CRC89	5.09×10^{-2}	8.06×10^{-6}	W			1.00×10	EPI	−1.75	EPI	1.00×10^6	EPI
Trifluralin	氟乐灵	1582-09-8	3.35×10^2	EPI	1.36	PubChem	2.21×10^{-2}	5.57×10^{-6}	W			1.64×10^4	EPI	5.34	EPI	1.84×10^{-1}	EPI
Trimethyl Phosphate	磷酸三甲酯	512-56-1	1.40×10^2	EPI	1.21	CRC89	5.83×10^{-2}	8.79×10^{-6}	W			1.06×10	EPI	-6.50×10^{-1}	EPI	5.00×10^5	EPI
Trimethylbenzene，1，2，3-	1，2，3-三甲苯	526-73-8	1.20×10^2	EPI	8.94×10^{-1}	CRC89	6.13×10^{-2}	8.02×10^{-6}	W			6.27×10^2	EPI	3.66	EPI	7.52×10	EPI
Trimethylbenzene，1，2，4-	1，2，4-三甲基苯	95-63-6	1.20×10^2	EPI	8.76×10^{-1}	CRC89	6.07×10^{-2}	7.92×10^{-6}	W			6.14×10^2	EPI	3.63	EPI	5.70×10	EPI
Trimethylbenzene，1，3，5-	1，3，5-三甲苯	108-67-8	1.20×10^2	EPI	8.62×10^{-1}	CRC89	6.02×10^{-2}	7.84×10^{-6}	W			6.02×10^2	EPI	3.42	EPI	4.82×10	EPI
Trinitrobenzene，1，3，5-	1，3，5-三硝基苯	99-35-4	2.13×10^2	EPI	1.48	CRC89	2.90×10^{-2}	7.69×10^{-6}	W			1.68×10^3	EPI	1.18	EPI	2.78×10^2	EPI
Trinitrotoluene，2，4，6-	2，4，6-三硝基甲苯	118-96-7	2.27×10^2	EPI	1.65	CRC89	2.95×10^{-2}	7.92×10^{-6}	W			2.81×10^3	EPI	1.60	EPI	1.15×10^2	EPI

续表

污染物名称		CAS 序号	分子量		密度		水和空气中扩散系数			分配系数						水溶解度	
英文	中文		MW	参考文献	Density/(g/cm^3)	参考文献	Dia/(cm^2/s)	Diw/(cm^2/s)	参考文献	K_d/(L/kg)	参考文献	K_{oc}/(L/kg)	参考文献	logK_{ow}/(L/kg)	参考文献	S/(mg/L)	参考文献
Triphenylphosphine Oxide	三苯基膦氧化物	791-28-6	2.78×10^2	EPI	1.21	CRC89	2.30×10^{-2}	5.82×10^{-6}	W			1.95×10^3	EPI	2.83	EPI	2.05×10^2	EPI
Tris（1, 3-Dichloro-2-propyl）Phosphate	三（1，3-二氯-2-丙基）磷酸酯	13674-87-8	4.31×10^2	EPI			3.33×10^{-2}	3.89×10^{-6}	W			1.11×10^4	EPI	3.65	EPI	7.00	EPI
Tris（1-chloro-2-propyl）phosphate	三（1-氯-2-丙基）磷酸酯	13674-84-5	3.28×10^2	EPI			4.00×10^{-2}	4.67×10^{-6}	W			1.60×10^3	EPI	2.59	EPI	1.20×10^3	EPI
Tris（2, 3-dibromopropyl）phosphate	三（2，3-二溴丙基）磷酸酯	126-72-7	6.98×10^2	EPI	2.27	PubChem	1.94×10^{-2}	4.88×10^{-6}	W			9.71×10^3	EPI	4.29	EPI	8.00	EPI
Tris（2-chloroethyl）phosphate	三(2-氯乙基）磷酸酯	115-96-8	2.85×10^2	EPI	1.39	CRC89	2.42×10^{-2}	6.22×10^{-6}	W			3.88×10^2	EPI	1.44	EPI	7.00×10^3	EPI
Tris（2-ethylhexyl）phosphate	三(2-乙基己基）磷酸酯	78-42-2	4.35×10^2	EPI	9.90×10^{-1}	CRC89	1.65×10^{-2}	3.94×10^{-6}	W			2.47×10^6	EPI	9.49	EPI	6.00×10^{-1}	EPI
Uranium（Soluble Salts）	铀	NA	2.38×10^2	CRC89	1.91×10	CRC89				4.50×10^2	BAES						

续表

污染物名称		CAS 序号	分子量		密度		水和空气中扩散系数			分配系数						水溶解度	
英文	中文		MW	参考文献	Density/(g/cm^3)	参考文献	Dia/(cm^2/s)	Diw/（cm^2/s）	参考文献	K_d/(L/kg)	参考文献	K_{oc}/(L/kg)	参考文献	logK_{ow}/(L/kg)	参考文献	S/(mg/L)	参考文献
Urethane	氨基甲酸乙酯	51-79-6	8.91×10	EPI	9.86×10^{-1}	CRC89	8.48×10^{-2}	1.02×10^{-5}	W			1.21×10	EPI	-1.50×10^{-1}	EPI	4.80×10^{5}	EPI
Vanadium Pentoxide	五氧化二钒	1314-62-1	1.82×10^{2}	EPI	3.35	CRC89										7.00×10^{2}	CRC 89
Vanadium and Compounds	钒化合物	7440-62-2	5.09×10	EPI	6.00	CRC89				1.00×10^{3}	SSL						
Vernolate	灭草猛	1929-77-7	2.03×10^{2}	EPI	9.52×10^{-1}	CRC89	2.42×10^{-2}	6.07×10^{-6}	W			2.99×10^{2}	EPI	3.84	EPI	9.00×10	EPI
Vinclozolin	乙烯菌核利	50471-44-8	2.86×10^{2}	EPI	1.51	CRC89	2.51×10^{-2}	6.53×10^{-6}	W			2.84×10^{2}	EPI	3.10	EPI	2.60	EPI
Vinyl Acetate	醋酸乙烯酯	108-05-4	8.61×10	EPI	9.26×10^{-1}	CRC89	8.49×10^{-2}	1.00×10^{-5}	W			5.58	EPI	7.30×10^{-1}	EPI	2.00×10^{4}	EPI
Vinyl Bromide	溴乙烯	593-60-2	1.07×10^{2}	EPI	1.49	CRC89	8.62×10^{-2}	1.17×10^{-5}	W			2.17×10	EPI	1.57	EPI	1.04×10^{4}	EPI
Vinyl Chloride	氯乙烯	75-01-4	6.25×10	EPI	9.11×10^{-1}	CRC89	1.07×10^{-1}	1.20×10^{-5}	W			2.17×10	EPI	1.62	YAWS	8.80×10^{3}	EPI
Warfarin	华法林	81-81-2	3.08×10^{2}	EPI			4.16×10^{-2}	4.86×10^{-6}	W			4.26×10^{2}	EPI	2.70	EPI	1.70×10	EPI
Xylene，p-	对二甲苯	106-42-3	1.06×10^{2}	EPI	8.57×10^{-1}	CRC89	6.82×10^{-2}	8.42×10^{-6}	W			3.75×10^{2}	EPI	3.15	EPI	1.62×10^{2}	EPI
Xylene，m-	间二甲苯	108-38-3	1.06×10^{2}	EPI	8.60×10^{-1}	CRC89	6.84×10^{-2}	8.44×10^{-6}	W			3.75×10^{2}	EPI	3.20	EPI	1.61×10^{2}	EPI

续表

污染物名称		CAS 序号	分子量		密度		水和空气中扩散系数			分配系数						水溶解度	
英文	中文		MW	参考文献	Density/(g/cm^3)	参考文献	Dia/(cm^2/s)	Diw/（cm^2/s）	参考文献	K_d/(L/kg)	参考文献	K_{oc}/(L/kg)	参考文献	logK_{ow}/(L/kg)	参考文献	S/(mg/L)	参考文献
Xylene，o-	邻二甲苯	95-47-6	1.06×10^{2}	EPI	8.76×10^{-1}	CRC89	6.89×10^{-2}	8.53×10^{-6}	W			3.83×10^{2}	EPI	3.12	EPI	1.78×10^{2}	EPI
Xylenes	二甲苯	1330-20-7	1.06×10^{2}	EPI	8.64×10^{-1}	ATSDR Profile	6.85×10^{-2}	8.46×10^{-6}	W			3.83×10^{2}	EPI	3.16	EPI	1.06×10^{2}	EPI
Zinc Phosphide	磷化锌	1314-84-7	2.58×10^{2}	CRC89	4.55	CRC89											
Zinc and Compounds	锌化合物	7440-66-6	6.54×10	PERRY	7.13	CRC89				6.20×10	SSL						
Zineb	代森锌	12122-67-7	2.76×10^{2}	EPI			4.48×10^{-2}	5.24×10^{-6}	W			1.35×10^{3}	EPI	1.30	EPI	1.00×10	EPI
Zirconium	锆	7440-67-7	9.12×10	EPI	6.52	CRC89				3.00×10^{3}	BAES						

注：EPA 区域污染物特定参数（2016 年 5 月更新），基于可接受致癌风险为 1×10^{-6}，可接受危害商为 1。参考文献：EPI=The Estimation Programs Interface（EPI）Suite™；CRC=Handbook of Chemistry and Physics；SSL=EPA Soil Screening Level；W=WATER9，Version 2.0；CHEM=Syracuse Research Corporation（SRC）. 2005. CHEMFATE；HSDB=The Hazardous Substance Data Bank；ATSDR=The Agency for Toxic Substances & Disease Registry；PERRY=Perry's Chemical Engineers' Handbook（Various Editions）；PHYSPROP=Syracuse Research Corporation（SRC）. 2005. PHYSPROP，详见 Regional Screening Levels（RSLs）——User's Guide（May 2016），https：//www.epa.gov/risk/regional-screening-levels-rsls-users-guide-may-2016